(第十三卷)

# 中国植物病害化学防治研究

刘西莉 主 编
侯毅平 苗建强 刘圣明 副主编

中国农业科学技术出版社

图书在版编目(CIP)数据

中国植物病害化学防治研究. 第十三卷 / 刘西莉主编 . -- 北京：中国农业科学技术出版社，2025.7.
ISBN 978-7-5116-7512-5

Ⅰ. S432

中国国家版本馆 CIP 数据核字第 20252G82S7 号

| | |
|---|---|
| 责任编辑 | 姚　欢 |
| 责任校对 | 王　彦 |
| 责任印制 | 姜义伟　王思文 |

| | |
|---|---|
| 出 版 者 | 中国农业科学技术出版社 |
| | 北京市中关村南大街 12 号　　邮编：100081 |
| 电　　话 | （010）82106631（编辑室）　　（010）82106624（发行部） |
| | （010）82109709（读者服务部） |
| 网　　址 | https://castp.caas.cn |
| 经 销 者 | 各地新华书店 |
| 印 刷 者 | 北京建宏印刷有限公司 |
| 开　　本 | 185 mm×260 mm　1/16 |
| 印　　张 | 19.5 |
| 字　　数 | 450 千字 |
| 版　　次 | 2025 年 7 月第 1 版　2025 年 7 月第 1 次印刷 |
| 定　　价 | 70.00 元 |

◆━━ 版权所有·翻印必究 ━━◆

# 内容提要

《中国植物病害化学防治研究（第十三卷）》共编辑收录了中国植物病理学会化学防治专业委员会第十三届中国植物病害化学防治学术研讨会交流的104篇论文和摘要，并精选收录了《农药学学报》近两年发表的52篇植物病害防治相关论文摘要，全面展现了我国植物病害化学防治领域的最新科研成果。秉持学术严谨性与作者原创性并重以及文责自负的原则，编者仅对稿件进行必要的格式规范，最大程度保持了其原有风貌。

本书全面涵盖了近几年我国重要农作物病害化学防治领域的理论和应用技术最新研究进展。包括了新型杀菌剂及候选化合物的化学合成、活性筛选和作用机制研究、植物病原菌的抗药性机制解析、靶标基因功能研究，以及杀菌剂科学使用等核心方向的研究动态。特别是深入探讨了重要粮食作物和经济作物的主要病害防控中存在的共性问题，病原菌抗药性风险评估、抗性监测、机制研究和治理策略，新型杀菌剂田间药效评价、飞防助剂筛选和纳米新剂型研发等应用技术，以及杀菌剂对环境和农产品质量的影响等内容。本书不仅为科研机构和高等院校的理论研究提供了新思路，更为农药企业的产品开发、农业技术推广部门的田间管理，以及病虫害监测预警提供了重要的理论依据和实践指导。本书对于从事植物保护、农药学及相关领域的教学和科研人员、农业技术推广专家、企业研发与营销人员，以及相关产业从业者均具有重要的学术参考价值与实践指导意义。

# 《中国植物病害化学防治研究（第十三卷）》编委会

**主　编**　刘西莉

**副主编**　侯毅平　苗建强　刘圣明

**编　委**　（以姓氏拼音为序）

白建军　毕朝位　曹　杨　陈长军　陈　雨
代　探　杜宜新　段亚冰　符美英　关　巍
韩　平　郝永娟　洪　峰　胡　彬　金永玲
李荣玉　李永平　李子钦　刘　峰　刘鹏飞
刘永锋　刘　勇　陆悦健　罗朝喜　马忠华
彭　钦　祁之秋　沈迎春　王　斌　王睿文
王　岩　徐大高　徐　飞　薛昭霖　闫晓静
玉山江·麦麦提　袁善奎　张博瑞　张　灿
张传清　张俊华　张连洪　张晓航　赵德友
赵建江　赵晓军　朱书生

# 中国植物病理学会化学防治专业委员会第五届委员会组成名单

**主 任** 刘西莉 中国农业大学植物保护学院
**副主任** 马忠华 浙江大学生物技术研究所
　　　　　 刘　勇 湖南省农业科学院植物保护研究所
　　　　　 李永平 全国农业技术推广服务中心
　　　　　 陆悦健 巴斯夫（中国）有限公司
　　　　　 罗朝喜 华中农业大学植物科学技术学院
　　　　　 袁善奎 农业农村部农药检定所

**委　员** 王　岩 吉林大学植物科学学院
　　　　　 王　斌 沈阳中化农药化工研发有限公司
　　　　　 王睿文 河北省植保植检站
　　　　　 玉山江·麦麦提 新疆农业科学院植物保护研究所
　　　　　 白建军 拜耳作物科学
　　　　　 毕朝位 西南大学植物保护学院
　　　　　 朱书生 云南农业大学植物保护学院
　　　　　 刘永锋 江苏省农业科学院植物保护研究所
　　　　　 刘圣明 河南科技大学园艺与植物保护学院
　　　　　 刘　峰 山东农业大学植物保护学院
　　　　　 刘鹏飞 中国农业大学植保学院
　　　　　 闫晓静 中国农业科学院植物保护研究所
　　　　　 关　巍 中国农业科学院植物保护研究所
　　　　　 祁之秋 沈阳农业大学植物保护学院
　　　　　 杜宜新 福建省农业科学院植物保护研究所
　　　　　 李子钦 内蒙古农牧业科学院
　　　　　 李荣玉 贵州大学农学院
　　　　　 沈迎春 江苏省农药检定所
　　　　　 张传清 浙江农林大学现代农学院
　　　　　 张连洪 先正达（中国）投资有限公司

|  |  |  |
|---|---|---|
| | 张俊华 | 东北农业大学植物保护学院 |
| | 张晓航 | 陕西美邦药业集团股份有限公司 |
| | 陈长军 | 南京农业大学植物保护学院 |
| | 陈　雨 | 安徽农业大学植物保护学院 |
| | 苗建强 | 西北农林科技大学植物保护学院 |
| | 金永玲 | 黑龙江八一农垦大学 |
| | 赵建江 | 河北省农林科学院植物保护研究所 |
| | 赵晓军 | 山西省农业科学院植物保护研究所 |
| | 赵德友 | 科迪华中国投资有限公司 |
| | 郝永娟 | 天津市农业科学院植物保护研究所 |
| | 胡　彬 | 北京市植物保护站 |
| | 段亚冰 | 南京农业大学植物保护学院 |
| | 洪　峰 | 哈尔滨市农业技术推广总站 |
| | 徐大高 | 华南农业大学农学院 |
| | 徐　飞 | 河南省农业科学院植物保护研究所 |
| | 曹　杨 | 江苏省农药研究所股份有限公司 |
| | 符美英 | 海南省农业科学院植物保护研究所 |
| | 韩　平 | 北京市农林科学院 |
| 秘　　书 | 侯毅平 | 南京农业大学植物保护学院 |
| | 张　灿 | 中国农业大学植物保护学院 |

# 前　　言

中国植物病理学会化学防治专业委员会是中国植物病理学会（CSPP）下设的全国性二级专业学会。其宗旨是团结全国植物病害化学防治科技工作者，讨论和交流植物病害化学防治领域中的科学和实践问题，提高中国植物病害化学防治科学水平。自1998年成立以来，中国植物病理学会化学防治专业委员会先后举办了十三次全国学术研讨会和多次小型学术活动，开展了相关的科普宣传、科学考察和技术咨询服务，编辑出版了十三卷中国植物病害化学防治研究系列论文集。这为我国广大植物病害防治科技工作者提供了学术交流、技术展示和科研成果共享的平台，为推动我国植物病害化学防治科技进步发挥了积极作用。

据联合国粮食及农业组织估算，全球每年因植物病害导致的经济损失达2 000多亿美元，严重威胁了全球的粮食安全和食品安全。在应对这一挑战的过程中，现代杀菌剂在保障全球人口持续增长下的粮食需求方面发挥了不可替代的作用。大量研究证实，科学使用杀菌剂不仅能够有效防控多种植物病害、减少产量损失，而且能够显著降低病原菌产生的毒素、调节植物生长、延缓植物衰老、提高农产品品质，保障食品安全和人类健康，符合国家农业绿色可持续发展的重大需求。同时，随着公众对自身健康与生态可持续性的关注度不断提升，我国对农药的研发和使用也提出了更高的要求，农业农村部2022年发布的《到2025年化学农药减量化行动方案》，作为《中华人民共和国国民经济和社会发展第十四个五年规划和2035年远景目标纲要》的重点任务之一，明确了农药使用从"量"到"质"的转型方向。在"提质增效，绿色发展"的时代背景下，开展绿色高效的现代杀菌剂的产品创新、技术创新及科学使用已成为实现农药"减施增效"的重要手段和关键措施，对于提高农产品质量、保障粮食安全具有重要作用。近年来，我国植物病害防治相关领域的广大科技工作者开展了系统的理论探索和应用技术研发，形成了一系列具有实践意义的研究成果，为推动我国杀菌剂创新与植物病害化学防治领域的可持续发展提供了有力支撑。

本书汇编了第十三届中国植物病害化学防治学术研讨会的104篇代表性论文，并精选收录了《农药学学报》近两年发表的52篇植物病害防治相关论文摘要，全面展现了我国植物病害化学防治领域的最新科研成果。编者和审稿人员仔细阅读了全部来稿，并对部分论文进行了删减和规范，部分来稿由于内容不符合本次会议要求或其他原因未能录用，敬请谅解。由于时间仓促，书中如存在疏漏之处，望读者和作者批评指正。

本次学术研讨会在河南洛阳顺利召开。会议筹备和承办过程中，河南科技大学园艺与植物保护学院倾注了大量心血，付出了辛勤的努力；中国农业大学、南京农业大学和西北农林科技大学给予了大力的支持和协助；中国植物病理学会给予了悉心的指导。在此，谨向上述单位致以诚挚的谢意！

刘西莉

二〇二五年八月

# 目 录

## 研究论文

8 种药剂对甜瓜白粉病田间防治效果比较 ························ 刘长营，等（3）
10 种杀菌剂对番茄白粉病的防治效果 ·························· 赵建江，等（7）
氟吡菌酰胺对象耳豆根结线虫二龄幼虫及卵囊的室内毒力测定 ······· 符美英，等（12）
5 种药剂对大白菜软腐病的防治效果 ··························· 李思博，等（18）
不同种炭疽菌对 DMIs 的敏感性差异 ··························· 吴敏怡，等（24）
猕猴桃褐斑菌对氟唑菌酰羟胺的敏感性基线 ······················ 应羽晗，等（33）
辽宁省花生褐斑病菌对吡唑醚菌酯的敏感性基线及抗药性监测 ······· 穆宏娇，等（39）
河南省花生根腐病菌对咪鲜胺及其复配剂的敏感性 ················ 毛雪伟，等（44）
桃褐腐病菌 MfSSP 基因的功能研究 ······························ 曾哲政，等（52）
小麦赤霉病化学防治研究：技术瓶颈与创新突破 ··················· 李元杰，等（66）
AI 辅助的靶标蛋白浅表口袋的互作化合物筛选 ···················· 李赛杰，等（71）
ZIF-8 负载腐霉利载药体系的制备及缓释研究 ······················ 刘 涛，等（76）
组氨酸激酶 Bos1 中的新点突变（D1158N）赋予田间灰霉病菌对咯菌腈的
  高水平抗性 ·················································· 韩文姣，等（84）
河南省台前县小麦茎基腐病发生概况与化学防控技术 ··············· 郭宪振，等（92）
9 种杀菌剂对番茄根腐病菌的室内毒力测定 ······················· 徐静静，等（95）
噻霉酮与戊唑醇复配抑制小麦赤霉病菌及其 DON 毒素产生的机制研究
  ························································· 刘楚楚，等（101）
玉米大斑病菌对丙硫菌唑的抗性风险评估 ························ 沈运河，等（111）
山东草莓根腐病病原菌新记录种及对药剂敏感性测定 ··············· 任创岭，等（122）
剂型及喷雾助剂改善啶酰菌胺防治黄瓜白粉病效果及机制分析 ······· 王 璐，等（130）
固体黏结剂 SBPS-01 在水稻种子丸粒化中应用效果研究 ·············· 邢耀春，等（143）

## 会议论文摘要

Inhibitory Activity of Benziothiazolinone Against *Magnaporthe oryzae* and Its
  Multifaceted Antifungal Mechanisms ························· TU Zijuan, et al.（153）
Determination of Systemic Conductivity of Benziothiazolinone in Rice Plants
  and Its Efficacy Against Rice Blast ························· TU Zijuan, et al.（154）
430 g/L 戊唑醇悬浮剂防治稻曲病的飞防助剂筛选 ················· 高连奇，等（155）
2020—2025 年江苏省稻曲病菌对三唑类杀菌剂的抗药性监测 ········· 潘夏艳，等（156）
2020—2025 年江苏省稻瘟病菌对稻瘟灵的抗药性监测 ··············· 潘夏艳，等（157）

川渝地区高粱炭疽病菌对常用杀菌剂的田间抗性监测 ……………… 孙伟进，等（158）
稻曲病菌对丙硫唑的敏感性及丙硫唑抗性突变体的适合度 ……… 李鹏飞，等（159）
小麦秸秆还田对茎基腐病和纹枯病的影响及微生物驱动机制 …… 冯超红，等（160）
河南省800个小麦新品系的茎基腐病抗性筛选和抗性快速鉴定技术 …… 石瑞杰，等（161）
禾谷镰孢菌活体盆栽试验体系的建立 ……………………………… 孙　庚，等（162）
黄瓜霜霉病菌对氟噻唑吡乙酮的抗药性检测 ……………………… 杨慧鑫，等（163）
Efficacy of Fluxapyroxad and Mefentrifluconazole in Inhibiting and Controlling
　　Wheat Powdery Mildew (*Blumeria graminis* f. sp. *tritici*) in Henan, Hebei
　　and Shandong Provinces, China ……………………… BI Qiuyan, *et al*. (164)
河南省小麦白粉菌对三唑类杀菌剂的敏感性评价 ………………… 李亚红，等（165）
灰葡萄孢对嘧霉胺的抗药性机制初探 ……………………………… 吴丽婷，等（166）
江苏省水稻恶苗病菌对氰烯菌酯的抗性监测及其机制研究 ……… 金月铭，等（167）
Citral: A Natural Product with Excellent Agricultural Application Potential
　　……………………………………………………………… HU Ke, *et al*. (168)
Synergistic Antifungal Activity and Mechanism of Carvacrol/Citral Combination
　　Against *Fusarium oxysporum* in *Dendrobium officinale* ……… LU Xuemei, *et al*. (169)
Sensitivity Determination of Two Pathogenic Fungi Causing Pepper Anthracnose
　　to Picoxystrobin …………………………………… ZHANG Wenjing, *et al*. (170)
Screening of Compound Fungicides for Quinoa Gray Mold ……… ZHAO Yu, *et al*. (171)
检查点激酶SsChk2调控核盘菌对戊唑醇敏感性机制初探 ………… 扈圣群，等（173）
线粒体相关蛋白FgNdk1通过与琥珀酸脱氢酶相互作用调节禾谷镰孢菌
　　的发育、致病力及SDHI杀菌剂敏感性 ………………………… 王晨光，等（174）
转录因子*FgCreA*通过调控*FgCyp51A*和*FgErg6A*的转录，影响禾谷
　　镰孢菌的麦角甾醇生物合成及其对DMI杀菌剂的敏感性 …… 王晨光，等（175）
禾谷镰孢菌组氨酸激酶FgOs1的HAMP结构域新型点突变M402V/M541I
　　与HATPase_c结构域突变L915M介导对咯菌腈的差异抗性 … 王晨光，等（176）
小麦赤霉病菌对氰烯菌酯的田间抗性机制研究 …………………… 张紫阳，等（177）
皂荚枝干溃疡病防治药剂室内筛选 ………………………………… 李鹏飞，等（178）
重庆灰葡萄孢菌对氯氟醚菌唑的田间抗性监测及抗性机理 ……… 屠紫娟，等（179）
Unveiling the Resistance Risk and Mechanism of Mefentrifluconazole in
　　*Colletotrichum scovillei* ………………………………… SHI Niuniu, *et al*. (180)
稻曲病菌对氟唑菌酰羟胺的抗性风险及机制研究 ………………… 殷消茹，等（181）
番茄灰叶斑病菌对氟唑菌酰胺抗性风险评估 ……………………… 刘翔宇，等（182）
马铃薯早疫病菌对氯氟联苯吡菌胺的抗性风险及机制研究 ……… 任富豪，等（183）
河北省黄瓜靶斑病高效防治药剂及复配增效组合筛选 …………… 路　粉，等（184）
黄淮海麦区小麦赤霉病菌对氟唑菌酰羟胺及其复配组合的敏感性 …… 吴　杰，等（185）

亚洲镰孢菌琥珀酸脱氢酶 SdhC 亚基的遗传分化及其对琥珀酸脱氢酶抑制剂
　　类杀菌剂敏感性的调控作用 ……………………………………………… 宋吉昌，等（186）
小麦赤霉病菌对氟唑菌酰羟胺的抗性监测及分子机制 …………………… 李一歌，等（188）
河南省假禾谷镰孢对氰烯菌酯及其复配剂的敏感性 ……………………… 张冰雪，等（190）
假禾谷镰孢 *FPGIr1* 基因功能研究 ………………………………………… 张文凤，等（191）
禾谷镰孢 *FgRdr1* 基因功能研究及其对化学防治影响 …………………… 郭旭昊，等（192）
核盘菌对氯氟联苯吡菌胺和氟吡菌酰胺的抗性风险 ……………………… 靳煜溪，等（193）
百菌清和微塑料联合暴露对斑马鱼毒性作用的影响 ……………………… 张梦格，等（194）
禾谷镰孢 *FgAur1* 基因生物学功能研究 …………………………………… 胡乐乐，等（195）
假禾谷镰孢 *FpYOR1* 基因的生物学功能研究 ……………………………… 张冰雪，等（196）
河南省灰葡萄孢菌对氯氟联苯吡菌胺的抗性 ……………………………… 尹　畅，等（197）
干旱胁迫下禾谷镰孢与假禾谷镰孢的竞争机制研究 ……………………… 胡冰洋，等（198）
根球链霉菌 O250 对尖孢镰孢和南方根结线虫复合侵染病害的控制作用
　　及应用潜力 …………………………………………………………… 苏转转，等（199）
小麦白粉病病菌对氟吡菌酰胺的抗性风险评估 …………………………… 张玉莲，等（200）
小分子化合物 PK150 通过靶向 MenG 抑制 *Xanthomonas oryzae* pv. *oryzae* … 胡硕丹，等（201）
切花牡丹/芍药灰霉病菌对常用杀菌剂的敏感性研究 …………………… 魏　猛，等（202）
氟酰胺对禾谷丝核菌的毒力和对小麦纹枯病的田间防治效果 …………… 周温棋，等（203）
AtSDH 结合位点结构改变导致 *Alternaria tenuissima* 对 SDHIs 抗性 ……… 陈　斌，等（204）
CiOs1、CiOs4 和 CiOs5 调控大豆红冠腐病病菌的温度依赖性生长和对
　　咯菌腈的抗性 ………………………………………………………… 李秀娟，等（205）
*FgPtp3* 过表达通过抑制 FgHog1 磷酸化调控禾谷镰孢对咯菌腈的
　　抗药性 ………………………………………………………………… 时东亚，等（206）
Point Mutations in NcMyo1 Confer Resistance to Phenamacril in *Neopestalotiopsis*
　　*clavispora* ……………………………………………………… ZHANG Zhihui，et al.（207）
大豆红冠腐病菌麦角甾醇 14α-脱甲基酶在调控对 DMIs 敏感性的功能
　　分化 …………………………………………………………………… 魏令令，等（208）
莴笋核盘菌啶酰菌胺田间抗性菌株的抗药性机制 ………………………… 时东亚，等（209）
水稻褐变穗病原菌鉴定及防治药剂筛选 …………………………………… 陈嘉琪，等（210）
以氟噻唑吡乙酮作为先导化合物的衍生物合成与评价 …………………… 丁绍晨，等（211）
假禾谷镰孢菌与灰葡萄孢菌对 SDHIs 杀菌剂敏感性差异的毒理机制
　　研究 …………………………………………………………………… 王国贤，等（212）
未知功能蛋白 Ps495620 参与调控大豆疫霉孢子囊和卵孢子形成 ……… 杜晓舟，等（213）
假禾谷镰孢菌中 3 个同源 *CYP51* 基因的生物学功能分析 ……………… 李桂香，等（214）
假禾谷镰孢菌对叶菌唑的抗性风险评估和抗性机制研究 ………………… 李桂香，等（215）
番茄早疫病菌对三氟吡啶胺的抗性风险评估和抗性机制研究 …………… 彭　钦，等（216）

新型SDHI类杀菌剂三氟吡啶胺的抑菌活性及黄瓜靶斑病菌对其抗性
　　机制研究 ……………………………………………………………… 郝新昌，等（217）
假禾谷镰孢菌的琥珀酸脱氢酶四个亚基的生物学功能研究 ………… 李怡文，等（218）
靶向PcORP1-PH结构域的新型抑制剂的虚拟筛选、结构优化及生物
　　活性评价 ………………………………………………………………… 路星星，等（220）
辣椒炭疽病菌对florylpicoxamid的抗性风险评估和抗性机制研究 …… 唐义冬，等（221）
辣椒疫霉对氟醚菌酰胺的抗性分子机制 ……………………………… 杨继焜，等（222）
大豆疫霉对唑嘧菌胺的抗性进化机制研究 …………………………… 袁　康，等（223）
Cytb异位过表达体系在线粒体复合物Ⅲ抑制剂的抗性分子机制研究中的
　　应用 ……………………………………………………………………… 袁　康，等（224）
新型杀菌剂WML-01的生物活性与内吸传导性研究 ………………… 张　玲，等（225）
新型卵菌抑制剂四唑吡氨酯的抑菌活性和作用方式研究 …………… 付轶欣，等（226）
大豆疫霉甘油-3-磷酸酰基转移酶的生物学功能研究 ………………… 钟林宇，等（227）
丙硫菌唑纳米种衣剂通过调控种子代谢和呼吸提升水稻恶苗病精准控制
　　和秧苗成苗 ……………………………………………………………… 张奇珍，等（228）
大豆拟茎点茎枯病的病原菌鉴定及其对SDHI类药剂敏感性分化的机制
　　探究 ……………………………………………………………………… 常郑洁，等（229）
基因同核化对立枯丝核菌抗双苯菌胺的代谢调控 …………………… 周荣佳，等（230）
水稻恶苗病菌对氰烯菌酯的抗性监测及抗性机制 …………………… 景俊璐，等（231）
大豆疫霉PsSTT3A蛋白593位$N$-糖基化修饰的生物学功能研究 …… 马全贺，等（232）
装载霜脲氰和水杨酸的纳米农药制备及其对黄瓜霜霉病的防治效果 …… 薛昭霖，等（233）
新型化合物WML-1对胶孢炭疽菌和果生炭疽菌不同发育阶段的影响 … 殷霜霜，等（234）
多聚ADP核糖聚合酶1（PsPARP1A）在大豆疫霉DNA损伤反应和侵染
　　致病中的功能探究 ……………………………………………………… 张　凡，等（235）
立枯丝核菌抗双苯菌胺的活性氧调控机制研究 ……………………… 张俊婷，等（236）
靶向黄瓜CsMLO8的dsRNA-碳量子点纳米复合物制备及其防效研究 … 张清华，等（237）
黑龙江省新型大豆根腐病的病原鉴定及防治药剂筛选 ……………… 钟孟宇，等（238）
辣椒疫霉甾醇转运相关蛋白PcSCP2的生物学功能研究 …………… 周　鑫，等（239）
田间桃褐腐病菌对异菌脲的抗性机制研究 …………………………… 龙　倩，等（240）

## 《农药学学报》近两年发表的化学防治相关论文摘要

细菌$m$-DAP/赖氨酸合成途径关键酶DapE生物学功能及其抑制剂研究
　　进展 ……………………………………………………………………… 胡雪芳，等（243）
含1,2,4-三唑的$N$-苯基-乙酰胺类衍生物的合成及其杀菌活性 ……… 赵　伟，等（244）
安徽省小麦赤霉病菌对氟唑菌酰羟胺的抗性检测及抗性群体的生物学
　　特性 ……………………………………………………………………… 杨家伟，等（245）

三种三唑类杀菌剂对莓茶叶斑病菌的活性及室内防效 …………………… 凌　云，等（246）
N-苯基氨基嘧啶甲酸-氨基酸衍生物的合成、杀菌活性及韧皮部
　　传导性 ………………………………………………………………… 邓小倩，等（247）
薄荷酮肟酯衍生物的合成及其抑菌活性 ………………………………… 孙甜甜，等（248）
手性琥珀酸脱氢酶抑制剂类杀菌剂的研究进展 ………………………… 宋　瑞，等（249）
藤仓镰孢菌对氰烯菌酯的抗性及其治理 ………………………………… 董代幸，等（250）
杭白菊叶枯病防治药剂的筛选及 *Phoma bellidis* 对吡唑醚菌酯的敏感性
　　基线 …………………………………………………………………… 张倩倩，等（251）
肉桂醛肟酯衍生物的设计、合成及抑菌活性 …………………………… 刘夷宁，等（252）
噁霉灵微球剂制备及对黄瓜猝倒病的防治效果 ………………………… 高　瑞，等（253）
烯丙唑菌胺对禾谷镰孢菌与假禾谷镰孢菌的抑制活性及其混配配方
　　筛选 …………………………………………………………………… 崔光睿，等（254）
乙磷铝在香榧体内的传导分布及对香榧根腐病防治效果 ……………… 初　楚，等（255）
河北省多主棒孢对3种常用杀菌剂的抗性及替代药剂对黄瓜棒孢叶斑病的
　　防治效果 ……………………………………………………………… 朱广雪，等（256）
含苯氧甲基、氯甲基的十元、十二元及十六元氮杂内酯化合物的合成
　　及抑菌活性 …………………………………………………………… 王思敏，等（257）
抗病蛋白CkPGIP1关键氨基酸突变增强对大丽轮枝菌的抑制作用 …… 闫　鑫，等（258）
灭菌唑及其复配剂对河南省禾谷镰孢菌的抑制活性及对小麦赤霉病的
　　室内防效 ……………………………………………………………… 殷铭灿，等（259）
氟啶胺对河南省小麦茎基腐病菌的抑制活性及田间防治效果 ………… 罗诗瑶，等（260）
番茄斑萎病毒蛋白结构及其抑制剂作用机制研究进展 ………………… 浦　贤，等（261）
植物病原真菌肌球蛋白及其抑制剂研究进展 …………………………… 邹靖培，等（262）
甲基赤藓糖醇磷酸胞苷酰转移酶及其抑制剂研究进展 ………………… 王吉利，等（263）
1-［4-（叔丁基）苯基］-3-羟基-2-甲基吡啶-4（1H）-酮微乳剂的制备
　　及其对小麦条锈病和水稻纹枯病的防治效果 ……………………… 赵静杰，等（264）
琥珀酸脱氢酶抑制剂类杀菌剂对禾谷丝核菌的抑制活性及结合模式 … 周温棋，等（265）
噻呋酰胺与吡唑醚菌酯复配对烟草靶斑病菌的抑制活性及对烟草靶斑病的
　　室内防效 ……………………………………………………………… 刘　婕，等（266）
叶菌唑及其复配剂对河南省假禾谷镰孢菌的抑制活性及对小麦茎基腐病的
　　室内防效 ……………………………………………………………… 王鑫雨，等（267）
四氟醚唑对烟草高氏白粉菌的抑制作用及对烟草白粉病的温室防效 … 李天杰，等（268）
功能化纳米农药载药系统研究进展 ……………………………………… 刘慧慧，等（269）
桧木醇酯类衍生物的设计合成及抑菌活性 ……………………………… 叶久辉，等（270）
大豆种子携带病原菌对8种杀菌剂的敏感性 …………………………… 张　灿，等（271）
己唑醇及其复配剂对河南省禾谷镰孢菌的抑制活性及对小麦赤霉病的室内
　　防效 …………………………………………………………………… 李梦雨，等（272）

中空介孔二氧化硅负载戊唑醇纳米缓释颗粒的制备及生物活性 …………… 桂　阔，等（273）
丁子香酚对人参黑斑病菌的抑制活性及其作用机制研究 ……………………… 郭鹭怡，等（274）
对羟苯基丙酮酸双加氧酶的研究进展 …………………………………………… 林若煊，等（275）
质膜 ATP 酶作为新型杀真菌剂靶标的发现与应用 ……………………………… 武洛宇，等（276）
漆酶：一种新型靶标在农业杀菌剂开发中的潜在应用 ………………………… 路星星，等（277）
引起山西省玉米纹枯病的主要丝核菌融合群对 3 种杀菌剂的敏感性 ………… 史晓晶，等（278）
防治橡胶树褐根病 0.5% 戊唑醇膏剂的研制 …………………………………… 田　方，等（279）
壳聚糖与脂肪酸甲酯磺酸钠自组装制备己唑醇纳米缓释颗粒 ………………… 杨李梅，等（280）
三维 Al-TCPP MOF 纳米片对 16 种三唑类杀菌剂的吸附去除研究 ………… 葛梦圆，等（281）
作物根结线虫病化学防治研究进展 ……………………………………………… 刘　阳，等（282）
三唑类杀菌剂的水环境毒理学研究进展 ………………………………………… 宋文阳，等（283）
新型酰基磺酰亚胺类化合物的合成及生物活性 ………………………………… 李瑞丽，等（284）
新型脱甲基酶抑制剂氯氟醚菌唑对水稻恶苗病致病菌藤仓镰孢菌的抑菌
　　活性 …………………………………………………………………………… 陈　星，等（285）
鳄梨蒂腐病毛色二孢属真菌对 6 种杀菌剂的敏感性 …………………………… 徐璐茜，等（286）
核酸农药纳米递送系统研究进展 ………………………………………………… 何承帅，等（287）
植物病原菌对解偶联剂的抗性机制研究进展 …………………………………… 程星凯，等（288）
α-羟基-γ-丁内酯类衍生物的设计、合成及抗植物病毒活性 ………………… 贺宏伟，等（289）
含 5,5-二甲基的丁烯内酯肟醚类化合物的合成及抑菌活性 ………………… 安鑫鲲，等（290）
致病疫霉对烯酰吗啉和双炔酰菌胺的敏感性动态监测及马铃薯晚疫病田间
　　防治药剂筛选 ………………………………………………………………… 路　粉，等（291）
山核桃干腐病菌对甲基硫菌灵等 4 种杀菌剂的抗性 …………………………… 施心成，等（292）
木质素基苯醚甲环唑纳米颗粒构建及防控杨梅凋萎病研究 …………………… 张　启，等（293）
Anti-TMV Activity and Mode of Action of Perillaldehyde in Perilla Essential
　　Oil ……………………………………………………………………… LUO Wei，et al.（294）

# 研究论文

# 8种药剂对甜瓜白粉病田间防治效果比较*

刘长营**，田永恒，王利霞，王淑枝，韩瑞华，段爱菊***

（洛阳市农林科学院，洛阳　471023）

**摘要**：为检验不同药剂对甜瓜白粉病的田间防治效果，为甜瓜白粉病的科学防控提供依据，于2024年进行本试验。选用甜瓜品种"甜妞"作为供试对象，进行了8种药剂对甜瓜白粉病防效比较试验。结果表明，第一次施药后，42.4%唑醚·氟酰胺悬浮剂、40%啶酰菌胺·硫磺悬浮剂和43%氟菌·肟菌酯悬浮剂的防治效果较好，分别达到86.63%、80.48%和75.12%。第二次施药后7 d防效所有药剂均达70%以上，其中42.4%唑醚·氟酰胺悬浮剂、43%氟菌·肟菌酯悬浮剂和40%啶酰菌胺·硫磺悬浮剂的防效达90%以上；第二次施药后14 d 43%氟菌·肟菌酯悬浮剂和42.4%唑醚·氟酰胺悬浮剂仍表现出较好的长期防治效果，分别为87.62%和81.76%，显著高于其他药剂。

**关键词**：甜瓜；白粉病；药剂防治；田间试验；防效评价

# Comparison of Field Control Effects of 8 Pesticides on Powdery Mildew in Muskmelon*

LIU Changying**, TIAN Yongheng, WANG Lixia, WANG Shuzhi, HAN Ruihua, DUAN Aiju***

（*Luoyang Academy of Agriculture and Forestry Sciences*, *Luoyang* 471023, *China*）

**Abstract**: To evaluate the field control effects of different pesticides against powdery mildew in muskmelon and provide a scientific basis for its integrated management, this experiment was conducted in 2024. The muskmelon cultivar 'Tianniu' was selected as the test subject, and a comparative trial of eight pesticides for controlling powdery mildew in muskmelon was carried out. The results showed that after a single application, 42.4% pyraclostrobin·fluopyram SC, 40% boscalid·sulfur SC, and 43% fluopyram·trifloxystrobin SC exhibited better control effects, reaching 86.63%, 80.48%, and 75.12%, respectively. Seven days after the second application, the control efficacy of all pesticides exceeded 70%, among which 42.4% pyraclostrobin·fluopyram SC, 43% fluopyram·trifloxystrobin SC, and 40% boscalid·sulfur SC achieved over 90% control. Fourteen days after the second application, 43% fluopyram·trifloxystrobin SC and 42.4% pyraclostrobin·fluopyram SC still showed superior long-term control effects, at 87.62% and 81.76%, respectively, which were significantly higher than those of other pesticides.

**Key words**: muskmelon; powdery mildew; pesticide control; field trial; efficacy evaluation

　　甜瓜（*Cucumis melo* L.）是全球重要的经济作物之一，果实营养丰富，口味甜美，气味芳香，以鲜食为主，也可制成瓜干、瓜脯等加工品，在我国设施农业中占据重要地位[1]。然而，白粉病作为甜瓜生产中的主要病害，严重制约其产量和品质提升。该病主要由瓜类单囊壳白粉菌（*Podosphaera xanthii*）和二孢白粉菌（*Golovinomyces cichoracearum*）引起，以叶片表面白色粉状病斑为典型症状，可导致光合作用受阻、植株早衰，严重时减产达50%

---

\* 基金项目：河南省西甜瓜产业技术体系洛阳综合试验站项目（HARS-22-10-Z1）
\*\* 第一作者：刘长营；E-mail: lynyky@126.com
\*\*\* 通信作者：段爱菊；E-mail: lysnks@126.com

以上[2-4]。

近年来，甜瓜抗白粉病育种取得一定进展，培育出苏乾 4 号等抗性品种。然而，由于白粉病菌生理小种分化快，且不同地区优势小种存在差异，抗病品种的推广受到地域限制[2-3,5]。生物防治方面，枯草芽孢杆菌（*Bacillus subtilis*）等生防菌剂可通过竞争营养、诱导系统抗性等机制抑制病原菌，对甜瓜白粉病有较好的防治效果[6]，但生防菌的稳定性易受温湿度影响，在设施高温高湿环境下易失活，制约其大规模应用。物理防控中，高温闷棚可有效灭活分生孢子，降低病原基数，但因其对操作技术要求较高而应用较少。农业措施如合理密植、通风降湿等虽能减轻发病，但对已暴发病害控制效果有限[5]。

目前，白粉病防治仍以化学药剂为主，长期依赖单一作用机理的药剂易诱导病原菌产生抗药性，轮换使用不同作用机制药剂是抗药性治理的主要措施。因此需要筛选多种防效较好的药剂供农户轮换用药。本研究以中原地区设施甜瓜为对象，开展多类型药剂的系统性筛选，试验结果可为农户科学用药提供参考。

## 1 材料与方法

### 1.1 试验地概况

试验在洛阳市农林科学院塑料大棚内进行，甜瓜品种为"甜妞"，直播时间为 2024 年 7 月 19 日，采用宽窄行种植方式，宽行行距 100 cm，窄行行距 50 cm，株距 40 cm。试验期间，除不施用其他农药外，灌溉、施肥和除草等均按常规管理。

### 1.2 试验设计

试验具体药剂名称和用量见表 1，有 8 种药剂处理和 1 个清水对照，共 9 个处理，每处理 4 次重复。小区面积为 2 m×7 m，随机排列，小区喷水量 2 kg。

8 月 15 日初见白粉病发生，于 9 月 2 日进行药前调查，记录白粉病的发生情况。调查后立即喷施药剂，第一次施药后 7 d 调查防效，并进行第二次施药。第二次施药后 7 d 和 14 d 再次调查防治效果。每次每小区调查 5 株，记录每叶的白粉病发病程度，并计算防治效果。在每次调查药效时观察是否有药害发生。

表 1 试验药剂信息及用量

| 药剂名称 | 施用剂量/（g/hm², mL/hm²） | 生产厂家 |
| --- | --- | --- |
| 10%苯醚甲环唑可湿性粉剂 | 60 | 东莞市瑞德丰生物科技有限公司 |
| 40%啶酰菌胺·硫磺悬浮剂 | 300 | 陕西上格之路生物科学有限公司 |
| 25%嘧菌酯悬浮剂 | 100 | 先正达南通作物保护有限公司 |
| 25%丙环唑乳油 | 75 | 先正达苏州作物保护有限公司 |
| 43%氟菌·肟菌酯悬浮剂 | 129 | 拜耳股份公司 |
| 12.5%四氟醚唑水乳剂 | 50 | 杭州宇龙化工有限公司 |
| 40%环丙唑醇悬浮剂 | 120 | 江苏剑牌农化股份有限公司 |
| 42.4%唑醚·氟酰胺悬浮剂 | 85 | 巴斯夫欧洲公司 |

### 1.3 防治效果计算方法

病情分级参考黄瓜白粉病标准 GB/T 17980.30—2000：0，无病斑；1 级，病斑面积占整叶面积5%以下；3级，病斑面积占整叶面积5%～10%；5级，病斑面积占整叶面积11%～20%；7级，病斑面积占整叶面积21%～40%；9级，病斑面积占整叶面积40%以上。计算病情指数与防治效果（校正防效），用邓肯氏检验进行差异显著性分析。

$$病情指数 = \frac{\sum（各级病叶数 \times 相对级代表值）}{调查总叶数 \times 9} \times 100$$

$$防治效果 = \frac{对照区病情指数 - 处理区病情指数}{对照区病情指数} \times 100\%$$

## 2 结果与分析

### 2.1 药剂安全性

在药后的每次调查中，各处理区甜瓜生长正常，无药害发生。

### 2.2 不同药剂防治效果

从表2可以看出，第一次施药后7 d不同药剂的防治效果存在显著差异，42.4%唑醚·氟酰胺悬浮剂和40%啶酰菌胺·硫磺悬浮剂的防效最高，分别达到86.63%和80.48%。第二次施药后7 d调查结果显示，所有药剂的防效均显著提高，40%啶酰菌胺·硫磺悬浮剂、43%氟菌·肟菌酯悬浮剂和42.4%唑醚·氟酰胺悬浮剂的防效均达到90%以上。第二次施药后14 d，43%氟菌·肟菌酯悬浮剂和42.4%唑醚·氟酰胺悬浮剂的防效分别为87.62%和81.76%，显著高于其他药剂。

表2  8种药剂防治甜瓜白粉病的药效试验

| 序号 | 药剂名称 | 第一次药后7 d | | 第二次药后7 d | | 第二次药后14 d | |
|---|---|---|---|---|---|---|---|
| | | 病情指数 | 防效/% | 病情指数 | 防效/% | 病情指数 | 防效/% |
| 1 | 10%苯醚甲环唑可湿性粉剂 | 2.60 | 72.06 ab | 3.05 | 85.59 abc | 9.48 | 69.16 bc |
| 2 | 40%啶酰菌胺·硫磺悬浮剂 | 1.64 | 80.48 ab | 2.06 | 90.25 ab | 8.53 | 69.60 bc |
| 3 | 25%嘧菌酯悬浮剂 | 4.29 | 53.40 c | 5.19 | 79.75 c | 19.52 | 42.18 d |
| 4 | 25%丙环唑乳油 | 2.24 | 71.91 ab | 2.83 | 86.76 ab | 12.68 | 58.97 cd |
| 5 | 43%氟菌·肟菌酯悬浮剂 | 1.98 | 75.12 ab | 2.04 | 90.49 ab | 3.95 | 87.62 a |
| 6 | 12.5%四氟醚唑水乳剂 | 5.18 | 52.05 c | 8.12 | 71.23 d | 20.29 | 49.14 d |
| 7 | 40%环丙唑醇悬浮剂 | 2.73 | 69.85 b | 3.89 | 84.16 bc | 9.95 | 67.65 bc |
| 8 | 42.4%唑醚·氟酰胺悬浮剂 | 1.35 | 86.63 a | 2.27 | 91.53 a | 7.14 | 81.76 ab |
| 9 | 清水对照 | 9.15 | — | 23.10 | — | 32.88 | — |

注：不同小写字母表示同列差异显著（$P<0.05$）。

综合3次调查结果，42.4%唑醚·氟酰胺悬浮剂在第一次施药和第二次施药后均表现出最高的防效，且在第二次施药后14 d仍维持较高水平，表明其对甜瓜白粉病具有较强的防治能力和较长的持效期。43%氟菌·肟菌酯悬浮剂也表现出较好的防治效果，第一次药后7 d效果比42.4%唑醚·氟酰胺悬浮剂稍低，但第二次药后14 d效果更胜一筹，表明两者效果不相上下。两者在第二次施药后14 d防效均达到80%以上，显著高于其他药剂，说明两者都有良好的持效性。

## 3　讨论与结论

本研究结果表明，42.4%唑醚·氟酰胺悬浮剂、43%氟菌·肟菌酯悬浮剂表现出较好的防治效果和持效性，推荐作为甜瓜白粉病的防控药剂。然而，需要注意的是，长期单一使用某种药剂可能导致病菌抗药性的产生，因此在实际应用中应结合多种药剂轮换使用，以延缓抗药性的发展。

本研究中第二次施药后所有药剂的防效均显著高于第一次施药，表明多次施药能够有效增强药剂的防治效果。然而，多次施药也存在一定的局限性。一方面，频繁使用同一种化学药剂可能导致病菌抗药性的快速产生，降低药剂的长期有效性；另一方面，多次施药会增加生产成本和劳动强度，对环境也可能造成一定的压力。因此，在实际应用中，应根据病害的发生程度和药剂的持效期合理安排施药次数。如选用防效较好且持效期长的药剂，可以适当减少施药次数，以降低抗药性风险和生产成本。同时，结合生物防治和农业防治措施，如使用拮抗性微生物菌剂或改善田间通风条件，能够进一步减少化学药剂的使用频率，减少抗药性风险和对环境的压力。

本试验仅在单一地点进行，未能充分考虑不同地区的环境差异和病菌菌株的多样性。未来的研究应开展多点试验，验证药剂在不同生态区域的防治效果和持效性。

### 参考文献

[1] 崔浩楠，朱强龙，朱子成，等．甜瓜白粉病及其抗性分子遗传研究进展［J］．中国瓜菜，2018，31（3）：1-7.

[2] 甘露，马含月，高京草，等．瓜类蔬菜白粉病抗性诱导及抗性遗传研究进展［J］．中国瓜菜，2021，34（3）：1-6.

[3] 邱果，刘柳，李小梅，等．甜瓜抗枯萎病和白粉病育种研究进展［J］．生物技术通报，2017，33（8）：14-19.

[4] 徐兵划，汪国莲，仲秀娟，等．瓜类白粉病菌生理小种鉴定及抗白粉病甜瓜品种筛选［J］．江苏农业科学，2022，50（23）：102-109.

[5] 王悦目．拱棚甜瓜白粉病绿色防控技术筛选集成和应用［D］．呼和浩特：内蒙古农业大学，2023.

[6] 汪军，符小发，王国芬，等．枯草芽孢杆菌防治甜瓜白粉病效果及对甜瓜生长的影响［J］．中国植保导刊，2017，37（5）：71-73.

# 10 种杀菌剂对番茄白粉病的防治效果*

赵建江**，刘翔宇，毕秋艳，吴 杰，路 粉，柴冬晓

（河北省农林科学院植物保护研究所，河北省农业有害生物综合防治工程技术研究中心，
农业农村部华北北部作物有害生物综合治理重点实验室，
河北省作物有害生物综合防治国际科技联合研究中心，保定 071000）

**摘要**：为了明确氟吡菌酰胺等 10 种杀菌剂对番茄白粉病的防治效果，采用田间小区试验进行了评价。结果显示，吡唑醚菌酯、氟吡菌酰胺和氟唑菌酰羟胺等 10 种杀菌剂对番茄白粉病均具有良好的防治效果，其中，43%唑醚·氟酰胺悬浮剂、43%氟菌·肟菌酯悬浮剂、200 g/L 氟酰羟·苯甲唑悬浮剂以及氟唑菌酰羟胺与吡唑醚菌酯/嘧菌酯以质量比 1:1 进行桶混，对番茄白粉病的防效可达 90% 以上。为有效控制番茄白粉病的危害，延缓病原菌抗药性的产生，建议不同作用机制的杀菌剂交替或轮换施用。

**关键词**：番茄白粉病；杀菌剂；桶混；防治效果

## The Control Efficacy of Ten Fungicides Against Tomato Powdery Mildew*

ZHAO Jianjiang**, LIU Xiangyu, BI Qiuyan, WU Jie, LU Fen, CHAI Dongxiao

(*Plant Protection Institute, Hebei Academy of Agriculture and Forestry Sciences, Key Laboratory of Integrated Pest Management on Crops in Northern Region of North China, Ministry of Agriculture and Rural Affairs, China, IPM Innovation Center of Hebei Province, International Science and Technology Joint Research Center on IPM of Hebei Province, Baoding 071000, China*)

**Abstract**: To clarify the control efficacy of 10 fungicides including fluopyram against tomato powdery mildew, a field plot trials were used. The results showed that all ten fungicides, such as pyraclostrobin, fluopyram and pydiflumetofen, exhibited good control effects against tomato powdery mildew. Among them, the control efficacies of that pyraclostrobin · fluxapyroxad SC 43%, fluopyram · trifloxystrobin SC 43%, pydiflumetofen · difcnoconazole SC 200 g/L, and tank mixtures of pydiflumetofen with pyraclostrobin or azoxystrobin at a mass ratio of 1:1 against tomato powdery mildew, could reach over 90%. To effectively control the damage caused by tomato powdery mildew and delay the development of pathogen resistance, it is recommended to alternate or rotate the application of fungicides with different mechanisms of action.

**Key words**: tomato powdery mildew; fungicides; tank mixture; control efficacy

  番茄白粉病是一种世界性真菌病害，常给番茄生产造成巨大的经济损失[1]。与黄瓜白粉病的病原不同，番茄白粉病是由鞑靼内丝白粉菌 [*Leveillula taurica*（Lev.）Arn.] 和/或新番茄粉孢菌（*Oidium neolycopersici* Kiss）侵染引起的一种重要病害[2]。

---

 \* 基金项目：河北省农林科学院科技创新专项（2022KJCXZX-ZBS-12）
 \*\* 第一作者：赵建江，研究员，主要从事杀菌剂应用技术研究，E-mail：chillgess@163.com

近年来，番茄白粉病在甘肃省张掖市、河北省承德市等地区的温室番茄上偏重发生。番茄白粉病主要危害叶片，有时叶柄、茎和果实也会发病。发病初期，叶片正面出现零星的放射状白色霉点，后扩大成白色粉斑。发病初期霉层较稀疏，渐稠密后，呈毡状，病斑扩大连片或覆满整个叶片，叶面像被撒上一薄层面粉，严重影响叶片光合作用，一般可造成减产10%左右[3]。

化学防治因见效快、使用方便、效果稳定等特点，备受番茄种植者青睐。然而，目前尚未有杀菌剂登记用于番茄白粉病的防治[4]。为了有效控制番茄白粉病的危害，笔者通过田间试验评价了10种杀菌剂对番茄白粉病的防治效果。

# 1 材料与方法

## 1.1 试验材料

供试药剂：40%双胍三辛烷基苯磺酸盐（Iminoctadine tris）可湿性粉剂由日本曹达株式会社生产；0.3%四霉素（Tetramycin）水剂由辽宁微科生物工程有限公司生产；41.7%氟吡菌酰胺（Fluopyram）悬浮剂和43%氟菌·肟菌酯（Fluopyram·trifloxystrobin）悬浮剂由拜耳作物科学公司生产；43%唑醚·氟酰胺（Pyraclostrobin·fluxapyroxad）悬浮剂和250 g/L吡唑醚菌酯（Pyraclostrobin）乳油由巴斯夫欧洲公司生产；200 g/L氟酰羟·苯甲唑悬浮剂（Pydiflumetofen·difenoconazole）由先正达（苏州）作物保护有限公司生产；250 g/L嘧菌酯（Azoxystrobin）悬浮剂和200 g/L氟唑菌酰羟胺（Pydiflumetofen）悬浮剂由先正达南通作物保护有限公司生产；400 g/L异丙噻菌胺（Isofetamid）悬浮剂由日本石原产业株式会社生产。

番茄品种：粉红001。

试验地点：河北省承德市丰宁满族自治县选将营乡二道营村。

## 1.2 试验方法

### 1.2.1 六种杀菌剂对番茄白粉病的田间防效

2024年，在河北省承德市二道营村的温室中进行四霉素和氟吡菌酰胺等6种药剂防治番茄白粉病的田间药效试验，该地区为番茄集中种植区，白粉病历年均有发生。试验设7个处理，分别为40%双胍三辛烷基苯磺酸盐可湿性粉剂180 g/hm²、0.3%四霉素水剂2.25 g/hm²、41.7%氟吡菌酰胺悬浮剂180 g/hm²、43%唑醚·氟酰胺悬浮剂180 g/hm²、43%氟菌·肟菌酯悬浮剂180 g/hm²、200 g/L氟酰羟·苯甲唑悬浮剂180 g/hm²和清水对照。小区面积为20 m²，随机区组排列，每处理重复4次。在番茄白粉病零星发病时，开始施药，间隔7~10 d施药1次，连续施药3次。采用顶能牌背负式电动喷雾器，均匀喷雾，药液用量为900 L/hm²。

在第一次施药前（病情指数视为零）和末次施药后10 d，参照《农药田间药效试验准则》GB/T 17980.30—2000调查番茄白粉病的发生情况[5]，并计算防效。每次施药后3 d，调查药剂对番茄的安全情况。

### 1.2.2 四种杀菌剂及其桶混施用对番茄白粉病的田间防效

试验时间和地点与1.2.1中描述一致。试验设9个处理，分别为250 g/L嘧菌酯悬浮剂225 g/hm²、250 g/L吡唑醚菌酯悬浮剂180 g/hm²、200 g/L氟唑菌酰羟胺悬浮剂180 g/hm²、400 g/L异丙噻菌胺悬浮剂360 g/hm²、200 g/L氟唑菌酰羟胺悬浮剂+250 g/L吡唑醚菌酯悬浮剂（1∶1）180 g/hm²、200 g/L氟唑菌酰羟胺悬浮剂+250 g/L嘧菌酯悬浮剂（1∶1）

180 g/hm²、400g/L 异丙噻菌胺悬浮剂+250 g/L 吡唑醚菌酯悬浮剂（1∶1）180 g/hm²、400g/L 异丙噻菌胺悬浮剂+250 g/L 嘧菌酯悬浮剂（1∶1）180 g/hm² 和清水对照。小区面积为 20 m²，随机区组排列，每处理重复 4 次。在番茄白粉病零星发病时，开始施药，间隔 7~10 d 施药 1 次，连续施药 3 次，药液用量为 900 L/hm²。

### 1.2.3 数据统计与分析

数据采用 DPS 7.05 版数据处理软件邓肯式新复极差法（DMRT）进行差异显著性分析。

## 2 结果与分析

### 2.1 六种杀菌剂对番茄白粉病的田间防效

在番茄白粉病发生初期，喷施杀菌剂进行防治，间隔 7~10 d，连续施药 3 次后 10 d，6 种杀菌剂对番茄白粉病均具有较好的防治效果（表1）。其中，43%唑醚·氟酰胺悬浮剂、43%氟菌·肟菌酯悬浮剂和 200 g/L 氟酰羟·苯甲唑悬浮剂，在 180 g/hm² 处理剂量下，对番茄白粉病的防治效果分别为 90.53%、92.99% 和 91.45%，显著高于其他 3 种杀菌剂；40%双胍三辛烷基苯磺酸盐可湿性粉剂和 41.7%氟吡菌酰胺悬浮剂，在 180 g/hm² 处理剂量下，对番茄白粉病的防治效果稍差，防效分别为 83.83% 和 85.01%；而 0.3%四霉素水剂 2.25 g/hm² 对番茄白粉病的防效最低，防治效果为 80.73%。各处理对番茄安全，未出现叶片褪绿、坏死斑等药害症状。

表 1　6 种杀菌剂对番茄白粉病的田间防治效果

| 药剂 | 有效剂量/（g/hm²） | 病情指数 | 防效/% |
| --- | --- | --- | --- |
| 40%双胍三辛烷基苯磺酸盐可湿性粉剂 | 180.00 | 5.09 | 83.83 bc |
| 0.3%四霉素水剂 | 2.25 | 6.06 | 80.73 c |
| 41.7%氟吡菌酰胺悬浮剂 | 180.00 | 4.70 | 85.01 b |
| 43%唑醚·氟酰胺悬浮剂 | 180.00 | 2.98 | 90.53 a |
| 43%氟菌·肟菌酯悬浮剂 | 180.00 | 2.20 | 92.99 a |
| 200 g/L 氟酰羟·苯甲唑悬浮剂 | 180.00 | 2.67 | 91.45 a |
| 空白对照 | — | 31.67 | — |

注：同列数据后相同小写字母表示在 $P = 0.05$ 水平上无显著性差异。

### 2.2 四种杀菌剂及其桶混施用对番茄白粉病的田间防效

在番茄白粉病发生初期，喷施嘧菌酯、吡唑醚菌酯、氟唑菌酰羟胺和异丙噻菌胺等 4 种杀菌剂及其桶混后施用，间隔 7~10 d，连续施药 3 次后 10 d，这 4 种杀菌剂及其桶混后施用均对番茄白粉病表现出良好的防治效果（表2）。其中，氟唑菌酰羟胺分别与吡唑醚菌酯和嘧菌酯按质量比 1∶1 桶混后，对番茄白粉病的防治效果最好，防效分别为 91.29% 和 90.49%，显著优于其他各处理；异丙噻菌胺分别与吡唑醚菌酯和嘧菌酯按质量比 1∶1 桶混后，对番茄白粉病也具有良好的防效，防效分别为 86.60% 和 85.00%，与其单剂的防治效果没有显著差异，但杀菌剂的用量显著降低。各处理对番茄安全，未出现叶片褪绿、坏死斑等药害症状。

表2  四种杀菌剂及其桶混施用对番茄白粉病的田间防效

| 药剂及配比 | 有效剂量/($g/hm^2$) | 病情指数 | 防效/% |
|---|---|---|---|
| 250 g/L 嘧菌酯悬浮剂 250 g/L | 225 | 5.44 | 81.67 c |
| 250 g/L 吡唑醚菌酯乳油 250 g/L | 180 | 4.98 | 83.14 bc |
| 200 g/L 氟唑菌酰羟胺悬浮剂 250 g/L | 180 | 4.46 | 84.77 bc |
| 400g/L 异丙噻菌胺悬浮剂 250 g/L | 360 | 4.94 | 83.17 bc |
| 氟唑菌酰羟胺+吡唑醚菌酯（1∶1） | 180 | 2.54 | 91.29 a |
| 氟唑菌酰羟胺+嘧菌酯（1∶1） | 180 | 2.78 | 90.49 a |
| 异丙噻菌胺+吡唑醚菌酯（1∶1） | 180 | 3.93 | 86.60 b |
| 异丙噻菌胺+嘧菌酯（1∶1） | 180 | 4.43 | 85.00 bc |
| 空白对照 | — | 29.57 | — |

## 3 结论与讨论

本研究通过田间试验评价了双胍三辛烷基苯磺酸盐、四霉素、氟吡菌酰胺和嘧菌酯等10种杀菌剂及其桶混施用对番茄白粉病的防治效果，结果显示，供试的10种杀菌剂均对番茄白粉病表现出良好的防治效果，其中43%唑醚·氟酰胺悬浮剂、43%氟菌·肟菌酯悬浮剂、200 g/L 氟酰羟·苯甲唑悬浮剂，以及氟唑菌酰羟胺分别与嘧菌酯或吡唑醚菌酯（质量比1∶1）桶混，在180 g/$hm^2$处理剂量下，对番茄白粉病的防治效果最好，防效可达90%以上。

氟唑菌酰羟胺与嘧菌酯或吡唑醚菌酯按有效成分质量比1∶1桶混施用，在相同的试验剂量下，对番茄白粉病的防治效果显著高于其单剂；异丙噻菌胺与嘧菌酯/吡唑醚菌酯按有效成分质量比1∶1桶混施用，对番茄白粉病也展示出良好的防治效果，与其单剂防效无显著差异，但显著降低了异丙噻菌胺和嘧菌酯/吡唑醚菌酯的施用剂量。杀菌剂的混配施用可以延缓病原菌抗药性的产生。

番茄白粉病菌为专性寄生菌，无法进行离体培养，开展离体药敏试验，这增加了药剂筛选的难度。本研究通过田间小区试验，评价了10种杀菌剂及其桶混施用，对番茄白粉病的防治效果，研究结果为白粉病的有效防控提供了依据。由于番茄白粉病菌繁殖周期短、产孢量大、遗传变异快，具有较高的抗药性风险。为延缓病原菌抗药性的产生，在施用化学杀菌剂防治番茄白粉病的过程中，应注意不同作用机制杀菌剂的交替、轮换施用，每个生长季节施用相同作用机制的杀菌剂最多不超过3次。

**参考文献**

[1] 李小红，赵雯，周鹏泽，等. 番茄白粉病室内苗期抗病性鉴定方法研究及种质资源抗病性评价[J]. 中国瓜菜，2022，35（11）：80-85.

[2] BUCKLAND K R, OCAMB C M, RASMUSSEN A L, et al. Reducing powdery mildew in high-tunnel tomato production in Oregon with ultra violet-C lighting [J]. Hort Technology, 2023, 33（2）: 149-151.

[3] 董莉,欧勇,孟庆林. 辽宁朝阳地区番茄白粉病发生调查研究[J]. 园艺与种苗,2020,40(1):12-13.

[4] 中国农药信息网. 数据中心[EB/OL]. (2025-05-16)[2025-06-06]. http://www.chinapesticide.org.cn/zwb/dataCenter.

[5] 农药田间药效试验准则(一)杀菌剂防治黄瓜白粉病:GB/T 17980.30—2000[S]. 北京:中华人民共和国国家标准,2000.

# 氟吡菌酰胺对象耳豆根结线虫二龄幼虫及卵囊的室内毒力测定*

符美英[1]**，李奕蓉[2]，卜小莉[1]，李治文[1]，王会芳[1]，罗激光[1]***

(1. 海南省农业科学院植物保护研究所，海南省农业科学院农产品质量安全与标准研究中心，海南省植物病虫害防控重点实验室，海口 571100；
2. 云南农业大学农学院，昆明 650000)

**摘要**：根结线虫侵染哈密瓜引起的哈密瓜根结线虫病是哈密瓜种植过程中的一大病害。氟吡菌酰胺是一种新兴杀线剂，为了明确其对哈密瓜病原根结线虫（象耳豆根结线虫）的毒杀效果，本研究采用药液浸渍法，分别处理象耳豆根结线虫的二龄幼虫（J2）和卵囊，评价该药剂对J2死亡率的影响和计算其$LC_{50}$值以及对卵孵化的抑制效果。结果表明：氟吡菌酰胺对J2表现出良好的毒杀活性，24 h时的致死中浓度（$LC_{50}$）为0.758 mg/L（0.048～1.943 mg/L），且随着处理时间延长和药剂浓度升高，死亡率显著上升；氟吡菌酰胺20 mg/L处理卵囊1 d后，卵囊孵化抑制率就高达90%以上，有效抑制卵囊孵化。研究表明，氟吡菌酰胺对象耳豆根结线虫J2具有良好的毒杀效果，且能有效抑制卵囊孵化，研究结果为氟吡菌酰胺防治象耳豆根结线虫的精准科学用药提供理论依据和数据支撑。

**关键词**：象耳豆根结线虫；氟吡菌酰胺；毒力测定

# Indoor Virulence Determination of the J2 and Oocysts of the *Meloidogyne enterolobii* with Fluopyram*

FU Meiying[1]**, LI Yirong[2], BU Xiaoli[1], LI Zhiwen[1], WANG Huifang[1], LUO Jiguang[1]***

(1. *Institute of Plant Protection, Hainan Academy of Agricultural Sciences (Research Center of Quality Safety and Standards for Agro-Products, Hainan Academy of Agricultural Sciences), Hainan Key Laboratory for control of Plant Diseases and Insect Pests, Haikou 571100, China;*
2. *Yunnan Agricultural University, Kunming 650000, China*)

**Abstract**: The root-knot nematode disease of Hami melons caused by root-knot nematode infection is a major disease in the cultivation process. Fluopyram is a new type of nematicide. In order to clarify its toxic effect on the *Meloidogyne enterolobii*, the J2 and oocysts of the *M. enterolobii* were treated respectively by the liquid impregnation method to evaluate the effect. The results show that: fluopyram showed good toxic activity against J2. The $LC_{50}$ was 0.758 mg/L (0.048-1.943 mg/L) at 24 hours, and the mortality rate increased significantly with the extension of treatment time and the increased of reagent concentration. Treating oocysts at a dose of 20 mg/L for 1 day, the inhibition rate of oocyst hatching was as high as over 90%, effectively inhibiting oocyst hatching. Studies have shown that fluopyram has a good toxic effect on the J2 and can effectively inhibit the hatching of oocysts. The research results provide a theoretical basis and data support for the precise and scientific use of fluopyram on the *M. enterolobii*.

---

\* 基金项目：海南省重点研发项目（ZDYF2022XDNY336）
\*\* 第一作者：符美英，副研究员，E-mail：94427962@qq.com
\*\*\* 通信作者：罗激光，助理研究员，E-mail：luojiguang@hnaas.org.cn

**Key words**：*M. enterolobii*；fluopyram；virulence determination

根结线虫（*Meloidogyne* spp.）是一类极具破坏性的植物寄生线虫，全世界已发现的根结线虫已知种有 97 个，其中南方根结线虫（*M. incognita*）、爪哇根结线虫（*M. javanica*）、花生根结线虫（*M. arenaria*）和象耳豆根结线虫（*M. enterolobii*）是全球热带、亚热带分布最广、危害最严重的根结线虫种类[1]。根结线虫主要是通过侵染植物根系形成根结，破坏根部细胞，影响植物对水分和养分的吸收[2]，使植物发生病变。由根结线虫引起的植物病害称为根结线虫病，其对植物的危害仅次于真菌性病害，是植物四大类病害之一。全球范围内每年因根结线虫危害造成的农作物经济损失高达 1 570 亿美元[3]。中国作为农业大国，根结线虫危害面积已超过 200 万 hm$^2$，其中南方地区因气候温暖湿润，受害更为突出[4]。在我国各主要哈密瓜产区，根结线虫病已成为普遍发生的病害。海南省哈密瓜每年种植三茬，长期大面积连作导致病虫害发生严重，其中根结线虫的危害较为突出。

根结线虫防治难度极高，因其土壤栖居的隐蔽性、繁殖速率快（单雌产卵量>500粒）[5]。化学防治仍是当前根结线虫病害防控的主要手段，如噻唑膦、阿维菌素、氟吡菌酰胺等是常用药剂。氟吡菌酰胺（fluopyram）作为琥珀酸脱氢酶抑制剂（SDHI）类杀线虫剂，通过抑制线粒体呼吸链复合体Ⅱ，阻断能量（ATP）合成，导致线虫麻痹死亡[6]。因其高效、低毒及持效期长等特点，在根结线虫综合治理中发挥重要作用[7]。研究表明氟吡菌酰胺对番茄根结线虫防效达 76%，且能激活植物系统抗性[8,9]。近年来，哈密瓜种植户反映氟吡菌酰胺的杀线效果不理想，而杀线效果下降的原因是不科学用药使其产生了抗药性还是土壤微生物环境的变化使其药效降低，这有待于研究。

本研究以海南哈密瓜象耳豆根结线虫为研究对象，采用室内浸渍法，系统评价氟吡菌酰胺对象耳豆根结线虫 J2 的毒杀效果和抑制卵孵化的效果。研究结果将为海南哈密瓜象耳豆根结线虫的科学防控提供理论依据，也为制定象耳豆根结线虫的抗药性治理策略奠定基础。

## 1 材料与方法

### 1.1 供试根结线虫

供试线虫于 2024 年 10 月采自海南省东方市新龙镇下通村硒果庄园哈密瓜种植大棚，经本研究室鉴定为象耳豆根结线虫，样本培养于线虫资源圃中的空心菜根部。

### 1.2 试验药剂

供试试验药剂为氟吡菌酰胺原药，生产厂家为拜耳股份公司；辅助生化药剂有丙酮，生产厂家为广州化学试剂厂，吐温 80，生产厂家为生工生物工程（上海）股份有限公司。

### 1.3 根结线虫 J2 悬浮液的制备

取培养于线虫资源圃中的产生大量根结的空心菜根系，用自来水轻轻冲洗干净，用解剖针轻轻挑取病根上的卵囊放入直径 6 cm 的培养皿内，加入少量无菌水在 25 ℃恒温箱中孵化 4~5 d，收集 J2 并加入无菌水将其配制成浓度为 100 条/mL 左右的 J2 悬浮液备用。

### 1.4 药剂对 J2 的室内毒力测定方法

参照李秋捷等[8]所描述的浸渍法，有所改动，测定药剂对象耳豆根结线虫 J2 的室内毒力。培养皿中加 2 mL 的 J2 悬浮液，再加入等体积配好的不同浓度的药剂，25 ℃条件下保湿培养。设定 6 个浓度梯度处理分别为 2.5 mg/L、5 mg/L、10 mg/L、20 mg/L、40 mg/L、

80 mg/L，分别以无菌水和丙酮·吐温 80（4∶3）水溶液为空白对照，每个处理 3 个重复。分别在处理后的 4 h、8 h、12 h、24 h、48 h 时在显微镜下观察，检查象耳豆根结线虫 J2 的存活数量和死亡数量，线虫呈僵直不动为死虫，呈弯曲蠕动状态为活虫。计算死亡率和校正死亡率。

### 1.5 药剂抑制卵孵化的测定方法

采用 Giannakou 等[10]的浸渍法，测定氟吡菌酰胺对象耳豆根结线虫卵囊孵化的影响，培养皿加入配好的不同浓度的药剂 2 mL，加入形态大小相似发育一致的 3 个卵囊（每个卵囊有 300~500 粒卵），每个处理 3 个重复。在 25 ℃条件下保湿培养，分别于 1 d、2 d、3 d、4 d、5 d 在体视镜下观察卵囊的孵化情况，并计算孵化抑制率。

### 1.6 数据统计

使用 Excel 计算各处理的死亡率和校正死亡率，使用 SPSS 对数据进行分析处理[11]，并计算出各个药剂的致死中浓度 $LC_{50}$ 值、95% 置信区间、药剂的毒力回归方程 $y=ax+b$（$y$ 代表校正死亡率概率值；$x$ 代表药剂质量浓度的常用对数）。

死亡率 =（死亡线虫数/处理线虫数）×100%

孵化抑制率 =［（对照孵化率−处理孵化率）/对照孵化率］×100%

## 2 结果与分析

### 2.1 氟吡菌酰胺对象耳豆根结线虫 J2 致死率的影响

由图 1 可知，不同浓度处理的氟吡菌酰胺对象耳豆根结线虫二龄幼虫均有致死作用。同一浓度下，随着处理时间的延长，氟吡菌酰胺对耳豆根结线虫 J2 的致死率普遍增加。在 2.5 mg/L、5 mg/L 低浓度下，致死率随时间增加较为明显，例如浓度为 2.5 mg/L 在 4 h 时，致死率为 42.8%，48 h 升至 82.7%；在 10 mg/L、20 mg/L 中浓度下，致死率随时间增加较为缓慢；在 40 mg/L、80 mg/L 高浓度下，致死率在较短时间内即可达到较高水平，并且在 48 h 内基本保持稳定。80 mg/L 浓度处理下，2 h 时致死率为 90.3%，低于 20 mg/L 和 40 mg/L 致死率；48 h 时致死率为 92.2%，低于 10 mg/L、20 mg/L 和 40 mg/L 致死率。

### 2.2 氟吡菌酰胺对根结线虫 J2 的毒力作用

氟吡菌酰胺的 6 个不同质量浓度对象耳豆根结线虫二龄幼虫的毒力实验结果显示，氟吡菌酰胺对象耳豆根结线虫二龄幼虫的 $LC_{50}$ 值在 4 h 下为 2.311（1.122~3.578），8 h 下为 1.489（0.328~2.882），12 h 下为 1.211（0.162~2.612），24 h 下为 0.758（0.048~1.943），48 h 下为 0.01（0~0.167）。随着处理时间的延长，$LC_{50}$ 值逐渐降低，则氟吡菌酰胺对象耳豆根结线虫的毒力随时间延长而增加，二龄幼虫对氟吡菌酰胺的敏感性随时间的延长而增强。24 h 下的 $LC_{50}$ 值仅 4 h 的 32.8%，表明延长处理时间可显著提高氟吡菌酰胺对象耳豆根结线虫的杀虫高效率（表 1）。

表 1 不同时间下氟吡菌酰胺对象耳豆根结线虫 J2 的室内毒力测定结果

| 时间/h | 毒力回归方程 | 毒力/（mg/L） | 95% 置信区间 |
| --- | --- | --- | --- |
| 4 | $y=-0.458+1.260x$ | 2.311 | 1.122~3.578 |
| 8 | $y=-0.218+1.261x$ | 1.489 | 0.328~2.882 |
| 12 | $y=-0.099+1.191x$ | 1.211 | 0.162~2.612 |

(续表)

| 时间/h | 毒力回归方程 | 毒力/（mg/L） | 95%置信区间 |
|---|---|---|---|
| 24 | $y=0.128+1.059x$ | 0.758 | 0.048~1.943 |
| 48 | $y=0.924+0.465x$ | 0.010 | 0~0.167 |

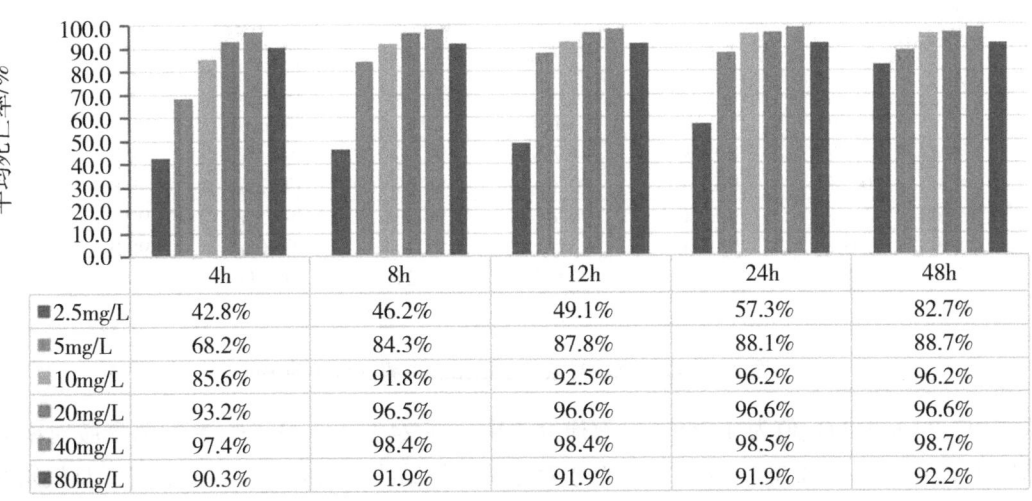

图1 氟吡菌酰胺对象耳豆根结线虫J2的致死率

## 2.3 氟吡菌酰胺对象耳豆根结线虫卵囊孵化的影响

氟吡菌酰胺的6个不同质量浓度对象耳豆根结线虫卵囊孵化均有抑制作用，如图2。药剂处理1 d后，浓度为20 mg/L、40 mg/L、80 mg/L时，卵孵化抑制率均达90%以上，其中80 mg/L药剂浓度处理下抑制卵囊孵化效果最好，抑制率药剂处理1 d已达到99.6%，并且保持稳定，处理3 d开始至5 d抑制率达99.9%。药剂处理2 d后6个不同质量浓度处理的卵孵化抑制率均达到90%。同一浓度处理条件下，卵孵化抑制率随处理时间延长而升高，如2.5 mg/L处理表现尤其明显，处理1 d后孵化抑制率为79.6%，处理5 d后孵化抑制率为93.1%。浓度为20 mg/L处理组药剂处理，孵化抑制率均高于90%，表明氟吡菌酰胺能有效抑制卵囊发育。药剂处理1 d时，40 mg/L浓度抑制率达94.4%，而2.5 mg/L仅为79.6%；处理5 d时，40 mg/L抑制率升至98.1%，显示高浓度药剂可快速且持久地抑制卵发育。10 mg/L处理组1 d抑制率为84.7%，5 d增至93.9%，表明药剂可直接杀灭虫卵，或干扰卵内胚胎发育进程，从而导致孵化失败或延迟。

## 3 讨论与结论

本研究结果显示：氟吡菌酰胺不同浓度处理对象耳豆根结线虫J2均有致死作用，随着处理时间和药剂浓度的增加，象耳豆根结线虫J2致死率也升高。20 mg/L浓度处理4 h致死率达90%以上，40 mg/L浓度处理8 h后J2致死率高达98%，表明氟吡菌酰胺对哈密瓜象耳豆根结线虫J2有较好的致死效果。本研究中，氟吡菌酰胺对象耳豆根结线虫J2有较强的毒

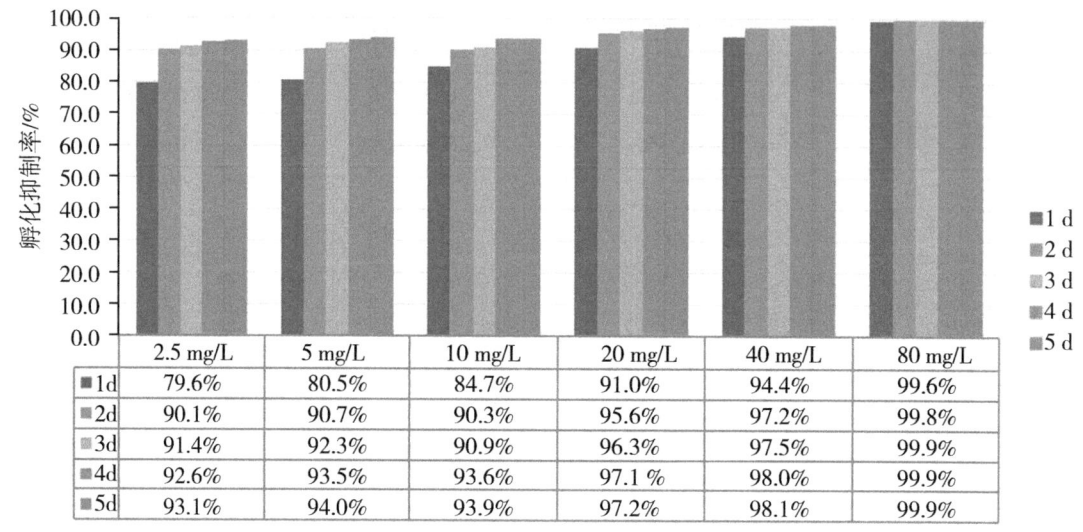

图 2 氟吡菌酰胺对象耳豆根结线虫卵囊孵化的影响

杀作用，24 h 下 $LC_{50}$ 值为 0.758。已有研究表明，在 24 h 下，41.7% 氟吡菌酰胺对南方根结线虫 J2 的 $LC_{50}$ 为 0.327 mg/L[10]，低于对象耳豆根结线虫的 $LC_{50}$，推测有可能是根结线虫种类不同或不同地区之间用药习惯、用药浓度不同所导致。氟吡菌酰胺不同浓度处理对象耳豆根结线虫卵囊孵化均有较好的抑制作用，随着处理时间和药剂浓度的增加，对卵囊孵化的抑制率也相应升高[11-12]。20 mg/L 浓度处理使象耳豆根结线虫卵囊孵化抑制率药剂处理 1 d 超过 90%，表明氟吡菌酰胺对哈密瓜上象耳豆根结线虫有较好抑制卵囊孵化的效果，弥补了传统杀线剂对卵毒杀效果不足的缺陷[12]。

氟吡菌酰胺作为 SDHI 类杀菌剂，通过竞争性结合线虫线粒体复合体 Ⅱ 的泛醌结合位点，阻断电子传递和氧化磷酸化过程，导致 ATP 耗竭和细胞凋亡[13]。相较于同类琥珀酸脱氢酶抑制剂（SDHI）如吡氟菌胺（$LC_{50}$=6.24 mg/L），氟吡菌酰胺表现出更高的活性[14]。80 mg/L 浓度处理组在短时（2 h）和长时（48 h）相较 20 mg/L 和 40 mg/L 致死率低（图2），可能与以下因素有关：高浓度氟吡菌酰胺可能迅速抑制线虫运动（如身体弯曲频率降低），导致其进入麻痹或假死状态，实验观察时被误判为存活[15]。若实验中使用丙酮等溶剂配制高浓度药液，溶剂本身可能对线虫产生渗透压胁迫或直接毒性，干扰药物吸收或诱导线虫分泌保护性黏液[16-17]；二龄幼虫的代谢活跃度可能随药物浓度变化呈现非线性响应。低浓度下，线虫持续活动并摄入药物，而高浓度下可能因快速麻痹减少摄药量，反而降低累积毒性[18]。

本研究中使用卵囊而非卵粒进行实验，原因有二：其一是在预实验中，发现用 10% 次氯酸钠溶解卵囊胶质使卵粒分离出来后再进行实验时，空白对照处理的卵粒孵化出 J2 后，J2 死亡数量比较大，不符合常理；其二是用卵囊进行实验与田间药剂需突破卵囊保护层的实际场景类似，试验数据更加科学，因此本研究采用完整卵囊进行氟吡菌酰胺毒力测定。

由于海南省农作物根结线虫危害日益严重，农户为保证农作物产量可能会滥用杀线剂，从而使田间根结线虫的抗药性有逐渐增高的趋势。因此，通过室内筛选对根结线虫毒杀效果好、浓度适宜的药剂，为降低化学农药用量、更好地制定根结线虫防治策略提供依据。

## 参考文献

[1] SAIDOVA S, ESHOVA H, MIRZALIYEVA G, et al. Distribution of root-knot nematodes on agricultural plants, harm and their host plants [J]. Bulletin of National University of Uzbekistan: Mathematics and Natural Sciences, 2020, 3 (3): 375-387.

[2] CASTAGNONE-SERENO, P. *Meloidogyne enterolobii* ( = *M. mayaguensis*): profile of an emerging, highly pathogenic, root-knot nematode species [J]. Nematology, 2012, 14 (2): 133-138.

[3] JONES J T, HAEGEMAN A, DANCHIN, et al. Top 10 plant-parasitic nematodes in molecular plant pathology [J]. Molecular plant pathology, 2013, 14 (9): 946-961.

[4] BRITO J A, STANLEY J D, KAUR R, et al. Effects of the Mi-1, N and tabasco genes on infection and reproduction of *Meloidogyne mayaguensis* on tomato and pepper genotypes [J]. Journal of Nematology, 2007, 39 (4): 327-332.

[5] 胡冠麟. 氟吡菌酰胺的应用与开发进展 [J]. 现代农药, 2025, 24 (1): 42-46.

[6] YUJI O. From Old-Generation to Next-Generation Nematicides [J]. Agronomy, 2020, 10 (9): 1387-1387.

[7] 艾辉建, 刘志明, 黄金玲, 等. 几种杀线剂对南方根结线虫的田间药效试验 [J]. 南方农业学报, 2012, 43 (7): 961-964.

[8] 陈香华, 蒋守华, 熊战之, 等. 氟吡菌酰胺SC防治番茄根结线虫的药效研究 [J]. 金陵科技学院学报, 2019, 35 (1): 84-87.

[9] 刘晓宇, 陈立杰, 姚美玲, 等. 新型农药氟吡菌酰胺对番茄根结线虫的田间防效 [J]. 中国植保导刊, 2018, 38 (8): 75-77.

[10] ROCHA LF, SUBEDI A, PIMENTEL M F, et al. Fluopyram activates systemic resistance in soybean [J]. Frontiers in Plant Science, 2022, 13: 1020167.

[11] 李秋捷, 陆秀红, 黄金玲, 等. 不同药剂对南方根结线虫的室内毒力测定 [J]. 浙江农业科学, 2018, 59 (8): 1432-1433, 1435.

[12] GIANNAKOU I O, KARPOUZAS D G, ANASTASIADES I, et al. Factors affecting the efficacy of non-fumigant nematicides for controlling root-knot nematodes [J]. Pest Management Science, 2005, 61 (10): 961-972.

[13] 徐晨伟, 袁玉娟, 李亚. 根结线虫病害综合防治研究进展 [J]. 黑龙江农业科学, 2023 (12): 136-141.

[14] 贾春生. 利用SPSS软件计算杀虫剂的$LC_{50}$ [J]. 昆虫知识, 2006 (3): 414-417.

[15] 高泽文, 薛美静, 周绍芳, 等. 象耳豆根结线虫对抗病番茄品种VFNT的致病性研究 [J]. 植物病理学报, 2022, 52 (2): 191-202.

[16] 符美英, 芮凯, 肖彤斌, 等. 海南岛象耳豆根结线虫的种类鉴定及其rDNA-ITS序列分析 [J]. 生物安全学报, 2012, 21 (1): 79-84.

[17] SCHLEKER A S S, RIST M, MATERA C, et al. Author correction: mode of action of fluo pyram in plant-parasitic nematodes [J]. Scientific Reports, 2023, 13 (1): 13748.

[18] 何轶, 蔡志豪, 李彩斌, 等. 八种杀线剂对南方根结线虫的毒杀活性测试 [J]. 湖北农业科学, 2022, 61 (4): 70-73.

# 5种药剂对大白菜软腐病的防治效果

李思博\*，孙 芹，王 斌\*\*

（沈阳中化农药化工研发有限公司，新农药创制与开发国家重点实验室，沈阳 110021）

**摘要**：对比了几种常见登记商品化杀菌剂对大白菜软腐病的室内生物活性和田间防效。采用96孔细胞培养板法进行了5个常见登记商品化杀菌剂对大白菜软腐病菌的最小抑菌质量浓度测定，并进行了室内活体盆栽试验和田间药效试验，旨在比较这些药剂的防治效果，为大白菜软腐病的化学防治提供依据。室内离体最小抑菌质量浓度测定结果表明50%氯溴异氰尿酸可溶粉剂对大白菜软腐病菌最小抑菌质量浓度为600 mg/L，抑菌效果高于其他供试药剂。室内活体盆栽试验结果表明50%氯溴异氰尿酸可溶粉剂对大白菜软腐病防效最高 $EC_{70}$ 为362.79 mg/L。其次是20%噻菌铜悬浮剂 $EC_{70}$ 为504.99 mg/L。20%噻唑锌悬浮剂 $EC_{70}$ 为594.80 mg/L。30%噻森铜悬浮剂 $EC_{70}$ 为687.99 mg/L。2%春雷霉素可湿性粉剂防效最低 $EC_{70}$ 为1 115.68 mg/L。田间试验结果表明在600 mg/L的剂量下50%氯溴异氰尿酸可溶粉剂防效最高为86.86%，其次为20%噻菌铜悬浮剂防效78.52%，与20%噻唑锌悬浮剂防效74.77%相当，优于30%噻森铜悬浮剂防效67.49%。2%春雷霉素可湿性粉剂在登记推荐剂量60 mg/L下防效仅为56.81%。

**关键词**：大白菜软腐病；杀菌剂；室内生物活性；田间试验结果

# The Efficacy of Five Fungicides Against Chinese Cabbage Soft Rot

LI Sibo\*, SUN Qin, WANG Bin\*\*

(*Shenyang Sinochem Agrochemicals R&D Co., Ltd., State Key Laboratory of the Discovery and Development of Novel Pesticide, Shenyang 110021, China*)

**Abstract**: We compared the bioactivity and field efficacy of several commonly registered commercial fungicides against Chinese cabbage soft rot. The minimum inhibitory concentration of five commonly registered commercial fungicides against Chinese cabbage soft rot was determined using a 96 well cell culture plate method. In vivo experiments and field experiment results were conducted to compare the control effects of these fungicides and provide a basis for chemical control of Chinese cabbage soft rot. The results of in vitro minimum inhibitory mass concentration determination showed that 50% chlorobromoisocyanuric acid soluble powder had a minimum inhibitory mass concentration of 600 mg/L against Chinese cabbage soft rot, and its antibacterial effect was higher than other tested agents. The in vivo pot experiment results showed that 50% chlorobromoisocyanuric acid soluble powder had the highest $EC_{70}$ of 362.79 mg/L for the control of Chinese cabbage soft rot. Secondly, the $EC_{70}$ of 20% Thiabendazole Copper Suspension Agent is 504.99 mg/L. The $EC_{70}$ of 20% thiazole zinc suspension is is 594.80 mg/L. The $EC_{70}$ of 30% Thiamethasone copper suspension is 687.99 mg/L. The lowest $EC_{70}$ of 2% Chunlei mycin wettable powder is 1 115.68 mg/L, respectively. The field experiment results showed that at a dose of 600 mg/L, the highest control effect of 50% chlorobromoisocyanuric acid soluble powder was 86.86%, followed by 20% thiamethoxam copper suspension with a control effect of 78.52%, which was similar to the control effect of 20% thiazole zinc suspension with a control effect of 74.77% and better than the control effect of 30% thiazole copper suspension with a control effect of

---

\* 第一作者：李思博，工程师，主要从事新化合物杀菌活性筛选及植物病害化学防治技术研究

\*\* 通信作者：王斌，高级工程师，E-mail：wangbin@yangnongchem.com

67.49%. The efficacy of 2% Chunlei mycin wettable powder is 56.81% at the recommended registered dose of 60 mg/L.

**Key words**：Chinese cabbage soft rot；fungicides；bioactivity；field experiment results

大白菜又称白菜、包心白菜、黄芽菜、结球白菜，属十字花科芸薹属蔬菜，在世界各地广泛栽培，目前在我国种植面积和产量均位居前列。近年来随着大白菜栽培面积的不断扩大和连作年限的增加，大白菜软腐病有加重发展的趋势，严重影响了大白菜的生产。在个别年份该病造成的大白菜减产50%以上，个别地块甚至绝产。大白菜软腐病是一种常见的发生严重的细菌性病害，病原为胡萝卜软腐欧文氏菌胡萝卜致病亚种（*Erwinia carotovora* subsp. *carotovora*）[1-4]。软腐病菌在带有病残体的土壤和堆肥中越冬，土壤中的软腐病原细菌可以从萌发的幼苗和根部入侵。一般情况下，细菌处于潜在侵染的状态，当温度和湿度适宜的情况下，病原菌通过伤口及病虫害的发病部位侵入，通过维管束传导至植株各个部位。研究表明，欧文氏菌主要通过分泌果胶裂解酶、纤维素酶以及蛋白酶等，使植物细胞壁降解，细胞间隙渗透压增加，造成细胞质壁分离，最终导致植物组织解离、腐烂，产生溃烂、浸渍等症状。目前，化学防治是大白菜软腐病的主要防治措施。生产中使用的防治药剂，主要包括农用抗生素类、噻唑类、铜制剂类、其他类农药等[5-9]。本研究采用96孔细胞培养板法进行了5个常见登记商品化杀菌剂对大白菜软腐病菌的室内最小抑菌质量浓度测定，并进行了室内活体盆栽试验和田间药效试验，旨在比较这些药剂的防治效果，为大白菜软腐病的化学防治提供依据。

# 1 材料与方法

## 1.1 供试菌株

大白菜软腐病菌（*Erwinia carotovora* subsp. *carotovora*），由沈阳中化农药化工研发有限公司农药生物测定中心保存。

## 1.2 供试药剂

50%氯溴异氰尿酸可溶粉剂（江苏东宝农化股份有限公司）

20%噻唑锌悬浮剂（浙江新农化工股份有限公司）

30%噻森铜悬浮剂（浙江东风化工有限公司）

2%春雷霉素可湿性粉剂（山西新源华康生物科技股份有限公司）

20%噻菌铜悬浮剂（浙江龙湾化工有限公司）

## 1.3 最小抑菌质量浓度测定方法

采用96孔细胞培养板法进行大白菜软腐病菌的最小抑菌质量浓度测定试验。将培养至稳定生长期的大白菜软腐病菌菌液，取5 mL菌液转入95 mL LB培养液中混合均匀，使用多通道移液器，按照每孔200 μL的液量，加入平底96孔细胞培养板中，再加入配制好的定量药剂母液。供试药剂质量浓度设置为2 000 mg/L、1 500 mg/L、1 000 mg/L、800 mg/L、600 mg/L、500 mg/L、400 mg/L、300 mg/L、200 mg/L、100 mg/L、50 mg/L、25 mg/L、12.5 mg/L、6.25 mg/L共计14个质量浓度，另设溶剂对照和空白对照，每处理4次重复。将供试药剂配制成高质量浓度母液，再将定量母液加入细胞培养板不同板孔内，配制成所需质量浓度。细胞培养板在30 ℃振荡培养48 h，待空白对照孔内的菌液达到稳定生长期，进行结果调查。根据加入药剂的细胞培养板各孔内的菌液是否生长判断药剂对大白菜软腐病菌的抑菌活性。

### 1.4 室内活体盆栽试验方法

将供试药剂质量浓度设置为 800 mg/L、600 mg/L、400 mg/L、300 mg/L、200 mg/L、100 mg/L、50 mg/L 共计 7 个质量浓度，另设溶剂对照和空白对照，每处理 3 次重复。供试大白菜种植于日光温室内进行正常水肥管理。喷雾时确保叶片正反面均匀着药，药液在叶片表面湿润欲滴为度。喷雾处理后 24 h 对植株叶片喷雾接种病菌，待每批进行病菌接种叶片中未进行药剂处理的空白对照充分发病时，对药剂的防治效果进行调查，药效调查及计算方法按国标 GB/T 17980.114—2004《农药田间药效试验准则》第 114 部分杀菌剂防治大白菜软腐病进行。试验结果采用 DPS 数据处理系统进行数据统计。

### 1.5 田间药效试验方法

试验在福建省漳州市龙海区九湖镇新春村进行，品种为青杂 3 号。试验时，大白菜软腐发病均匀一致，处于中等发生程度。试验设 6 个处理，按登记推荐剂量分别为 50%氯溴异氰尿酸可溶粉剂 600 mg/L、20%噻唑锌悬浮剂 600 mg/L、30%噻森铜悬浮剂 600 mg/L、2%春雷霉素可湿性粉剂 60 mg/L、20%噻菌铜悬浮剂 600 mg/L、空白对照（CK）。每小区 15 m$^2$，每处理重复 3 次，共 18 个小区。试验共施药 3 次，间隔 7 d，并于末次药后 7 d 进行药效调查。药效调查及计算方法按国标《农药田间药效试验准则》（GB/T 17980.114—2004）第 114 部分杀菌剂防治大白菜软腐病进行。试验结果采用 DPS 数据处理系统进行数据统计和差异显著性分析。

## 2 结果与分析

### 2.1 室内离体最小抑菌质量浓度测定结果

试验结果表明：50%氯溴异氰尿酸可溶粉剂对大白菜软腐病菌的最小抑菌质量浓度为 600 mg/L，抑菌效果高于其他供试药剂。20%噻菌铜悬浮剂和 20%噻唑锌悬浮剂最小抑菌质量浓度为 1 000 mg/L，30%噻森铜悬浮剂最小抑菌质量浓度为 1 500 mg/L，2%春雷霉素可湿性粉剂最小抑菌质量浓度为 2 000 mg/L，结果见表 1。

表 1 室内离体最小抑菌质量浓度测定

| 药剂 | 最小抑菌质量浓度/（mg/L） |
| --- | --- |
| 50%氯溴异氰尿酸可溶粉剂 | 600 |
| 20%噻唑锌悬浮剂 | 1 000 |
| 30%噻森铜悬浮剂 | 1 500 |
| 2%春雷霉素可湿性粉剂 | 2 000 |
| 20%噻菌铜悬浮剂 | 1 000 |

### 2.2 室内活体盆栽试验结果

室内活体盆栽试验结果表明：50%氯溴异氰尿酸可溶粉剂对大白菜软腐病防效最高 $EC_{50}$ 为 112.55 mg/L，$EC_{70}$ 为 362.79 mg/L。其次是 20%噻菌铜悬浮剂 $EC_{50}$ 为 118.18 mg/L，$EC_{70}$ 为 504.99 mg/L。20%噻唑锌悬浮剂 $EC_{50}$ 为 147.46 mg/L，$EC_{70}$ 为 594.80 mg/L。30%噻森铜悬浮剂 $EC_{50}$ 为 165.69 mg/L，$EC_{70}$ 为 687.99 mg/L。2%春雷霉素可湿性粉剂防效最低 $EC_{50}$ 为 193.44 mg/L，$EC_{70}$ 为 1 115.68 mg/L，结果见表 2。

## 2.3 田间药效试验结果

田间药效试验结果表明：5 种药剂对大白菜软腐病均有不同程度的防治效果。在 600 mg/L 的剂量下 50%氯溴异氰尿酸可溶粉剂防效最高为 86.86%，显著优于其他药剂，其次 20%噻菌铜悬浮剂防效 78.52%与 20%噻唑锌悬浮剂防效 74.77%相当，优于 30%噻森铜悬浮剂防效 67.49%。2%春雷霉素可湿性粉剂在登记推荐剂量 60 mg/L 下防效仅为 56.81%，结果见表 3。

## 3 结论与讨论

室内最小抑菌质量浓度测定结果发现 50%氯溴异氰尿酸可溶粉剂药剂抑菌效果优于其他类型药剂，室内活体盆栽结果显示 50%氯溴异氰尿酸 $EC_{70}$ 为 362.79 mg/L 活性最高。田间试验结果显示 50%氯溴异氰尿酸在 600 mg/L 的剂量下防效最高为 86.86%，防效显著高于其他药剂，说明氯溴异氰尿酸对大白菜软腐病防治效果好，验证了室内结果的相关性和准确性。20%噻菌铜悬浮剂和 20%噻唑锌悬浮剂的室内最小抑菌质量浓度相同，室内活体盆栽结果相近，田间试验结果相当，均能较好地防治大白菜软腐病。30%噻森铜悬浮剂室内活性和田间防治效果均低于同为噻唑类杀菌剂的噻菌铜和噻唑锌，对大白菜软腐病的防治效果一般。2%春雷霉素可湿性粉剂作为抗生素类常见杀菌剂在室内最小抑菌质量浓度测定中抑菌效果最低，在室内活体盆栽中防效最低且 $EC_{70}$ 为 1 115.68 mg/L，在田间试验中推荐登记剂量 60 mg/L 下防效仅为 56.81%，防治效果较差。因此在生产中可推荐氯溴异氰尿酸作为防治大白菜软腐病的药剂。

大白菜软腐病为细菌性病害，扩展快，在发病菜地能迅速传染，防治非常困难。因此，一旦大白菜软腐病发生严重，化学防治是必不可少的方法。然而，不同类型杀菌剂的毒理学效应不同，同一类杀菌剂对不同病原菌的毒理学效应也存在差别。氯溴异氰尿酸对作物的细菌、真菌、病毒具有强烈的杀灭、内吸和保护双重功能，该药喷施在作物表面能慢慢地释放 Cl 和 Br，形成次氯酸（HOCl）和溴酸（HOBr），因此具有强烈的杀菌作用。噻唑锌的结构由 2 个基团组成。一是噻唑基团，使细菌细胞壁变薄继而瓦解，导致细菌的死亡。二是锌离子，具有既杀真菌又杀细菌的作用。药剂中的锌离子与病原菌细胞膜表面上的阳离子（$H^+$、$K^+$等）交换，导致病菌细胞膜上的蛋白质凝固杀死病菌。噻菌铜和噻森铜同样由 2 个基团组成，噻唑基团和铜离子，同时具有内吸性和保护性，该药剂对细菌性病害和真菌病害均具有较好的防治效果。春雷霉素是一种氨基糖苷类抗生素，其核心作用机理是通过抑制细菌蛋白质合成，破坏病原菌的正常代谢，从而达到抗菌效果。它主要靶向细菌 30S 核糖体亚基，干扰 mRNA 翻译过程，最终导致细菌死亡。但抗生素类杀菌剂持效期短，在防治细菌病害的过程中容易产生交互耐药性，目前春雷霉素在田间大多以混剂形式应用[10-13]。

大白菜软腐病侵染时间较长，在田间一旦发现软腐病的明显症状后，再采取措施进行防治，很难达到理想的防治效果，因此在生产中建议采取综合措施与化学防治方法相结合。如种植抗病品种，播种前种子进行包衣，采用深沟高畦栽培方式，减少大水漫灌、农事操作如合理安排茬口、适时播种、及时清除病残体、加强肥水管理等方法可作为辅助手段防治病害发生。化学防治施药时应考虑大白菜的最佳施药期及病原菌抗药性的产生，所以应在大白菜软腐病发生前或发生初期使用，才能尽量减少大白菜软腐病对产量的影响。

表2  5种药剂防治大白菜软腐病室内活体盆栽试验

| 药剂 | 不同剂量的防效/% | | | | | | $EC_{50}$/(mg/L) | $EC_{70}$/(mg/L) | $EC_{70}$(95%置信区间) | 回归方程 | $r$ |
|---|---|---|---|---|---|---|---|---|---|---|---|
| | 800 mg/L | 600 mg/L | 400 mg/L | 300 mg/L | 200 mg/L | 100 mg/L | 50 mg/L | | | | |
| 50%氯溴异氰尿酸 SP | 81.67 | 78.33 | 73.33 | 63.33 | 56.67 | 50.00 | 36.67 | 112.55 | 362.79 | 318.99~412.60 | $y=2.883\ 8+1.031\ 6x$ | 0.989 2 |
| 20%噻唑锌 SC | 73.33 | 70.00 | 66.67 | 63.33 | 50.00 | 41.67 | 36.67 | 147.46 | 594.80 | 481.02~735.51 | $y=3.122\ 4+0.865\ 8x$ | 0.982 2 |
| 30%噻森铜 SC | 71.67 | 66.67 | 63.33 | 60.00 | 55.00 | 40.00 | 33.33 | 165.69 | 687.99 | 596.52~793.50 | $y=3.117\ 7+0.848\ 1x$ | 0.993 0 |
| 2%春雷霉素 WP | 68.33 | 63.33 | 60.00 | 53.33 | 46.67 | 41.67 | 36.67 | 193.44 | 115.68 | 829.49~1 500.61 | $y=3.424\ 3+0.689\ 1x$ | 0.982 0 |
| 20%噻菌铜 SC | 75.00 | 73.33 | 71.67 | 65.00 | 58.33 | 50.00 | 45.00 | 118.18 | 504.99 | 382.59~666.56 | $y=3.276\ 9+0.831\ 4x$ | 0.964 6 |

表3  5种药剂防治大白菜软腐病田间药效试验

| 药剂 | 剂量/(mg/L) | 福建省漳州市 | | | |
|---|---|---|---|---|---|
| | | 病株率/% | 防效/% | 差异显著性 | |
| | | | | 5% | 1% |
| 50%氯溴异氰尿酸可溶粉剂 | 600 | 10.67 | 86.86 | a | A |
| 20%噻唑锌悬浮剂 | 600 | 20.48 | 74.77 | b | BC |
| 30%噻森铜悬浮剂 | 600 | 26.39 | 67.49 | c | C |
| 2%春雷霉素可湿性粉剂 | 60 | 35.06 | 56.81 | d | D |
| 20%噻菌铜悬浮剂 | 600 | 17.44 | 78.52 | b | B |
| 空白对照 | — | 81.18 | — | — | — |

## 参考文献

[1] 姚玉荣,霍建飞,贲海燕,等.7种杀菌剂对大白菜软腐病菌的室内毒力测定[J].天津农业科学,2022,28(S1):53-56.

[2] 郝永娟,霍建飞,高苇,等.几种杀菌剂对黄瓜细菌性斑点病及大白菜软腐病的抑制作用[J].天津农业科学,2012,18(6):89-91.

[3] YANYAN S, XIAOYING L, LEI L, et al. Occurrence, characteristics and qPCR-based identification of *Pectobacterium versatile* causing soft rot of Chinese cabbage in China[J]. Plant disease, 2023, 107(9): 2751-2762.

[4] 孙淑敏,孙路敏.大白菜软腐病的发病原因及其综合防治[J].河北农业,2016(10):32-34.

[5] KIM G, KIM J H, KIM M. Potential of bacteriophage PCT27 to reduce the use of agrochemicals to control *Pectobacterium carotovorum* subsp. *carotovorum* in Chinese cabbage[J]. Food Control, 2023, 154.

[6] 李林,宋立萍.天津地区大白菜软腐病综合防控技术[J].天津农林科技,2018(6):27-28.

[7] 代艳娜,刘青海,潘虎.大白菜软腐病登记农药及防治效果分析[J].农业与技术,2020,40(9):15-19.

[8] 吕秀英.秋冬大白菜软腐病防治技术[J].河北农业,2018(9):31.

[9] 何永梅.大白菜软腐病的防治[J].湖南农业,2016(9):15.

[10] SHAFI J, TIAN H, JI M S. Bacillus species as versatile weapons for plant pathogens: a review[J]. Biotechnology & Biotechnological Equipment, 2017, 31(3): 446-459.

[11] 陈福营,李爱云,党思卫.大白菜软腐病的发生与防治[J].基层农技推广,2014,2(5):71.

[12] CHARKOWSKI AO. The soft rot *Erwinia*[M]. Plant-Associated Bacteria. Dordrecht: Springer, 2007: 423-505.

[13] CUI W Y, HE P J, MUNIR S, et al. Biocontrol of soft rot of Chinese cabbage using an endophytic bacterial strain[J]. Frontiers in Microbiology, 2019(10): 1471.

# 不同种炭疽菌对 DMIs 的敏感性差异

吴敏怡[1,2]，吴鉴艳[1]，荣振宇[1]，张传清[1]*

（1. 浙江农林大学现代农学院，杭州　311300；2. 舟山市农业科学研究院，舟山　316004）

**摘要**：草莓、葡萄和铁皮石斛是浙江省3种重要的经济作物和药用植物，真菌性病害炭疽病严重危害它们的生产，造成严重的经济损失。DMI类杀菌剂具有杀菌谱广、活性高等特点，常用于田间炭疽病的化学防治。本试验测定了3种寄主6种炭疽菌共计22株对四种DMI类杀菌剂的敏感性，并通过分析敏感菌株与抗性菌株在序列上的差异，初步探索其对DMI类杀菌剂的敏感性差异与靶标基因 $CYP51$ 之间的联系，为田间有效的化学防治提供依据和指导。结果表明：4种DMI类杀菌剂对22株炭疽菌 $EC_{50}$ 值存在明显差异，从大到小依次排序为：戊唑醇>苯醚甲环唑>咪鲜胺>丙硫菌唑；不同寄主上的同类菌株对4种DMI类杀菌剂的敏感性无显著性差异，3种寄主上的炭疽菌对咪鲜胺和丙硫菌唑敏感性普遍较高，差异较小，对苯醚甲环唑和戊唑醇的敏感性普遍较低，差异较大；6种炭疽菌中，4种杀菌剂对 *C. syzygicola* 的 $EC_{50}$ 值要明显低于其他炭疽菌；抗性菌株 GT-51 与敏感菌株 HZJ-5、XS-6、JS-2、HX1-2 在 $CYP51$ 基因上第172个位点和第523个位点上编码蛋白发生变化，推测碱基突变可能是引起菌株产生抗性的原因。

**关键词**：炭疽菌；DMI类杀菌剂；敏感性；*CYP51*

## Sensitivity Difference of Different Anthrax Species to DMIs

WU Minyi[1,2], WU Jianyan[1], RONG Zhenyu[1], ZHANG Chuanqing[1]*

(1. *College of Advanced Agricultural Sciences*, *Zhejiang Agricultural and Forestry University*, *Hangzhou* 311300, *China*; 2. *Zhoushan Institute of Agricultural Sciences*, *Zhoushan* 316004, *China*)

**Abstract**: Strawberry, grape and dendrobium officinale are three important economic crops and medicinal plants in Zhejiang Province. Anthracnose, a important fungal disease, has seriously damaged their yield and caused serious economic losses. DMI fungicides are therapeutic fungicides with broad anti-fungal spectrum, high activity, strong unit point and other characteristics, which are often used in the chemical control of anthrax in the field. The experiment measured the sensitivity performance of 22 strain from six different *Colletotrichum* species to four kinds of DMI fungicides. Analysis differences in sequence of the target gene *CYP51* between the sensitive strain and resistance strain to provide the basis for effective prevention and control of chemical field and guidance. The results showed that the $EC_{50}$ values of 22 strains to the four DMI fungicides were significantly different. The order from large to small was: tebuconazole > difenoconazole > prochloraz > prothioconazole; There were also differences in the sensitivity of the same species from different hosts to the four DMI fungicides. Anthrax strains on the three hosts generally had higher sensitivity to prochloraz and propanthiazole, but had lower sensitivity to difenoconazole and tebuconazole. The $EC_{50}$ value of *C. syzygicola* to four fungicides was significantly lower than that of the other five. The resistant strain GT-51 and the sensitive strains HZJ-5, XS-6, JS-2 and HX1-2 had changes in the coding proteins at the 172nd site and the 523rd site. It is reasonable to speculate that the base mutation may be the cause of the resistance of the strain.

**Key words**: anthracnose; DMI fungicides; chitosan; sensitivity; *CYP51*

---

\* 通信作者：张传清

刺盘孢属（*Colletotrichum*）属于真菌子囊菌门，炭疽病一般是由刺盘孢属真菌引起的植物病害，在全球范围内广泛分布，尤其在热带和亚热带地区危害严重，可导致叶片病斑、果实腐烂和植株枯萎，造成重大经济损失[1-2]。2009年，炭疽病被列为世界第九大植物病害[3]。常见的植物炭疽病有葡萄炭疽病、草莓炭疽病、铁皮石斛炭疽病[4-6]等。目前炭疽病的防治主要依赖化学防治，但长期使用单一杀菌剂导致抗药性问题日益突出。例如，在韩国兴等[7]的研究中发现杭州市草莓炭疽病菌中已经存在高比例的多菌灵和乙霉威双抗菌系，建议改用其他作用机制的杀菌剂如咪鲜胺或代森锰锌等；在叶佳等[8]的研究中得知浙江省葡萄重要产区的葡萄炭疽菌已对甲基硫菌灵产生了严重抗药性，要谨慎使用苯并咪唑类药剂；在徐杰等[9]的研究中发现辽宁产区葡萄炭疽病菌已经对代森锰锌和戊唑醇产生抗性。因此研究并应用其他种类杀菌剂防治炭疽菌存在迫切需求。

14α-脱甲基酶抑制剂（14α-demethylase inhibitors，DMIs）类杀菌剂是20世纪70年代左右开发的杀菌剂，通过抑制麦角甾醇合成发挥杀菌作用，具有广谱性好和治疗作用强等特点，主要包括三唑类（如苯醚甲环唑、戊唑醇）和咪唑类（如咪鲜胺）等。其作用靶标为细胞色素P450酶*CYP51*。近年来随着DMI杀菌剂的广泛和持续使用[10-14]，植物的病原真菌已对这类药剂普遍产生了抗药性，尽管耐药程度高低不一，但已在相当大程度上影响了这类药剂的防治效果。当前，丝状真菌对DMI类杀菌剂产生抗性的机理主要包括以下几个方面：①*CYP51*基因突变降低药剂结合能力；②外排泵过表达减少药剂积累；③*CYP51*基因过量表达等[15-17]。

鉴于炭疽菌在农业生产上造成的重大损失，对炭疽菌的化学防治需要积极探索有效对策。本实验拟通过分析不同菌株对DMI类杀菌剂的敏感性表现，可为田间治理提供更广泛的选择和更精确的数据支撑；通过对*CYP51*突变位点的初步探索，为今后炭疽菌的化学防治研究提供重要的参考作用。

# 1 材料与方法

## 1.1 供试药剂，药剂试验浓度和培养基

4种DMI类杀菌剂的信息，以及各采用相应浓度梯度进行敏感性测试（表1）。稀释4种杀菌剂的溶剂均为甲醇。室内生测试验前分别配制成所需浓度母液，于4℃保存，备用。

马铃薯葡萄糖琼脂（PDA）培养基：称取去皮马铃薯200 g，煮沸过滤后，加入20 g葡萄糖和20 g琼脂，搅拌溶解，用水定容至1 L。

表1 供试药剂、药剂浓度梯度以及材料来源信息

| 药剂 | 浓度梯度/（mg/L） | 生产单位 |
| --- | --- | --- |
| 95%咪鲜胺原药 | CK（0），0.02，0.04，0.08，0.16，0.32 | 正邦集团有限公司 |
| 97%苯醚甲环唑原药 | CK（0），0.1，0.2，0.4，0.8，1.6 | 成都科利隆生化有限公司 |
| 97%丙硫菌唑原药 | CK（0），0.012 5，0.025，0.05，0.1，0.2 | 正邦集团有限公司 |
| 98%戊唑醇原药 | CK（0），0.25，0.5，1，2，4 | 拜耳（中国）有限公司 |

## 1.2 供试菌株及植物材料

本试验所用到的炭疽病病株分别采自浙江省内的草莓、葡萄、铁皮石斛3种寄主，分属

6个不同种，共计22个菌株，菌株分离鉴定后保存于浙江农林大学杀菌剂生物学实验室[18]，具体实验菌株信息如表2所示。

### 1.3 炭疽菌对不同药剂的敏感性测定

采用菌丝生长速率法[13]测定。选择1.2节所有供试菌株，将供试菌株在PDA平板上于25 ℃活化培养4 d，挑取菌碟分别转移到含不同药剂浓度平板上；设置不含药剂的为空白对照（CK），每组处理重复3次；在恒温培养箱中培养，当CK菌落直径大于培养皿直径的80%时，用十字交叉法测量菌落直径。求出各药剂浓度对菌丝生长的抑制百分率。利用SPSS软件，通过药剂浓度对数值（$x$）与抑制率（$y$）之间的线性回归关系$y=ax+b$，求出毒力回归方程和有效抑制中浓度$EC_{50}$值[19]。

### 1.4 DNA提取、PCR扩增以及序列测定比较

采用CTAB法[13]提取抗性菌株GT-51与敏感菌株JS-2、XS-6、HX1-2、HZJ-5的DNA。将得到的DNA进行PCR扩增，并测定*CYP51*基因序列。引物由杭州有康生物科技有限公司合成。使用引物1：CYP51-F（5'-CCAACAGGGGTCAAAG-3'），引物2：CYP51-R（5'-GACGGACAGGGGGTAC-3'）[15]扩增该基因全长。扩增产物经1%琼脂糖凝胶检测后，送至杭州有康生物科技有限公司进行测序。通过MEGA软件，将测序结果进行分析比较，判断各类炭疽菌对DMI类杀菌剂抗性产生的机制。

表2 试验菌株信息

| 寄主 | 种类 | 菌株 |
| --- | --- | --- |
| 草莓 | 隐秘炭疽病菌（C. aenigma） | NBG-4 |
| | 含果生炭疽病菌（C. fructicola） | HZJ-5，WZ9-1 |
| | 暹罗炭疽病菌（C. siamense） | GTC-4 |
| | 胶孢炭疽病菌（C. gloeosporioides） | ZJF-8，JH-5 |
| 铁皮石斛 | 含果生炭疽病菌（C. fructicola） | SX-31，WYTG-32，XS-6 |
| | C. syzygicola | WZ-14，WYTG-13 |
| | 假尖孢炭疽（C. pseudoacutatum） | WYTG-20，JS-2，WL-11 |
| 葡萄 | 隐秘炭疽病菌（C. aenigma） | JH-2，HX2-5，HX1-2，GT-1，GT-22 |
| | 含果生炭疽病菌（C. fructicola） | GT-42，GT-51 |
| | 假尖孢炭疽（C. pseudoacutatum） | HZJ-6 |

## 2 结果与分析

### 2.1 不同种炭疽菌对4种DMI类杀菌剂敏感性

由表3所示，不同种炭疽菌对4种DMI类杀菌剂敏感性总体上表现存在差异，咪鲜胺对菌株的$EC_{50}$为0.026~0.129 mg/L，苯醚甲环唑对菌株的$EC_{50}$为0.213~1.745 mg/L，丙硫菌唑对菌株的$EC_{50}$为0.008~0.18 mg/L，戊唑醇对菌株的$EC_{50}$为0.268~3.248 mg/L。其中GT-51对苯醚甲环唑和戊唑醇的$EC_{50}$值明显偏高，分别为1.745 mg/L和3.248 mg/L，可确定为抗性菌株。

表3 不同种炭疽菌对四种DMI类杀菌剂敏感性测定结果

| 寄主 | 菌株 | $EC_{50}$/ (mg/L) | | | |
| --- | --- | --- | --- | --- | --- |
| | | 咪鲜胺 | 苯醚甲环唑 | 丙硫菌唑 | 戊唑醇 |
| 草莓 | NBG-4 | 0.049 | 0.514 | 0.038 | 1.345 |
| | HZJ-5 | 0.044 | 0.369 | 0.180 | 0.536 |
| | WZ9-1 | 0.051 | 0.267 | 0.027 | 0.754 |
| | GTC-4 | 0.048 | 0.467 | 0.008 | 1.166 |
| | ZJF-8 | 0.031 | 0.326 | 0.018 | 0.478 |
| | JH-5 | 0.046 | 0.398 | 0.027 | 0.665 |
| 铁皮石斛 | SX-31 | 0.078 | 0.844 | 0.032 | 1.233 |
| | WYTG-32 | 0.042 | 0.505 | 0.035 | 0.654 |
| | XS-6 | 0.037 | 0.296 | 0.016 | 1.470 |
| | WZ-14 | 0.030 | 0.300 | 0.018 | 0.360 |
| | WYTG-13 | 0.040 | 0.279 | 0.015 | 0.410 |
| | WYTG-20 | 0.036 | 0.325 | 0.026 | 0.485 |
| | JS-2 | 0.038 | 0.315 | 0.028 | 0.308 |
| | WL-11 | 0.077 | 0.698 | 0.051 | 0.878 |
| 葡萄 | JH-2 | 0.052 | 0.493 | 0.025 | 0.580 |
| | HX2-5 | 0.030 | 0.213 | 0.022 | 0.424 |
| | HX1-2 | 0.035 | 0.294 | 0.023 | 0.268 |
| | GT-1 | 0.092 | 0.732 | 0.059 | 0.810 |
| | GT-22 | 0.034 | 0.406 | 0.035 | 0.971 |
| | GT-42 | 0.050 | 0.341 | 0.027 | 0.581 |
| | GT-51 | 0.129 | 1.745 | 0.090 | 3.248 |
| | HZJ-6 | 0.026 | 0.314 | 0.016 | 0.475 |

**2.1.1 4种DMI类杀菌剂对供试炭疽菌的抑菌活性比较**

22株炭疽菌对4种DMI类杀菌剂的平均$EC_{50}$值存在显著差异。从大到小依次排序为：戊唑醇>苯醚甲环唑>咪鲜胺>丙硫菌唑。其中丙硫菌唑（0.037 mg/L）与咪鲜胺（0.050 mg/L）的$EC_{50}$明显低于苯醚甲环唑（0.475 mg/L）和戊唑醇（0.823 mg/L）。从整体来看，丙硫菌唑与咪鲜胺的抑菌活性明显高于苯醚甲环唑和戊唑醇，供试炭疽菌对4种DMI类杀菌剂的敏感性存在显著性差异（图1）。

**2.1.2 不同寄主来源的炭疽菌株对4种DMI类杀菌剂的比较**

不同寄主上的同类菌株对4种DMI类杀菌剂的敏感性无显著性差异。于咪鲜胺而言，3种寄主上的炭疽菌敏感性普遍较高，差异较小，$EC_{50}$值在0.045~0.056 mg/L；于苯醚甲环唑而言，3种寄主上的炭疽菌敏感性差异较大，在不同寄主的敏感性从大到小依次排序为：草莓>铁皮石斛>葡萄，$EC_{50}$ 值为 0.390~0.567 mg/L；于丙硫菌唑而言，3 种寄主上的炭疽菌的敏感性普遍较高，差异较小，$EC_{50}$ 值在 0.028~0.050 mg/L；于戊唑醇而言，3 种寄主上的炭疽菌的敏感性差异较大，炭疽菌在不同寄主的敏感性从大到小依次排序为：铁皮石斛>草莓>葡萄，$EC_{50}$ 值为 0.725~0.920 mg/L（图 2）。

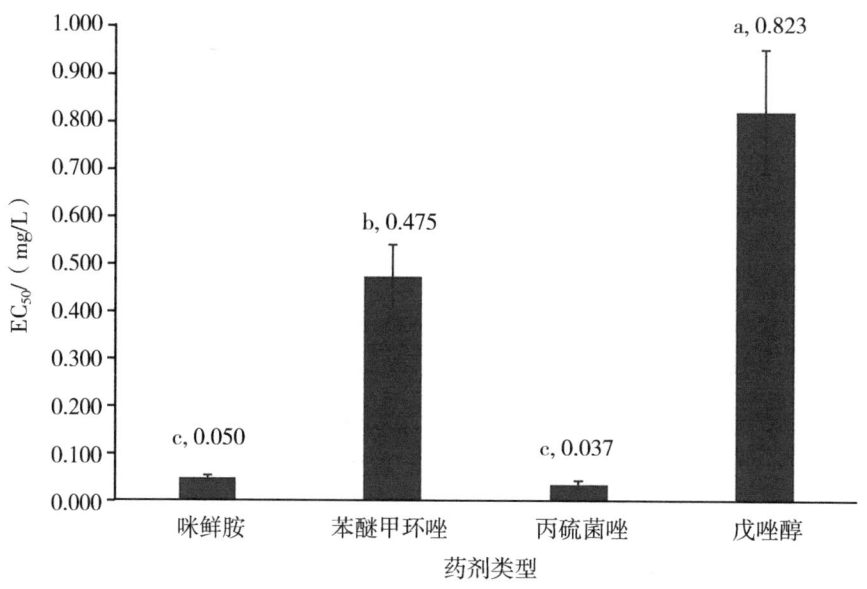

**图 1　炭疽菌株对 4 种 DMI 类杀菌剂的 $EC_{50}$ 比较**

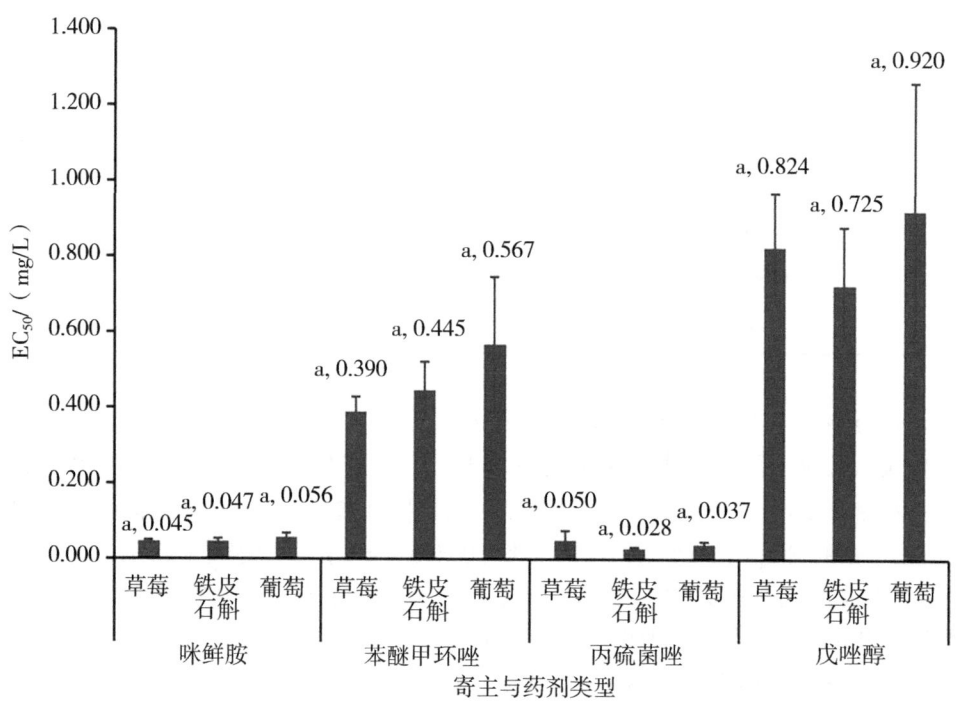

**图 2　不同寄主上的菌株对 4 种 DMI 类杀菌剂的 $EC_{50}$ 均值**

2.1.3 不同种类炭疽菌对4种DMI类杀菌剂的比较

本次实验的22个菌株分别属于6种不同的炭疽菌，分别是 *C. siamense*、*C. gloeosporioides*、*C. aenigma*、*C. pseudoacutatum*、*C. syzygicola*、*C. fructicola*。实验结果（表4）表明：六种炭疽菌对4种DMI类杀菌剂均表现敏感，$EC_{50}$值为0.008~1.345 mg/L。从测得的$EC_{50}$值分析可明显看出 *C. syzygicola* 对4种DMI类杀菌剂的$EC_{50}$值要明显低于其他炭疽菌，即敏感性最高，$EC_{50}$均值为0.182 mg/L。*C. aenigma* 的$EC_{50}$值要明显高于其他炭疽菌，敏感性最低，$EC_{50}$均值为0.513 mg/L。

表4 不同炭疽菌对4种DMI类杀菌剂的$EC_{50}$均值

| 种 | 咪鲜胺/(mg/L) | 苯醚甲环唑/(mg/L) | 丙硫菌唑/(mg/L) | 戊唑醇/(mg/L) | $EC_{50}$均值/(mg/L) |
| --- | --- | --- | --- | --- | --- |
| *C. siamense* | 0.049 | 0.514 | 0.038 | 1.345 | 0.487 |
| *C. gloeosporioides* | 0.048 | 0.467 | 0.008 | 1.166 | 0.422 |
| *C. aenigma* | 0.064 | 0.703 | 0.041 | 1.243 | 0.513 |
| *C. pseudoacutatum* | 0.046 | 0.490 | 0.025 | 0.958 | 0.380 |
| *C. syzygicola* | 0.035 | 0.290 | 0.017 | 0.385 | 0.182 |
| *C. fructicola* | 0.049 | 0.411 | 0.048 | 0.601 | 0.277 |

**2.2 抗性菌株与敏感菌株 *CYP51* 基因序列分析**

抗性菌株GT-51与敏感菌株JS-2、XS-6、HX1-2、HZJ-5在*CYP51*基因多个位点上存在序列差异，其中第93位从AGT变成AGC，编码蛋白未发生变化，均为丝氨酸。第135位从CCA变成CCG，编码蛋白未发生变化，均为脯氨酸。第219位从GCT变成GCC，编码蛋白未发生变化，均为丙氨酸。第366位从TTT变成TTC，编码蛋白未发生变化，均为苯丙氨酸。第396位从AAC变成AAT，编码蛋白未发生变化，均为天冬酰胺。但第172位从TTG变成GTG，编码蛋白从亮氨酸变成缬氨酸。第523位从TCA变成CCA，编码蛋白从丝氨酸变成脯氨酸。综上，可以合理推测第172位和第523位的碱基突变可能是引起菌株GT-51对戊唑醇和苯醚甲环唑产生抗性的原因（图3）。

# 3 结论与讨论

从22个炭疽菌株对4种DMI类杀菌剂的$EC_{50}$值比较来看，参试病菌对咪鲜胺、苯醚甲环唑、丙硫菌唑和戊唑醇均表现敏感。其中丙硫菌唑（0.037 mg/L）与咪鲜胺（0.050 mg/L）的$EC_{50}$值水平明显低于苯醚甲环唑（0.475 mg/L）和戊唑醇（0.823 mg/L）。对比韩永超等[20]测定湖北省草莓炭疽病菌对咪鲜胺的敏感性所得的数据：咪鲜胺对湖北省草莓炭疽病菌的$EC_{50}$值分布范围为0.014 2~0.215 6 mg/L，平均值为(0.093 8±0.029 9) mg/L。

从不同寄主上的菌株对4种DMI类杀菌剂的敏感性比较来看，于咪鲜胺和丙硫菌唑而言，3种寄主上的炭疽菌敏感性普遍较高，$EC_{50}$值分别为0.045~0.056 mg/L和0.028~0.050 mg/L；于苯醚甲环唑而言，3种寄主上的炭疽菌敏感性相对较低，在不同寄主的敏感性从大到小依次排序为：草莓>铁皮石斛>葡萄，$EC_{50}$值均为0.390~0.567 mg/L；于戊唑醇

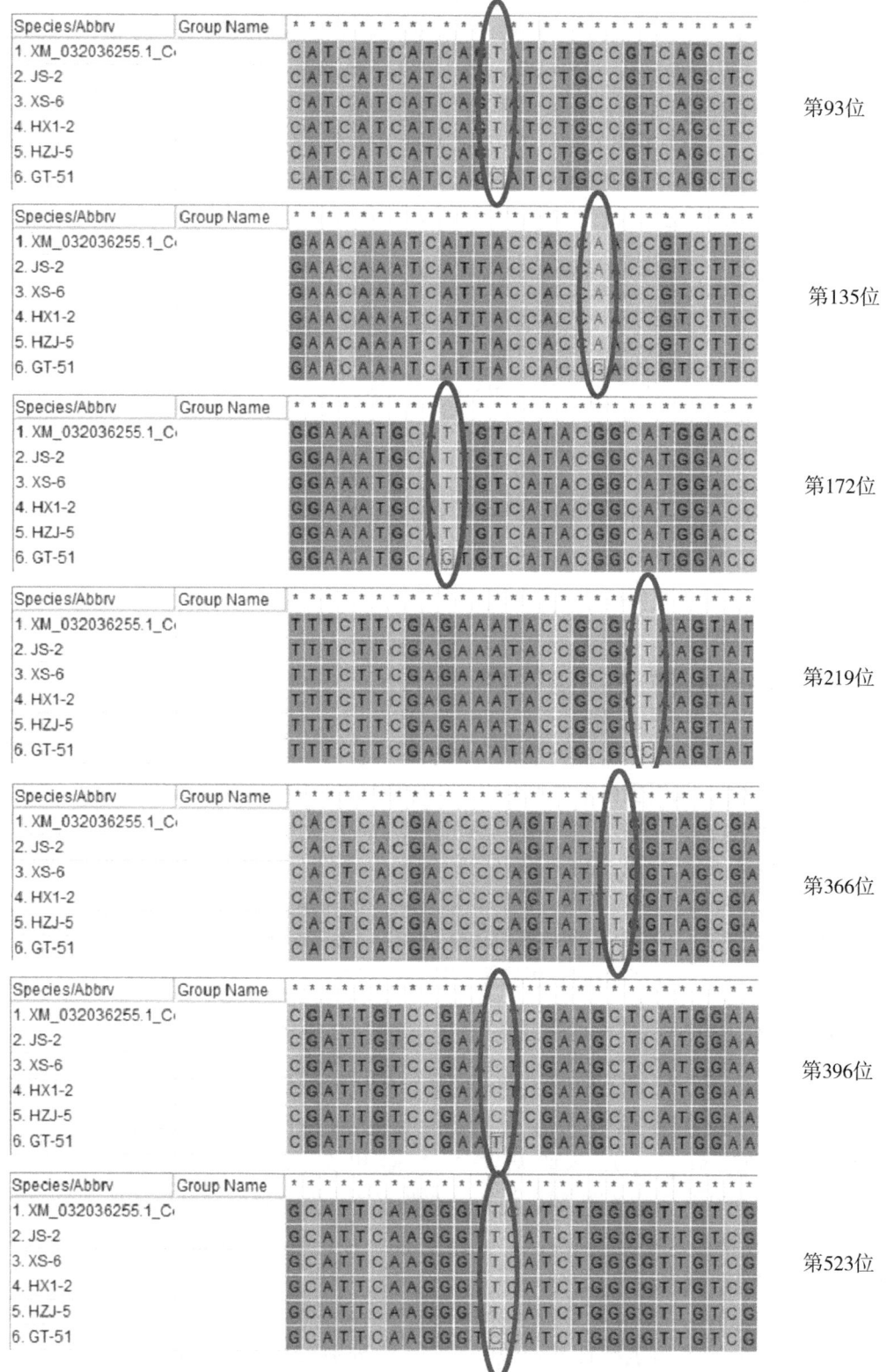

图 3　抗性菌株与敏感菌株 *CYP51* 基因序列比对

而言，3 种寄主上的炭疽菌的敏感性相对最低，炭疽菌在不同寄主的敏感性从大到小依次排序为：铁皮石斛>草莓>葡萄，$EC_{50}$ 值为 0.725~0.920 mg/L。对比王美玉等[14]测定苹果炭疽叶枯病菌对 3 种杀菌剂的敏感性分析中的数据：戊唑醇对苹果炭疽叶枯病菌株的 $EC_{50}$ 值为 0~0.843 0 mg/L，平均 $EC_{50}$ 值为 0.155 5 mg/L。该数据远低于本试验测得的 $EC_{50}$ 值，合理推测可能与不同炭疽菌的寄主存在差异有关[21]。

从不同炭疽菌种对 4 种 DMI 类杀菌剂的敏感性比较来看，*C. syzygicola* 对 4 种 DMI 类杀菌剂的 $EC_{50}$ 值要明显低于其他炭疽菌，即敏感性最高，$EC_{50}$ 均值为 0.182 mg/L。*C. aenigma* 的 $EC_{50}$ 值要明显高于其他炭疽菌，敏感性最低，$EC_{50}$ 均值为 0.513 mg/L。说明本试验的 4 种 DMI 类杀菌剂对 *C. syzygicola* 的防治效果最好。

对比抗性菌株 GT-51 与敏感菌株 JS-2、XS-6、HX1-2、HZJ-5 在 *CYP51* 基因位点上的序列差异，推测这可能是引起菌株产生抗性的原因。后续还需进行试验进行进一步确认和分析。

综上，本研究通过分析不同菌株对 DMI 类杀菌剂的敏感性表现，可为 DMI 类杀菌剂在田间治理提供更广泛的选择和更精确的数据支撑；并通过对抗敏菌株 *CYP51* 基因的对比，为后人的精确分析奠定基础。上述研究结果为咪鲜胺、苯醚甲环唑、丙硫菌唑、戊唑醇的田间使用及控制炭疽病的抗药性提供了数据依据。

## 参考文献

[1] LIU F, DAMM U, CAI L, *et al*. Species of the *Colletotrichum gloeosporioides* complex associated with anthracnose diseases of proteaceae [J]. Fungal Divers, 2013, 61（1）：89-105.

[2] CANNON P F, DAMM U, JOHNSTON P R, *et al*. *Colletotrichum* current status and future directions [J]. Studies in Mycology, 2012, 73：181-213.

[3] DEAN R, KAN J A, PRETORIUS Z A, *et al*. The Top 10 fungal pathogens in molecular plant pathology [J]. Molecular Plant Pathology, 2012, 13（7）：414-430.

[4] YE B Y, ZHANG J Q, CHEN X Y, *et al*. Genetic diversity of *Colletotrichum* spp. causing grape anthracnose in Zhejiang, China [J]. Agronomy, 2023, 13（4）：952.

[5] LIMA N B, BATISTA M V D A, DE MORAIS JR M A, *et al*. Five *Colletotrichum* species are responsible for mango anthracnose in northeastern Brazil [J]. Fungal Divers, 2013, 61（1）：75-88.

[6] 赵玲琳，王国荣，沈伟东，等. 铁皮石斛炭疽病病原菌的分离鉴定及其有效杀菌剂的筛选 [J]. 植物保护, 2018, 44（6）：185-190.

[7] 韩国兴，礼茜，孙飞洲，等. 杭州地区草莓炭疽病病原鉴定及其对多菌灵和乙霉威的抗药性 [J]. 浙江农业科学, 2009, 6：1169-1171.

[8] 叶佳，张传清. 葡萄炭疽病菌对甲基硫菌灵、戊唑醇和醚菌酯的敏感性检测 [J]. 农药学学报, 2014, 16（5）：535-540.

[9] 徐杰，冀志蕊，王娜，等. 葡萄炭疽病菌对 4 种杀菌剂的敏感性分析 [J]. 果树学报, 2020, 37（6）：882-890.

[10] 戴德江，宋会鸣，张传清，等. 铁皮石斛炭疽病防治药剂的室内筛选与应用技术 [J]. 农药, 2017, 56（7）：524-527, 534.

[11] 凌云，周泽华，刘尧杰，等. 3 种三唑类杀菌剂对莓茶叶斑病菌的活性及室内防效 [J]. 农药学学报, 2025, 27（3）：543-550.

[12] 王美玉，冀志蕊，王娜，等. 苹果炭疽叶枯病菌对 3 种杀菌剂的敏感性分析 [J]. 果树学报, 2018, 35（4）：458-468.

[13] 张乃楼，李亚美，康文强，等．辽宁省黄瓜靶斑病菌对苯醚甲环唑和戊唑醇的敏感性［J］．农药学学报，2014，16（4）：452-456．

[14] 孙文斌，张静静，宋艳红，等．河南草莓炭疽病病原菌鉴定及防治药剂筛选［J］．果树学报，2025（16）：1-18．

[15] 石妞妞，阮宏椿，陈文乐，等．大豆胶孢炭疽菌对苯醚甲环唑的抗性机制及其抗性突变体的适合度［J］．植物保护学报，2022，49（4）：1022-1031．

[16] 常哈拿，占浩鑫，张琳，等．东北地区人参生炭疽菌对苯醚甲环唑和戊唑醇的敏感性及田间抗性监测［J］．植物病理学报，2024，54（2）：419-428．

[17] 陈淑宁．桃褐腐病菌和炭疽病菌对DMI杀菌剂的抗性研究［D］．武汉：华中农业大学，2017．

[18] 陈向阳．浙江省三种（草莓、葡萄、铁皮石斛）特色经济作物炭疽病菌的种类与多样性研究［D］．杭州：浙江农林大学，2020．

[19] WU J Y, SUN Y N, ZHOU X J, et al. A new mutation genotype of K218T in myosin-5 confers resistance to phenamacril in rice bakanae disease in the field [J]. Plant Dis, 2020, 104 (4): 1151-1157.

[20] 韩永超，曾祥国，向发云，等．湖北省草莓炭疽病菌对咪鲜胺的敏感性［J］．农药学学报，2014，16（5）：535-540．

[21] 宋丹丹，张伊莹，张琳婧，等．杨树炭疽病菌对多菌灵及3种DMIs杀菌剂的敏感性［J］．农药学学报，2016，18（5）：567-574．

# 猕猴桃褐斑菌对氟唑菌酰羟胺的敏感性基线

应羽晗[1]，宋高飞[2]，鲍龚燕[1]，张传清[1]，吴鉴艳[1]*

[1. 浙江农林大学现代农学院，临安 311300；
2. 先正达（中国）投资有限公司，上海 200126]

**摘要**：为确定引起猕猴桃叶部褐斑病的致病菌，从浙江省江山市、绍兴市上虞区采集具有褐斑病典型症状的病叶进行病原菌分离，确定致病性后，结合病原菌形态学特征确定病原菌种类，并测定病原菌对氟唑菌酰羟胺的敏感性，提出防治建议。结果表明，根据病原菌的菌落、分生孢子形态，猕猴桃褐斑病菌为链格孢，回接到健康叶片后可引起不断扩展的褐色病斑。离体抑菌试验结果表明，氟唑菌酰羟胺对猕猴桃褐斑病菌有较高抑菌活性，$EC_{50}$值为 0.041~5.231 μg/mL，不同敏感性菌株频率分布为连续的单峰分布图，其平均 $EC_{50}$ 值（0.390±0.620）μg/mL 可作为猕猴桃褐斑病菌对氟唑菌酰羟胺的敏感性基线。交互抗药性分析结果显示氟唑菌酰羟胺与啶酰菌胺存在交互抗性。本文认为氟唑菌酰羟胺有望用于防治猕猴桃褐斑病，但建议与不同作用机制的杀菌剂混用以加强抗药性管理。

**关键词**：猕猴桃褐斑病；链格孢；氟唑菌酰羟胺；敏感性基线

# Kiwifruit Brown Spot Disease Fungus Baseline Sensitivity to Pydiflumetofen

YING Yuhan[1], SONG Gaofei[2], BAO Gongyan[1], ZHANG Chuanqing[1], WU Jianyan[1]*

[1. College of advanced agricultural sciences, Zhejiang A&F university, Lin'an 311300, China;
2. Syngenta (China) Investment Co., Ltd., Shanghai 200126, China]

**Abstract**: In this study, kiwifruit leaves with typical symptoms of brown spot disease were collected from Jiangshan and Shangyu, Zhejiang Province to obtain the pathogen by method of tissue isolation. The pathogenic fungus was identified based on the morphologies. The bioactivity of pydiflumetofen against the pathogen was assessed to provide a basis for its control of kiwifruit brown spot disease. Morphology characteristics indicated that the recovered isolates were *Alternaria* which showed pathogenicity on healthy kiwifruit leaves with spread brown spot. Pydiflumetofen efficiently inhibited *Alternaria* isolates *in vitro*. The $EC_{50}$ values of pydiflumetofen against mycelial growth of *Alternaria* isolates fitted unimodal distribution and ranged from 0.041 to 5.231 μg/mL, with an average $EC_{50}$ of (0.390 ±0.620) μg/mL, which could be as the sensitivity baseline of *Alternaria* isolates to pydiflumetofen. Cross-resistance between pydiflumetofen and boscalid was observed. This study showed that pydiflumetofen could be used to control of brown spot disease caused by *A. alternata* and *A. tenuissina*, and it is necessary that choice fungicides with different mechanisms of actions to avoid the resistance development of SDHIs.

**Key words**: kiwifruit brown spot disease; *Alternaria* spp.; pydiflumetofen; sensitivity baseline

猕猴桃（*Actinidia chinesis* Planch），是猕猴桃科猕猴桃属植物，原产于亚洲，我国是猕猴桃属植物主产区，世界上的猕猴桃主栽品种几乎都起源于中国[1]。浙江省猕猴桃栽培历

---

* 通信作者：吴鉴艳

史较长,其中江山市是我国十大猕猴桃主产基地之一,从20世纪90年代起已开始规模种植,种植面积约0.16万hm$^2$,年产量约2万t,是江山人民的"致富果"。随着猕猴桃种植面积扩增、年限增加,溃疡病、褐斑病等病害在猕猴桃栽培区有加重趋势,给猕猴桃果品和产量造成了损失。

褐斑病是猕猴桃上一种常见的真菌病害,主要危害叶片,也可侵染果实及枝干,发病严重时造成叶片枯死、果势分化,影响猕猴桃产量与品质。不同地区猕猴桃叶片褐斑病的致病菌不同,有文献报道福建猕猴桃叶片褐斑病致病菌为 *Phyllosticta* sp.[2]、贵州的为细极链格孢(*Alternaria tenuissima*)[3]、四川的则为多主棒孢霉(*Corynespora cassiicola*)[4],另有文献报道发生在猕猴桃果实上的褐斑病致病菌为交链格孢(*A. alternata*)[5]。目前,尚未有文献报道浙江省猕猴桃叶片褐斑病的致病菌,为了更好地防治褐斑病,本文对江山市、绍兴市上虞区两个猕猴桃主产区果园中发生的叶片褐斑病进行致病菌鉴定。

近年来43%氟菌·肟菌酯悬浮剂、50%喹啉铜水分散粒剂和300 g/L苯甲·丙环唑悬浮剂等药剂被登记用于防治猕猴桃褐斑病,另有文献报道咪鲜胺对猕猴桃褐斑病菌细极链格孢具有较高的抑菌活性[3],总体上用于防治猕猴桃褐斑病的杀菌剂种类较少。氟唑菌酰羟胺(Pydiflumetofen)是由先正达开发的一种新型广谱琥珀酸脱氢酶抑制剂(Succinate dehydrogenase inhibitor, SDHI),对灰葡萄孢(*Botrytis cinerea*)、核盘菌(*Sclerotinia sclerotiorum*)、藤仓镰孢(*Fusarium fujikuroi*)、交链格孢等病原菌都具有较高抑菌活性[6-10],因此本文将测定氟唑菌酰羟胺对浙江省猕猴桃褐斑病菌菌丝生长的抑制活性,评价其对猕猴桃褐斑病的防治潜力。

# 1 材料与方法

## 1.1 供试药剂和培养基

200 g/L氟唑菌酰羟胺悬浮剂,瑞士先正达作物保护有限公司提供,以灭菌水为溶剂,配制成40 mg/mL的母液。98%啶酰菌胺(Boscalid)原药,浙江宇龙生物科技股份有限公司提供,以甲醇为溶剂,配制成40 mg/mL的母液。配制的药剂母液,均避光保存于4 ℃冰箱。

PDA培养基(每1 L蒸馏水中含200 g去皮马铃薯,200 g葡萄糖,20 g琼脂粉),用于病原菌的基础生长和保存;YBA培养基(每1 L蒸馏水中含10 g酵母提取物、10 g蛋白胨、20 g醋酸钠、15 g琼脂粉),用于测定SDHI杀菌剂对病原菌菌丝生长的抑制活性[12]。

## 1.2 猕猴桃褐斑病菌分离与保存

2020年的5—7月,从浙江省江山市、绍兴市上虞区10个猕猴桃果园中,每个果园采集10个有褐色坏死斑的病叶。采用组织分离法分离病原菌[5,11,13]:用灭菌手术剪刀从距离坏死斑2 mm的健康叶片剪下叶组织,经清水冲洗晾干后,经70%酒精和3%次氯酸钠溶液分别灭菌消毒30 s、3 min,最后用无菌水漂洗3次后在灭菌滤纸上晾干;用灭菌手术刀沿病健交界处切成5 mm × 2 mm的小块,切口朝下置于含50 μg/mL硫酸链霉素的PDA平板上,平板置于25 ℃霉菌培养箱中黑暗条件下培养,待长出菌丝后,转接至新的PDA平板上继续培养至产生分生孢子,获得单孢纯化物。纯化物转接于PDA斜面,在25 ℃培养箱黑暗培养3 d后,保存于4 ℃冰箱。

## 1.3 致病性测定

取猕猴桃叶片无菌水漂洗3次晾干后,用无菌针头在叶片接菌部位进行刺伤处理,在伤口位置接种菌丝块，菌丝面朝伤口放置，伤口处接无菌PDA为空白对照。无菌水湿润的棉球包裹叶柄基部，置于25 ℃、12 h光周期、90%相对湿度的人工气候箱中培养，接种1 d、4 d后观察叶片发病情况。

### 1.4 猕猴桃褐斑病菌对氟唑菌酰羟胺的敏感性基线的建立

采用菌丝生长速率法[18]测定氟唑菌酰羟胺对病原菌的活性。菌株培养4 d后，沿菌落边缘打取菌饼接种至含0.02 μg/mL、0.06 μg/mL、0.18 μg/mL、0.54 μg/mL、1.62 μg/mL、4.86 μg/mL氟唑菌酰羟胺的YBA平板中央，对$EC_{50}$值大于4.86 μg/mL的菌株重新设置浓度梯度为0.25 μg/mL、0.5 μg/mL、1 μg/mL、2 μg/mL、4 μg/mL、8 μg/mL；以加等体积甲醇的培养基平板为空白对照，每个浓度3次重复。25 ℃下培养5 d，采用"十字交叉法"测量菌落直径，计算各药剂浓度的菌丝生长抑制率，以抑制率的概率值为$y$轴，药剂浓度的对数为$x$轴，求出毒力回归方程$y=a+bx$和相关系数（$r$），计算氟唑菌酰羟胺对猕猴桃褐斑病菌的抑制中浓度（$EC_{50}$，μg/mL）。参照祁之秋等[19]的方法绘制猕猴桃褐斑病菌对氟唑菌酰羟胺的敏感性频率图。将$EC_{50}$值划分成不同区间，统计各区间菌株所占频率，以不同的$EC_{50}$值区间作为横坐标，相应菌株频率作为纵坐标，绘制敏感性频率分布图。

### 1.5 氟唑菌酰羟胺与啶酰菌胺的交互抗性测定

采用菌丝生长速率法测定23个猕猴桃褐斑病菌对啶酰菌胺的敏感性，啶酰菌胺浓度梯度设置为：0 μg/mL、0.25 μg/mL、0.5 μg/mL、1 μg/mL、2 μg/mL、4 μg/mL、8 μg/mL，获得$EC_{50}$值后，根据斯皮尔曼等级相关系数（Spearman rank correction coefficient），分析氟唑菌酰羟胺与啶酰菌胺间是否存在交互抗性，即当$P<0.05$，$\rho>0.6$时，说明药剂间存在交互抗性[20,21]。

### 1.6 数据分析

采用IBM SPSS Statistics 19.0统计软件进行斯皮尔曼等级相关系数分析，分析猕猴桃褐斑病菌对氟唑菌酰羟胺和啶酰菌胺之间是否存在相关性。

## 2 结果与分析

### 2.1 猕猴桃褐斑病菌分离鉴定

从浙江省江山市和绍兴市上虞区猕猴桃果园中采集具褐斑病典型的病叶，叶片上单个褐色病斑连接成长条形分布于叶脉间，偶见沿叶缘分布，病斑边缘黑褐色，中间棕褐色，病健边界明显。从100个病叶中共分离到85株分离物，在PDA上具有相同的菌落形态，菌落颜色主要呈墨绿色，在显微镜下可观察到典型的分生孢子，分生孢子棕褐色，呈倒棍棒形，具纵横隔膜，鉴定为链格孢属真菌。接种试验结果显示，病原菌回接至猕猴桃叶片可造成病斑，病斑随接种时间的增加而不断扩大（图1）。

### 2.2 猕猴桃褐斑病菌对氟唑菌酰羟胺的敏感性基线

85株猕猴桃褐斑病菌对氟唑菌酰羟胺的$EC_{50}$值为0.041~5.231 μg/mL，平均$EC_{50}$值为（0.390±0.620）μg/mL，94.2%的菌株$EC_{50}$值小于1 μg/mL，只有1个菌株$EC_{50}$值大于5 μg/mL。以0.16为组距，从0.04 μg/mL开始，将85个菌株的$EC_{50}$值划分成11个区间，作为横坐标，统计每个区间内的菌株频率，作为纵坐标，获得猕猴桃褐斑病菌对氟唑菌酰羟胺的敏感性频率分布图（图2A）。该分布图为连续分布的单峰曲线，因此认为平均$EC_{50}$值（0.390±0.620）μg/mL可初步作为浙江省猕猴桃褐斑病菌对氟唑菌酰羟胺的敏感性基线。

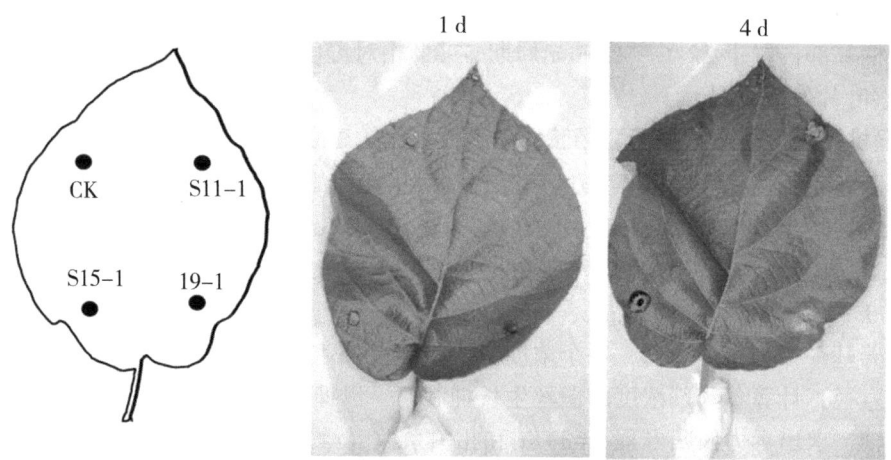

图 1 猕猴桃褐斑病病原菌致病性测定

### 2.3 氟唑菌酰羟胺与啶酰菌胺的交互抗性

用于交互抗性分析的 23 株猕猴桃褐斑病菌对啶酰菌胺的 $EC_{50}$ 值为 0.338～5.920 μg/mL，等级相关性分析显示，氟唑菌酰羟胺和啶酰菌胺之间 $\rho = 0.669$，$P = 0.000$（图 2B），表明两种药剂间存在交互抗性。

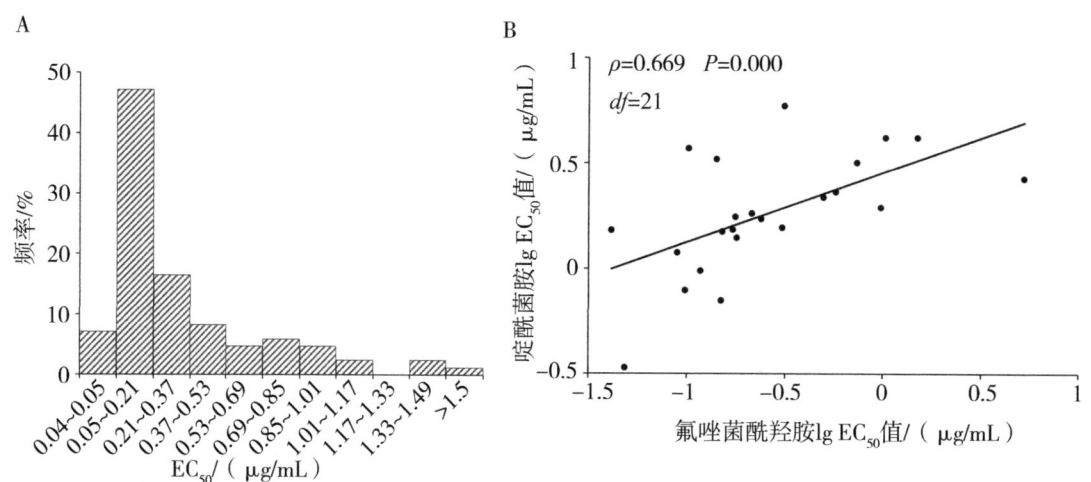

A. 链格孢（$n=85$）对氟唑菌酰羟胺的敏感性频率分布图；B. 氟唑菌酰羟胺与啶酰菌胺的交互抗性。

图 2 猕猴桃褐斑病菌对氟唑菌酰羟胺的敏感

## 3 结论与讨论

猕猴桃褐斑病主要危害叶片，在猕猴桃主产区发生严重，局部区域暴发成灾[4]。本文从浙江省江山市和绍兴市上虞区采集具有典型褐斑特点的病叶分离病原菌，根据菌落和分生孢子形态，判断猕猴桃褐斑病菌为链格孢属真菌[15-17]，这与其他文献从病叶或病果上分离到细极链格孢或交链格孢一致[3,5]。

链格孢寄主范围广，可侵染柑橘、桃子、人参、烟草、马铃薯等多种作物，生产中一般采用化学药剂防治链格孢对各类作物的危害[22-26]。氟唑菌酰羟胺作为一种新的 SDHI，灰葡萄孢、藤仓镰孢等病原菌对其敏感性基线已建立[6,9]，本文采用菌丝生长速率法测定猕猴桃褐斑病菌对氟唑菌酰羟胺的敏感性，结果发现离体条件下氟唑菌酰羟胺对猕猴桃褐斑病菌有较高抑菌活性，菌株 $EC_{50}$ 值为 0.041~5.231 μg/mL，其敏感性频率分布为连续分布的单峰曲线，因此平均 $EC_{50}$ 值（0.390±0.620）μg/mL 可作为敏感性基线，用于监测猕猴桃褐斑病菌对氟唑菌酰羟胺的敏感性变化。

本文对 23 个猕猴桃褐斑病菌进行氟唑菌酰羟胺与啶酰菌胺之间的交互抗性分析结果表明，两种药剂间存在交互抗性（$\rho$ = 0.669，$P$ = 0.000），这与灰葡萄孢对氟唑菌酰羟胺与啶酰菌胺等 SDHIs 有交互抗性的文献报道一致[6-7]。SDHI 类杀菌剂作用于真菌呼吸链上的复合体Ⅱ（琥珀酸脱氢酶 Succinate Dehydrogenase，SDH），Fungicide Resistance Action Committee 将该类杀菌剂归为中等至高抗性风险药剂。根据文献报道，交链格孢 *Sdh B*-H277R/Y 引起对啶酰菌胺产生抗性，*Sdh C*-H134R 和 *Sdh D*-H133R 引起啶酰菌胺与氟吡菌酰胺的交互抗性[24,27-28]；灰葡萄孢 *Sdh B* P225L 单点突变体、*Sdh C*-G85A 和 I93V 双点突变体则可引起啶酰菌胺与氟唑菌酰羟胺的交互抗性[6-7]。本文测定的猕猴桃褐斑病菌均为对氟唑菌酰羟胺敏感的菌株，但鉴于病原菌对 SDHIs 产生抗药性为中至高等风险以及已报道的氟唑菌酰羟胺敏感抗性现状，后续应进行猕猴桃褐斑病菌对该药剂的抗性风险评估。

综合本文结果，氟唑菌酰羟胺对离体猕猴桃褐斑病菌具有较高生物活性，具有田间防治猕猴桃褐斑病的前景，本文建立的敏感性基线可用于后续田间菌株的抗性监测；氟唑菌酰羟胺与啶酰菌胺的交互抗性，则提醒我们应避免 SDHIs 间的重复使用，而应与不同作用靶标的药剂，如对链格孢同样有高抑菌活性的药剂如氯氟醚菌唑等混用[25]，同时制定合理的氟唑菌酰羟胺防治猕猴桃褐斑病田间使用技术，达到避免或延缓药剂抗性发展、保证田间防治效果的目的。

## 参考文献

［1］ 吴晓梅. 猕猴桃遗传育种及其产业化进展［J］. 北方果树，2010（2）：1-4.

［2］ 林尤剑, 高日霞. 福建猕猴桃病害调查与鉴定［J］. 福建农业大学学报，1995（1）：49-53.

［3］ 冉飞, 张荣全, 袁腾, 等. '红阳'猕猴桃褐斑病病原菌分离鉴定及防治药剂毒力测定［J］. 中国果树，2021（6）：27-32.

［4］ 崔永亮. 猴桃褐斑病的研究［D］. 成都：四川农业大学，2015.

［5］ 赵金梅, 高贵田, 谷留杰, 等. 中华猕猴桃褐斑病病原鉴定及抑菌药剂筛选［J］. 中国农业科学，2013，46（23）：4916-4925.

［6］ LI X, GAO X H, HU S P, et al. Resistance to pydiflumetofen in *Botrytis cinerea*: risk assessment and detection of point mutations in *sdh* genes that confer resistance［J］. Pest Management Science, 2022, 78: 1448-1456.

［7］ HE L M, CUI K D, SONG Y F, et al. Activity of the novel succinate dehydrogenase inhibitor fungicide pydiflumetofen against SDHI-sensitive and SDHI-resistant isolates of *Botrytis cinerea* and efficacy against gray mold［J］. Plant Disease, 2020, 104（8）: 2168-2173.

［8］ WANG Z, LI R, ZHANG J, et al. Evaluation of exploitive potential for higher bioactivity and lower residue risk enantiomer of chiral fungicide pydiflumetofen［J］. Pest Management Science, 2021, 77（7）: 3419-3426.

［9］ HOU Y P, QU X P, CAI X W, et al. Efficacy of a novel succinate dehydrogenase inhibitor pydiflumetofen to control rice bakanae disease caused by *Fusarium fujikuroi*［J］. Chinese Journal of Pesticide Science, 2021, 105（10）: 3208-3217.

[10] FORSTER H, LUO Y, HOU L, et al. Mutations in *Sdh* gene subunits confer different cross resistance patterns to SDHI fungicides in *Alternaria alternata* causing *Alternaria* leaf spot of almond in California [J]. Plant Disease, 2022. DDI：101094/PDIS-09-21-1913-RE.

[11] ZHAO J, BAO S W, MA G P, et al. Characterization of *Alternaria* species associated with watermelon leaf blight in Beijing Municipality of China [J]. Plant Pathology, 2016, 98（1）：135-138.

[12] MIYAMOTO T, ISHII H, STAMMLER G, et al. Distribution and molecular characterization of *Corynespora cassiicola* isolates resistant to boscalid [J]. Plant Pathology, 2010（59）：873-881.

[13] 杨晓琦，周小军，朱丽燕，等．金线莲炭疽病病原菌的分离鉴定及其对 9 种杀菌剂的敏感性 [J]．农药学学报，2020，22（6）：951-958．

[14] 魏景超．真菌鉴定手册 [M]．上海：上海科学技术出版社，1979．

[15] 张天宇．中国真菌志（第十六卷）：链格孢属 [M]．北京：科学出版社，2003．

[16] ZHENG H H, ZHAO J, WANG T Y, et al. Characterization of *Alternaria* species associated with potato foliar diseases in China [J]. Plant Pathology, 2015, 64：3425-3433.

[17] WANG T Y, ZHAO J, MA G P, et al. Leaf blight of sunflower caused by *Alternaria tenuissima* and *A. alternata* in Beijing, China [J]. Canadian Journal of Plant Pathology, 2019, 41（3）：372-378.

[18] 胡健，杨静雅，李婕，等．草坪草币斑病菌对甲基硫菌灵、异菌脲和丙环唑的敏感性 [J]．农药学学报，2017，19（6）：694-700．

[19] 祁之秋，鞠雪娇，纪明山，等．辽宁省稻瘟病菌对咪鲜胺敏感基线的建立 [J]．农药学学报，2012，14（6）：673-676．

[20] LU X H, ZHU S S, BI Y, et al. Baseline sensitivity and resistance-risk assessment of *Phytophthora capsici* to iprovalicarb [J]. Phytopathology, 2010, 100：1162-1168.

[21] 董怡，李阿根，毛程鑫，等．樱桃褐腐病菌对啶酰菌胺的敏感性及其对 4 种琥珀酸脱氢酶抑制剂的交互抗性 [J]．农药学学报，2022，24（2）：298-305．

[22] 王洪凯，张天宇，张猛．应用 5.8S rDNA 及 ITS 区序列分析链格孢种级分类 [J]．菌物系统，2001（2）：168-173．

[23] 张斌，梅秀凤，黄峰，等．中国柑橘黑腐病和褐斑病病原菌的系统发育分析 [J]．植物病理学报，2020，50（1）：10-19．

[24] FAN Z, YANG J H, FAN F, et al. Fitness and competitive ability of *Alternaria alternata* field isolates with resistance to SDHl, Qol, and MBC fungicides [J]. Plant Disease, 2015, 99（12）：1744-1750.

[25] 张嘉怡，冯志伟，侯万鹏，等．人参交链格孢菌对氯氟醚菌唑的敏感基线和抗药性监测 [J]．菌物研究，2022（2）：191-195．

[26] 雷飞斌，汪汉成，代园凤，等．贵州省烟草赤星病菌对啶酰菌胺的敏感性基线 [J]．农药学学报，2021，23（4）：812-816．

[27] AVENOT H F, BIGGELAAR H V D, MORGAN D P, et al. Sensitivities of baseline isolates and boscalid-resistant mutants of *Alternaria alternata* from pistachio to fluopyram, penthiopyrad, and fluxapyroxad [J]. Plant Disease, 2014, 98（2）：197-205.

[28] AVENOT H F, SELLAM A, KARAOGLANIDIS G, et al. Characterization of mutations in the iron-sulphur subunit of succinate dehydrogenase correlating with boscalid resistance in *Alternaria alternata* from California pistachio [J]. Phytopathology, 2008, 98（6）：736-742.

# 辽宁省花生褐斑病菌对吡唑醚菌酯的敏感性基线及抗药性监测

穆宏娇\*，王 岩，祁之秋\*\*

（沈阳农业大学植物保护学院，沈阳 110866）

**摘要**：本研究测定了 2021—2022 年从辽宁省花生主产区分离的 89 株花生褐斑病菌（*Cercospora arachidicola*）对吡唑醚菌酯的敏感性。结果显示，89 株菌株的 $EC_{50}$ 范围为 0.000 1~0.169 1 mg/L，平均值（0.020 4±0.031 0）mg/L，其中 80 株符合正态分布，确定辽宁省花生褐斑病菌对吡唑醚菌酯的敏感基线为（0.011 5±0.010 1）mg/L。田间出现低抗菌株 7 株（7.86%）、中抗菌株 3 株（3.37%），无高抗菌株。辽中区、黑山县和北镇市的菌株均为敏感性菌株，其他花生主产区均监测到低或中抗菌株。这表明辽宁省部分花生产区褐斑病菌已对吡唑醚菌酯产生抗性，虽整体抗性频率较低，但需持续监测抗性发展动态，以优化用药策略，延缓抗药性发展。

**关键词**：花生褐斑病菌；吡唑醚菌酯；敏感基线；抗药性

## Sensitivity Baseline and Resistance Monitoring of *Cercospora arachidicola* to Pyraclostrobin in Liaoning Province

MU Hongjiao\*, WANG Yan, QI Zhiqiu\*\*

(*College of Plant Protection, Shenyang Agricultural University, Shenyang 110866, China*)

**Abstract**: This study determined the sensitivity of 89 *Cercospora arachidicola* strains isolated from main peanut-producing areas in Liaoning Province during 2021–2022 to pyraclostrobin. The results showed that the $EC_{50}$ values of the 89 strains ranged from 0.000 1 to 0.169 1 mg/L, with an average of (0.020 4±0.031 0) mg/L. Among them, 80 strains conformed to the normal distribution, and the sensitivity baseline of *C. arachidicola* to pyraclostrobin in Liaoning Province was (0.011 5±0.010 1) mg/L. In the field, 7 low-resistant strains (7.86%) and 3 moderate-resistant strains (3.37%) were detected, while no high-resistant strains were found. Strains from Liaozhong, Heishan, and Beizhen were all sensitive, while low or moderate-resistant strains were monitored in other main peanut-producing areas. The findings indicate that *C. arachidicola* in some peanut-producing areas of Liaoning Province has developed resistance to pyraclostrobin. Although the overall resistance frequency is low, continuous monitoring of resistance dynamics is necessary to optimize pesticide application strategies and delay the development of resistance.

**Key words**: *Cercospora arachidicola*; pyraclostrobin; sensitivity baseline; resistance

近年来，随着辽宁省种植业结构的不断调整，花生种植面积及规模逐年增加，花生已成为辽宁省第三大种植作物。然而，随着栽培面积的不断增加、连作单作等管理疏忽，导致花生褐斑病逐年加重，成为阻碍花生产业的重要因素[1]。花生褐斑病由花生尾孢菌（*Cercospora arachidicola* Hori）引起，主要形成带有晕圈的圆形或不规则形黄褐色病斑，严重

---

\* 第一作者：穆宏娇，硕士研究生；E-mail：2023220564@syau.edu.cn
\*\* 通信作者：祁之秋，副教授，主要从事农药毒理及抗药性研究；E-mail：2001500063@syau.edu.cn

时引起大量早期落叶,影响植株的光合效率,进而造成减产[2]。化学防治仍是控制花生褐斑病发生发展的重要手段。然而化学杀菌剂常年的重复使用往往导致病原菌抗药性发生,使其对花生褐斑病的防效降低[3]。吡唑醚菌酯属于甲氧基丙烯酸酯类杀菌剂,高效、速效、广谱,主要用于防治子囊菌、卵菌、担子菌、半知菌等引起的多种病害。该药剂通过干扰菌体细胞色素 b 和 c1 之间的电子传递来阻止细胞 ATP 的合成,达到抑菌效果,因其作用靶标单一,许多病原菌对其已出现抗药性[4]。吡唑醚菌酯作为多菌灵的替代药剂已广泛用于花生褐斑病的防治。目前,生产上有农户反映吡唑醚菌酯防治花生褐斑病效果下降。本文测定了采自辽宁省花生主产区的花生褐斑病菌对吡唑醚菌酯的敏感性,建立敏感性基线,并检测了病原菌对吡唑醚菌酯的抗性水平和抗性频率,研究结果将为制定吡唑醚菌酯防治花生褐斑病的施药方案提供参考。

## 1 材料与方法

### 1.1 供试病原菌

花生褐斑病菌(*Cercospora arachidicola*),分离自辽宁省花生主产区花生褐斑病病叶。

### 1.2 供试药剂

97%吡唑醚菌酯由先正达(投资)有限公司提供,溶于二甲基亚砜,配制母液。

### 1.3 花生褐斑病菌对吡唑醚菌酯的敏感性测定

长好菌落的培养皿中加入 GG 培养基(1.5 g $KH_2PO_4$、0.75 g $MgSO_4 \cdot 7H_2O$、4 g Gelatine from Porcine Skin、4 g 葡萄糖,去离子水定容 1 L),用无菌棉棒将孢子洗下,制备孢子悬浮液,用酶标仪 405 nm 测定孢子悬浮液 OD 值,并调整 OD 值为 0.6(约 $1 \times 10^8$ 个孢子/mL),4 ℃ 保存备用。

吡唑醚菌酯母液用二甲基亚砜梯度稀释,将不同浓度的稀释药液分别加到 96 孔细胞培养板中,每孔加 2 μL,再加 198 μL 制备好的孢子悬浮液与药液混均,使培养板中药液最终浓度梯度为 0 mg/L、0.001 mg/L、0.005 mg/L、0.01 mg/L、0.05 mg/L、0.08 mg/L 和 0.1 mg/L,每处理 4 个重复。405 nm 波长测定 OD 值,记为 $OD_{0d}$。然后将 96 孔培养板置于 20 ℃,黑暗培养 15 d,再次检测 405 nm 波长下的 OD 值,记为 $OD_{15d}$。利用下列公式计算孢子悬浮液浑浊度增长值及吡唑醚菌酯对褐斑病菌孢子生长的抑制率,求出毒力回归方程、$EC_{50}$ 及 R 值。

将花生褐斑病菌对吡唑醚菌酯的 $EC_{50}$ 范围等距离地划分出 11 个区组,统计各区组菌株数,计算各区组菌株频率,制作花生褐斑病菌对吡唑醚菌酯的敏感性频率分布图。以符合单峰曲线,且通过泊松分布检验,呈正态分布的菌株的平均 $EC_{50}$ 作为花生褐斑病菌对吡唑醚菌酯的敏感基线。

$$孢子悬浮液浑浊度增长值 = OD_{15d} - OD_{0d}$$

$$抑制率 = \left(\frac{含药菌悬液光吸收增长值 - 空白菌悬液光吸收增长}{空白菌悬液光吸收增长}\right) \times 100\%$$

### 1.4 花生褐斑病菌对吡唑醚菌酯的抗药性水平划分

参考代玉立等[5]和姚锦爱等[6]方法,根据本研究的敏感性测定结果,划定花生褐斑病菌对吡唑醚菌酯的抗药性分类标准为:抗性倍数≤4 为敏感菌株(S);4<抗性倍数≤10 为低抗菌株(LR);10<抗性倍数≤40 为中抗菌株(MR);抗性倍数>40 为高抗菌株(HR)。

$$抗性指数 = \frac{供试菌株 EC_{50}}{敏感基线}$$

## 1.5 数据分析

使用 DPS V9.01 软件计算药剂 $EC_{50}$ 值、毒力回归方程和相关系数（$r$）。SPSS 软件进行敏感性的正态分布检测和频率分布分析。

## 2 结果与分析

### 2.1 病原菌分离及纯化

2021—2022 年采集辽宁省沈阳市、鞍山市、辽阳市、锦州市和阜新市花生主产区的花生褐斑病病叶，采用组织分离法成功分离到 89 株花生褐斑病菌菌株。菌株信息见表1。

表1 花生褐斑病菌株分布与数量

| 地区 | 县 | 镇 | 数量/株 | 菌株 ID |
| --- | --- | --- | --- | --- |
| 沈阳 | 辽中区 | 牛心坨镇 | 4 | LZ-NXT（1-4） |
| | 康平县 | 山东屯乡 | 5 | KP-SDT（1-5） |
| | | 海洲乡 | 13 | KP-HZ（1-13） |
| 辽阳 | 太子河区 | — | 9 | TZH（1-9） |
| 锦州 | 义县 | 瓦子峪镇 | 4 | Y-WZY（1-4） |
| | | 稍户营子镇 | 5 | Y-SHYZ（1-5） |
| | 黑山县 | 镇安镇 | 6 | HS-ZA（1-6） |
| | 北镇市 | 正安镇 | 10 | BZ-ZA（1-10） |
| 阜新 | 阜蒙县 | 泡子镇 | 12 | FM-PZ（1-12） |
| | | 老河土乡 | 2 | FM-LHT（1-2） |
| | | 哈达户稍镇 | 4 | FM-HDHS（1-4） |
| | | 八家子乡 | 2 | FM-BJZ（1-2） |
| 鞍山 | 台安县 | 桑林子镇 | 4 | TA-SLZ（1-4） |
| | | 桓洞镇 | 9 | TA-HD（1-9） |

### 2.2 花生褐斑病菌对吡唑醚菌酯的敏感性基线建立

89 株花生褐斑病菌对吡唑醚菌酯的敏感性结果表明（图1），辽宁 5 个市的 89 株花生褐斑病菌对吡唑醚菌酯的 $EC_{50}$ 为 0.000 1~0.169 1 mg/L，平均值为（0.020 4±0.031 0）mg/L，其中 BZ-ZA9 和 KP-HZ2 菌株 $EC_{50}$ 值最小为 0.000 1 mg/L，KP-HZ12 菌株 $EC_{50}$ 值最大为 0.169 1 mg/L，是最小 $EC_{50}$ 的 1 691 倍。这表明辽宁地区花生褐斑病菌菌株对吡唑醚菌酯的敏感性存在较大差异，可能部分菌株对吡唑醚菌酯已出现抗药性。花生褐斑病菌对吡唑醚菌酯的 $EC_{50}$ 频率分布和正态性检验结果显示，89 株花生褐斑病菌对吡唑醚菌酯的敏感性频率不符合正态分布（$P<0.000\ 1<0.05$），表明花生褐斑病菌可能对吡唑醚菌酯的敏感性出现分化，田间已产生抗药性菌株。但仍有 80 株菌敏感性频率分布呈连续单峰曲线（$W=0.929$，$P=0.106\ 2>0.05$），符合正态分布。以符合正态分布的菌株的平均 $EC_{50}=$

($0.011\ 5\pm0.010\ 1$) mg/L 为辽宁省花生褐斑病菌对吡唑醚菌酯的敏感性基线。

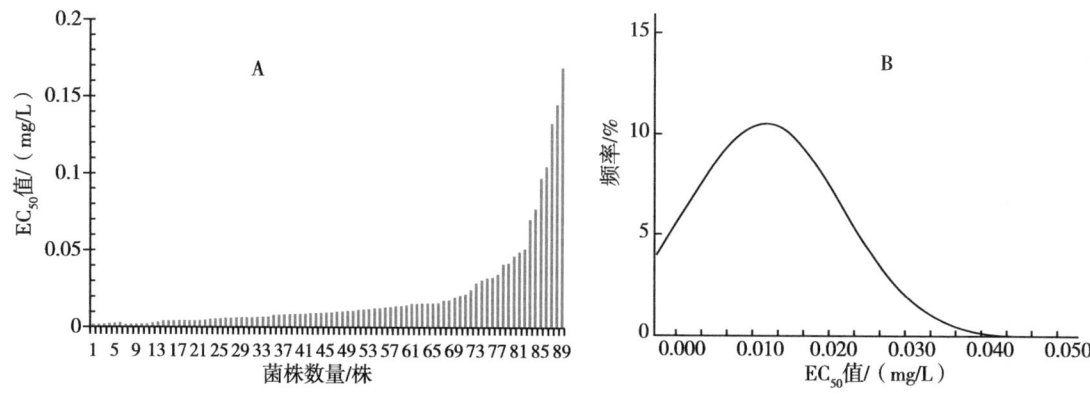

图 1 花生褐斑病菌对吡唑醚菌酯的敏感性（A）和频率分布（B）

### 2.3 辽宁省花生褐斑病菌对吡唑醚菌酯的抗药性检测

采自辽宁花生主产区的 89 株褐斑病菌菌株中，有 7 株低抗菌株，频率为 7.86%；3 株中抗菌株，频率为 3.37%；田间暂无高抗菌株（图 2）。

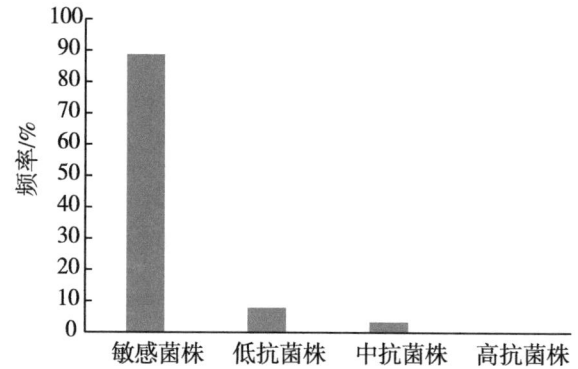

图 2 辽宁省花生褐斑病菌对吡唑醚菌酯的抗药性频率

### 2.4 辽宁省不同地区花生褐斑病菌对吡唑醚菌酯的敏感性比较

不同地区之间病原菌对吡唑醚菌酯的平均敏感性没有显著差异，菌株的 $EC_{50}$ 差异范围最大的是沈阳市康平县，检测到 2 株中抗菌株；其次为鞍山市台安县，检测到 1 株中抗菌株，2 株低抗菌株；阜蒙县检测到 3 株低抗菌株；太子河区和义县均检测到 1 株低抗菌株；辽中区、黑山县和北镇区的菌株均为敏感性菌株；辽宁省各个采样点均未出现高抗菌株（表 2）。

表 2 辽宁省不同地区花生褐斑病菌对吡唑醚菌酯的敏感性

| 地区 | 菌株数量 | $EC_{50}$ 范围/<br>(mg/L) | 平均 $EC_{50}$ 值/<br>(mg/L) | 抗性菌株编号 | 抗性指数 |
|---|---|---|---|---|---|
| 辽中区 | 4 | 0.005 5~0.015 9 | 0.009 2±0.004 1a | — | — |
| 康平县 | 18 | 0.000 1~0.169 1 | 0.029 4±0.046 4a | KP-HZ1 | 12.62 |
|  |  |  |  | KP-HZ12 | 14.70 |

（续表）

| 地区 | 菌株数量 | EC$_{50}$范围/（mg/L） | 平均EC$_{50}$值/（mg/L） | 抗性菌株编号 | 抗性指数 |
|---|---|---|---|---|---|
| 太子河区 | 9 | 0.006 0~0.046 7 | 0.013 4±0.012 0a | TZH1 | 4.06 |
| 义县 | 9 | 0.001 9~0.077 2 | 0.015 1±0.023 6a | Y-SHYZ2 | 6.71 |
| 黑山县 | 6 | 0.004 3~0.021 8 | 0.011 7±0.006 1a | — | — |
| 北镇市 | 10 | 0.000 1~0.041 4 | 0.013 8±0.013 8a | — | — |
| 阜蒙县 | 20 | 0.001 7~0.097 2 | 0.019 0±0.022 4a | FM-PZ12 | 4.29 |
|  |  |  |  | FM-PZ4 | 4.45 |
|  |  |  |  | FM-BJZ2 | 8.45 |
| 台安县 | 13 | 0.000 7~0.133 0 | 0.031 3±0.042 0a | TA-HD6 | 6.12 |
|  |  |  |  | TA-HD5 | 9.12 |
|  |  |  |  | TA-HD2 | 11.57 |

## 3 结论与讨论

长期单一使用杀菌剂易导致病原菌产生抗药性，因此，适时进行病原菌抗药水平监测，了解田间病原菌发展动态，才能制定更为科学合理的用药方案。建立病原菌敏感性基线是开展病原菌抗药性监测的重要基础。吡唑醚菌酯作为杀菌剂复配的成分之一已在花生褐斑病的防治上广泛应用。从本研究的结果看，辽宁省89株花生褐斑病菌中有80株对吡唑醚菌酯的敏感性较低，频率分布呈连续性的单峰曲线，且符合正态分布，为此建立了花生病菌对吡唑醚菌酯的敏感性基线为（0.011 5±0.010 1）mg/L。同时，也监测到辽宁省部分花生主产区对吡唑醚菌酯出现抗药性菌株。尽管抗药性菌株比例不高，但仍然需要我们持续关注抗药性菌株频率及抗药性水平的变化，及时调整花生褐斑病的用药方案，以延缓病原菌对吡唑醚菌酯的抗药性。

### 参考文献

[1] XIE J H, PEI X, LIN Y, et al. Isolation, identification and biological characteristics of the pathogen of peanut brown spot in Liaoning province [J]. China plant protection, 2021, 41 (4): 5-12.

[2] DONG Y B, SHI Y M, ZHAO Z Q, et al. Evaluation of resistance to foliar diseases in peanut cultivars/line [J]. Chinese journal of oil crop sciences, 2000, 22 (3): 71-74.

[3] HE X S. Mixture of pyraclostrobin and difenoconazole against peanut leaf spot disease [J]. Agrochemicals, 2014, 53 (9): 677-679.

[4] RUAN H C, HUANG Y Q, CHEN Q H, et al. Risk assessment on resistance to pyraclostrobin of *Colletotrichum gloeosporioides* [J]. Fujian Journal of Agricultural Sciences, 2024, 39 (9): 1094-1101.

[5] DAI Y L, GAN L, YUAN H C, et al. Sensitivity of *Curvularia coicis* to pyraclostrobin and its control efficacy against Coix leaf blight in south Fujian province [J]. Chinese Journal of Pesticide Science, 2019, 21 (2): 244-249.

[6] YAO J A, LAI B C, HUANG P, et al. Sensitivity to pyraclostrobin and cross-resistance against six fungicides in strawberry anthracnose pathogen *Colletotrichum gloeosporioides* from Fujian province [J]. Journal of Plant Protection, 2022, 49 (4): 1263-1268.

# 河南省花生根腐病菌对咪鲜胺及其复配剂的敏感性

毛雪伟\*，李 敏\*，周 琳\*\*

（河南农业大学植物保护学院，河南农业大学新型农药创制与应用重点实验室，
河南农业大学河南省绿色农药工程技术研究中心，郑州 450046）

**摘要**：由茄腐镰孢菌（*Fusarium solani*）引起的花生根腐病在我国多个省份花生种植区暴发流行，严重威胁我国花生的产量及食用油的安全生产。为明确河南省花生根腐病菌对咪鲜胺敏感性，本研究采用菌丝生长速率法测定了2021年和2022年从河南省9个花生主产区采集分离的98株花生根腐病菌对咪鲜胺的敏感性。结果表明：咪鲜胺对供试花生根腐病菌菌株的 $EC_{50}$ 值为 0.028 5~0.395 8 μg/mL，平均 $EC_{50}$ 值为（0.141 7±0.067 3）μg/mL。供试花生根腐病菌菌株对咪鲜胺的敏感性呈连续单峰曲线分布，符合正态分布（$W=0.85$，$P=0.13>0.05$），未发现敏感性下降的菌株，可将（0.141 7±0.067 3）μg/mL 作为河南省花生产区花生根腐病菌对咪鲜胺的敏感性基线。同时，采用菌丝生长速率法分析了咪鲜胺与川芎精油主要成分丁烯基苯酞在母液体积比 1∶1、1∶2、1∶3、1∶4、1∶5、5∶1、4∶1、3∶1、2∶1、1∶10、1∶20、10∶1、20∶1 混用情况下对花生根腐病菌的联合毒力。结果表明：咪鲜胺与丁烯基苯酞复配药剂的增效系数（SR）为 0.850 7~8.437 8，表现为相加或增效作用，其中复配比为 1∶20 时的增效系数（SR）最大，增效作用最强，表明咪鲜胺可以与丁烯基苯酞复配使用。本研究结果将为河南省花生根腐病菌的抗性监测和花生根腐病的防控提供理论依据。

**关键词**：花生根腐病；茄腐镰孢菌；咪鲜胺；丁烯基苯酞；复配剂

## Sensitivity of *Fusarium solani* to Prochloraz and Its Mixtures in Henan Province

MAO Xuewei\*, LI Min\*, ZHOU Lin\*\*

(*College of Plant Protection, Henan Agricultural University, Zhengzhou 450046, China; Henan Key Laboratory of Creation and Application of New Pesticide, Henan Agricultural University, Zhengzhou 450046, China; Henan Research Center of Green Pesticide Engineering and Technology, Henan Agricultural University, Zhengzhou 450046, China*)

**Abstract**: Peanut root rot, caused by *Fusarium solani*, had been outbreaking in the peanut-producing regions of several provinces in China, posing a serious threat to peanut production and the safe production of edible oil in China. To determine the sensitivity of *F. solani* to prochloraz, 98 *F. solani* isolates were collected from different peanut fields from 9 main peanut-producing regions in Henan Province in 2021 and 2022, and the median effective concentrations ($EC_{50}$ values) of prochloraz for *F. solani* isolates were analyzed by the mycelial growth rate method. The result showed that the $EC_{50}$ values for 98 *F. solani* isolates ranged from 0.028 5 to 0.395 8 μg/mL, and the mean $EC_{50}$

---

\* 第一作者：毛雪伟，讲师，研究方向为杀菌剂毒理与抗药性；E-mail：mxwhenau@163.com
  李敏，博士研究生，研究方向为植物保护；E-mail：18838934006@163.com
\*\* 通信作者：周琳，教授，研究方向为生物农药研发与农药毒理学；E-mail：zhoulinhenau@163.com

value was (0.141 7±0.067 3) μg/mL. The frequency distribution of the $EC_{50}$ values for 98 *F. solani* isolates was a unimodal and continuous curve and present a normally distribution ($W=0.85$, $P=0.13>0.05$). There was no resistant isolate among these isolates. Therefore, the mean $EC_{50}$ value could be used as a baseline for monitoring prochloraz resistance in peanut field isolates of *F. solani* in Henan Province. The allied toxicity of prochloraz and n-butylidenephthalide at volume ratios of 1∶1, 1∶2, 1∶3, 1∶4, 1∶5, 5∶1, 4∶1, 3∶1, 2∶1, 1∶10, 1∶20, 10∶1, 20∶1 to *F. solani* were determined by the method of mycelial growth assay. The result showed the synergistic ratio ranged from 0.850 7 to 8.437 8, indicating an additive or synergistic inhibition effect. The mixture of prochloraz and n-butylidenephthalide with a volume ratio of 1∶20 was demonstrated to have the strongest synergistic inhibition effect with the maximum synergy ratio. The results indicated that prochloraz be used in combination with n-butylidenephthalide. These results will provide a theoretical basis in monitoring prochloraz resistance in peanut field isolates of *F. solani* and controlling the peanut root rot caused by *F. solani* in Henan Province.

**Key words**：peanut root rot；*Fusarium solani*；prochloraz；n-butylidenephthalide；mixture

花生根腐病是一种常见的花生土传病害，在亚洲、非洲以及南美洲等花生产区均有发生，在花生整个生育期均可发病，严重威胁花生的产量和质量[1-5]。一般情况下，该病的发病率在10%以下，造成减产5%~8%，严重时发病率达20%~30%，造成减产20%以上[6]。在连续干旱的季节，该病的发病率高达95%，几近绝收[4]。近年来，由于种植制度的调整和气候条件的变化，花生根腐病在我国各花生产区均有发生，且呈上升趋势，特别是河南、山东和河北等产区发病较重，严重威胁我国食用油的安全生产[7-9]。目前，使用化学药剂仍是防治花生根腐病最有效的措施。常用的化学药剂有咯菌腈、嘧菌酯、咪鲜胺、吡唑醚菌酯等，但随着药剂单一、频繁的长期使用，导致耐药性菌株不断出现。因此，筛选合理的混用药剂有利于提高防效、延长药剂使用寿命和减缓病原菌抗药性产生的速度。当前，咪鲜胺仅和嘧菌酯、噻虫嗪三者复配登记用于防治花生根腐病（中国农药信息网，www.icama.org.cn），这表明对花生根腐病有效的咪鲜胺复配药剂比较匮乏。因此，迫切需要利用不同作用机理杀菌剂或者化合物进行混配来防治花生根腐病。

咪鲜胺是一种广谱、高效、低毒并具有保护和铲除作用的咪唑类杀菌剂，作用机制是通过抑制C-14脱甲基反应干扰病原菌麦角甾醇的生物合成[10-12]。主要用于防治由子囊菌和半知菌引起的炭疽病、菌核病、青霉病、稻曲病和稻瘟病等多种植物病害[10-12]。目前，关于河南省花生根腐病菌对咪鲜胺的敏感性还未见相关报道。因此有必要建立花生根腐病菌对咪鲜胺的敏感基线，为监测其敏感性变化提供依据。

基于以上背景，本研究采用菌丝生长速率法测定了2021—2022年从河南省9个花生主产区采集的98株花生根腐病菌对咪鲜胺的敏感性，建立了花生根腐病菌对咪鲜胺的敏感性基线。同时测定了咪鲜胺和川芎精油有效成分丁烯基苯酞以不同比例进行混配对花生根腐病菌的联合毒力，以期明确河南省花生产区花生根腐病菌对咪鲜胺的敏感性及筛选出咪鲜胺与丁烯基苯酞复配的最佳增效配方，为河南省花生产区花生根腐病菌对咪鲜胺的抗药性监测和花生根腐病的科学防控提供理论依据。

# 1 材料与方法

## 1.1 供试材料

### 1.1.1 供试菌株

2021—2022年从河南省新乡、安阳、鹤壁、开封、商丘、平顶山、南阳、信阳和驻马店9个花生主产区采集具有典型根腐病症状的花生植株，通过组织分离和单孢纯化获得98株花生根腐病原菌株，经形态学及 TEF-1a 测序鉴定为茄腐镰孢菌 Fusarium solani。所有纯化的菌株置于4 ℃冰箱保存备用。

#### 1.1.2 供试药剂

95%咪鲜胺（Prochloraz）原药，青岛泰生生物科技有限公司；98%丁烯基苯酞（n-Butylidenephthalide），上海麦克林生化科技有限公司。将上述药剂用二甲基亚砜（DMSO）溶解并配制成 $1×10^4$ μg/mL 的母液，置于4 ℃冰箱保存备用。

#### 1.1.3 供试培养基

PDA 培养基：马铃薯 200 g，葡萄糖 20 g，琼脂粉 15 g，蒸馏水 1 L。

#### 1.1.4 供试花生品种

豫花9326为河南省主栽品种之一，由河南农业大学绿色农药工程技术研究中心实验室提供。

### 1.2 试验方法

#### 1.2.1 花生根腐病菌对咪鲜胺的敏感性

采用菌丝生长速率方法[13]测定花生根腐病菌对咪鲜胺的敏感性。将98株菌株在PDA平板上于25 ℃黑暗培养箱中活化，5 d后在菌落边缘切取直径5 mm的菌饼，然后将菌饼分别转接于含有终浓度为 1 μg/mL、0.25 μg/mL、0.062 5 μg/mL、0.031 25 μg/mL 和 0.015 625 μg/mL 咪鲜胺系列浓度的 PDA 平板（$\varPhi$=90 mm）上，同时以含有等体积 DMSO 的 PDA 平板作为空白对照。所有PDA平板均置于25 ℃培养箱黑暗培养7 d后，用十字交叉法测量菌落直径（mm）并计算平均值。每处理重复3次，试验独立重复3次。按照公式（1）计算菌丝生长抑制率 $I$（%），根据通过药剂质量浓度对数值（$X$）与抑制率概率值（$Y$）之间的线性回归关系计算毒力回归方程、相关系数和有效抑制中浓度（$EC_{50}$）值。

$$I = \frac{D_c - D_t}{D_c - 5} \times 100\% \tag{1}$$

式中，$D_c$ 和 $D_t$ 分别为对照组和处理组菌落直径，mm。

#### 1.2.2 花生根腐病菌对咪鲜胺的敏感性基线建立

花生根腐病菌对咪鲜胺的敏感性基线建立参照李宝燕等[14]和胡健等[15]的方法。即将咪鲜胺对供试花生根腐病菌群体的 $EC_{50}$ 值由低到高划分为不同的区间，统计各区间内菌株数占所有供试菌株的频率。以 $EC_{50}$ 值为 $X$ 轴，相应的出现频率（%）为 $Y$ 轴，绘制98株花生根腐病菌对咪鲜胺的敏感性频率分布图，并对频率值进行 Shapiro-Wilk 正态性检验，若符合正态分布，则可将咪鲜胺对花生根腐病菌群体的 $EC_{50}$ 平均值作为河南省花生产区花生根腐病菌对咪鲜胺的敏感基线。

#### 1.2.3 花生根腐病菌对咪鲜胺和丁烯基苯酞复配药剂的敏感性测定

采用菌丝生长速率方法[13]测定咪鲜胺、丁烯基苯酞2种单剂以及咪鲜胺与丁烯基苯酞分别按照母液体积比 1∶1、1∶2、1∶3、1∶4、1∶5、5∶1、4∶1、3∶1、2∶1、1∶10、1∶20、10∶1、20∶1 混合的复配药剂对花生根腐病菌 RSQMQ-2-6 的抑制活性。将各单剂和复配药剂进行系列稀释，按照一定的比例分别加入PDA培养基中，制成含咪鲜胺、丁烯基苯酞单剂及其各复配药剂系列浓度的 PDA 平板（$\varPhi$=90 mm）（表1）。以含有等体积相应溶剂的 PDA 平板作为空白对照。试验重复3次。培养条件同1.2.1。各单剂及其复配剂的 $EC_{50}$ 值计算方法同1.2.1；各复配剂理论抑制中浓度 [$EC_{50}$（Exp）] 的计算见公式（2）；

咪鲜胺与丁烯基苯酞复配的增效系数（SR）计算见公式（3），其中 SR>1.5 为增效作用，0.5≤SR≤1.5 为相加作用，SR<0.5 为拮抗作用[16]。

$$\text{EC}_{50}(Exp) = \frac{a+b}{\dfrac{a}{\text{EC}_{50}(A)} + \dfrac{b}{\text{EC}_{50}(B)}} \qquad (2)$$

$$\text{SR} = \frac{\text{EC}_{50}(Exp)}{\text{EC}_{50}(Obs)} \qquad (3)$$

式中，$\text{EC}_{50}(Exp)$ 为理论抑制中浓度；$\text{EC}_{50}(A)$ 为咪鲜胺的 $\text{EC}_{50}$ 值；$\text{EC}_{50}(B)$ 为丁烯基苯酞的 $\text{EC}_{50}$ 值；$a$、$b$ 为相应单剂在复配中所占的比例；$\text{EC}_{50}(Obs)$ 为实际测量抑制中浓度。

表 1　花生根腐病菌敏感性测定试验中咪鲜胺和丁烯基苯酞复配药剂的浓度梯度

| 药剂处理 | 浓度梯度/（μg/mL） |
|---|---|
| 咪鲜胺（PRO） | 0、0.015 625、0.031 25、0.062 5、0.25、1 |
| 丁烯基苯酞（N-BUT） | 0、31.25、62.5、125、250、500 |
| PRO∶N-BUT（1∶1） | 0、0.062 5、0.125、0.25、0.5、1、2、4 |
| PRO∶N-BUT（1∶2） | 0、0.062 5、0.125、0.25、0.5、1、2、4 |
| PRO∶N-BUT（1∶3） | 0、0.062 5、0.125、0.25、0.5、1、2、4 |
| PRO∶N-BUT（1∶4） | 0、0.062 5、0.125、0.25、0.5、1、2、4 |
| PRO∶N-BUT（1∶5） | 0、0.062 5、0.125、0.25、0.5、1、2、4 |
| PRO∶N-BUT（5∶1） | 0、0.062 5、0.125、0.25、0.5、1、2、4 |
| PRO∶N-BUT（4∶1） | 0、0.062 5、0.125、0.25、0.5、1、2、4 |
| PRO∶N-BUT（3∶1） | 0、0.062 5、0.125、0.25、0.5、1、2、4 |
| PRO∶N-BUT（2∶1） | 0、0.062 5、0.125、0.25、0.5、1、2、4 |
| PRO∶N-BUT（1∶10） | 0、0.007 8、0.031 25、0.125、0.5、2 |
| PRO∶N-BUT（1∶20） | 0、0.007 8、0.031 25、0.125、0.5、2 |
| PRO∶N-BUT（10∶1） | 0、0.007 8、0.031 25、0.125、0.5、2 |
| PRO∶N-BUT（20∶1） | 0、0.007 8、0.031 25、0.125、0.5、2 |

## 1.3　数据分析

数据处理和分析利用 Office2013，采用 SPSS 22.0 软件对数据进行统计分析，应用 Tukey 法进行差异显著性分析。

## 2　结果与分析

### 2.1　花生根腐病菌对咪鲜胺的敏感性

通过测定来自河南省花生主产区 98 株花生根腐病菌对咪鲜胺的敏感性，结果表明咪鲜胺对 98 株花生根腐病菌的 $\text{EC}_{50}$ 值为 0.028 5~0.395 8 μg/mL，平均 $\text{EC}_{50}$ 值是（0.141 7±

0.067 3）μg/mL（表 2）。不同花生主产区间的菌株对咪鲜胺的敏感性不存在显著性差异。其中从商丘采集到的菌株对咪鲜胺最敏感，平均 $EC_{50}$ 值是（0.115 2±0.045 1）μg/mL；安阳采集到的菌株对咪鲜胺最不敏感，平均 $EC_{50}$ 值是（0.211 3±0.074 9）μg/mL（表 2）。

表 2　2021—2022 年河南省花生根腐病菌对咪鲜胺的敏感性

| 采集地点 | 菌株数 | $EC_{50}$ 值范围/（μg/mL） | 平均 $EC_{50}$ 值/（μg/mL） |
| --- | --- | --- | --- |
| 新乡 | 13 | 0.066 1~0.245 6 | （0.170 8±0.047 9）a |
| 安阳 | 4 | 0.152 3~0.320 7 | （0.211 3±0.074 9）a |
| 鹤壁 | 5 | 0.072 0~0.234 4 | （0.154 2±0.065 6）a |
| 开封 | 28 | 0.025 8~0.269 3 | （0.123 8±0.064 1）a |
| 商丘 | 23 | 0.049 9~0.230 4 | （0.115 2±0.045 1）a |
| 平顶山 | 3 | 0.144 1~0.233 2 | （0.177 1±0.048 8）a |
| 南阳 | 5 | 0.113 9~0.284 1 | （0.201 5±0.082 7）a |
| 驻马店 | 13 | 0.056 4~0.238 1 | （0.126 7±0.055 5）a |
| 信阳 | 4 | 0.071 2~0.395 8 | （0.186 9±0.155 9）a |
| 总数 | 98 | 0.028 5~0.395 8 | （0.141 7±0.067 3） |

注：表中数据为平均数±标准误。同列不同小写字母表示经 Tukey 法检验差异显著（$P<0.05$）。

### 2.2　花生根腐病菌对咪鲜胺的敏感性基线分析

由敏感性频率分布图可知（图 1），98 株花生根腐病菌对咪鲜胺的敏感性频率呈连续单峰曲线分布，最不敏感菌株的 $EC_{50}$ 值是最敏感菌株的 13.89 倍，没有出现敏感性显著性下降

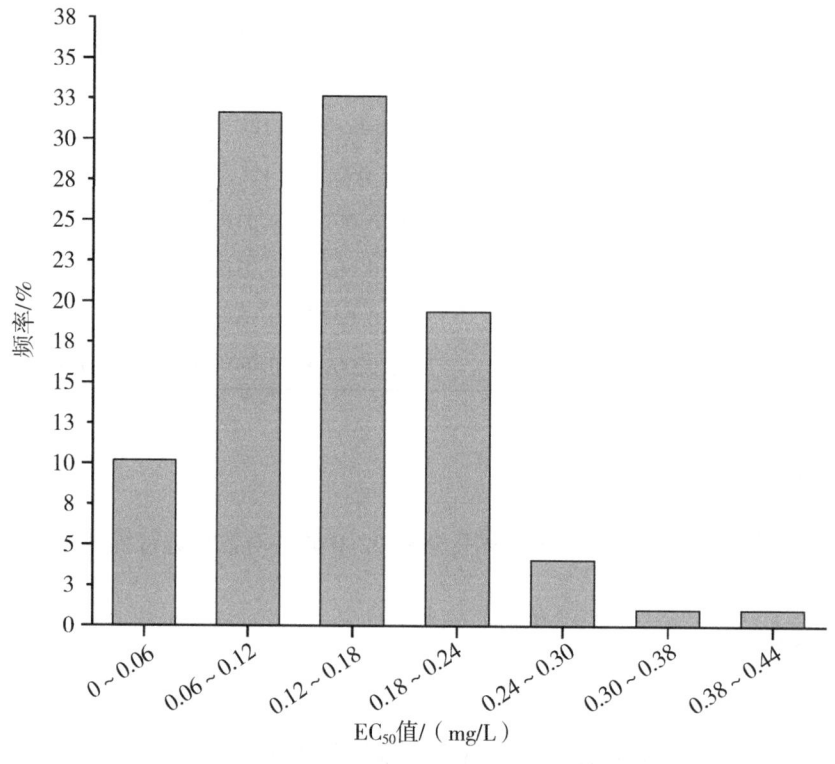

图 1　河南省 98 株花生根腐病菌对咪鲜胺的敏感性频率分布

的菌株，且符合正态分布（$W=0.85$，$P=0.13>0.05$），因此可将其平均 $EC_{50}$ 值（$0.1417\pm0.0673$）μg/mL 确定为河南省花生主产区花生根腐病菌对咪鲜胺的敏感基线。

## 2.3 咪鲜胺和丁烯基苯酞复配对花生根腐病菌的毒力

由表3可知，咪鲜胺和丁烯基苯酞不同比例复配后的增效系数 SR 在 0.8507~8.4378 之间，表现为相加或增效作用。其中，咪鲜胺和丁烯基苯酞复配比为 1∶1、1∶2、1∶3、1∶4、5∶1、4∶1、3∶1、2∶1 时，SR 值介于 0.8507~1.4625 之间，表现为相加作用；而复配比为 1∶5、1∶10、1∶20、10∶1 和 20∶1 时，SR 值均大于 1.5，表现为增效作用，特别是复配比为 1∶20 时的增效系数（SR）最大，为 8.4378，增效作用最强。

表3 花生根腐病菌对咪鲜胺和丁烯基苯酞复配药剂的敏感性

| 药剂处理 | 回归方程 | 相关系数 | 实际测量抑制中浓度 $EC_{50}$ ($Obs$) / (μg/mL) | 理论抑制中浓度 $EC_{50}$ ($Exp$) / (μg/mL) | 增效系数 SR |
| --- | --- | --- | --- | --- | --- |
| 咪鲜胺（PRO） | $y=5.6515+0.6696x$ | 0.9868 | 0.1064 | — | — |
| 丁烯基苯酞（N-BUT） | $y=0.5565+1.8786x$ | 0.9922 | 231.9405 | — | — |
| PRO∶N-BUT（1∶1） | $y=5.6648+0.8894x$ | 0.9808 | 0.1789 | 0.2127 | 1.1889 |
| PRO∶N-BUT（1∶2） | $y=5.4972+0.8422x$ | 0.9958 | 0.2568 | 0.3189 | 1.2419 |
| PRO∶N-BUT（1∶3） | $y=5.3129+0.9864x$ | 0.9953 | 0.4817 | 0.4250 | 0.8823 |
| PRO∶N-BUT（1∶4） | $y=5.1971+0.9630x$ | 0.9881 | 0.6242 | 0.5310 | 0.8507 |
| PRO∶N-BUT（1∶5） | $y=5.3296+0.8750x$ | 0.9940 | 0.4200 | 0.6369 | 1.5165 |
| PRO∶N-BUT（5∶1） | $y=5.9268+0.9523x$ | 0.9937 | 0.1064 | 0.1277 | 1.1999 |
| PRO∶N-BUT（4∶1） | $y=5.7386+0.8032x$ | 0.9629 | 0.1203 | 0.1330 | 1.1054 |
| PRO∶N-BUT（3∶1） | $y=5.8650+0.9930x$ | 0.9953 | 0.1346 | 0.1418 | 1.0538 |
| PRO∶N-BUT（2∶1） | $y=5.7725+0.8027x$ | 0.9856 | 0.1091 | 0.1596 | 1.4625 |
| PRO∶N-BUT（1∶10） | $y=5.6806+0.8865x$ | 0.9791 | 0.1707 | 1.1651 | 6.8252 |
| PRO∶N-BUT（1∶20） | $y=5.5812+1.0003x$ | 0.9763 | 0.2624 | 2.2141 | 8.4378 |
| PRO∶N-BUT（10∶1） | $y=8.2270+1.9654x$ | 0.8940 | 0.0228 | 0.1170 | 5.1331 |
| PRO∶N-BUT（20∶1） | $y=8.1284+1.9510x$ | 0.8769 | 0.0249 | 0.1117 | 4.4866 |

# 3 结论与讨论

咪鲜胺是英国 BOOts 公司（现为拜耳公司）于 1977 年推向市场的一种高效广谱、低毒杀菌剂[10]。目前咪鲜胺对从多种作物上分离的茄腐镰孢菌的毒力测定已被报道。例如：Liu 等[17]测得咪鲜胺对黑胡椒枯萎病原茄腐镰孢菌的菌丝生长具有较好的抑制效果，$EC_{50}$ 值为 0.2050 μg/mL；邝瑞彬等[18]报道咪鲜胺对番荔枝根腐病菌茄腐镰孢菌的 $EC_{50}$ 值为 0.0800 μg/mL；严蕾艳等[19]测定了 7 株瓜类根腐病病原菌茄腐镰孢菌对 5 种杀菌剂的敏感性，结果发现茄腐镰孢菌对咪鲜胺表现最敏感，$EC_{50}$ 值范围为 0.0610~0.2090 μg/mL。本研究测定河南省花生产区的 98 株茄腐镰孢菌对咪鲜胺的敏感性结果与上述作者的研究结果类似，$EC_{50}$ 值范围为 0.028 5~0.395 8 μg/mL，这表明咪鲜胺仍可用于防治由茄腐镰孢菌引起的花生根腐病。此外，敏感性频率分布图显示该群体对咪鲜胺的敏感性频率分布符合正态分布，这进一步表明本研究中茄腐镰孢菌供试群体对咪鲜胺仍属于敏感群体，无抗性菌株产生，因此可以作为河南省花生根腐病菌对咪鲜胺的敏感性基线，为河南省花生根腐病菌对咪鲜胺的抗药性监测提供理论数据。

咪鲜胺的作用机制较单一，长期且大规模的单一使用容易使植物病原菌对其产生抗药性[20]。目前，已有报道镰孢菌对咪鲜胺产生了抗药性，如藤仓镰孢菌[21]、亚洲镰孢菌[22]和禾谷镰孢菌[22]等。尽管关于花生根腐病菌对咪鲜胺田间抗药性群体还未见相关报道，但为了延长咪鲜胺的使用寿命、避免花生根腐病菌产生抗药性，将不同作用机制的药剂合理混配使用是预防和治理病原菌抗药性的有效手段之一[20]。药剂增效复配可以完善生物活性物质与活性成分研究的技术体系，突破生物农药产品剂型单一、多为单剂的现状，推动及促进我国生物农药的产业化发展。天然植物源化合物与化学农药协同防治，可实现化学农药减量使用，降低农药残留风险。同时，通过天然植物源化合物的协同效应，可延缓化学农药抗药性的产生，延长化学农药的生命周期。例如：植物源杀菌剂 0.5% 小檗碱水剂与化学农药 66.8% 丙森·缬霉可湿性粉剂交替使用对莴苣霜霉病增效作用比较理想[23]；植物源农药 5% 大蒜素微乳剂复配化学农药 2% 春雷霉素对柑橘溃疡病有减量增效作用[24]。因此，本研究测定了咪鲜胺和植物源农药川芎精油有效成分丁烯基苯酞按照不同体积比例复配后对花生根腐病菌的联合毒力。结果表明，咪鲜胺和丁烯基苯酞复配对花生根腐病菌均具有较高的毒力，且各复配剂表现相加或增效作用，这表明咪鲜胺和丁烯基苯酞复配对防治花生根腐病有较大的应用潜力。进一步试验应明确其田间防治效果，为最终开发成新配方复配剂提供理论依据。

综上所述，咪鲜胺对河南省花生产区茄腐镰孢菌的生长仍具有较强的抑制作用，未发现敏感性下降的菌株，平均 $EC_{50}$ 为（0.141 7±0.067 3）μg/mL 可作为河南省花生产区茄腐镰孢菌对咪鲜胺的敏感性基线。咪鲜胺与丁烯基苯酞复配剂对花生根腐病菌均为相加或增效作用，在生产中可以将咪鲜胺与丁烯基苯酞复配使用防控花生根腐病，从而保障花生生产安全。本论文的研究结果为河南省花生产区花生根腐病对咪鲜胺的抗药性监测和花生根腐病的科学防控提供理论。

## 参考文献

[1] 孟宪曾. 花生病害 [M]. 北京：中国农业出版社，1982：95-99.

[2] DEBELE S, FININSA C, DEJENE M, et al. Distribution of groundnut (*Arachis hypogaea* L.) root rot complex and associated pathogens in eastern Ethiopia [J]. Afr J Plant Sci, 2023, 17 (3)：18-29.

[3] ZAMAN N, AHMED S. Survey of root rot of groundnut inrainfed areas of Punjab, Pakistan [J]. Afr J Biotechnol, 2012, 11 (21)：4791-4794.

[4] ROJO F G, REYNOSO MM, FEREZ M, et al. Biological control by *Trichoderma* species of *Fusarium solani* causing peanut brown root rot under field conditions [J]. Crop Prot, 2007, 26 (4)：549-555.

[5] SAKHUJA P K, SETHI C L. Frequency of occurrence of various plants parasitic nematodes and root-rot fungi on groundnut in Punjab [J]. Indian J. Nematol, 1985, 15 (2)：191-194.

[6] 龚国斌，金立. 5 种种衣剂对花生根腐病的防治效果试验 [J]. 世界农药，2022，44 (8)：39-43.

[7] 吴志会, 韩晓清, 张尚卿, 等. 6种药剂防治花生根腐病的田间药效试验 [J]. 河北农业科学, 2012, 16 (12): 37-39.

[8] 陈为京, 郭峰, 陈建爱, 等. 连作花生根腐病镰孢菌分离与对峙培养 [J]. 花生学报, 2018, 47 (2): 47-51.

[9] 潘鑫, 闫书咪, 胡新颖, 等. 河南省花生根、茎和荚果部镰孢菌的分离鉴定 [J]. 花生学报, 2023, 52 (1): 25-32.

[10] 徐妍, 马超, 胡奕俊, 等. 咪鲜胺生产现状与市场分析 [J]. 农药, 2009, 48 (8): 552-554, 585.

[11] 李蓉, 蔡春生, 卢俊文, 等. 咪鲜胺及其代谢物残留检测技术研究进展 [J]. 中国卫生检验杂志, 2015, 25 (17): 3011-3014.

[12] COPPING L G, BIRCHMORE R J, WRIGHT K, et al. Structure-activity relationships in a group of imidazole-1-carboxamides [J]. Pestic Sci, 1984, 15 (3): 280-284.

[13] 慕立义, 吴文君, 王开运. 植物化学保护研究方法 [M]. 北京: 中国农业出版社, 1994: 79-81.

[14] 李宝燕, 栾炳辉, 石洁, 等. 胶东地区葡萄白腐病菌对吡唑醚菌酯的敏感性及与其他4种药剂的敏感性比较 [J]. 农药学学报, 2020, 22 (6): 959-966.

[15] 胡健, 杨静雅, 李婕, 等. 北京地区草坪草夏季斑枯病菌对嘧菌酯的敏感性及其Cytb序列分析 [J]. 农药学学报, 2018, 20 (1): 33-40.

[16] GISI U. Synergistic interaction of fungicides in mixtures [J]. Phytopathology, 1996, 86 (11): 1273-1279.

[17] LIU S, LIU R, CHU B, et al. Identification and screening of fungicides against *Piper nigrum* basal *Fusarium* wilt disease in Hainan, China [J]. Basic Microb, 2023, 63 (11): 1254-1264.

[18] 邝瑞彬, 杨敏, 周陈平, 等. 番荔枝根腐病菌分离鉴定、生物学特性分析及药剂筛选 [J]. 中国农学通报, 2023, 39 (28): 99-106.

[19] 严蕾艳, 王迎儿, 邢乃林, 等. 浙江省瓜类根腐病病原菌鉴定及其对杀菌剂敏感性测定 [J]. 果树学报, 2023, 40 (9): 1943-1951.

[20] 詹家绥, 吴娥娇, 刘西莉, 等. 植物病原真菌对几类重要单位点杀菌剂的抗药性分子机制 [J]. 中国农业科学, 2014, 47 (17): 3392-3404.

[21] PENG Q, WAQAS YOUNAS M, YANG J, et al. Characterization of prochloraz resistance in *Fusarium fujikuroi* from Heilongjiang Province in China [J]. Plant Dis, 2022, 106 (2): 418-424.

[22] YIN Y, LIU X, LI B, et al. Characterization of sterol demethylation inhibitor-resistant isolates of *Fusarium asiaticum* and *F. graminearum* collected from wheat in China [J]. Phytopathology, 2009, 99 (5): 487-497.

[23] 凌士鹏, 周小军, 何锦豪, 等. 植物源农药小檗碱与化学农药交替使用防治莴苣霜霉病试验初报 [J]. 浙江农业科学, 2010, 3: 592-593.

[24] 李真真, 周海伟, 何洁, 等. 5%大蒜素微乳剂与2%春雷霉素复配对柑橘溃疡病的田间药效试验 [J]. 南方园艺, 2023, 34 (2): 23-27.

# 桃褐腐病菌 MfSSP 基因的功能研究

曾哲政**，肖媛玲**，罗朝喜***

（华中农业大学植物科学技术学院，果蔬园艺作物种质创新与利用全国重点实验室，武汉 430070）

**摘要**：由实生链核盘菌 Monilinia fructicola 引起的桃褐腐病是桃树主要病害之一。本研究基于前期获得的桃褐腐病菌侵染果实的早期转录组数据及基因组数据，发现 MfSSP 基因在褐腐病菌侵染过程中可能发挥重要作用。利用农杆菌介导的烟草瞬时表达系统、酵母分泌验证系统、基因敲除、实时荧光定量 PCR 等技术，通过分泌验证、表型分析、表达量测定、环境适合度测定、致病力测定等初步明确上述基因在桃褐腐病菌中的生物学功能。研究结果表明：分泌蛋白 MfSSP 能够诱导烟草叶片细胞坏死且其信号肽具有分泌功能。相比于野生型菌株，MfSSP 敲除转化子的生长速率和致病力均无显著变化，但在 0.01% SDS 胁迫条件下，敏感性升高。上述结果表明，MfSSP 可以引起烟草叶片坏死，影响桃褐腐病菌细胞膜胁迫应答，但不调控生长及致病力。

**关键词**：桃褐腐病菌；MfSSP 基因；致病力；效应子；SDS 胁迫应答

## Study on the Biological Function of Genes MfSSP in *Monilinia fructicola*

ZENG Zhezheng**, XIAO Yuanling**, LUO Chaoxi***

(College of Plant Science and Technology, Huazhong Agricultural University; National Key Laboratory for Germplasm Innovation & Utilization of Horticultural Crops, Wuhan 430070, China)

**Abstract**: Peach brown rot disease caused by *Monilinia fructicola* is one of the main diseases of peach trees. This study is based on the genome and the transcriptome from the early-stage infected fruit. Bioinformatics analysis indicated that the *MfSSP* gene may play a vital role during the infection process. Using *Agrobacterium* mediated *Nicotiana benthamiana* transient expression system, yeast secretion system, gene knockout, real-time fluorescence quantitative PCR, phenotype investigation, environmental stress responses, pathogenicity to demonstrate the biological functions of *MfSSP* gene in peach brown rot pathogen. The results showed that the secreted protein MfSSP could induce cell necrosis in tobacco leaves and its signal peptide had secretion function. *MfSSP* knock out transformants had no significant changes in mycelial growth and pathogenicity compared to wild-type strain. However, the sensitivity of *MfSSP* knockout transformants increased under 0.01% SDS stress conditions. The above results indicated that *MfSSP* could cause tobacco leaf necrosis, and the *MfSSP* gene affected the cell membrane stress responses, but did not participate in regulating the mycelial growth, development, and pathogenicity in *M. fructicola*.

**Key words**: *Monilinia fructicola*; *MfSSP* gene; virulence; effector; SDS stress response

---

\* 基金项目：国家桃产业技术体系（CARS-30）
\*\* 第一作者：曾哲政，博士研究生，研究方向为病原真菌抗药性；E-mail：402137943@qq.com
　　　　　　肖媛玲，硕士研究生，研究方向为病原真菌抗药性；E-mail：1310644916@qq.com
\*\*\* 通信作者：罗朝喜，教授，研究方向为桃病害防控及病原真菌抗药性；E-mail：cxluo@mail.hzau.edu.cn

当前桃褐腐病研究主要集中于病原菌分离鉴定、抗药性及防治技术等领域，其致病机制研究仍较为薄弱，亟待深入探索。病原真菌分泌对寄主具细胞毒性的代谢产物统称为致病因子，主要包括降解酶[1-4]、效应蛋白[5]、毒素[6-7]和植物生长调节物质[8]四大类型。

研究表明，角质酶和果胶酶是桃褐腐病菌 Monilinia fructicola 的关键致病因子。其中角质酶基因 MfCUT1 的过表达可显著增强桃褐腐病菌的致病力[1]，而多聚半乳糖醛酸酶基因 MfPG1 过表达则导致致病性下降[9]。在氧化还原调控通路中，转录因子基因 MfAP1 的表达水平变化会通过影响 ROS 解毒及毒力相关基因表达削弱致病力[10]；类似地，MfOfd1 基因敲低可提高桃褐腐病菌对 ROS 的敏感性并降低致病力[11]。此外，一些半乳糖苷酶以及自噬相关基因也能影响桃褐腐病菌的致病力。MfMel1 缺失导致 α-半乳糖苷酶活性下降、产孢减少及致病力显著降低[12]；MfATG1 敲低影响菌丝形态与自噬过程，减缓菌丝生长并降低致病力，但对孢子萌发无影响[13]。一些转录因子（Transcription factor）以及介体（Mediator）则通过调节致病相关基因的转录，进而影响桃褐腐病菌的致病力。介体基因 MfCdtf1 缺失使桃褐腐病菌生长速率、致病力下降并丧失产孢与色素合成能力，MfHMG6 缺失则降低生长速率、致病力和产孢能力[14]。转录因子 MfHOX1 敲除转化子形成扭曲致密的分生孢子梗且产孢量显著增加，其生长速率下降、孢子萌发率不变、致病力减弱，并影响桃褐腐病菌对多种外源胁迫的敏感性[15]。

转录组学作为解析生物表型与基因功能的关键技术，在病原物-寄主互作机制及致病因子鉴定领域应用广泛。典型应用如枯萎镰孢菌与香蕉的互作研究：通过整合转录组与蛋白质组学分析发现，强致病菌株尖孢镰孢菌古巴专化型（Fusarium oxysporum f. sp. cubense, Foc）Foc4 侵染香蕉时，过氧化物酶类、蛋白质合成酶及毒素相关蛋白显著上调表达，而弱致病株 Foc1 中同源基因则下调或不变[16]。这种表达差异可能是 Foc4 能侵染巴西蕉而 Foc1 无致病性的关键机制。随着组学技术快速发展与测序成本降低，基因组学引导下的多组学协同策略（转录组-蛋白组-代谢组整合分析）已成为植物病理学研究的新范式，显著深化了对植物-病原互作机制的认知。

在植物-病原互作过程中，病原菌的效应蛋白发挥着重要作用。植物病原菌与寄主植物进化过程中，病原菌分泌效应蛋白抑制或逃避 PAMP-Triggered Immunity（PTI）反应，而植物也进化出相应的受体识别这些效应蛋白并触发免疫信号的传导。然而自然协同进化的过程中，病原菌可能会进化出高度多样化的效应蛋白或丢失一些效应蛋白以抑制或逃避 Effector-Friggered Immunity（ETI）反应[17]。目前许多病原真菌的全基因组测序、比较基因组分析以及分泌组分析都能预测到许多功能未知的小分泌蛋白，这些蛋白是否与真菌生长发育、致病过程相关还有待进一步确定。近年来，丝状真菌中关于小分泌蛋白的研究取得一定进展，木霉分泌的大量活性小分子蛋白的主要作用是调节自身菌丝所处环境为中等亲水，以便菌丝更好地附着，而不是参与其他生物的互作[18]。

在前期的研究中，本课题组已获取桃褐腐病菌 M. fructicola 侵染果实早期的转录组数据。本研究通过对比分析该数据，鉴定到的一个小分泌蛋白（Small secreted protein）MfSSP，其在桃褐腐病菌侵染后期表达量较高，且在褐腐病菌进化过程中也受到一定的选择压力。预测结果显示 MfSSP 是一个质外体效应子，通过本氏烟草瞬时表达系统发现其能够诱导烟草叶片严重坏死。在桃褐腐病菌中采用分割标记法敲除 MfSSP 以探究其可能的生物学功能。致病相关基因的功能解析可深度揭示桃褐腐病菌的致病分子机制，为病害防控策略创新提供理论支撑，对遏制褐腐病危害、提升桃产业经济效益具有重要实践价值。

# 1 材料与方法

## 1.1 供试菌株

桃褐腐病菌 *M. fructicola* 菌株 Bmpc7，自美国佐治亚州果园采集分离，由克莱姆森大学 Guido Schnabel 教授实验室馈赠。该菌株为单孢分离菌株，该单孢分离株的基因组组装与侵染过程转录组图谱已构建完成[11]。

## 1.2 *MfSSP* 基因生物信息学分析

本实验室前期已获得桃褐腐病菌 Bmpc7 基因组数据及侵染前期转录组数据，通过侵染前期转录组数据及比较基因组分析筛选到目的基因。通过 Softberry、SMART、Effector P 3.0 等网站进行基因结构、蛋白结构域及效应子预测。同时在 NCBI 数据库中比对上述蛋白在其他真菌中的同源物，并采用 MEGA7.0 软件进行系统发育分析。

## 1.3 本氏烟中瞬时表达验证 MfSSP 效应蛋白功能

为验证 *MfSSP* 在植物免疫中的功能，采用农杆菌介导的瞬时表达系统：以 Bmpc7 cDNA 为模板，分别扩增 *MfSSP* 全长序列（MfSSP）及去除信号肽的序列（MfSSP$_{\Delta SP}$），克隆至植物瞬时表达载体 PVX 中，获得重组质粒 pPVX-MfSSP 和 pPVX-MfSSP$_{\Delta SP}$。将重组质粒电转化至农杆菌 GV3101，阳性克隆经卡那霉素筛选后，于 LB 液体培养基中培养至 $OD_{600} \approx 1.0$，菌体经 10 mmol/L $MgCl_2$ 重悬调整至 $OD_{600} = 0.8$。选取 4~5 叶期健康本氏烟，用无菌注射器将菌液渗透接种至叶片背面，以空载体 pPVX-GFP 为阴性对照，已知激发子 XEG1 为阳性对照。接种后 48~72 h 观察叶片注射区域的过敏性坏死反应（HR）表型。

## 1.4 MfSSP 效应蛋白信号肽分泌特性功能验证

为明确 MfSSP 效应蛋白的分泌特性及功能，首先采用酵母分泌陷阱系统进行信号肽验证：以桃褐腐病菌野生型菌株 Bmpc7 的 cDNA 为模板，PCR 扩增 *MfSSP* 基因的 N 端信号肽序列，将其克隆至酵母分泌验证载体 pSUC2 的 *SUC2* 基因上游，构建重组质粒 pSUC2-SSP。将该质粒电转化至蔗糖酶缺陷型酵母菌株 YTK12 中，阳性转化子经色氨酸缺陷培养基（CMD-W）筛选后，点种于含棉子糖和抗霉素 A 的 YPRAA 培养基，30 ℃ 培养 3~4 d。功能性信号肽可通过分泌 SUC2 酶分解棉子糖支持酵母生长；进一步通过 TTC 显色反应验证：酵母菌体经醋酸-醋酸钠缓冲液（pH=4.7）悬浮，加入 10% 蔗糖及 0.1% TTC 溶液，37 ℃ 孵育 10 min，分泌功能正常的菌株因产生还原性物质使 TTC 还原为红色甲臜。阳性对照为 pSUC2-Avr1b，阴性对照为空白 pSUC2 载体。

## 1.5 敲除片段的合成

基于分割标记法（Split Marker）设计引物（表 1），PCR 及融合 PCR 实验步骤遵循 Zhang 的方法进行[11]。以 Bmpc7 菌株基因组 DNA 为模板，分别采用引物对 5-MfSSP-F/R 和 3-MfSSP-F/R 扩增 *MfSSP* 基因上游（5′-MfSSP）与下游（3′-MfSSP）片段。潮霉素抗性基因（含 *TrpC* 启动子）从质粒 pSKH 中通过引物 HF/HR 扩增获得，其中 5-MfSSP-R 与 HF、3-MfSSP-F 与 HR 设计为部分碱基互补。所有 PCR 产物经 DNA 凝胶回收试剂盒（全式金生物，北京）纯化后，通过融合 PCR 将 5′-MfSSP、潮霉素抗性基因及 3′-MfSSP 片段连接。最终以融合产物为模板，采用巢式引物对 5-nest-MfSSP-F/Up-Nest-R 与 Down-Nest-F/3-nest-MfSSP-R 分别扩增，获得 MfSSP-HY 及 YG-MfSSP 片段。

## 1.6 Bmpc7 菌株原生质体的制备及 PEG 介导转化

取 200 g 去皮马铃薯切块沸煮，纱布过滤得马铃薯汁，加 20 g 葡萄糖与 17 g 琼脂（液体培养基则免），超纯水定容至 1 L，121 ℃灭菌后分装为 PDA 平板或 PDB 液体培养基。将活化 4 d 的 Bmpc7 菌丝块（2 mm×2 mm）接种于 50 mL PDB，22 ℃、150 r/min 振荡培养 36 h。菌丝经双层灭菌擦镜纸过滤，0.7 mol/L NaCl 洗涤 3 次后转入无菌锥形瓶，加入新鲜配制的裂解酶溶液 [0.75 g/mL Lysing Enzymes（Sigma），0.7 mol/L NaCl] 浸没菌丝，30 ℃、100 r/min 温和振荡 3~4 h。当显微镜下观察到大量饱满半透明的球状原生质体（>90%）且菌丝碎片残留极少时，判定原生质体制备成功。

表 1 本研究所用的引物序列

| 引物名称 | 序列（5′–3′） |
| --- | --- |
| 5-MfSSP-F | AATCTGGCCAAGTTCCTCCG |
| 5-MfSSP-R | TCAATATCATCTTCTGTCGATGCTGGGAGTGAAGATACGG |
| 3-MfSSP-F | AGATGCCGGATCCACTTAACTTCGGGGATGTCCAAACGAG |
| 3-MfSSP-R | GCTAAGAGACGAAGGGCCTC |
| MfSSP-CK-F | CCCAGCAATTCATTCTTCCAAT |
| MfSSP-CK-R | ACGATACGTGGTTCACAGAGA |
| HF | TCGACAGAAGATGATATTGAAGGAG |
| HR | GTTAAGTGGATCCGGCATCT |
| UP-Nest-R | AGCATCAGCTCATCGAGAGCCT |
| DOWN-nest-F | AGGGCGAAGAATCTCGTGCTTT |
| Check-hyg-For | AGGAATCGGTCAATACACTACAT |
| Check-hyg-Rev | ATGTAGTGTATTGACCGATTCCT |
| β-tublin-F | AACCTTGAAGCTCAGCAACC |
| β-tublin-R | GAAATGGAGACGTGGGAATG |
| qPCR-MfSSP-F | CACTCTTCGGTCTTTCGGT |
| qPCR-MfSSP-R | CTGTTGCTTTGCAATGGTAGGC |
| PVX-SSP-F | CAGCACCAGCTAGCATCGATATGCTTACCTCAACTCTCCTCG |
| PVX-SSP-R | GTCCATGGATCCCCCGGGCTATGTCATGGAAGGAATGTTAATCTC |
| PVX-SSP-F（Δsp） | CAGCACCAGCTAGCATCGATATGGCTCCTGGAGTCCTCC |
| PVX-SSP-R（Δsp） | GTCCATGGATCCCCCGGGCTATGTCATGGAAGGAATGTTAATCTC |
| pSUC2-SSP-F | AAGCTCGGAATTTTAATTAAATGCTTACCTCAACTCTCCT |
| pSUC2-SSP-R | CGACTCACTATAGGGAGAACTGCCTGGACGGCTACTGCAA |

裂解液经无菌滤膜转移至 50 mL 离心管，4 ℃、4 000 r/min 离心 10 min 后弃上清。沉淀经 1 mL STC 溶液（1.2 mol/L 山梨醇，10 mmol/L Tris-HCl pH 7.5，50 mmol/L CaCl$_2$）沿管壁轻柔洗涤后，重悬于适量 STC 溶液。原生质体悬液经血球计数板定量，调整浓度至 $10^6$ 个/mL。取 160 μL 悬液于 10 mL 玻璃管，加入 40 μL 纯化片段 MfSSP-HY 及 YG-MfSSP，轻柔吹吸混匀后冰浴 20 min。分 3 次沿管壁缓慢加入 PEG 溶液（60% PEG 4 000，10 mmol/L

Tris-HCl pH 7.5，10 mmol/L CaCl$_2$）：200 μL→200 μL→800 μL，每次添加后轻柔旋混，冰浴静置 20 min。加入 1 mL STC 溶液混匀，取 450 μL 转化混合液与 45 ℃预保温的再生培养基（含 1 g/L 酪蛋白水解物、342 g/L 蔗糖、1 g/L 酵母提取物、15 g/L 琼脂）混匀倒板。固化后 22 ℃暗培养 24 h，待原生质体萌发时覆盖含 150 μg/mL 潮霉素的 WA 培养基（1.7% 琼脂），继续培养 4~6 d 至单菌落形成。

### 1.7 *MfSSP* 基因敲除转化子的验证

基于 *MfSSP* 敲除转化子在 200 μg/mL 潮霉素 PDA 平板上的生长表现进行初筛，采用四引物对（表1）进行 PCR 验证：HF/HR 扩增 1 414 bp 潮霉素全长片段；5-MfSSP-F/Check-hyg-R 获得 1 625 bp 同源上臂；Check-hyg-F/3-MfSSP-R 获得 1 412 bp 同源下臂。野生型 Bmpc7 因缺乏潮霉素基因且引物结合位点位于内源基因区，所有验证均无扩增条带，阳性转化子则呈现特异性条带。纯合性鉴定采用引物 MfSSP-CK-F/R：野生型扩增 2 381 bp 单一条带，纯合子为 3 013 bp 单一条带，杂合子同时出现 2 381 bp 与 3 013 bp 双条带。

### 1.8 *MfSSP* 基因表达量的测定

根据 *M. fructicola* 菌株 Bmpc7 的 *MfSSP* 基因 cDNA 序列设计引物 qPCR-MfSSP-F 和 qPCR-MfSSP-R 进行 PCR 扩增。选用 *β-tublin* 为内参基因，进行实时荧光定量 PCR，测定 *MfSSP* 基因表达量（表1）。

### 1.9 敲除转化子生物学表型测定

#### 1.9.1 敲除转化子生长速率测定

将野生型菌株 Bmpc7 和转化子菌株接种至 PDA 培养基上，22 ℃培养 3 d。用直径为 4 mm 的打孔器在菌落边缘打取新鲜菌饼，用接种针将菌饼接种在 PDA 平板上，每个菌株接种 3 个重复，22 ℃培养 3 d。采用十字交叉法测量菌落直径，记录数据并拍照。试验独立重复 3 次。

#### 1.9.2 敲除转化子致病力测定

将在 PDA 培养基上接种野生型菌株 Bmpc7 和转化子菌株，22 ℃培养 3 d。而后在果园中选取成熟度一致，大小一致的健康水蜜桃或黄桃，用洗洁精清洗桃果实的灰尘杂质和桃毛，再用自来水清洗附着在其表面的污渍，之后将桃果实放入 1% 的 NaClO 溶液中浸泡 30 s，用清水冲洗一遍，再将桃果实放入 75% 的酒精中浸泡 30 s，用无菌水清洗一遍。洗干净的桃果实放进超净工作台中吹干。采用直径 4 mm 打孔器沿菌落边缘打取新鲜菌饼，同时用打孔器在桃果实表面轻轻打孔，并用灭菌尖嘴镊轻轻去除小孔表面的果皮。将菌饼菌丝面向下接种于去除果皮的打孔处，每个菌株重复接种 4 次。将接种好的桃果实置于铺有湿润吸水纸的塑料方盒中，并用保鲜膜密封方盒，22 ℃培养 3 d。采用十字交叉法测量病斑直径并拍照记录，试验独立重复 3 次。

#### 1.9.3 敲除转化子环境适合度测定

将各个菌株接种于 PDA 培养基上，22 ℃培养 3~4 d。采用直径为 4 mm 的打孔器在菌落边缘打取新鲜菌饼。用接种针将菌饼分别接种在含有 3 mmol/L H$_2$O$_2$、150 g/L 甘油、1.2 mol/L 山梨醇、0.2 mol/L CaCl$_2$、0.6 mol/L NaCl、200 g/L 葡萄糖、0.01% SDS、600 μg/mL 刚果红的培养基上进行胁迫测定，以上培养基均以 PDA 为基质。同时将各个菌株接种在不含任何添加物质的 PDA 培养基上为对照。每个菌株接种 3 个重复，22 ℃培养 3 d 后，观察菌落生长情况，采用十字交叉法测量菌落直径并拍照记录。试验独立重复

3次。

#### 1.9.4 统计分析

以桃褐腐病菌野生型菌株和突变体菌株为试验对象的不同试验，进行3次生物学重复。统计分析采用 SPSS 21.0 进行单因素方差分析和 LSD 检验。统计学显著性用不同字母表示，字母相同则表示二者之间无显著差异。采用 GraphPad Prism 8.0 进行作图，$P$ 值和样本数（$n$）在图例中说明。

## 2 结果与分析

### 2.1 *MfSSP* 基因序列及系统进化发育分析

通过对实验室桃褐腐病菌 *M. fructicola* 侵染转录组和 *Monilinia* spp. 进化选择压力分析，筛选到在侵染后期相对表达量较高的分泌蛋白 *MfSSP*。目前未见其他病原真菌中 *MfSSP* 同源蛋白的报道。经过 gDNA 和 cDNA 序列比对，*MfSSP* 全长 684 bp，含有一个外显子，编码 227 个氨基酸。SMART 预测结果显示 *MfSSP* 含有一个信号肽，但不含其他已知结构域（图1A）。*MfSSP* 在桃褐腐病菌侵染过程中被诱导上调。系统进化发育分析结果表明 *MfSSP* 在核盘菌科真菌中较为保守（图1B）。

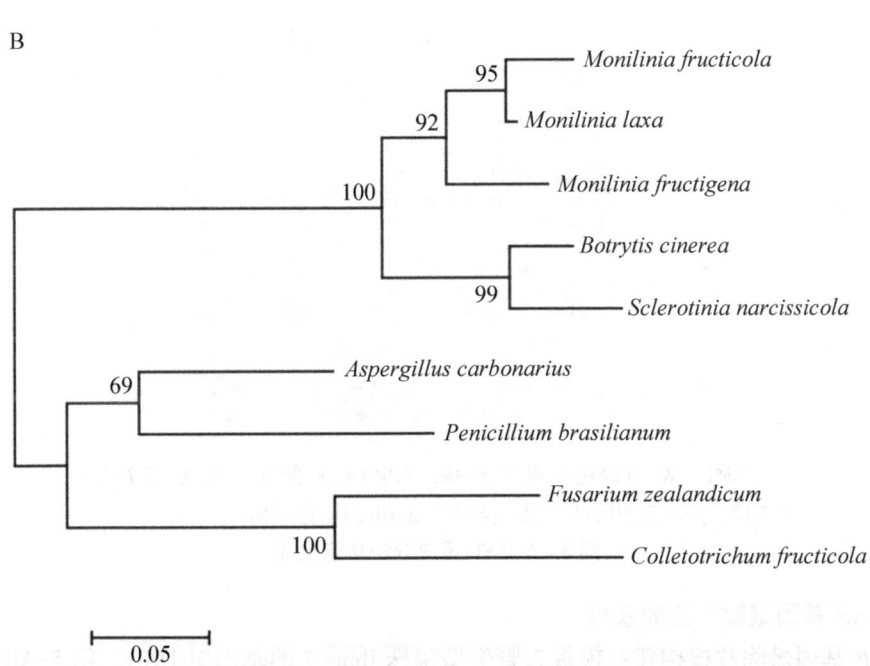

A. *MfSSP* 的结构域预测；B. 桃褐腐病菌中 *MfSSP*（红色）同源蛋白的系统发育分析。

**图1 桃褐腐病菌 *MfSSP* 基因生物信息学分析**

## 2.2 MfSSP 引起本氏烟叶片过敏性坏死反应

通过 Effector P3.0 预测分析 MfSSP 是一个质外体效应子，为验证 MfSSP 是否能影响植物免疫，采用农杆菌介导的烟草瞬时表达系统进行初步验证，分别构建 MfSSP 蛋白全长和去信号肽载体，渗透注射本氏烟草叶片，结果显示：MfSSP 蛋白全长和去信号肽蛋白都能够引起烟草细胞坏死（图2）。

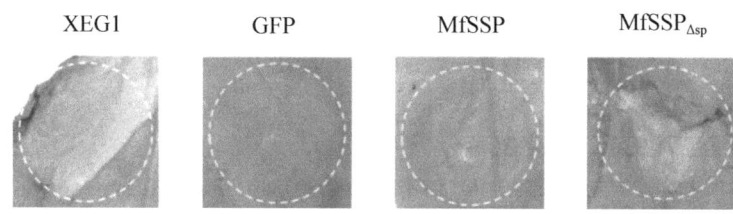

利用农杆菌瞬时表达体系在烟草叶片瞬时表达 MfSSP 全长及去信号肽序列。GFP 为阴性对照；XEG1 为阳性对照。

**图 2 MfSSP 蛋白诱导烟草叶片坏死验证**

## 2.3 MfSSP 信号肽具有分泌功能

通过 SMART 网站（http://smart.embl-heidelberg.de/smart/set_mode.cgi? NORMAL = 1）预测可知分泌蛋白 MfSSP 含有信号肽，为明确其信号肽是否具有功能，通过酵母分泌陷阱试验，将分泌蛋白 SSP 的信号肽序列克隆到 pSUC2 载体上，并转入缺乏 SUC2 活性的缺陷型酵母 YTK12 中。结果显示：阳性对照 $SP^{Avr1b}$ 和 $SP^{SSP}$ 均能够在以棉子糖为唯一碳源的培养基上生长，且能够将 TTC 还原为红色的福尔马赞（图3），表明 MfSSP 的信号肽具有分泌功能。

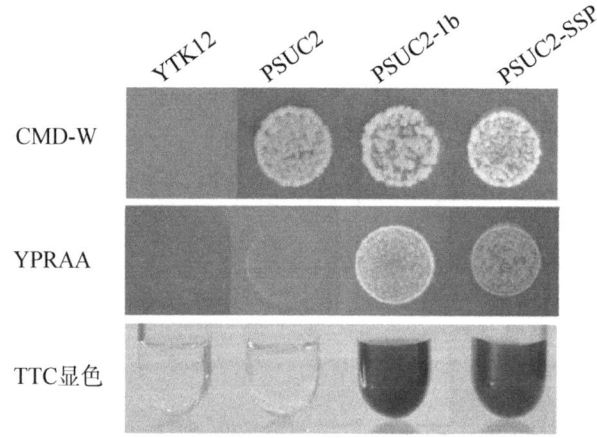

CMD-W 为缺色氨酸培养基；YPRAA 为含抗霉素 A 培养基；YTK12、pSUC2 为阴性对照；pSUC2-Avr1b 为阳性对照。

**图 3 MfSSP 蛋白分泌功能验证**

## 2.4 *MfSSP* 基因敲除片段的获得

*MfSSP* 基因敲除片段构建：模板为野生型菌株 Bmpc7 的基因组 DNA，用 5-MfSSP-F 和 5-MfSSP-R 扩增 821 bp 的上游序列片段，用 3-MfSSP-F 和 3-MfSSP-R 扩增 778 bp 的下游序列片段。从 pSKH 质粒中用特异性引物 HF 和 HR 扩增 1 414 bp 的 *HYG* 基因片段。通过融合 PCR 将上游序列片段、下游序列片段以及 HYG 潮霉素基因片段融合在一起。以融合 PCR 产物为模板，用 5-MfSSP-nest-F 和 Up-nest-R 扩增 1 664 bp 的上游同源臂，用 Down-nest-F 和

3-MfSSP-nest-R 扩增 1 592 bp 的下游同源臂。1%琼脂糖凝胶电泳验证，结果显示：成功获得基因敲除片段（图4）。

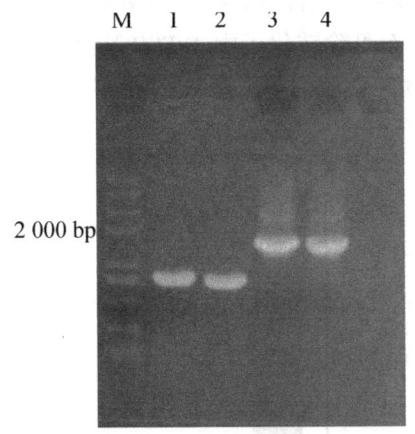

M. DNA Marker；泳道 1. 5-MfSSP-F 和 5-MfSSP-R 扩增的敲除上游序列片段；泳道 2. 3-MfSSP-F 和 3-MfSSP-R 扩增的敲除下游序列片段；泳道 3. 5-MfSSP-nest-F 和 Up-nest-R 扩增上游同源臂；泳道 4. Down-nest-F 和 3-MfSSP-nest-R 扩增下游同源臂。

**图 4  *MfSSP* 基因敲除片段构建**

## 2.5  *MfSSP* 敲除转化子的获得及纯化

为明确 *MfSSP* 在桃褐腐病菌中的功能，采用分割标记法对 *MfSSP* 基因进行敲除。在完成原生质体的转化之后，从培养基表面菌落挑取菌丝尖端，并将其接种到含有 200 μg/mL 潮霉素的 PDA 培养基中，初步筛选出阳性的转化子。之后进行多代单孢纯化，直至获得纯合转化子。提取转化子 DNA，分别用引物对 5-MfSSP-F 和 Check-hyg-R、Check-hyg-F 和 3-MfSSP-R、HF 和 HR、MfSSP-CK-F 和 MfSSP-CK-R 进行扩增验证，结果显示：Bmpc7、Δ*MfSSP*-19、Δ*MfSSP*-34、Δ*MfSSP*-47 条带均符合预期，且敲除转化子经 MfSSP-CK-F 和 MfSSP-CK-R 扩增仅得到单一的 3 013 bp 条带（图5），说明上述 3 个转化子均为纯合敲除

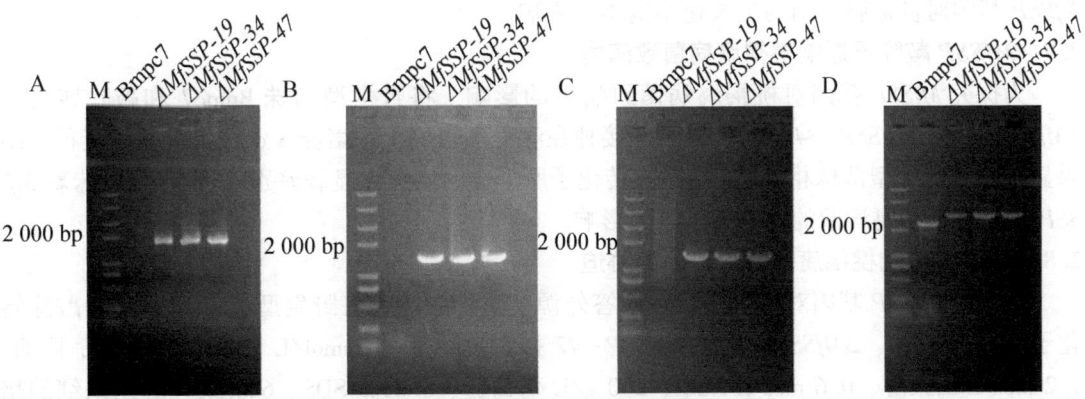

A. 5-MfSSP-F 和 Check-hyg-R 扩增转化子上游序列同源臂；B. Check-hyg-F 和 3-MfSSP-R 扩增转化子下游序列同源臂；C. HF 和 HR 扩增转化子 HYG 抗性基因片段；D. MfSSP-CK-F 和 MfSSP-CK-R 扩增转化子同源重组敲除片段；M. DNA Marker；Bmpc7 为野生型菌株，Δ*MfSSP*-19、Δ*MfSSP*-34 和 Δ*MfSSP*-47 为敲除转化子。

**图 5  *MfSSP* 敲除转化子验证**

转化子。

为进一步明确 *MfSSP* 敲除转化子中 *MfSSP* 基因的表达量，提取野生型菌株 Bmpc7 和敲除转化子 Δ*MfSSP*-19、Δ*MfSSP*-34、Δ*MfSSP*-47 的 RNA，反转录后采用实时荧光定量 PCR 进行检测。试验结果表明，3 个敲除转化子中 *MfSSP* 基因基本不表达（图6），Δ*MfSSP*-19、Δ*MfSSP*-34、Δ*MfSSP*-47 均为纯合转化子。

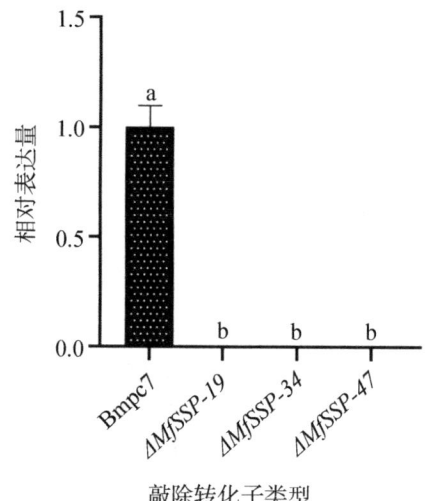

图 6　*MfSSP* 基因在敲除转化子中的相对表达量

注：敲除转化子中 *MfSSP* 基因相对表达量测定，统计分析采用 SPSS 21.0 进行单因素方差分析，$P=0.05$，$n=3$，字母不相同，则表示两者间有显著差异。

### 2.6　*MfSSP* 敲除不影响桃褐腐病菌生长速率

为明确 *MfSSP* 基因对桃褐腐病菌营养生长的作用，将野生型菌株 Bmpc7 和敲除转化子 Δ*MfSSP*-19、Δ*MfSSP*-34、Δ*MfSSP*-47 接种至 PDA 培养基上，培养 3 d 后测定其生长速率。结果显示：敲除转化子的生长速率和菌落形态与野生型菌株基本一致（图 7），意味着 *MfSSP* 基因对桃褐腐病菌的生长速率基本无影响。

### 2.7　*MfSSP* 敲除不影响桃褐腐病菌致病力

为探究 *MfSSP* 基因对桃褐腐病菌致病力的影响，将野生型菌株 Bmpc7 和敲除转化子 Δ*MfSSP*-19、Δ*MfSSP*-34、Δ*MfSSP*-47 接种在春美水蜜桃上，培养 3 d 后测量病斑直径。结果显示：与野生型菌株相比，3 个敲除转化子所形成的病斑无显著差别（图 8），意味着 *MfSSP* 基因对桃褐腐病菌的致病力基本无影响。

### 2.8　*MfSSP* 影响桃褐腐病菌应答外源胁迫

为明确 *MfSSP* 基因对桃褐腐病菌应答外源胁迫的影响，将野生型菌株 Bmpc7 和敲除转化子 Δ*MfSSP*-19、Δ*MfSSP*-34、Δ*MfSSP*-47 接种在含有 3 mmol/L $H_2O_2$、150 g/L 甘油、1.2 mol/L 山梨醇、0.6 mol/L NaCl、200 g/L 葡萄糖、0.01% SDS、600 μg/mL 刚果红的培养基上进行胁迫测定。培养 3 d 后测量菌落直径，结果显示：在 150 g/L 甘油胁迫条件下，Δ*MfSSP*-34、Δ*MfSSP*-47 转化子的敏感性基本不变，而 Δ*MfSSP*-19 转化子的敏感性略升高；在 3 mmol/L $H_2O_2$ 胁迫条件下，Δ*MfSSP*-34、Δ*MfSSP*-47 的敏感性略升高，但 Δ*MfSSP*-19 转化子的敏感性基本不变；在 0.6 mol/L NaCl 和 1.2 mol/L 山梨醇胁迫条件下，3 个转化子的敏感性基本不变；在 200 g/L 葡萄糖胁迫条件下，Δ*MfSSP*-34、Δ*MfSSP*-47 转化子的敏感性略下降，但 $\Delta MfSSP\text{-}19$ 转化子的敏感性基本不变；在 0.01% SDS 胁迫条件下，3 个转化子的敏感性显著升高；在 600 μg/mL 刚果红胁迫条件下，$\Delta MfSSP\text{-}34$、$\Delta MfSSP\text{-}47$ 转化子的敏感性基本不变，$\Delta MfSSP\text{-}19$ 转化子的敏感性略降低（图 9）。综上所述，$MfSSP$ 基因参与调控桃褐腐病菌细胞膜完整性。

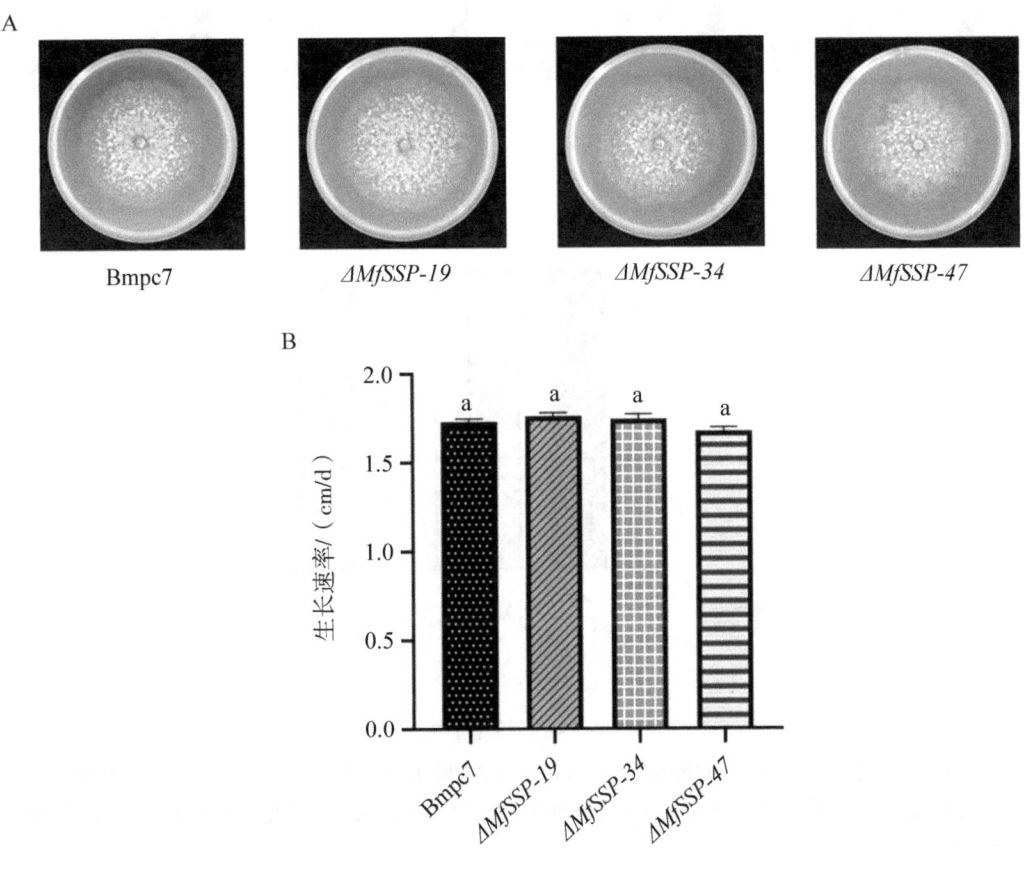

A. 野生型菌株 Bmpc7、$\Delta MfSSP\text{-}19$、$\Delta MfSSP\text{-}34$ 和 $\Delta MfSSP\text{-}47$ 在 PDA 培养基上生长 3 d 的菌落形态；B. $MfSSP$ 敲除转化子的生长速率测定。

**图 7　$MfSSP$ 敲除转化子的生长速率测定**

注：统计分析采用 SPSS 21.0 进行单因素方差分析，$P=0.05$，$n=3$，字母相同，则表示两者间无显著差异。

## 3　结论与讨论

植物病原菌小蛋白的功能具有多样性，近年来植物病原菌中富含半胱氨酸小分泌蛋白的研究逐渐丰富，麦根腐平脐蠕孢、辣椒疫霉、致病疫霉、稻瘟病菌、核盘菌等病原菌中都有相关报道，这些小分泌蛋白不仅参与病原菌的生长发育，也参与致病过程。本课题通过对桃褐腐病菌侵染转录组的分析，鉴定出一个在侵染后期表达量相对较高的小分泌蛋白 $MfSSP$，Effector P3.0 和 SMART 网站预测结果显示 $MfSSP$ 质外体效应子，不含有已注释功能的结构域，只含有一个信号肽。利用本氏烟草瞬时表达系统发现 $MfSSP$ 能够引起烟草叶片强烈坏死，酵母分泌验证试验表明 $MfSSP$ 有分泌功能。狼尾草腥黑粉菌（$Tilletia\ horrida$）中的小

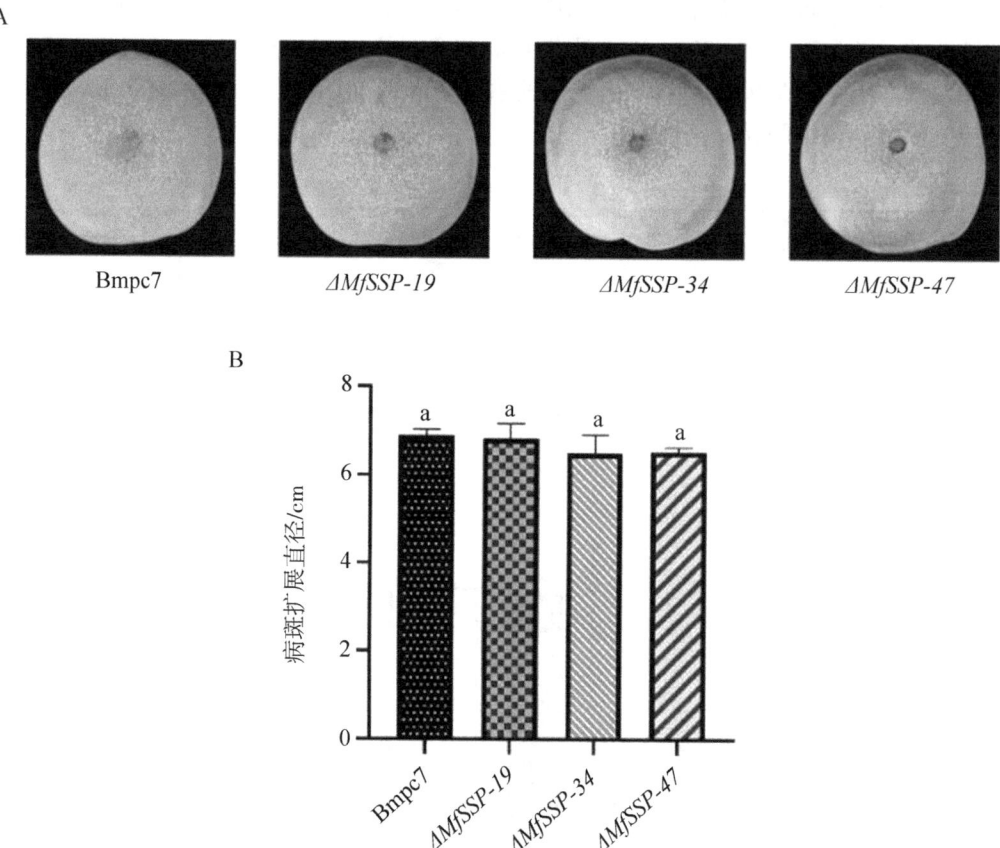

A. 野生型菌株 Bmpc7、ΔMfSSP-19、ΔMfSSP-34 和 ΔMfSSP-47 的 4 mm 菌饼接种在春美水蜜桃表面，3 d 后采用十字交叉法测量病斑直径；B. MfSSP 敲除转化子在春美水蜜桃表明病斑直径统计。

**图 8　MfSSP 敲除转化子的致病力测定**

注：统计分析采用 SPSS 21.0 进行单因素方差分析，$P=0.05$，$n=3$，字母相同，则表示两者间无显著差异。

分泌蛋白 ThSCSP5 也能够引起烟草坏死，活性氧爆发和胼胝质积累[19]。香蕉枯萎病菌中的小分泌蛋白 FocTR4-SSP1 被证明能够与香蕉中的 Ma-TRP1 互作，它可能通过与 Ma-TRP1 互作来调控植物免疫反应[20]。

采用基因敲除的方法对 MfSSP 的生物学功能进行初步分析，观察并评估 MfSSP 敲除转化子的表型。桃褐腐病菌中，敲除 MfSSP 基因不影响菌株的菌落形态和生长速率。但孟欣然等[21]发现核盘菌中小分泌蛋白 SS1G-02250 沉默后，沉默转化子在 48 h 以内的生长速率都低于野生型菌株，表明 SS1G-02250 可能参与调控核盘菌的生长发育。通过刺伤接种，对 MfSSP 敲除转化子的致病力进行评估，试验结果表明：MfSSP 基因缺失对桃褐腐病菌的致病力基本无影响。然而沉默 SS1G-02250 后，沉默转化子致病力显著减弱，而超表达 SS1G-02250 则致病力增强，说明 SS1G-02250 会参与核盘菌的致病过程[21]。同样 PcSSP4 在辣椒疫霉致病过程中起重要作用，PcSSP4 的缺失显著降低辣椒疫霉的侵染能力[22]。在评估环境

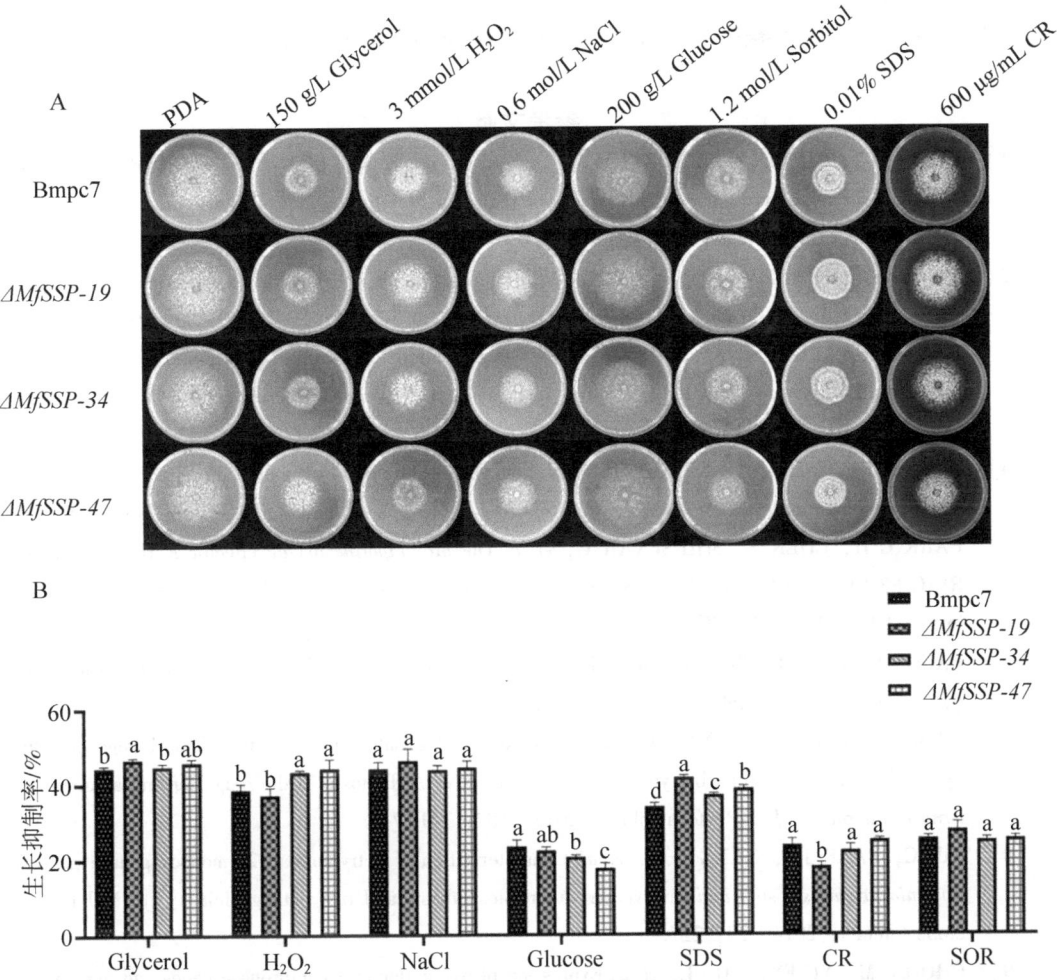

A. 野生型菌株 Bmpc7、$\Delta MfSSP-19$、$\Delta MfSSP-34$ 和 $\Delta MfSSP-47$ 的 4 mm 菌饼接种在含有 1.2 mol/L 山梨醇、150 g/L 甘油、0.6 mol/L NaCl、3 mmol/L $H_2O_2$、200 g/L 葡萄糖、0.01% SDS、600 μg/mL 刚果红的培养基上，22 ℃培养 3 d；B. MfSSP 敲除转化子在不同胁迫条件下抑制率统计。

**图 9　MfSSP 敲除转化子对外源胁迫敏感性测定**

注：统计分析采用 SPSS 21.0 进行单因素方差分析，$P=0.01$，$n=3$，字母不相同，则表示两者间有显著差异。

适合度时笔者发现 MfSSP 敲除转化子对 150 g/L 甘油、1.2 mol/L 山梨醇、0.6 mol/L NaCl、600 μg/mL 刚果红胁迫的敏感性基本不变，对 3 mmol/L $H_2O_2$、0.01% SDS 胁迫的敏感性升高，对 200 g/L 葡萄糖的敏感性略降低，但各个转化子之间存在一定差异。这表明 MfSSP 可能参与部分胁迫应答。

灰葡萄孢中 BcSSP2 也是一个没有任何已知结构域的小分泌蛋白，利用农杆菌瞬时表达 BcSSP2，烟草叶片首先会变黄而后在 15 d 内引起细胞死亡[23]。这与瞬时表达桃褐腐病菌 MfSSP 注射烟草后所观察到的现象基本一致，但 BcSSP2 去除信号肽后不能引起细胞死亡，表明其可能作用于叶片质外体。有趣的是，预测结果显示 MfSSP 是质外体效应子，但 MfSSP 去信号肽后依旧能诱导细胞死亡，MfSSP 具体的作用位置后期可以采用亚细胞定位等试验确定。进一步的研究表明 BcSSP2 是一种毒效应蛋白，能够被植物免疫系统识别，BAK1 和

SOBIR1 负向调控 BcSSP2 对本氏烟草的毒性[23]。MfSSP 对本氏烟草而言也具有毒性，能够触发植物免疫，但 MfSSP 被哪些受体激酶识别并调控还需深入探究。

## 参考文献

[1] LEE M H, CHIUMIN C, ROUBTSOVA T, et al. Overexpression of a redox-regulated cutinase gene, MfCUT1, increases virulence of the brown rot pathogen Monilinia fructicola on Prunus spp. [J]. Mol Plant Microbe Interact, 2010, 23: 176-186.

[2] ROGERS L M, KIM Y K, GUO W, et al. Requirement for either a host- or pectin-induced pectate lyase for infection of Pisum sativum by Nectria hematococca [J]. PNAS, 2000, 97: 9813-9818.

[3] ISSHIKI A, AKIMITSU K, YAMAMOTO M, et al. Endopolygalacturonase is essential for citrus black rot caused by Alternaria citri but not brown spot caused by Alternaria alternata [J]. Mol Plant Microbe Interact, 2001, 14: 749-757.

[4] OHTANI K, ISSHIKI A, KATOH H, et al. Involvement of carbon catabolite repression on regulation of endopolygalacturonase gene expression in citrus fruit [J]. J Gen Plant Pathol, 2003, 69: 120-125.

[5] PARK C H, CHEN S, SHIRSEKAR G, et al. The Magnaporthe oryzae effector AvrPiz-t targets the RING E3 Ubiquitin Ligase APIP6 to suppress pathogen-associated molecular pattern-triggered immunity in rice [J]. Plant Cell, 2012, 24: 4748-4762.

[6] BACON C W, PORTER J K, NORRED W P, et al. Production of fusaric acid by Fusarium species [J]. Appl Environ Microb, 1996, 62: 4039-4043.

[7] IZUMI Y, KAMEI E, MIYAMOTO Y, et al. Role of the pathotype-specific ACRTS1 gene encoding a hydroxylase involved in the biosynthesis of host-selective ACR-toxin in the rough lemon pathotype of Alternaria alternata [J]. Phytopathology, 2012, 102: 741-748.

[8] YIN C, PARK J J, GANG D R, et al. Characterization of a tryptophan 2-monooxygenase gene from Puccinia graminis f. sp. tritici involved in auxin biosynthesis and rust pathogenicity [J]. Mol Plant Microbe Interact, 2014, 27: 227.

[9] CHOU C M, YU F Y, YU P L, et al. Expression of five endopoly galacturonase genes and demonstration that MfPG1 overexpression diminishes virulence in the brown rot pathogen Monilinia fructicola [J]. PLoS One, 2015: DOI: 10.1371/journal.pone.0132012.

[10] YU P L, WANG C L, CHEN P Y, et al. YAP1 homologue-mediated redox sensing is crucial for a successful infection by Monilinia fructicola [J]. Mol Plant Pathol, 2017, 18: 783-797.

[11] ZHANG M M, WANG Z Q, XU X, et al. MfOfd1 is crucial for stress responses and virulence in the peach brown rot fungus Monilinia fructicola [J]. Mol Plant Pathol, 2020, 21: 820-833.

[12] 谷文倩. 桃褐腐病菌 MfGh27A、MfMel1 和 MfSR 基因的生物学功能研究 [D]. 武汉：华中农业大学, 2021.

[13] 黄松. 桃褐腐病菌 MfATG1、MfATG16 和 MfRad50 基因生物学功能研究 [D]. 武汉：华中农业大学, 2022.

[14] 杨静雅. 桃褐腐病菌 MfCdtf1、MfHMG5 和 MfHMG6 基因的功能分析 [D]. 武汉：华中农业大学, 2023.

[15] 肖媛玲. 桃褐腐病菌 MfPmk1、MfHOX1、MfHsbA1 和 MfSSP 基因生物学功能研究 [D]. 武汉：华中农业大学, 2024.

[16] 李春强. 基于转录组学和蛋白组学的枯萎镰孢菌致病及香蕉抗病分子机理研究 [D]. 海口：海南大学, 2017.

[17] NGOU B P M, DING P, JONES J D G. Thirty years of resistance: Zig-zag through the plant immune

system [J]. Plant Cell, 2022, 34 (5): 1447-1478.

[18] ZHAO Z, CAI F, GAO R, et al. At least three families of hyphosphere small secreted cysteine-rich proteins can optimize surface properties to a moderately hydrophilic state suitable for fungal attachment [J]. Environ Microbiol, 2021, 23 (10): 5750-5768.

[19] 梁娟, 舒新月, 蒋钰琪, 等. 稻粒黑粉病菌小分泌蛋白 ThSCSP_5 的克隆及功能初探 [C] //韩成贵, 李向东. 中国植物病理学会 2023 年学术年会论文集. 北京: 中国农业科学技术出版社, 2023: 155.

[20] 张耀月, 宋汉达, 罗梅, 等. 香蕉枯萎病菌 4 号生理小种小分泌蛋白 FocTR4-SSP1 的互作蛋白鉴定 [C] //韩成贵, 李向东. 中国植物病理学会 2023 年学术年会论文集. 北京: 中国农业科学技术出版社, 2023: 215.

[21] 孟欣然, 廖洪梅, 冬梦荃, 等. 核盘菌分泌蛋白基因 SS1G_02250 的功能验证 [C] //彭友良, 宋宝安. 中国植物病理学会 2021 年学术年会论文集. 北京: 中国农业科学技术出版社, 2021: 87.

[22] 段伟伟. 辣椒疫霉菌小分泌蛋白和扩展蛋白的鉴定及功能研究 [D]. 南京: 南京农业大学, 2021.

[23] ZHU W, YU M, XU R, et al. Botrytis cinerea BcSSP2 protein is a late infection phase, cytotoxic effector [J]. Environ Microbiol, 2022, 4 (8): 3420-3435.

# 小麦赤霉病化学防治研究：
# 技术瓶颈与创新突破

李元杰[1]*，王 震[1]**，毛红彦[2]

(1. 郑州市动植物防疫检疫中心，郑州 450000；
2. 河南省植物保护检疫站，郑州 450000)

**摘要**：小麦赤霉病是我国小麦主产区的重大病害，由禾谷镰孢复合种引发，导致减产、品质下降及真菌毒素污染，威胁粮食安全与人畜健康。受气候变暖及耕作制度改变影响，该病害呈加重趋势，化学防治依赖多菌灵等单一作用位点药剂，引发抗药性激增、土壤微生物多样性下降、农药残留等问题，防治瓶颈显著。丙硫菌唑作为新型杀菌剂，其纳米化制剂具双靶点协同增效机制，实现减量增效。虽配套监测预警与精准施药技术已取得进展，但丙硫菌唑仍存在抗性风险、产能过剩、应用技术不成熟等问题。未来需搭建监测平台，推动生物协同防治，研发新型制剂并完善防控体系，以促进丙硫菌唑相关产业稳健发展，保障农业生产安全。

**关键词**：小麦赤霉病；丙硫菌唑；抗药性机制；精准施药；作物健康管理；化学农药减量增效

# Research on Chemical Control of Wheat Scab:
# Technical Bottlenecks and Innovative Breakthroughs

LI Yuanjie[1]*, WANG Zhen[1]**, MAO Hongyan[2]

(1. Zhengzhou Animal and Plant Disease Control and Quarantine Center, Zhengzhou 450000, China; 2. Henan Provincial Plant Protection and Quarantine Station, Zhengzhou 450000, China)

**Abstract**: Fusarium head blight (FHB) of wheat is a major disease in the main wheat-producing areas of China, caused by the *Fusarium graminearum* species complex. It leads to yield reduction, quality deterioration, and mycotoxin contamination, threatening food security and the health of humans and livestock. Affected by climate warming and changes in farming systems, the disease has shown an aggravated trend. Chemical control relies heavily on single-site-acting agents such as carbendazim, which has triggered significant issues including surging drug resistance, decline in soil microbial diversity, and pesticide residues, resulting in prominent control bottlenecks. As a new-type fungicide, prothioconazole has a dual-target synergistic mechanism, and the nano-formulated preparations developed in China have achieved reduced dosage and enhanced efficacy. Although progress has been made in supporting monitoring, early warning, and precise application technologies, prothioconazole still faces problems such as resistance risks, overcapacity, and immature application techniques. In the future, it is necessary to establish monitoring platforms, promote biological synergistic control, develop new formulations, and improve the prevention and control system, so as to promote the steady development of prothioconazole-related industries and ensure the safety of agricultural production.

**Key words**: Fusarium head blight (FHB) of wheat; prothioconazole; resistance mechanism; precise pesticide application; crop health management; reduction of chemical pesticides and enhancement of efficiency

---

\* 第一作者：李元杰，农艺师，主要从事植保植检工作；E-mail：jie_li@sina.com
\*\* 通信作者：王震，高级农艺师，主要从事植保植检工作；E-mail：zzpphn@163.com

小麦赤霉病是由禾谷镰孢复合种引起的气传病害,在我国长江中下游等小麦种植区多发。2023年全国植保统计年报显示,江淮麦区赤霉病连作区病穗率突破40%。2024年全国赤霉病组织防治3 133.33万 hm²[1]。该病害不仅导致小麦减产、品质下降,感染后的麦粒还会产生脱氧雪腐镰刀菌烯醇(DON)等真菌毒素,威胁粮食质量安全和人畜健康[2],因此被列入我国一类农作物病虫害管理名录。

近年来,受气候变暖及秸秆还田等耕作制度改变影响,小麦赤霉病呈加重发生趋势,向黄淮、西北麦区蔓延,每年导致500万 hm²以上小麦减产。长期以来,赤霉病防治依赖多菌灵及三唑类化学药剂,然而过量使用三唑类药剂使土壤微生物多样性下降17%,长期单一使用苯并咪唑类(如多菌灵)等作用位点单一的杀菌剂,导致田间赤霉病菌抗药性快速发展,如2017—2021年江苏省多菌灵抗性频率最高达58.44%。此外,不同药剂的"化学农药折百量"差异显著,传统药剂的大量使用加剧了农药残留和生态安全风险[3]。

由于我国对小麦消费量大,在小麦进口需求量增加(2023年进口量达1 130万 t,同比增加28.5%)[4],以及农业农村部要求赤霉病防治药剂亩均用量减少15%的背景下,寻找新的防治突破,对保障国内小麦生产安全、维护国家粮食安全意义重大。

# 1 传统赤霉病化学防治的技术瓶颈

## 1.1 抗药性演变规律

在赤霉病的化学防治中,多菌灵一直是主力药剂。多菌灵抗性呈现先升后降趋势,长期使用使其抗性群体快速发展,停用后抗性频率有所下降,2016—2018年河南信阳多菌灵抗性从16%升至23.6%[5],而江苏在减少使用后,2017—2021年多菌灵抗性频率从58.44%降至46.39%。新型药剂如氰烯菌酯、戊唑醇、咪鲜胺等长期使用后也出现抗性,2021年江苏省首次检测到对这些药剂的抗性菌株[6]。

抗性频率与选择压力呈正相关,施药次数越多,抗性频率越高。例如,浙江海宁田间试验显示,未施药小区抗性频率仅5.13%,施药2次小区高达72.34%。不同地区抗性频率存在显著差异,江苏省内苏北地区多菌灵抗性频率最高[7],浙江抗性发生早且频率高,湖北则未发现抗性[8]。

此外,抗性菌株可产生多重抗性,2021年江苏省检测到同时对多菌灵和戊唑醇、多菌灵和咪鲜胺的双重抗性菌株。抗药性具有遗传稳定性,抗多菌灵菌株的生长速率等适合度与敏感菌无差异,抗性群体易持续扩散。类药剂抗性分子机制主要是β-tubulin突变(E198A/V),导致$EC_{50}$值提高5.3倍;长三角地区多菌灵抗性菌株占比从2015年的12.3%升至2023年的41.2%[6]。

## 1.2 现有防治技术的局限性

传统化学防治依赖单一作用位点药剂,易诱导病菌产生抗药性,导致防效下降,如戊唑醇连续使用3季后防效降至58.7%[3]。抗药性形成后,需增加用药量、更换或复配药剂,增加防治成本,部分新型药剂如咯菌腈虽然也对赤霉病菌效果较好,但其内吸性差[9],复配成本更高。此外长期大量使用化学药剂会导致农药残留累积,威胁生态安全,且不同药剂的"化学农药折百量"差异大,传统高用量药剂风险更高。传统单一药剂难以控制多重抗性群体扩散,且会通过选择压力加速抗性演变。

# 2 丙硫菌唑的创新应用与机制解析

丙硫菌唑属三唑硫酮类杀菌剂,是甾醇脱甲基化抑制剂,通过抑制真菌麦角甾醇生物合成过程中的 C14-脱甲基酶，破坏真菌细胞膜结构杀菌。丙硫菌唑具有良好内吸活性和保护、治疗、铲除活性，持效期长，与传统三唑类药剂无显著交互抗性，在降毒素和保绿增产上表现优异。

2002 年丙硫菌唑研发成果首次公开，2004 年拜耳将其商品化并推向欧盟市场[10]，2021 年全球销售额突破 10 亿美元。2015 年化合物专利到期，2018 年硫化工艺专利到期后，国内企业加速布局，2019 年在我国首获登记上市。截至 2024 年 7 月，国内登记产品增至 69 个。

### 2.1 丙硫菌唑的创新应用：双靶点协同增效机制

丙硫菌唑与戊唑醇等复配时，可作用于真菌甾醇生物合成及微管蛋白组装两个核心靶标，形成"抑制-阻断"双重作用，扩大杀菌谱，延缓抗药性产生，对复合病害防效提升显著，如 40% 丙硫菌唑·戊唑醇的复配剂防效可达 85% 以上。与其他杀菌剂复配也增效明显，如与丙环唑 1∶1 复配增效系数达 2.437 5[11]。

丙硫菌唑对小麦赤霉病防效优异，能显著降低 DON 毒素含量[12]。分子对接显示，它与赤霉病菌 CaM 依赖型 Hsp70 伴侣蛋白结合能阻断该蛋白功能，抑制赤霉酸合成信号通路，减少 DON 毒素产生。试验表明，其处理区小麦籽粒 DON 含量可降至 1 mg/kg 以下，如 40% 丙硫菌唑·丙环唑可分散油悬浮剂对赤霉病病指防效达 93.46%，DON 毒素防效达 91.26%。

### 2.2 我国自主研发技术突破

我国研发的纳米化丙硫菌唑制剂（如 8% 丙硫菌唑微乳剂、12% 丙硫菌唑·戊唑醇微乳剂），通过缩小粒径，增加比表面积，有效成分用量减少 20%~33%，防效却不降低。创新开发的丙硫菌唑·氰烯菌酯纳米微胶囊剂型，缓释期长达 28 d，较常规悬浮剂延长 40%，扬花初期施用防效可达 90% 以上，减少施药次数和劳动成本，降低农药漂移污染[13]。

## 3 赤霉病抗性治理技术体系构建

### 3.1 监测预警技术创新

我国研发的多光谱冠层诊断技术，通过监测小麦冠层光谱数据，关联叶绿素相对含量与病原菌代谢产物，可提前 3~5 d 识别"无症状侵染"病株[14]。该技术在河北宁晋等主产区应用，结合 AI 大模型分析环境因子，预测准确率达 94%。

基于 CRISPR/Cas 系统的抗性基因频率动态模型，可实时追踪抗性基因频率变化，结合多参数动态预测抗性发展速率，预测精度达 91%[15]。如江苏麦区通过该模型预警抗性风险，采用轮换方案，使丙硫菌唑防效稳定在 85% 以上。

基于 Agent-Based Modeling 的抗性风险评估模型，模拟病原菌种群动态等交互作用，预测不同区域、施药模式下的抗性趋势，误差率<8%，可提前预警并指导药剂轮换。

### 3.2 精准施药技术集成

我国研发的基于冠层温度差异的无人机变量施药系统，可实时监测小麦冠层温度，对高危侵染区调整喷药流量与雾滴粒径，农药利用率从 35% 提升至 47%，雾滴覆盖密度达标率提高至 92%[16]。以江苏盐城为例，应用该系统节省药剂 18%，病穗率控制在 2.8% 以下。

建立的作物健康指标体系，包含叶绿素荧光、可溶性糖含量等 6 项核心参数，构建起三级预警阈值。该体系集成至监测仪，通过 AI 分析触发施药提醒，如河北宁晋试验田提前识别病株并精准施药，病粒率仅 1.2%。

## 4　结论

丙硫菌唑作为全球第二大杀菌剂及谷物用杀菌剂市场第一大品种，其应用与产业发展备受关注，但仍面临多重挑战与优化空间。尽管丙硫菌唑与传统药剂不存在交互抗性，但其抗性风险持续存在。2023年全国监测结果显示，田间已检测到小麦赤霉病菌对丙硫菌唑的抗性菌株。若长期单一或不合理使用丙硫菌唑，极有可能加速抗性的发展，对其防控效果构成严重威胁。从产能方面来看，国内丙硫菌唑原药已建、在建、拟建产能高达7.89万t，而2021年全球实际销售量仅为6 014.64 t，原药产能严重过剩。这一局面可能致使市场供过于求，引发激烈的价格竞争[17]，进而影响整个产业的健康可持续发展。在技术应用层面，纳米化制剂技术虽具有一定优势，但当前纳米化制剂如微乳剂的田间应用仍处于试验阶段。与植保无人机结合的大面积喷施技术尚未成熟，在不同气候条件下的稳定性等问题也亟须进一步深入研究。从食品安全角度出发，丙硫菌唑及其复配制剂在不同小麦品种、种植区域的残留动态，特别是丙硫菌唑代谢物在籽粒中的残留情况[18]，需要进行长期系统的监测，以此来确保食品安全。从防治范围的普适性来看，现有研究多集中于长江中下游麦区，如江苏、安徽等地，而在黄淮、西北等新发病区，丙硫菌唑对小麦其他重要病害（如茎基腐病）的兼治效果有待进一步验证。

鉴于此，为推动当前小麦赤霉病防治的优秀药剂丙硫菌唑的合理应用与产业发展，建议采取以下针对性措施：其一，建立国家级赤霉病抗性监测大数据平台，利用大数据技术实时监测与分析赤霉病菌抗性动态，为科学用药提供支撑[19]；其二，推动丙硫菌唑与解淀粉芽孢杆菌等生物防治药剂协同应用，发挥生物防治优势，降低化学药剂使用量，减少抗性产生风险；其三，研发pH响应型纳米凝胶等新型制剂，提升药剂靶向性，并构建融合气象数据与抗性基因频率的数字孪生防控决策平台。此外，针对当前丙硫菌唑耐雨水冲刷性不足（降水量>50 mm后防效下降21%）及抗性治理智能化水平低（田间传感器网络覆盖率<35%）等问题，需综合采用科学复配与增效技术、纳米化制剂减量控压、抗药性动态监测与预警、农业综合防控协同、药剂轮换与交替使用等措施，如通过多作用位点复配降低选择压力，利用纳米化制剂减少用量，建立监测网络跟踪抗性动态，选育抗病品种并优化栽培管理等，以此促进丙硫菌唑相关产业稳健发展，保障农业生产安全。

## 参考文献

[1] 郭永旺，刘慧，卓富彦，等. 2024年全国主要农作物重大病虫害防治工作概述[J]. 中国植保导刊，2025（1）：69-71.

[2] 许豪，王益林，于士男，等. 河南省抗赤霉病小麦新品种基因型、丰产性、农艺与品质性状测定[J]. 河南农业大学学报，2023，57（2）：187-195.

[3] 王建新，周明国，陆悦健，等，小麦赤霉病菌抗药性群体动态及其治理药剂[J]. 南京农业大学学报，2002，25（1）：43-47.

[4] 申洪源. 2023年小麦市场年度报告及2024年趋势预测[J]. 粮油科学与工程，2024（2）：52-56.

[5] 王志超，王国群，张明理，等. 河南省小麦赤霉病病菌对多菌灵抗药性研究及处理方法[J]. 化学工程与装备，2021，8：23-25.

[6] 徐超，陈宏州，吴雨琦，等. 2017—2021年江苏省小麦赤霉病菌群体对4种杀菌剂的抗药性监测[J]. 植物保护，2022，48（6）：341-345.

[7] 张辉. 4种常见药剂对小麦赤霉病防效及产量的影响[J]. 湖北植保, 2024, 6: 53-55.

[8] 许艳云, 周华众, 张求东, 等. 2022年湖北省小麦赤霉病关键防控技术示范效果[J]. 中国植保导刊, 2022, 9: 25-26.

[9] 徐建强, 平中良, 马世闯, 等. 河南省小麦赤霉病菌对咯菌腈的敏感性[J]. 植物保护学报, 2018, 45 (6): 1367-1373.

[10] 沈运河, 熊国银, 孙玉文, 等. 新型杀菌剂丙硫菌唑国产化关键技术研究及产业化[Z].

[11] 陈宏州, 王兵兵, 王陈斌, 等. 丙硫菌唑与丙环唑混剂对小麦赤霉病菌的联合毒力及田间防效[J]. 中国农学通报, 2024, 40 (2): 114-120.

[12] 谷莉莉, 吴寒斌, 刘天伟, 等. 氰烯菌酯与丙硫菌唑混剂对小麦赤霉病菌的联合毒力及田间防效[J]. 现代农药, 2024, 12 (6): 91-94.

[13] 泰萌, 梁冰, 窦道龙, 等. 含有丙硫菌唑的纳米化制剂防治小麦赤霉病效果调查[J]. 中国植保导刊, 2024, 1: 83-86.

[14] 索永强. 基于遥感技术监测并预测小麦真菌性病害[D]. 武汉: 华中农业大学, 2023.

[15] 杨慧君, 韩燕玲, 匡明杰, 等. CRISPR/Cas技术在抗菌剂中的开发、机遇和挑战[J]. 生命科学, 2024, 7: 16-38.

[16] 何雄奎. 中国精准施药技术和装备研究现状及发展建议[J]. 智慧农业, 2020, 3: 134-136.

[17] 柏亚罗, 陈燕玲. 丙硫菌唑全球市场开发进展[J]. 世界农药, 2024, 8: 1-6.

[18] 张成智. 丙硫菌唑及其代谢物在小麦植株中的残留分析和初级膳食风险评估[D]. 合肥: 安徽农业大学, 2022.

[19] 彭红, 吕国强, 程家合, 等. 2018年河南省小麦赤霉病重发特点及原因分析[J]. 中国植保导刊, 2018 (8): 67-70.

# AI 辅助的靶标蛋白浅表口袋的互作化合物筛选[*]

李赛杰[1][**]，严小娥[1]，王冬立[1]，云彩红[2][***]，刘俊峰[1,3][***]

（1. 中国农业大学，北京 100193；2. 北京大学，北京 100191；
3. 中国农业大学三亚研究院，三亚 572025）

**摘要**：虚拟筛选是药物发现的重要手段。靶标蛋白的浅表口袋结合小分子化合物的能力一般较弱，是药物筛选的难点。稻瘟菌（*Magnaporthe oryzae*）的致病关键蛋白 Mps1 已被证明可作为潜在杀菌剂靶标，其脂质结合位点（lipid-binding site，LBS）是一种浅表口袋，在 Mps1 的活性调节中发挥重要作用，但尚无针对该位点的化合物被报道。本研究利用经典的 AutoDock Vina 软件结合基于 AI（Artificial Intelligence）的打分算法，针对 Mps1 的 LBS 筛选了陶素天然化合物库 L6000 和天然化合物衍生物库 NY1000，对打分较好的化合物进行分析，并选择化合物 CDID1054（CDI）进行后续研究。通过表面等离子共振法（Surface Plasmon Resonance，SPR）检测到 CID 与 Mps1 蛋白的相互作用较强，亲和力为 397 μmol/L；通过大麦离体接种检测小分子的活性，发现该化合物可显著抑制稻瘟菌对大麦的致病力。综上，本研究表明 AI 辅助的靶标蛋白浅表口袋的互作化合物筛选对药物研发具有重要意义。

**关键词**：靶标蛋白；浅表口袋；天然化合物库；虚拟筛选；基于 AI 的打分算法

## AI-assisted Compound Screening for Shallow Pockets on Target Proteins[*]

LI Saijie[1][**], YAN Xiaoe[1], WANG Dongli[1], YUN Caihong[2][***], LIU Junfeng[1,3][***]

(1. *China Agricultural University*, *Beijing* 100193, *China*; 2. *Peking University*, *Beijing* 100191, *China*; 3. *Sanya Institute of China Agricultural University*, *Sanya* 572025, *China*)

**Abstract**: Virtual screening is a crucial tool in drug discovery. Shallow pockets on target proteins typically exhibit weak binding affinity for small compounds, thereby posing a significant challenge in drug screening. The *Magnaporthe oryzae* protein Mps1 is required for fungal virulence and has been validated as a potential fungicide target. Its lipid-binding site (LBS) is a shallow pocket that plays an important role in the regulation of Mps1 activity, whereas no compound targeting this site has been reported. In this study, we employed the classic AutoDock Vina software combined with an AI (Artificial Intelligence)-based scoring algorithm to screen the natural compound library L6000 and the natural compound derivative library NY1000 provided by TOPSCIENCE against the LBS of Mps1. Compounds with best scores were analyzed, and the compound CDID1054 (CID) was selected for further analysis. Surface Plasmon Resonance (SPR) assays revealed a strong interaction between CID and the Mps1 protein with an affinity of 397 μmol/L. Barley inoculation assays demonstrated that the compound significantly inhibited the virulence of *M. oryzae* on barley. In conclusion, our findings highlight the importance of AI-assisted virtual screening for identifying interaction

---

[*] 基金项目：国家重点研发计划（2022YFD1700200）
[**] 第一作者：李赛杰，E-mail：1103794467@qq.com
[***] 通信作者：云彩虹，E-mail：yunch@hsc.pku.edu.cn
刘俊峰，E-mail：jliu@cau.edu.cn

compounds targeting shallow binding pockets on target proteins.

**Key words**: target protein; shallow pocket; natural compound library; virtual screening; AI-based scoring algorithm

# 1 引言

植物病原真菌是造成农作物病害的主要原因。其中，稻瘟菌（*Magnaporthe oryzae*）引发的水稻稻瘟病使得水稻的产量和品质严重受损[1]。化学防治是防控稻瘟病的重要手段，现有的杀菌剂分子靶标有限，长期、反复使用作用机制单一的杀菌剂是导致病原菌产生抗药性的根本原因[2-3]。因此，发掘新的杀菌剂靶标蛋白，并基于其三维结构设计绿色、高特异性的杀菌剂，是解决抗药性的重要途径。天然化合物及其衍生物是重要的资源，从天然产物中进行化合物的筛选是研究新型绿色先导化合物的一种途径[4]。

基于结构的分子设计是药物研发的方法之一[5]。传统的药物研发周期长、成本高、风险大。计算机辅助药物设计（Computer-Aided Drug Design，CADD）的诞生使药物研发变得快速高效。近年来，随着AI的蓬勃发展，AIDD的出现更是为新药研发带来了革命性的变革[6]。例如，Xu 等[7]临床验证了由AI发现药物靶点并设计生成的药物 Rentosertib；华为云联合中科院上海药物研究所开发了全球首个AI药物分子大模型-盘古药物分子大模型[8]，加速了药物研发进程，让新药研发准确度和效率更高。Yang 等基于AI开发出新型4-羟基苯基丙酮酸双加氧酶（HPPD）抑制剂YH23768，具有较好的体外酶抑制活性和除草能力[9]。

靶标蛋白的浅表口袋可能对其活性调节发挥重要作用。这类口袋由于位于蛋白表面，通常与化合物的结合面较浅，互作力较弱，是药物筛选的难点。稻瘟菌的致病关键蛋白 Mps1 已被证明可作为潜在杀菌剂靶标，其脂质结合位点（lipid-binding site，LBS）是一种浅表口袋，在 Mps1 的活性调节中发挥重要作用，但尚无针对该位点的化合物被报道。本研究针对稻瘟菌 Mps1 的 LBS，采用AI辅助的方法对天然化合物库及其衍生化合物库进行筛选，通过表面等离子共振法（Surface Plasmon Resonance，SPR）确认了筛选获得的小分子 CDI 和 Mps1 的亲和力，通过大麦接种检测了 CDI 对稻瘟病菌致病力的抑制效果，为针对靶标蛋白浅表口袋的互作化合物筛选提供了新的视角。

# 2 材料与方法

## 2.1 供试材料

供试菌株和植物：大肠杆菌 *Escerichia coli* BL21（DE3），稻瘟菌（*M. oryzae*）strain P131，大麦（鄂麦009），燕麦，番茄。

主要试剂：胰蛋白胨，酵母粉，氯化钠，异丙基-β-D-硫代半乳糖苷（IPTG）。

主要仪器设备：AKTA pure™ protein purification system，Biacore 8k+（Cytiva），体式显微镜。

## 2.2 试验方法

### 2.2.1 原核表达纯化

将经过大肠杆菌密码子优化后的 Mps1 序列构建到 N 端含 6×his 的 pHAT2 载体上，转入 *E. coli* BL21（DE3）进行表达。将菌液于 37 ℃，220 r/min 条件下振荡培养至 $OD_{600} = 0.6 \sim$

0.8后，加入终浓度为0.2 mmol/L的IPTG，随后将培养条件设置为16 ℃，180 r/min进行16~18 h的诱导表达。离心收集菌体，重悬于20 mmol/L HEPES，150 mmol/L NaCl的缓冲液中，超声破碎后的上清依次经过镍柱的亲和层析和分子筛层析，所得蛋白样品用于后续试验。

### 2.2.2 表面等离子共振

使用Biacore 8k+测定小分子和蛋白的结合力。采用氨基偶联法将蛋白固定在CM5芯片上，使用1×PBS，0.005%（体积分数）Tween-20作为固定缓冲液，测试缓冲液中额外添加5%（体积分数）DMSO。小分子的浓度设置为：6.25 μmol/L、12.5 μmol/L、25 μmol/L、50 μmol/L、100 μmol/L、200 μmol/L。使用Biacore Insight Evaluation软件对数据进行分析，并通过1∶1稳态结合模型拟合传感图以确定平衡解离常数（$K_D$）。

### 2.2.3 大麦接种

使用在22 ℃生长7 d的大麦叶片，将稻瘟病菌的分生孢子悬浮液（5×10$^4$ 个/mL）和不同浓度的小分子CDI混合后，均匀点接在大麦叶片上。在28 ℃条件下，黑暗保湿培养36 h，随后转为黑暗/光照交替处理3~4 d后，观察并统计病斑面积。

## 2.3 数据处理

使用Biacore Insight Evaluation软件分析互作数据，使用Image J软件测量和统计稻瘟菌病斑面积，使用Graphed Prism 10软件绘制柱形图。

# 3 结果与讨论

## 3.1 小分子的筛选和分析

Mps1是一种MAPK，通过其3个位点与上游MAPKK互作，从而被调控活性[10]。基于Mps1蛋白C端的LBS，筛选了陶素（TOPSCIENCE）天然化合物库L6000（4 533个化合物）和天然化合物衍生物库NY 1 000（3 745个化合物）。去除重复的以及分子量过大的小分子（例如包含的重原子大于100个），再进行分子对接，最终筛选得到了335个小分子（筛选标准：亲和性打分>5.8、对接构象打分>0.5、分子量<500）。初步筛选结果为：整体Max CNN affinity为5.8~6.6；MW<400的小分子共35个，Max CNN affinity为5.8~6.3。最后，结合蛋白表面电势和筛选获得的小分子化合物的构象分析，选择CDID1054（CDI）来进行后续试验（图1）。

## 3.2 蛋白和小分子的体外互作检测

基于虚拟筛选和分析的结果，使用SPR技术检测小分子CDI和Mps1蛋白的体外结合活性。SPR实验表明，CDI与Mps1在体外的结合力为397 μmol/L，证明了它们之间存在相互作用（图2）。

## 3.3 小分子活性检测

采用大麦离体接种试验检测小分子CDI对稻瘟菌的致病力是否有影响。本试验以不添加CDI的P131菌株作为对照，小分子的浓度梯度设置为：25 μg/mL、50 μg/mL、100 μg/mL、200 μg/mL。结果显示：小分子CDI的起效浓度为100 μg/mL，在100 μg/mL和200 μg/mL时，都能显著抑制稻瘟菌对大麦的侵染（图3）。

## 3.4 讨论

科学技术的发展缩短了新药研发的周期，降低了研发的难度和成本。激酶抑制剂的筛选通常聚焦其ATP结合口袋，但靶向该口袋的化合物常面临选择性差的困境。本研究创新地

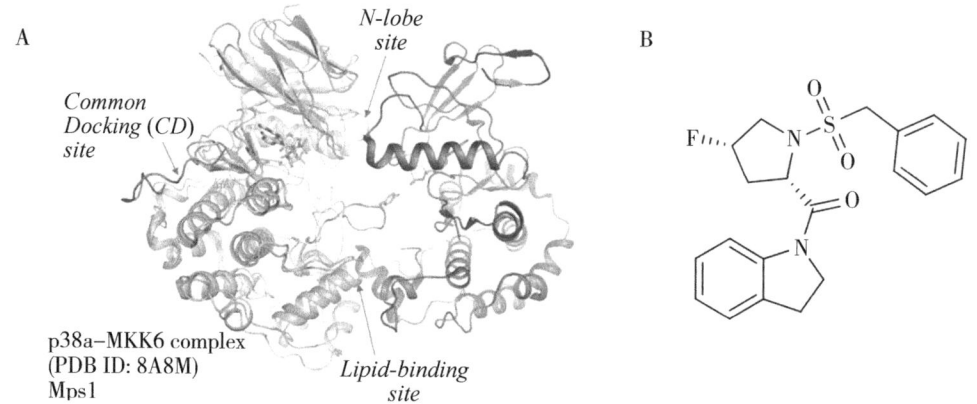

A. Mps1-AMP 复合物与 p38α-MKK6 复合物（PDB 编号：8A8M）的结构叠合；B. 小分子 CDI 结构式。

**图 1　基于 AI 辅助的小分子筛选**

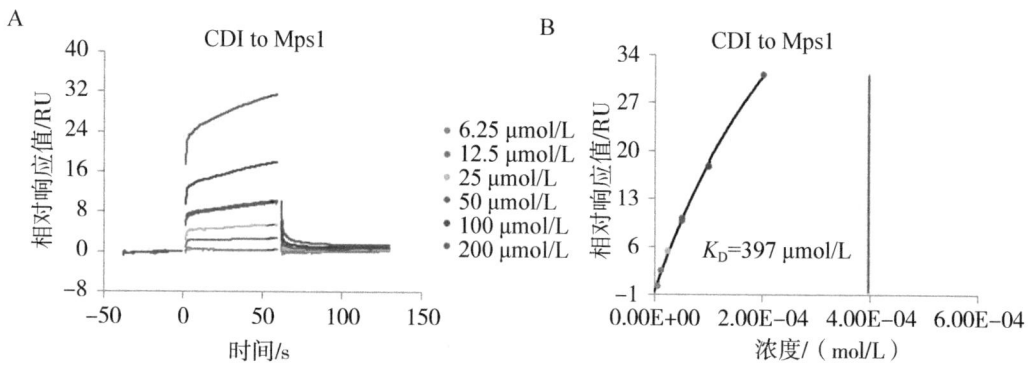

A. CDI 与 Mps1 的互作传感图；B. CDI 与 Mps1 的互作拟合图。

**图 2　SPR 检测 CDI 与 Mps1 的互作**

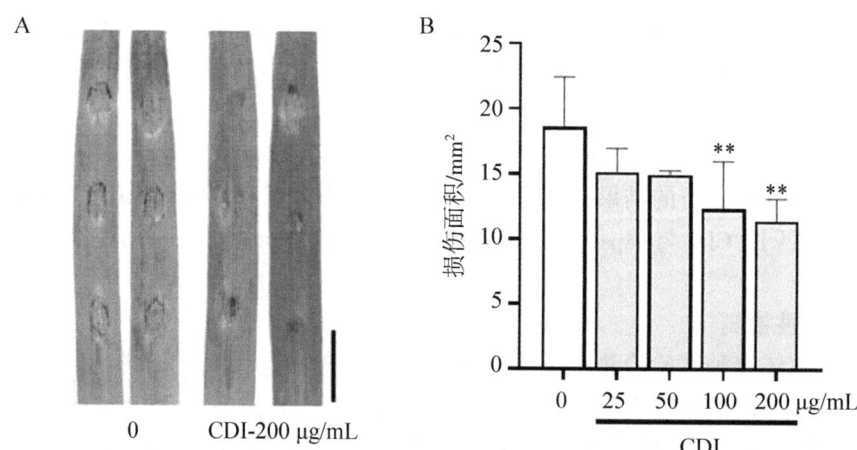

A. CDI 抑制稻瘟菌对大麦叶片的致病力（比例尺为 1 cm）；
B. 对 A 的统计分析结果，误差线表示 3 次生物学重复的标准差。

**图 3　CDI 对稻瘟菌致病力的影响**

采用 AI 辅助的天然化合物筛选方法，以 Mps1 为靶标蛋白，针对其浅表口袋进行了较大规模的筛选，获得了小分子 CDI。后续试验验证了 CDI 和靶标蛋白存在结合，并具有抑制稻瘟病菌致病力的活性。

当前，AI 辅助的药物发现被较多地运用在医药领域，在农药领域的案例较少。AI 辅助的靶标蛋白浅表口袋的互作化合物筛选，可在获得新骨架化合物的同时节约时间成本，为新型杀菌剂的发现提供了新的思路和方法。本研究后续将明确与 CDI 小分子的结合关键氨基酸位点，并对基于此 CDI 进行进一步的优化。

## 参考文献

[1] DEAN R, VAN KAN J A L, PRETORIUS Z A, et al. The Top 10 fungal pathogens in molecular plant pathology [J]. Molecular Plant Pathology, 2012, 13 (4): 414-430.

[2] YIN Y N, MIAO J Q, SHAO W Y, et al. Fungicide Resistance: Progress in Understanding Mechanism, Monitoring, and Management [J]. Phytopathology, 2023, 113 (4): 707-718.

[3] LEADBEATER A. Recent developments and challenges in chemical disease control [J]. Plant Protection Science, 2015, 51 (4): 163-169.

[4] ZHANG Z D, CHEN M J, XU Y T, et al. A natural small molecule isoginkgetin alleviates hypercholesterolemia and atherosclerosis by targeting ACLY [J]. Theranostics, 2025, 15 (10): 105782.

[5] SHOICHET B. Virtual screening of chemical libraries [J]. Nature, 2004, 432 (7019): 862-865.

[6] ZHANG Y, LUO M Q, WU P, et al. Application of Computational Biology and Artificial Intelligence in Drug Design [J]. International Journal of Molecular Sciences, 2022, 23 (21): 13568.

[7] XU Z J, REN F, WANG P, et al. A generative AI-discovered TNIK inhibitor for idiopathic pulmonary fibrosis: a randomized phase 2a trial [EB/OL]. Nature medicine [2025-07-07].

[8] LIN X, XU C, XIONG Z, et al. PanGu Drug Model: learn a molecule like a human [J]. Science China Life Sciences, 2023, 66 (4): 879-882.

[9] YANG R, LI B, DONG J, et al. Reinforcement learning-based generative artificial intelligence for novel pesticide design [EB/OL]. Journal of Advanced Research [2025-02-03].

[10] JUYOUX P, GALDADAS I, GOBBO D, et al. Architecture of the MKK6-p38α complex defines the basis of MAPK specificity and activation [J]. Science, 2023, 381 (6663): 1217-1225.

# ZIF-8负载腐霉利载药体系的制备及缓释研究[*]

刘 涛[1,2**]，吴俊学[1]，任立瑞[1]，唐博文[2]，韩 平[1***]

（1. 北京市农林科学院植物保护研究所，北京 100089；
2. 河北农业大学植物保护学院，保定 071000）

**摘要**：腐霉利作为二甲酰亚胺类内吸性杀菌剂，兼具保护性与治疗性双重功效。本研究以 ZIF-8 为载体制备腐霉利@ZIF-8 纳米载药体系，通过激光粒度分析、扫描电镜（SEM）、透射电镜（TEM）、X射线衍射（XRD）、傅里叶变换红外光谱（FTIR）、热重分析（TGA）及 $N_2$ 吸附-脱附等温线进行系统表征，并探究其药物释放机制。结果表明：腐霉利可成功负载到 ZIF-8 载体中，载药后粒径约为 254.8 nm，载药量在 15.19% 左右，其具有 pH 响应的能力，在酸性条件下更容易释放，而且释放模式最符合 Ritger-Peppas 模型。本研究为杀菌剂腐霉利的新剂型的研发和应用提供了思路。

**关键词**：腐霉利；ZIF-8；纳米载药体系；控制释放；农药载体

## Preparation of ZIF-8-loaded Drug-loading System and Study on Drug Release Mechanism[*]

LIU Tao[1,2**], WU Junxue[1], REN Lirui[1], TANG Bowen[2], HAN Ping[1***]

（1. *Beijing Key Laboratory of Environment Friendly Management on Fruit Diseases and Pests in North China*, *Beijing* 100089, *China*; 2. *College of Plant Protection*, *Agricultural University of Hebei*, *Baoding* 071000, *China*）

**Abstract**: As a diformimide systemic fungicide, Procymidone has both protective and therapeutic effects. In this study, a @ZIF-8 nano-drug delivery system was prepared using ZIF-8 as the carrier, and the drug release mechanism was systematically characterized by laser particle size analysis, scanning electron microscopy (SEM), transmission electron microscopy (TEM), X-ray diffraction (XRD), Fourier transform infrared spectroscopy (FTIR), thermogravimetric analysis (TGA) and $N_2$ adsorption-desorption isotherms. The results showed that procymidone was successfully loaded into ZIF-8 vector, with a particle size of about 254.8 nm and a drug loading of about 15.19%, which had the ability to respond to pH and was easier to release under acidic conditions, and the release mode was most in line with the Ritger-Peppas model. This study provides ideas for the new application of the fungicide Pythium.

**Key words**: procymidone; ZIF-8; nano drug delivery system; controlled release; pesticide carriers

农药在提高农作物产量和保护植物免受害虫、病原体侵害方面发挥了重要作用，但由于其易挥发、雨水侵蚀、光解及非靶标生物误食等多种因素影响药效发挥，使农药的使用量增加，生态环境风险加剧，严重影响了人们的生活和农业的可持续发展[1-2]。采用先进材料作

---

[*] 基金项目：北京市农林科学院优秀青年科学家项目（YKPY2025003）
[**] 第一作者：刘涛；E-mail：18234418488@163.com
[***] 通信作者：韩平；E-mail：hanping@baafs.net.cn

为农药载体，制备明确的农药输送系统将农药运送到目标部位并准确释放，提高农药利用率，减少用量，从而最大限度地减少农药对生态环境的影响，确保农产品质量安全。

金属有机框架材料（Metal-Organic Framework）是由金属离子或金属簇与有机配体通过配位键自组装形成的多孔晶体材料，具有高比表面积、孔隙率和结构可调性等特征[3-4]，近年来，在农药的吸附和负载方面应用广泛。ZIF-8（Zeolitic Imidazolate Framework-8）是MOF家族中的明星材料，由锌离子（$Zn^{2+}$）与2-甲基咪唑（2-MeIM）构成，由于其特殊的化学性质，具有pH响应的能力，在强碱环境中稳定，在弱酸性环境中可快速崩解释放包载的药物，从而实现药物精准递送，在生物医学方面应用广泛[5]。然而，ZIF-8作为农药的运载工具是一种很好的策略，但是尚未得到很好的利用。相比于Zr、Cr、Cu等重金属元素，$Zn^{2+}$对生物体的危害更小，毒性更低，而且Zn还是植物生长所必需的微量元素[6-7]，同时咪唑基团是组氨酸的重要组成部分[8]。Ren等以沸石咪唑框架8为材料，采用一锅法制备了棉隆（DZ）的位点特异性纳米释放体系（DZ@ZIF-8），使DZ具有pH敏感行为[9]。体外和盆栽试验表明，DZ@ZIF-8的杀真菌活性分别比DZ高36.3%和42.7%，而且对斑马鱼的急性毒性由高毒性变为中毒性。

腐霉利（Procymidone）是一种二甲酰亚胺类内吸性杀菌剂，主要通过抑制病原菌体内甘油三酯的合成，破坏细胞膜结构，从而兼具保护与治疗双重作用[10]。另外，腐霉利对葡萄孢菌属真菌以及核盘菌属有防治特效，施药后保护效果好、持效期长，用于防治多种水果、蔬菜灰霉病、菌核病等。但是腐霉利作为杀菌剂在我国有20~30年的使用历史，灰霉病菌已表现出对腐霉利的敏感性下降[11]，且腐霉利在蔬菜中检出的农药残留频率最高[12-13]。因此如何通过智能控释策略降低腐霉利使用量和残留，使其能够提高防治效果和环境安全性这是一个极具挑战性的问题。

为构建高效低毒的智能农药递送系统，本研究以ZIF-8金属有机框架为载体，开发了具有pH响应特性的位点特异性控释纳米载药系统（PCD@ZIF-8）。通过各种表征手段，证实该纳米复合材料具有规整的多孔结构和pH敏感性降解行为。该控释系统，通过一锅法实现了腐霉利的靶向负载，不仅提高了农药的有效利用率，降低了农药的生态毒性，而且为杀菌剂腐霉利的新剂型的研发和应用提供了思路。

# 1 材料与方法

## 1.1 主要仪器及试剂

腐霉利原药（98%）；乙酸锌二水合物、2-甲基咪唑、二甲基亚砜、氯化钠（上海麦克林生化科技股份有限公司）；乙醇（分析纯）、甲醇（分析纯）、乙腈（分析纯）（北京迈瑞达科技有限公司）；葡萄糖［D（+）-葡萄糖，一水］，磷酸氢二钾，磷酸氢二钠（国药集团化学试剂有限公司）；琼脂（北京兰杰柯科技有限公司）；氯化钾（上海阿拉丁生化科技股份有限公司）；试验用水为去离子水。

透射电子显微镜（日本电子公司）；扫描电子显微镜（日本日立公司）；Bruker D8 Advance X射线衍射仪（德国布鲁克仪器公司）；Zetasizer Nano ZS90激光粒度仪（英国马尔文仪器有限公司）；TG 209 F3 Tarsus热重分析仪（德国耐驰仪器制造有限公司）；傅里叶变换红外光谱仪［布鲁克（北京）科技有限公司］；AUTOSORB IQ比表面积测试仪（美国康塔仪器公司）；SCI340-Pro磁力搅拌器（上海科雅生物科技有限公司）；FA3103C电子天平（天美仪拓实验室设备有限公司）；KM-410C超声波清洗机（广州市科洁盟实验仪器有限公

司）；Avanti JXN-26 高速离心机（贝克曼库尔特有限公司）。

## 1.2 PCD@ZIF-8 的制备

样品的制备参考 MA 等[14]的制备方法并做了一定改良：将 0.585 g 二水合乙酸锌溶于 4 mL 去离子水中，在室温下超声 3 min，备用。将 10 g 二甲基咪唑溶解在 40 mL 去离子水中，置于磁力搅拌器上以 600 r/min 进行搅拌，将 200 mg 腐霉利原药加入 6 mL 的二甲基亚砜中，在室温下超声 3 min，随后加入二甲基咪唑中，磁力搅拌其溶液，搅拌 5 min 后，再将二水合乙酸锌溶液加入其溶液中，即形成乳白色溶液，搅拌 3 h 后，静置 30 min，随后放置在高速离心机中，以 20 000 r/min 离心 15 min。用乙醇洗涤 3 次，去除未反应的物质，放入 60 ℃的真空干燥箱中干燥 8 h。作为对照，采用相同工艺制备不含 PCD 的 ZIF-8，记为 ZIF-8。

## 1.3 PCD@ZIF-8 载药率测定

准确称取 10.0 mg PCD@ZIF-8，分散于 10 mL 甲醇中，加入 33 μL 盐酸，溶解后吸取 1 mL 上清液，过滤（孔径 0.22 μm），使用二极管阵列检测器进行高效液相色谱（HPLC，Agilent 1290 Infinity Ⅱ 系列，Agilent Technologies，USA）分析 PCD 的浓度。液相色谱条件：流动相为 φ（乙腈：水）= 60 : 40（V/V）；流速为 1.0 mL/min；检测波长为 225 nm；进样体积为 5 μL；色谱柱采用 20RBAX SB-C18 柱（4.6×250 mm，5 mm），在室温下检测。PCD 的保留时间为 11.2 min，重复测定 3 次。

$$载药率 = \frac{样品中药物的重量}{样品重量} \times 100\%$$

## 1.4 表征

采用扫描电镜和透射电镜对 ZIF-8 和 PCD@ZIF-8 样品进行形貌分析。通过 X 射线衍射使用铜靶在扫描速率为 2°/min，扫描范围为 5°~45°下评估结晶度。傅里叶变换红外光谱，扫描范围为 4 000~400 cm$^{-1}$ 进行检测。样品的微观结构采用氮气吸脱附测定仪，吸附气体 $N_2$，脱气温度 200 ℃，脱气时间 6 h 条件下测定样品的比表面积、孔隙度和孔径。热重分析测试样品的热稳定性，在 30~800 ℃氮气气流下，以 10 ℃/min 的升温速率，测试样品随温度/时间变化。采用激光粒度分析仪，将 100 mg/mL 的样品溶液稀释为 5 mg/mL 的溶液，取 4 mL 的溶液置于石英比色皿中，测定样品的 Zeta 电位和粒径分布。

## 1.5 体外释放行为

### 1.5.1 在不同 pH 条件下释放行为研究

在 pH 值分别为 5、7 和 9 的磷酸盐缓冲溶液（PBS）中测定其释放曲线，观察其 pH 响应特性 PCD@ZIF-8。简单地说，将 20 mg 样品分散在透析袋中（截留分子量为 3 500 Da），使用透析夹将透析袋两侧密封，浸入 200 mL 磷酸盐缓冲溶液（PBS）：乙醇：吐温-80 = 70 : 29.5 : 0.5（V/V/V）。在所选时间点取样品 1 mL 进行 HPLC 检测释放出的农药浓度。然后，再向释放系统中加入 1 mL 新鲜 PBS 溶液，以保证体系总体积不变，每组试验重复 3 次。根据检测浓度计算 PCD 的累积释放量，公式如下：

$$E_r = \frac{V_1 \sum_{i=0}^{n-1} C_i + V_0 C_n}{m_p} \times 100\%$$

式中：$E_r$，累积释放率（%）；$V_1$，每次抽取释放介质体积（1 mL）；$V_0$，总释放介质体积（202 mL）；$m_p$，20 mg 的 PCD@ZIF-8 含有的农药质量。

### 1.5.2 释放动力学拟合

将不同 pH 条件下 PCD@ZIF-8 的累计释放数据通过拟合零级释放模型、一级释放模型、Higuchi 释放模型、Ritger-Peppas 释放模型来分析腐霉利从 PCD@ZIF-8 中的动态释放规律。

## 2 结果与分析

### 2.1 PCD@ZIF-8 的合成和表征

在本研究中，使用简单的一锅法合成了具有 pH 响应释放的 PCD@ZIF-8，ZIF-8 纳米颗粒的粒径为（165.9±3.95）nm，负载药物后粒径增长为（254.8±5.12）nm，具有类沸石的拓扑结构，其晶体由锌离子与咪唑环的氮原子进行配位从而形成六边形网格结构[15]。如图 1 所示，从扫描电子显微镜（SEM）图像观察到 PCD 负载之后，PCD@ZIF-8 的尺寸分布〔（260.26±3.90）nm〕有着明显的增大但是晶体形状没有明显变化。从透射电子显微镜（TEM）图像中可以看到 PCD@ZIF-8 为介孔结构。通过 Zeta 电位可以看出，ZIF-8 纳米粒子的表面电位为 -1.21 eV，PCD 为 6.67 eV，PCD@ZIF-8 为 -1.09 eV。与 ZIF-8 相比，PCD@ZIF-8 的电势升高，表明 PCD 的负载并非通过静电吸附作用实现，而是由于物理吸附方式被装载在内部的。

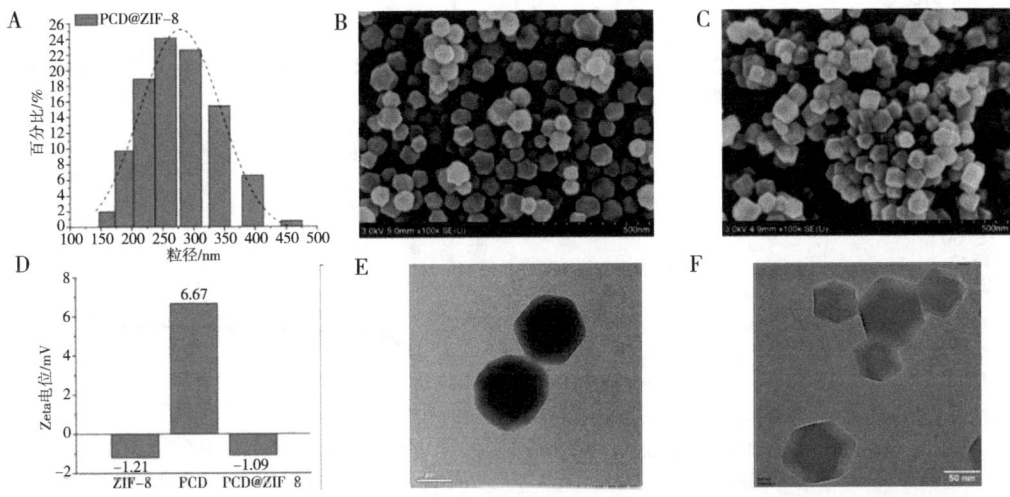

图 1　A. PCD@ZIF-8 粒径分布图；B. ZIF-8 SEM 图像；C. PCD@ZIF-8 SEM 图像；
D. Zeta 电位分布图；E. ZIF-8 TEM 图像；F. PCD@ZIF-8 TEM 图像

傅里叶变换红外（FTIR）光谱表明，ZIF-8 和 PCD@ZIF-8 曲线中在 1 581 cm$^{-1}$、1 143 cm$^{-1}$ 处表现出明显的峰值，可以观察到 C—N 和 C=N 特征峰的拉伸振动，在 687 cm$^{-1}$ 可以观察到 Zn—N 拉伸振动，这证实了 $Zn^{2+}$ 和 2-甲基咪唑之间成功形成了配位键。此外，PCD 在 1 723 cm$^{-1}$ 和 729 cm$^{-1}$ 处表现出 C=O 和 C—Cl 特征峰的拉伸振动，这也在 PCD@ZIF-8 中被检测到。该结果进一步表明 PCD 已被负载到纳米载体中，并且 PCD 加载后 ZIF-8 的化学结构没有改变。

根据 XRD 测量，PCD、ZIF-8 和 PCD@ZIF-8 具有高度结晶和尖锐的衍射峰，合成的纳米颗粒的 XRD 光谱与已报道的 ZIF-8 的标准光谱一致[16]。经过负载后衍射峰的位置未发生改变，这种现象表明 ZIF-8 和 PCD@ZIF-8 以晶体的形式存在，PCD 的掺入不会影响晶体结构。

PCD、ZIF-8 和 PCD@ZIF-8 的 TGA 曲线如图 2C 所示。当温度从 168 ℃ 升高到 250 ℃ 时，PCD 迅速失重，热分解速率在 185 ℃ 时达到最大值。ZIF-8 的热稳定性可以持续在 500~600 ℃，超过 600 ℃ 后出现显著的质量损失，最终残留量为 48.09%，表明该材料具有良好的热稳定性，其热分解温度约为 600 ℃，故将其作为载体负载农药可以提高农药耐高温的能力。PCD@ZIF-8 在 150 ℃ 左右开始缓慢分解，这是由于 PCD 在该温度下缓慢分解，接近 500 ℃ 后开始迅速分解，最终残留量为 44.16%，说明达到载体承受的温度后，结构迅速解体，无法保护内部的腐霉利。结果表明，ZIF-8 作为递送载体为 PCD 提供了优异的热稳定性，可以在实际应用中延长 PCD 的使用期限。

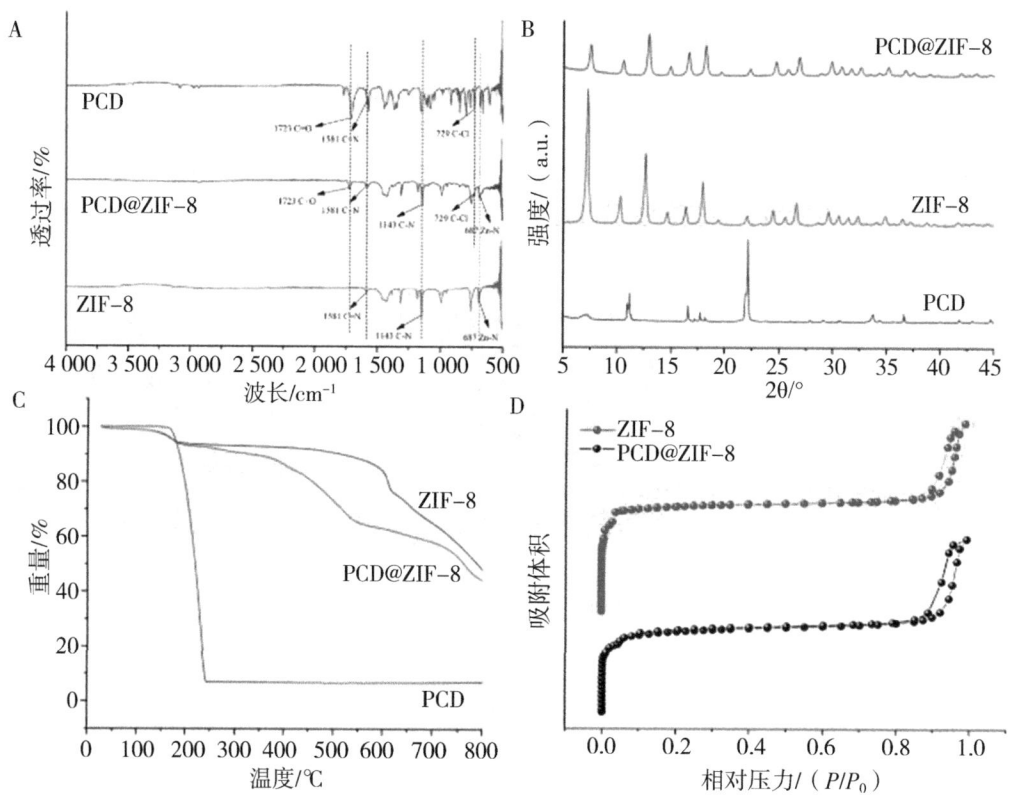

**图 2** **A.** PCD、ZIF-8 和 PCD@ZIF-8 的傅里叶红外光谱图；
**B.** XRD 图像；**C.** TGA 图像；**D.** ZIF-8 和 PCD@ZIF-8 N2 吸脱附等温线

ZIF-8 吸附性能研究。分别基于 BET 理论对负载药剂前后的纳米颗粒的比表面积、孔隙度和孔径进行计算。ZIF-8 是 1 种经典的 MOF 材料，其包含不饱和 $Zn^{2+}$ 作为路易斯酸位点和 2-甲基咪唑（2-Mim）作为氮碱位点[17]。其类方钠石型沸石拓扑结构以及独特的孔径和六元环孔笼尺寸有利于吸附过程的进行。当 $P/P_0 < 0.2$ 时，十二面体晶体的氮吸附量迅速增加，达到最大值，表现出 I 型 Langmuir 吸脱附等温线的特征。ZIF-8 和 PCD@ZIF-8 的吸脱附等温线基本一致，表明具有典型的微孔结构。比表面积（$S_{BET}$）、孔径（$D_{BJH}$）和总孔容（$V_t$）的数值如表 1 所示。加载 PCD 后，PCD@ZIF-8 的 $S_{BET}$ 和 $D_{BJH}$ 分别从 1 590.20 $m^2/g$、1.21 $cm^3/g$ 下降至 964.71 $m^2/g$、0.89 $cm^3/g$。结果表明，PCD 通过吸附或键合的方式占据了 ZIF-8 的纳米通道。而对于 $V_t$ 在 PCD 装载后从 2.95 nm 增长到 3.61 nm，

可能是由于在药物进入微孔后,将孔洞撑开,填充了材料的微孔结构。

表1 材料的比表面积、孔隙度和孔径

| 样本 | 比表面积/(m³/g) | 孔隙度/(cm³/g) | 孔径/nm |
| --- | --- | --- | --- |
| ZIF-8 | 1 590.204 9 | 1.215 068 | 2.950 7 |
| PCD@ZIF-8 | 964.710 3 | 0.895 428 | 3.606 5 |

## 2.2 PCD@ZIF-8 的释放性能

对刺激作出反应的农药控制释放可减少农药使用,促进农药高效利用[18]。释放动力学可以研究 PCD@ZIF-8 用于防治植物病害控制释放的机制。由于大部分植物被病害侵染后的汁液为弱酸性或碱性,因此,研究了3种不同 pH 值(5、7 和 9)条件下对 PCD@ZIF-8 的影响。在 pH 为 5、7 和 9 的不同磷酸盐缓冲液中,PCD 均可缓慢释放。在 pH=5 时,累积释放率匀速增加,缓慢释放效果较好,累积释放率最大为 84.68%,随后趋于稳定;在 pH=7 时,累积释放率最大为 77.47%,随后趋于稳定;在 pH=9 时,累积释放率仅为 33.3%。PCD@ZIF-8 优异的 pH 响应释放性能可以归因于大量的质子酸攻击 ZIF-8 有机骨架上的 N 原子,在酸性环境中破坏 Zn—N 键,从而破坏晶体的化学结构,骨架被破坏,导致 PCD 释放。研究表明,PCD 在 ZIF-8 包裹后,一方面有效延长了释放时间,使其降解速度变慢;另一方面,赋予其 pH 环境响应能力,降低残留风险(图3,表2)。

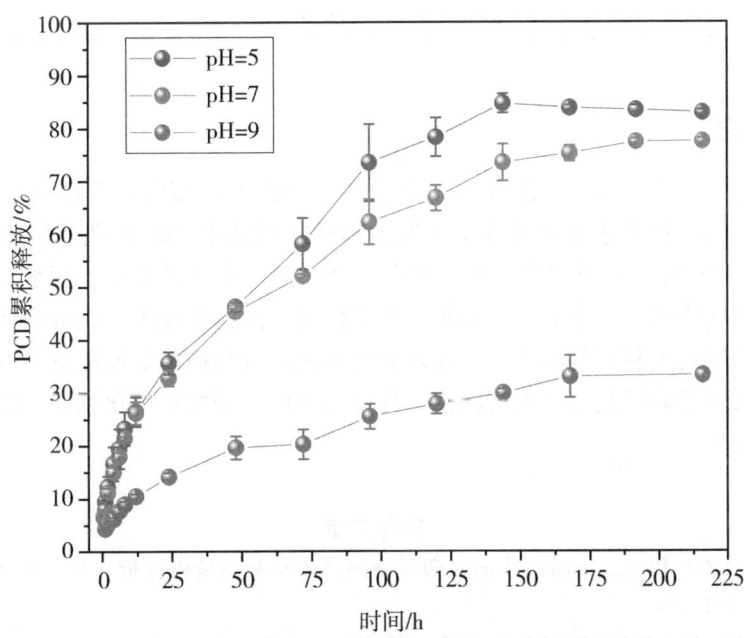

图3 PCD@ZIF-8 在不同 pH 条件下的释放曲线

为了进一步深入了解 PCD 的释放机制,采用 0 阶、1 阶、Higuchi 和 Ritger-Peppas 数学模型[19]对 PCD 的释放进行了进一步分析,这些模型通常用于描述聚合物体系的药物释放。可以清楚地看到,ZIF-8 的释放动力学更符合 Ritger-Peppas 模型,相关系数最高,当 $k \leqslant 0.45$ 药物的释放机制为 Fick 扩散;当 $0.45<k<0.89$ 药物释放机制为 non-Fick 扩散,即药物

扩散和骨架溶蚀的共同作用；③当 $k \geq 0.89$ 药物释放机制为骨架溶蚀。在 pH 值为 5、7 和 9 时，PCD@ZIF-8 对 PCD 的释放 $n$ 值分别为 0.40、0.41 和 0.39，所以药物的释放机制为 Fick 扩散。

表 2　PCD@ZIF-8 在不同 pH 条件下的释放方程拟合

| 拟合模型 | pH | 方程式 | $R^2$ |
| --- | --- | --- | --- |
| 0 阶 | 5 | $Q = 9.93 + 0.44x$ | 0.957 7 |
|  | 7 | $Q = 10.08 + 0.44x$ | 0.870 8 |
|  | 9 | $Q = 6.61 + 0.17x$ | 0.889 2 |
| 1 阶 | 5 | $Q = 93.73(1 - e^{-0.02x})$ | 0.941 7 |
|  | 7 | $Q = 65.11(1 - e^{-0.08x})$ | 0.964 5 |
|  | 9 | $Q = 32.24(1 - e^{-0.05x})$ | 0.768 9 |
| Higuchi | 5 | $Q = 6.52x^{1/2} + 3.94$ | 0.992 5 |
|  | 7 | $Q = 6.18x^{1/2} + 3.52$ | 0.991 5 |
|  | 9 | $Q = 2.54x^{1/2} + 2.73$ | 0.994 9 |
| Ritger-Peppas | 5 | $Q = 10.95x^{0.40}$ | 0.994 9 |
|  | 7 | $Q = 9.87x^{0.41}$ | 0.997 7 |
|  | 9 | $Q = 4.69x^{0.39}$ | 0.992 4 |

## 3　结果与讨论

综上所述，本研究使用一锅法成功构建了基于 ZIF-8 的腐霉利智能响应型纳米递送体系（PCD@ZIF-8）。综合表征结果证实了腐霉利成功封装于 ZIF-8 孔道结构内。该体系表现出 pH 响应释药特性，在模拟病害环境酸度（pH 5.0）时释放最快，释放动力学符合 Ritger-Peppas 模型（遵循 Fick 扩散）。这种"遇酸释放"的特性赋予了腐霉利优异的靶向释药潜力，为解决传统腐霉利制剂的弊端、实现农药减量增效和精准防控提供了解决方案。未来研究的核心将聚焦于验证其实际生物活性、环境安全性和开发实用化剂型，以推动这一创新技术走向实际应用。

**参考文献**

[1]　孙晓冰. 农作物病虫害防治中的农药污染问题及其治理措施探析 [J]. 种子科技, 2023, 41 (17): 142-144.

[2]　NURUZZAMAN M D, RAHMAN M M, LIU Y, et al. Nanoencapsulation, nano-guard for pesticides: a new window for safe application [J]. Journal of Agricultural and Food Chemistry, 2016, 64 (7): 1447-1483.

[3]　FARHA O K, ERYAZICI I, JEONG N C, et al. Metal-organic framework materials with ultrahigh surface areas: is the sky the limit? [J]. Journal of the American Chemical Society, 2012, 134 (36): 15016-15021.

[4]　CHEN Z, JIANG H, LI M, et al. Reticular chemistry 3.2: typical minimal edge-transitive derived and

related nets for the design and synthesis of metal-organic frameworks [J]. Chemical Reviews, 2020, 120 (16): 8039-8065.

[5] YAN L, CHEN X, ZHANG W, et al. Size controllable and surface tunable zeolitic imidazolate framework-8-poly (acrylic acid sodium salt) nanocomposites for pH responsive drug release and enhanced in vivo cancer treatment [J]. ACS Applied Materials & Interfaces, 2017, 9 (38): 32990-33000.

[6] MANAF A, RAHEEL M, SHER A, et al. Interactive effect of zinc fertilization and cultivar on yield and nutritional attributes of canola (*Brassica napus* L.) [J]. Journal of Soil Science and Plant Nutrition, 2019, 19 (3): 671-677.

[7] BROADLEY M R, WHITE P J, HAMMOND J P, et al. Zinc in plants [J]. New Phytologist, 2007, 173 (4): 677-702.

[8] WANG D D, ZHOU J J, SHI R H, et al. Biodegradable core-shell dual-metal-organic-frameworks nanotheranostic agent for multiple imaging guided combination cancer therapy [J]. Theranostics, 2017, 7 (18): 4605-4617.

[9] REN L R, ZHAO J, LI W, et al. Site-specific controlled-release imidazolate framework-8 for dazomet smart delivery to improve the effective utilization rate and reduce biotoxicity [J]. Journal of Agricultural and Food Chemistry, 2022, 70 (20): 5993-6005.

[10] 王艳, 陈夕军, 童蕴慧, 等. 灰霉病菌抗感腐霉利菌株形态和生理生化特性的比较 [J]. 扬州大学学报 (农业与生命科学版), 2009, 30 (4): 74-79.

[11] 温雅君, 肖志勇, 马啸, 等. 韭菜中农药残留状况调查与分析 [J]. 食品安全质量检测学报, 2020, 11 (13): 4231-4235.

[12] 普继雄, 周宗山, 王娜, 等. 弥勒市葡萄灰霉病菌对4种杀菌剂的抗药性检测 [J]. 果树学报, 2021, 38 (7): 1147-1152.

[13] 吕冰峰, 刘敏, 邢书霞. 2018年蔬菜国家食品安全监督抽检结果分析 [J]. 食品安全质量检测学报, 2019, 10 (17): 5715-5721.

[14] MA Y, MA R, ZHAO H, et al. pH-Responsive ZIF-8-based metal-organic-framework nanoparticles for termite control [J]. ACS Applied Nano Materials, 2022, 5 (11): 16095-16104.

[15] 孟凡明, 俞文卿, 马晓凡, 等. ZIF-8及其复合材料制备与应用研究进展 [J]. 安徽大学学报 (自然科学版), 2023, 47 (3): 36-43.

[16] PAN Y, LIU Y, ZENG G, et al. Rapid synthesis of zeolitic imidazolate framework-8 (ZIF-8) nanocrystals in an aqueous system [J]. Chemical Communications, 2011, 47 (7): 2071-2073.

[17] ZHANG J, ZOU M, LI Q, et al. Thermally activated construction of open metal sites on a Zn-organic framework: an effective strategy to enhance Lewis acid properties and catalytic performance for $CO_2$ cycloaddition reactions [J]. Applied Surface Science, 2022, 572: 151408.

[18] VILLAVERDE J J, SEVILLA-MORÁN B, LÓPEZ-GOTI C, et al. An overview of nanopesticides in the framework of European legislation [C]. New Pesticides and Soil Sensors. Amsterdam: Elsevier, 2017: 227-271.

[19] ASKARIZADEH M, ESFANDIARI N, HONARVAR B, et al. Kinetic modeling to explain the release of medicine from drug delivery systems [J]. Chem BioEng Reviews, 2023, 10 (6): 1006-1049.

# 组氨酸激酶 Bos1 中的新点突变（D1158N）赋予田间灰霉病菌对咯菌腈的高水平抗性[*]

韩文姣，韩　杨，杨　倩，蒋序识，刘　娜，任维超[**]

（青岛农业大学植物医学学院，青岛　266000）

**摘要**：由灰葡萄孢（*Botrytis cinerea*）侵染引起的灰霉病是世界范围内最重要的植物病害之一，且病原菌容易对杀菌剂产生抗药性。目前，苯基吡咯类杀菌剂咯菌腈（fludioxonil）在中国防治灰霉病方面表现出优异的效果。本研究中，笔者在山东省寿光市监测了灰霉病菌对咯菌腈的抗性，该地区于 2014 年首次发现灰霉病菌对咯菌腈的田间抗性菌株。从温室黄瓜中共分离获得 87 株灰葡萄孢单孢菌株，其中 3 株能在含有 50 μg/mL 咯菌腈的 PDA 平板上生长，被定义为高等水平抗性，抗性频率为 3.4%。此外，这 3 株咯菌腈抗性菌株也对二甲酰亚胺类杀菌剂异菌脲（Iprodione）和腐霉利（Procymidone）表现出高等水平抗性。测序比对显示，3 株咯菌腈抗性菌株均在组氨酸激酶 Bos1 的第 1 158 位密码子处存在一个点突变 GAC（Asp）→ AAC（Asn），这被证明是产生咯菌腈抗性的原因。此外，基于菌丝生长、产孢、致病力和渗透胁迫耐受性的测定结果表明，与敏感菌株相比，咯菌腈抗性菌株的生存适合度有所下降。综上所述，我们的研究结果表明，田间灰霉病菌中已出现由 Bos1 点突变（D1158N）引起的对咯菌腈高等水平抗药性，并且其抗性风险相对较高，应谨慎使用咯菌腈。

**关键词**：灰葡萄孢；咯菌腈；抗药性；Bos1 突变；适合度

## A New Point Mutation (D1158N) in Histidine Kinase Bos1 Confers High-level Resistance to Fludioxonil in Field Gray Mold Disease[*]

HAN Wenjiao, HAN Yang, YANG Qian, JIANG Xushi, LIU Na, REN Weichao[**]

(*College of Plant Health and Medicine, Qingdao Agricultural University, Qingdao 266000, China*)

**Abstract**: Gray mold, caused by the fungus *Botrytis cinerea*, is one of the most important plant diseases worldwide that is prone to developing resistance to fungicides. Currently, the phenylpyrrole fungicide fludioxonil exhibits excellent efficacy in the control of gray mold in China. In this study, we detected the fludioxonil resistance of gray mold disease in Shouguang City of Shandong Province, where we first found fludioxonil-resistant isolates of *B. cinerea* in 2014. A total of 87 single spore isolates of *B. cinerea* were obtained from cucumbers in greenhouse, and 3 of which could grow on PDA plates amended with 50 μg/mL fludioxonil that was defined as high-level resistance, with a resistance frequency of 3.4%. Furthermore, the 3 fludioxonil-resistant isolates also showed high-level resistance to the dicarboximide fungicides iprodione and procymidone. Sequencing comparison revealed that all the 3 fludioxonil-resistant isolates had a point mutation at codon 1158, GAC (Asp) → AAC (Asn) in the histidine kinase Bos1, which was proved to be the reason for fludioxonil resistance. In addition, the fludioxonil-resistant isolates possessed an impaired biological fitness compared to the sensitive isolates based on the results of mycelial growth, conidiation, virulence, and osmotic stress tolerance determination. Taken together, our results indicate that the high-level resistance

---

[*]　基金项目：国家自然科学基金（32001937，32102163）；山东省自然科学基金（ZR2020QC125）；青岛农业大学高层次人才科研启动基金（665/1120060，663/1121023）

[**]　通信作者：任维超；E-mail：renweichaoqw@163.com

to fludioxonil caused by the Bos1 point mutation (D1158N) has emerged in the field gray mold disease, and the resistance risk is relatively high, and fludioxonil should be used sparingly.

**Key words**: *Botrytis cinerea*; fludioxonil; resistance; Bos1 mutation; fitness

由真菌病原体灰葡萄孢（*Botrytis cinerea*）（有性态：富克葡萄孢盘菌，*Botryotinia fuckellana*）引起的灰霉病是一种经济上重要的病害，可侵染多种植物物种，包括水果、蔬菜、观赏植物甚至一些农作物[1-2]。灰霉病因其传播迅速和破坏力强而臭名昭著，常在采前和采后阶段造成重大损失[3]。目前，由于缺乏抗性品种，化学防治仍是控制灰霉病最有效的策略[4]。然而，由于长期和频繁使用杀菌剂，灰葡萄孢菌种群已经对某些类型的杀菌剂产生了抗性，如甲氧基丙烯酸酯类（QoIs）、苯并咪唑类、苯基吡咯类、二甲基亚胺类、苯胺基嘧啶类、琥珀酸脱氢酶抑制剂类（SDHIs）和羟基苯胺类杀菌剂[5-7]。

咯菌腈［4-（2,2-二氟-2H-1,3-苯并二氧戊环-4-基）-1H-吡咯-3-甲腈］，由先正达公司开发，是一种高效、广谱的苯基吡咯类杀菌剂，广泛用于防治作物采前和采后的多种真菌病害，也用于种子处理[8-9]。咯菌腈的作用机制目前尚未完全阐明，其可能通过与Ⅲ型组氨酸激酶Os1结合，通过激活Os-2/Hog1丝裂原活化蛋白激酶（MAPK）来模拟渗透胁迫[10-11]。这种激活随后触发多个下游反应，如启动$H^+$-ATP酶、$K^+$内流和甘油生物合成，最终导致细胞内压和膜电位升高，从而导致菌丝膨胀和破裂[12]。

咯菌腈已使用超过30年，但迄今为止田间抗性的报道很少[13]，尽管通过持续暴露于高浓度的咯菌腈（灰葡萄孢菌、核盘菌、构巢曲霉、粗糙脉孢菌、玉米黑粉菌）很容易获得抗性突变体[14-16]。田间和实验室突变体对咯菌腈表现出高水平的抗性，这种抗性通常与对高渗透压的敏感性以及对二甲酰亚胺类杀菌剂的交互抗性有关[17]。此外，大多数田间和实验室的突变体，如灰葡萄孢菌和芸薹链格孢（*Altenaria brassicicola*），均表现出发育缺陷和致病力降低，这可能是田间抗性缺乏的主要原因[7,18]。大多数报道的咯菌腈抗性突变体在Ⅲ型组氨酸激酶Os1中存在点突变，但只有少数得到了证实[19]。咯菌腈的具体作用靶标仍有待进一步研究。

笔者团队一直致力于灰霉病的有效防控，并于2016年首次报道了中国咯菌腈抗性的出现，随后在2018年再次报道[7,18]。在本研究中，笔者团队于2022年在中国温室灰霉病菌中检测到高水平咯菌腈抗性，证明该抗性是由组氨酸激酶Bos1中的一个新点突变（D1158N）引起的，并评估了抗性风险。本研究结果为咯菌腈的合理使用提供了科学指导，并为阐明咯菌腈的作用机制奠定了基础。

# 1 材料与方法

## 1.1 真菌菌株

灰葡萄孢菌株于2022年从山东省寿光市具有典型灰霉病病症的温室黄瓜中通过单孢分离获得。灰葡萄孢菌株B05.10和禾谷镰孢菌菌株PH-1用作转化实验的亲本菌株。

## 1.2 培养基与杀菌剂

马铃薯葡萄糖琼脂（PDA）培养基（每升自来水含200 g马铃薯、20 g葡萄糖、15 g琼脂）用于菌落生长测试。灭菌的马铃薯块用于产孢测试。技术级杀菌剂咯菌腈（有效成分：97.9%）、异菌脲（有效成分：96.2%）和腐霉利（有效成分：98%）由南京农业大学杀菌剂生物学实验室惠赠。

### 1.3 杀菌剂敏感性测定

为测定杀菌剂敏感性,从3 d菌龄的菌落生长边缘取菌饼(直径5 mm)置于添加不同浓度杀菌剂的PDA平板中心。在25 ℃培养3 d后,垂直测量每个菌落的直径。采用先前描述的方法计算有效抑制中浓度($EC_{50}$)[3]。实验独立重复3次。

### 1.4 Bos1 编码基因的克隆与测序

采用常规的十六烷基三甲基溴化铵(CTAB)法提取灰葡萄孢菌的基因组DNA,方法如前所述[20]。基于灰葡萄孢菌的基因组数据库(https://fungi.ensembl.org/Botrytis_cinerea/Info/Index),使用测序引物扩增 Bos1 编码基因的开放阅读框(ORF)。将所得的PCR产物直接测序,并使用BioEdit软件进行分析。

### 1.5 点突变突变体的构建

为了构建点突变载体,使用特异性引物扩增 Bos1 编码基因的一部分,另一部分通过人工引入点突变的引物扩增,这两部分通过双接头PCR(Double-joint PCR)融合,并插入至质粒pNAN-OGG中。质粒构建载体通过PCR扩增和测序确认,并使用聚乙二醇(PEG)介导的转化方法将其导入灰葡萄孢菌的原生质体中。

### 1.6 生物适合度测定

为了测定灰葡萄孢菌分离株的适合度,随机选取3株敏感菌株(Sg-3、Sg-19和Sg-25)和3株咯菌腈抗性菌株(Sg-17、Sg-38和Sg-52),根据先前描述的方法[18]检测其一些生物学特性,包括菌丝生长、产孢和致病性。

## 2 结果

### 2.1 田间灰霉病菌对咯菌腈抗性的监测

从不同温室的黄瓜中共获得87株灰葡萄孢菌单胞菌株,其$EC_{50}$值主要集中分布在0.005~0.030 μg/mL,而3株菌株对咯菌腈表现出高等水平抗性,其$EC_{50}$值>20 μg/mL,最小抑菌浓度(MIC)>50 μg/mL(图1),抗性频率为3.4%。此外,这3株咯菌腈抗性菌株还对二甲酰亚胺类杀菌剂异菌脲和腐霉利表现出高等水平抗性。

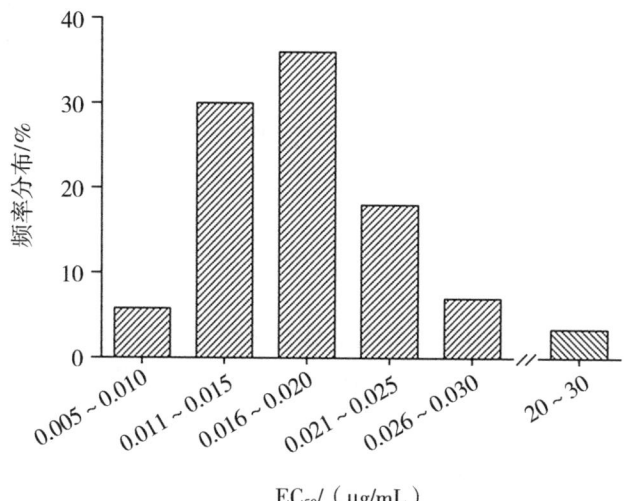

**图1** 灰葡萄孢菌株对咯菌腈$EC_{50}$值的频率分布

## 2.2 咯菌腈抗性与敏感菌株间 Bos1 的比较

先前研究报告，组氨酸激酶 Bos1 的点突变赋予真菌病原体对咯菌腈的抗性[21]。因此，我们比较了咯菌腈抗性和咯菌腈敏感菌株的 Bos1 序列，结果显示所有 3 株咯菌腈抗性菌株在 1158 位密码子均存在一个点突变，即 GAC（Asp）→AAC（Asn）（图 2A）。蛋白质结构域分析表明，点突变（D1158N）位于 Bos1 的接收结构域（图 2B）。

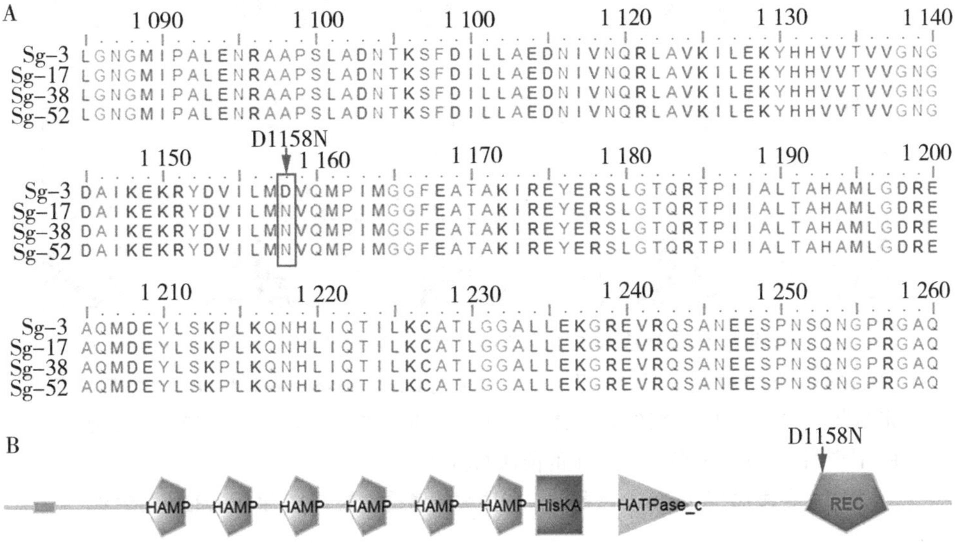

A. 咯菌腈敏感菌株 Sg-3 与抗性菌株 Sg-17、Sg-38 和 Sg-52 的 Bos1 部分氨基酸序列比对。氨基酸变化用红框标出；B. Bos1 结构域示意图，包括 HAMP（组氨酸激酶、腺苷酸环化酶、甲基结合蛋白、磷酸酶）、HisKA（磷酸受体）、HATPase_c（组氨酸激酶样 ATP 酶）和 REC（接收器结构域）。

**图 2　Bos1 的比较和结构域分析**

## 2.3 Bos1 点突变导致对咯菌腈的高水平抗性

为了验证灰葡萄孢菌对咯菌腈的高水平抗是否是由 Bos1 的点突变（D1158N）引起的，将野生型（WT）或人工构建的点突变 Bos1 编码基因（G3795A）导入到 Bos1 缺失突变体 ΔBos1 中，分别获得突变体 Bos1$^{WT}$ 和 Bos1$^{D1158N}$。如图 3A 所示，ΔBos1 和 Bos1$^{D1158N}$ 能够在添加 50 μg/mL 咯菌腈、异菌脲或腐霉利的 PDA 平板上生长，而亲本菌株 B05.10 和 Bos1$^{WT}$ 对这些杀菌剂敏感。此外，在禾谷镰孢菌的 Fos1 中的同源点突变（D1105N）也已被证明能赋予对咯菌腈、异菌脲和腐霉利的高水平抗性（图 3B），这表明 Bos1（D1158N）介导的真菌对这些杀真菌剂的抗性具有普遍性。

## 2.4 咯菌腈抗性菌株的生存适合度分析

为评估田间咯菌腈抗性菌株的适合度，测定了其菌丝生长、产孢和致病力。与咯菌腈敏感菌株相比，咯菌腈抗性菌株在菌丝生长速率、分生孢子产量和毒力方面均表现出显著缺陷（表 1）。此外，咯菌腈抗性菌株对由 NaCl、KCl 和山梨醇诱导的渗透胁迫表现出高敏感性（图 4）。这些结果表明，Bos1（D1158N）介导的田间灰霉病菌抗性的发展伴随着生存适合度代价。

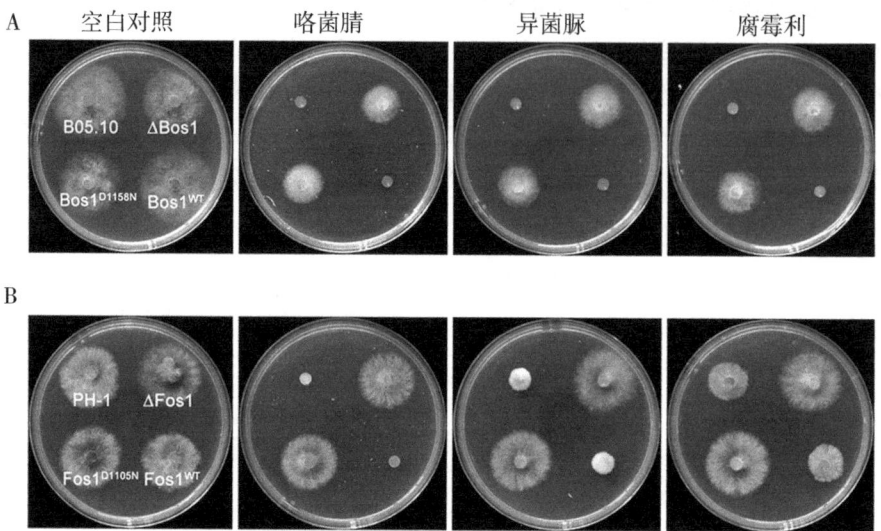

A. 灰葡萄孢亲本菌株 B05.10、Bos1 缺失突变体 ΔBos1、互补了突变型 Bos1（D1158N）的菌株 Bos1$^{D1158N}$ 以及互补了野生型 Bos1 的菌株 Bos1$^{WT}$；B. 禾谷镰孢菌亲本菌株 PH-1、Fos1 缺失突变体 ΔFos1、互补了突变型 Fos1（D1105N）的菌株 Fos1$^{D1105N}$ 以及互补了野生型 Fos1 的菌株 Fos1$^{WT}$。

图 3　在添加 50 μg/mL 咯菌腈、异菌脲或腐霉利的 PDA 平板上的菌落生长

表 1　灰葡萄孢菌株的生物学特性

| 样本 | 生长速度*/（cm/d） | 分生孢子产量（×10⁶） | 损伤面积/cm² |
| --- | --- | --- | --- |
| Sg-3（S） | (5.36±0.03) a | (2.84±0.14) a | (1.73±0.11) a |
| Sg-19（S） | (5.42±0.05) a | (2.87±0.12) a | (1.76±0.14) a |
| Sg-25（S） | (5.39±0.04) a | (2.91±0.16) a | (1.82±0.15) a |
| Sg-17（R） | (5.06±0.06) b | (2.52±0.15) b | (1.46±0.12) b |
| Sg-38（R） | (4.92±0.04) b | (2.48±0.14) b | (1.51±0.14) b |
| Sg-52（R） | (4.18±0.03) c | (1.76±0.12) c | (1.12±0.12) c |

注：样本中，S=咯菌腈敏感菌株，R=咯菌腈抗性菌株。
*生长速度中，数值为 3 次独立实验的平均值±标准差。
每列中不同字母标记的值表示根据 Fisher 最小显著差异法检验存在显著差异（$P<0.05$）。

## 3　讨论

灰霉病菌是抗药性发展的高风险病原体，并且已经对多类杀菌剂产生抗性[22]。2016 年，我们首次在山东省发现对咯菌腈高水平抗性的灰葡萄孢菌，随后于 2018 年在江苏省发现。在本研究中，我们于 2022 年在山东省检测到灰葡萄孢菌的高水平咯菌腈抗性，这些菌株还对二甲酰亚胺类杀菌剂异菌脲和腐霉利表现出阳性交互抗性，这在其他病原真菌中的报道一致[23-24]。

先前研究发现，灰葡萄孢菌对咯菌腈的抗性与组氨酸激酶 os1 的突变或由转录因子突变激活的药物外排泵 atrB 的过表达有关[25-28]。在田间咯菌腈抗性灰葡萄孢突变体中已经发现

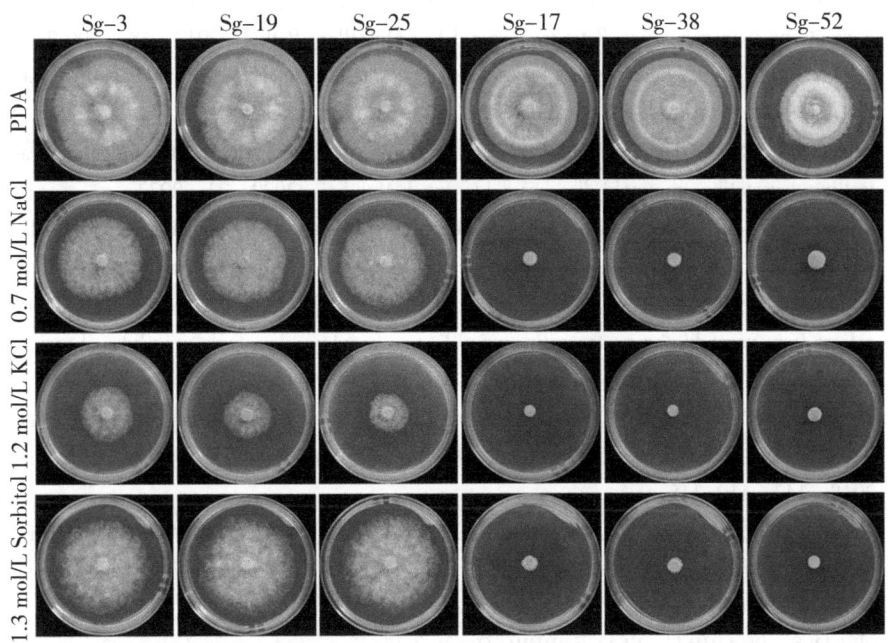

**图 4** 对渗透胁迫的敏感性测试（咯菌腈敏感菌株 Sg-3、Sg-19 和 Sg-25 以及咯菌腈抗性菌株 Sg-17、Sg-38 和 Sg-52 在含有 0.7 mol/L NaCl、1.2 mol/L KCl 或 1.3 mol/L 山梨醇的 PDA 上生长，并在 25 ℃培养 3 d）

点突变位点主要在 os1 的 HAMP 结构域，如 F127S、G262S、G265D、G311R、R319K、I365S、Q369P、N373S、S531G、G545E、N609T，但这些突变体未经过实验证实[21,23-24,29-31]。值得注意的是，本研究中所有的灰葡萄孢的咯菌腈抗性菌株在 Bos1 的接受结构域存在一个点突变（D1158N），在 mrr1 中未发现突变，并且点突变（D1158N）被证明是咯菌腈抗性的原因。此外，禾谷镰孢菌中 Fos1 同源点突变（D1158N）也表现出对咯菌腈、异菌脲和腐霉利的高水平抗性，这表明 Bos1（D1158N）所介导的真菌对这些杀菌剂的抗性具有普遍性。因此，这些新的发现对于全面阐明咯菌腈的作用机制具有重要意义。

咯菌腈已经使用超过 30 年，但很少有在田间的抗性案例，这可能主要归因于抗性菌株的生存适合度显著降低[13]。在本研究中，与敏感菌株相比，咯菌腈抗性菌株表现出显著降低的生存适合度，这与我们关于灰葡萄孢咯菌腈抗性的报道一致[18,7]。此外，像其他真菌病原体一样[13]，咯菌腈抗性菌株对由 NaCl、KCl 或山梨醇介导的渗透胁迫表现出高敏感性。基于这些结果，推测真菌群体的咯菌腈抗性演变在一定程度上是受到限制的，除非其他的突变体来补偿这种适合度的不利影响。

总而言之，在本研究中，我们首次发现在 Bos1 中的一个新点突变（D1158N）赋予田间灰霉病菌对咯菌腈的高等水平抗性，并且其抗性风险相对较高。因此，农民和农业顾问有必要对抗性发展保持密切关注，咯菌腈以及异菌脲和腐霉利应该与其他杀菌剂混合使用或轮换使用，以延长其使用年限，避免防控失败。

### 参考文献

[1] WILLIAMSON B, TUDZYNSKI B, TUDZYNSKI P, *et al. Botrytis cinerea*: the cause of grey mould disease [J]. Mol. Plant Pathol, 2007, 8: 561-580.

[2] REN W, ZHANG Z, SHAO W, et al. The autophagy-related gene *BcATG*1 is involved in fungal development and pathogenesis in *Botrytis cinerea* [J]. Mol. Plant Pathol, 2017, 18: 238-248.

[3] HOU Y P, QU X P, MAO X W, et al. Resistance mechanism of *Fusarium fujikuroi* to phenamacril in the field [J]. Pest Manag. Sci, 2018, 74: 607-616.

[4] ISLAM M T, SHERIF S M. RNAi-based biofungicides as a promising next-generation strategy for controlling devastating gray mold diseases [J]. Int. J. Mol. Sci, 2020, 21: 2072.

[5] ELAD Y, YUNIS H, KATAN T. Multiple fungicide resistance to benzimidazoles, dicarboximides and diethofencarb in field isolates of *Botrytis cinerea* in Israel [J]. Plant Pathol, 1992, 41: 41-46.

[6] MYRESIOTIS C K, KARAOGLANIDIS G S, TZAVELLA-KLONARI K. Resistance of *Botrytis cinerea* isolates from vegetable crops to anilinopyrimidine, phenylpyrrole, hydroxyanilide, benzimidazole, and dicarboximide fungicides [J]. Plant Dis, 2007, 91: 407-413.

[7] SANG C, REN W, WANG J, et al. Detection and fitness comparison of target-based highly fludioxonil-resistant isolates of *Botrytis cinerea* from strawberry and cucumber in China [J]. Pestic. Biochem. Phys, 2018, 147: 110-118.

[8] GEHMANN K, NYFELER R, LEADBEATER A J, et al. CGA 173506: A new phenylpyrrole fungicide for broad-spectrum disease control [C]. In Brighton Crop Protection Conference, Pests and Diseases, 1990.

[9] DISKIN S, SHARIR T, FEYGENBERG O, et al. Fludioxonil-A potential alternative for postharvest disease control in mango fruit [J]. Crop Prot, 2019, 124: 104855.

[10] KOJIMA K, TAKANO Y, YOSHIMI A, et al. Fungicide activity through activation of a fungal signalling pathway. Mol. Microbiol, 2004, 53: 1785-1796.

[11] BERSCHING K, JACOB S. The Molecular mechanism of fludioxonil action is different to osmotic stress sensing [J]. J. Fungi, 2021, 7: 393.

[12] LEW R R. Turgor and net ion flux responses to activation of the osmotic MAP kinase cascade by fludioxonil in the filamentous fungus *Neurospora crassa* [J]. Fungal Genet. Biol, 2010, 47: 721-726.

[13] KILANI J, FILLINGER S. Phenylpyrroles: 30 Years, Two molecules and (nearly) no resistance. Front [J]. Microbiol, 2016, 7: 2014.

[14] VIGNUTELLI A, HILBER-BODMER M, HILBER U W. Genetic analysis of resistance to the phenylpyrrole fludioxonil and the dicarboximide vinclozolin in *Botryotinia fuckeliana* (*Botrytis cinerea*) [J]. Mycol. Res, 2002, 106: 329-335.

[15] AVENOT H, SIMONEAU P, IACOMI-VASILESCU B, et al. Characterization of mutations in the two-component histidine kinase gene AbNIK1 from *Alternaria brassicicola* that confer high dicarboximide and phenylpyrrole resistance [J]. Curr. Genet, 2005, 47: 234-243.

[16] TAIWO A O, HARPER L A, DERBYSHIRE M C. Impacts of fludioxonil resistance on global gene expression in the necrotrophic fungal plant pathogen *Sclerotinia sclerotiorum* [J]. BMC Genomics, 2021, 22: 91.

[17] LEROUX P, FRITZ R, DEBIEU D, et al. Mechanisms of resistance to fungicides in field strains of *Botrytis cinerea* [J]. Pest Manag. Sci, 2002, 58: 876-888.

[18] REN W, SHAO W, HAN X, et al. Molecular and biochemical characterization of laboratory and field mutants of *Botrytis cinerea* resistant to fludioxonil [J]. Plant Dis, 2016, 100: 1414-1423.

[19] LIU M, PENG J, WANG X, et al. Transcriptomic analysis of resistant and wild-type *Botrytis cinerea* isolates revealed fludioxonil-resistance mechanisms [J]. Int. J. Mol. Sci, 2023, 24: 988.

[20] REN W, LIU N, SANG C, et al. The autophagy gene *BcATG*8 regulates the vegetative differentiation and pathogenicity of *Botrytis cinerea* [J]. Appl. Environ. Microb, 2018, 84: 11.

[21] WANG W, FANG Y, IMRAN M, et al. Characterization of the field fludioxonil resistance and its molecular basis in *Botrytis cinerea* from Shanghai Province in China [J]. Microorganisms, 2021, 9: 266.

[22] SOFIANOS G, SAMARAS A, KARAOGLANIDIS G. Multiple and multidrug resistance in *Botrytis cinerea*: molecular mechanisms of MLR/MDR strains in Greece and effects of co-existence of different resistance mechanisms on fungicide sensitivity [J]. Front. in Plant Sci, 2023, 14: 1273193.

[23] ZHOU F, HU H Y, SONG Y L, et al. Biological characteristics and molecular mechanism of fludioxonil resistance in *Botrytis cinerea* from Henan Province of China [J]. Plant Dis, 2020, 104: 1041-1047.

[24] ZHOU F, LI D X, HU H Y, et al. Biological characteristics and molecular mechanisms of fludioxonil resistance in *Fusarium graminearum* in China [J]. Plant Dis, 2020, 104: 2426-2433.

[25] KRETSCHMER M, LEROCH M, MOSBACH A, et al. Fungicide-Driven evolution and molecular basis of multidrug resistance in field populations of the grey mould fungus *Botrytis cinerea* [J]. PLoS Pathog, 2009, 5: e1000696.

[26] GRABKE A, FERNÁNDEZ-ORTUÑO D, AMIRI A, et al. Characterization of iprodione resistance in *Botrytis cinerea* from strawberry and blackberry [J]. Phytopathology, 2014, 104: 396-402.

[27] HU M J, COSSEBOOM S, SCHNABEL G. atrB-Associated fludioxonil resistance in *Botrytis fragariae* not linked to mutations in transcription factor mrr1 [J]. Phytopathology, 2019, 109: 839-846.

[28] WEN Z, WANG J, JIAO C, et al. Biological and molecular characterizations of field fludioxonil-resistant isolates of *Fusarium graminearum*. Pestic. Biochem [J]. Phys, 2022, 184: 105101.

[29] OCHIAI N, FUJIMURA M, MOTOYAMA T, et al. Characterization of mutations in the two-component histidine kinase gene that confer fludioxonil resistance and osmotic sensitivity in the os-1 mutants of *Neurospora crassa* [J]. Pest Manag. Sci, 2001, 57: 437-442.

[30] CHEN L, SUN B, ZHAO Y, et al. Comparison of the biological characteristics and molecular mechanisms of fludioxonil-resistant isolates of *Botrytis cinerea* from tomato in Liaoning Province of China [J]. Plant Dis, 2022, 106: 1959-1970.

[31] OIKI S, YAGUCHI T, URAYAMA S, et al. Wide distribution of resistance to the fungicides fludioxonil and iprodione in *Penicillium* species [J]. PLoS One, 2022, 17: e0262521.

# 河南省台前县小麦茎基腐病发生概况与化学防控技术

郭宪振[1]*，田庆恒[1]，祁 迪[2]

(1. 台前县植物保护检疫站，濮阳 457607；2. 台前县农业农村局，濮阳 457607)

**摘要**：小麦茎基腐病是近十几年发生的一种新病害，在发病早期与纹枯病、全蚀病、根腐病不易区分，在小麦生育后期可以区分。为研究该种新病害，可更好地在田间加以识别，了解其发生规律，进一步探讨其化学防控技术。

**关键词**：小麦茎基腐病；发生概况；化学防控

## Occurrence and Chemical Control of Wheat Crown Rot in Taiqian County, Henan Province

GUO Xianzhen[1]*, TIAN Qingheng[1], QI Di[2]

(1. *Plant Protection and Quarantine Station of Taiqian County, Puyang 457607, China;*
2. *Agriculture and Rural Affairs Bureau of Taiqian County, Puyang 457607, China*)

**Abstract**: Wheat stem base rot is a new disease that has emerged in the past decade or so. In the early stage of its occurrence, it is difficult to distinguish from sheath blight, total root rot and root rot. However, it can be differentiated in the later growth stage of wheat. To study this new disease, better identify it in the field, understand its occurrence pattern and further explore its chemical control technology.

**Key words**: wheat stem base rot; occurrence overview; chemical control

小麦茎基腐病是1种真菌性上传病害，20世纪50年代澳大利亚首次报道了该病害。在我国，河南农业大学李洪连教授团队2012年首次报道了由假禾谷镰孢（*Fusarium preudograminearum*）引起的小麦茎基腐病[1]。目前该病在我国黄淮小麦主产区的河南、河北、山东、陕西等省份以及安徽、江苏北部普遍发生。近年来主要由省级植保部门和科研机构在《中国植保导刊》2022年2、3、5、7、11期集中报道了发生现状和防控措施。在《植物保护》2020第6期[2]，也有所报道。该病主要侵染小麦基部1~2节叶鞘和茎秆，造成小麦倒伏和提前枯死，形成白穗，一般减产10%~30%，严重的达50%以上。

## 1 症状特征

小麦茎基部叶鞘受害后颜色渐变为暗褐色[3]，随病程发展，茎基部节间受侵染变为淡褐色至深褐色，腐烂容易拔出。田间湿度大时，茎节处、节间生粉红色或白色霉层，茎秆易折断。

（1）基部叶鞘，病斑不规则形，浅黄色至黄褐色。

---

\* 第一作者：郭宪振，农业技推广研究员，主要从事农作物病虫测报和防控工作；E-mail：Gzwbh2008@163.com

（2）根部，根不易拔出，易在茎基部撕断。

（3）茎基部，基部缢缩、变软腐烂，有粉红色或白色霉层。

小麦茎基腐病在发病初期，不做镜检难以区分。小麦生长后期，小麦茎基腐病与其他病害有混合发生现象，较易区分。

## 2　发生规律

小麦茎基腐病是一种典型的土传病害，病原种类复杂，主要有镰孢菌和根腐离蠕孢。病原以菌丝体、分生孢子、厚垣孢子的形式存活于土壤中的病残体中，一般可存活 2 年以上。病原菌从小麦茎基部或根部侵入，并扩展危害。小麦品种抗性差、农作物秸秆未经充分腐熟直接还田，造成土壤中病原菌大量积累、部分麦田长期偏施氮素化肥，耕作层浅，统一拌种面积小，农民群众主动防控意识差是导致近年来病害加重的主要原因。

## 3　防控策略

遵循"预防为主、综合防治"的植保方针，以种植抗病品种和健身栽培为基础，种子处理为核心，春季药剂防治为辅助，抓住关键时期，强化播前预防，实行统防统治，把病害损失控制到最低程度。

## 4　综合防控技术

### 4.1　选用抗病品种

据河南农业大学、河南省农业科学院筛选，目前对小麦茎基腐病抗性较好的品种有中麦 1212、兰考 198、周麦 27、济麦 22、华育 198、百农 889 等。

### 4.2　搞好健身栽培

及早中耕或深翻，利用秸秆腐熟剂处理小麦根茬加速秸秆腐解，减少病原菌积累；科学增施锌肥，适期晚播，播种深度为 3~5 cm，优化水肥管理，培育壮苗，提高植株抗耐病能力，减轻病害发生程度。

### 4.3　强化种子处理（包衣或药剂拌种）

播种前，可以选用高效低毒农药进行拌种或种子包衣。如每 100 kg 小麦种子用含 2.5% 咯菌腈悬浮种衣剂 200 mL[4]、6% 戊唑醇悬浮种衣剂 60 mL，或 3% 苯醚甲环唑悬浮种衣剂 400 mL，或 6 g 苯醚甲环唑，或 4.8 g 苯醚甲环唑+4.8 g 咯菌腈的种衣剂，加入吡虫啉、噻虫嗪或辛硫磷等杀虫剂进行混合拌种或包衣。

## 5　开展化学防控

小麦返青拔节期，单独防治茎基腐病，台前县一般在 3 月 5—10 日，发病初期可使用 80% 戊唑醇水分散粒剂 10~12 mL；或 25% 吡唑醚菌酯乳油 30~40 mL；或 45% 戊唑·咪鲜胺水乳剂 25~35 mL；或 10% 苯醚甲环唑水分散粒剂 40~60 g，或 25% 氰烯菌酯悬浮剂 100 mL；或 24% 噻呋酰胺悬浮剂 25 mL，加水 30 kg，对茎基部喷雾。也可以每 667 m² 用 40% 唑醚·戊唑醇悬浮剂 25 mL，加 5% 阿维菌素悬浮剂 5 mL，加 0.01% 表 28 芸苔素内酯 10 mL，加 99% 磷酸二氢钾 100 g，加水 40 kg，全田喷雾。

小麦扬花前，以防控赤霉病为主，兼防茎基腐病。台前县一般在 4 月 20—25 日，每 667 m² 用 40% 丙硫菌唑·戊唑醇悬浮剂 30 mL，加 15% 噻虫·高氯氟悬浮剂 12 mL，加

0.01%表28芸苔素内酯10 mL，加99%磷酸二氢钾100 g，加水40 kg，全田喷雾。

小麦灌浆前期，以防白粉病为主，兼防茎基腐病。台前县一般在5月5—10日，每667 m$^2$用17%唑醚·氟环唑55 mL，加10%吡虫啉可湿性粉剂30 g，加0.01%表28芸苔素内酯10 mL，加99%磷酸二氢钾100 g，加水40 kg，全田喷雾。

## 参考文献

[1] LI H L, YUAN H Y, FU B, et al. First report of *Fusarium pseudograminearum* causing crown rot of Wheat in Henan, China [J]. Plant Disease, 2012, 96 (7): 1065.

[2] 黄冲，姜玉英，李春广. 1987—2018年我国小麦主要病虫害发生危害及演变分析 [J]. 植物保护，2020，46 (6): 186-193.

[3] 于思勤，孙炳剑，巩中军，等. 小麦有害生物绿色防控技术 [M]. 北京：中国农业科学技术出版社，2020.

[4] 赵利民，吕国强，何洋，等. 河南省小麦茎基腐病发生现状及综合防控措施 [J]. 中国植保导刊，2022，42 (5): 49-51.

[5] 田海月，袁宗英，李海珍，等. 山东青岛小麦茎基腐病全程绿色防控技术的研究与应用 [J]. 中国植保导刊，2025，45 (1): 78-81.

# 9 种杀菌剂对番茄根腐病菌的室内毒力测定

徐静静,蓝 岚,张连洪,管廷龙,宋兆欣,孟香清

[先正达(上海)作物保护科技有限公司,上海 200120]

**摘要**:番茄根腐病近几年在山东省潍坊市发生非常普遍,本研究前期对采自山东潍坊的番茄根腐病样进行组织分离及病原菌回接鉴定,发现 *Pyrenochaeta lycopersici*(番茄棘壳孢)和 *Fusarium oxysporum*(尖孢镰孢)是最主要的致病菌。本研究利用菌丝生长速率法测定 9 种杀菌剂的 $EC_{50}$ 值。结果表明:氟唑菌酰羟胺对 *P. lycopersici* 的抑制活性最高,$EC_{50}$ 为 0.039 9 mg/L,苯醚甲环唑对 *F. oxysporum* 的抑制活性最高,$EC_{50}$ 为 0.064 5 mg/L;克菌丹和噁霉灵对两种病原菌抑制活性较差,$EC_{50}$ 值大于 19 mg/L。本研究为番茄根腐病的化学防治提供了理论依据。

**关键词**:番茄根腐病;番茄棘壳孢;尖孢镰孢;杀菌剂;毒力测定;$EC_{50}$

# Toxicity Test of 9 Fungicides Against Pathogens Causing Tomato Root Rot

XU Jingjing, LAN Lan, ZHANG Lianhong, GUAN Tinglong, SONG Zhaoxin, MENG Xiangqing

[*Syngenta*(*Shanghai*)*Crop Protection Technology Co.*,*LTD*,*Shanghai* 200120,*China*]

**Abstract**:Tomato root rot is one of soil borne disease that has been prevalent in Weifang City, Shandong Province in recent years. In the previous study, we were confirmed *Pyrenochaeta lycopersici* and *Fusarium oxysporum* were the main pathogens which causing tomato root rot through tissue isolation of tomato root rot samples from Weifang, Shandong Province and pathogenicity determination of isolated pathogens in tomatoes. In this study, the $EC_{50}$ values of nine fungicides were determined by the mycelial growth rate method. The results showed that Pydiflumetofen showed the highest inhibitory activity against *P. lycopersici*, with an $EC_{50}$ value of 0.039 9 mg/L, and Difenoconazole showed the highest inhibitory activity against *F. oxysporum*, with an $EC_{50}$ value of 0.064 5 mg/L. The inhibitory activities of Captan and Hymexazol against the two pathogens were poor, and the $EC_{50}$ value was higher than 19 mg/L. This study provides a theoretical support for the chemical control of tomato root rot.

**Key words**:tomato root tot; *Pyrenochaeta lycopersici*; *Fusarium oxysporum*; fungicides; toxicity test; $Ec_{50}$

番茄(*Solanum lycopersicum*)是我国重要的经济作物之一,但其生产受到多种病害的威胁,其中番茄根腐病是一种严重的土传病害,近年来在山东省潍坊市等地发生普遍,部分重病田块减产可达 80% 以上,严重影响了农民的经济收益[1]。

病原分离鉴定及回接表明,番茄根腐病主要由 *Pyrenochaeta lycopersici*(番茄棘壳孢)和 *Fusarium oxysporum*(尖孢镰孢)复合侵染引起。其中,番茄棘壳孢可导致主根粗大,木质化褐变、须根极少,而尖孢镰孢会引起根系腐烂和维管束变色。这两种病原菌均能在土壤中长期存活,并通过灌溉水、农事操作等途径传播,使得病害防控难度加大[2-3]。

目前,化学防治仍是控制该病害的主要手段,但不同杀菌剂对病原菌的抑制效果差异较大,且长期单一使用易导致抗药性产生。因此,筛选高效、低毒的杀菌剂对番茄根腐病的防控具有重要意义。

本研究选取了9种不同作用机制的杀菌剂，通过室内毒力测定评估其对 *P. lycopersici* 和 *F. oxysporum* 的抑制效果，旨在为番茄根腐病的科学用药提供理论依据。

## 1 试验材料与方法

### 1.1 供试药剂

供试药剂详见表1。

表1 供试药剂

| 编号 | 药剂 | 含量/% | 来源 |
| --- | --- | --- | --- |
| 1 | 嘧菌酯 | 98.70 | 先正达（上海）作物保护科技有限公司 |
| 2 | 吡唑醚菌酯 | 97.00 | 浙江宇龙生物科技股份有限公司 |
| 3 | 氟唑菌酰羟胺 | 98.00 | 先正达（上海）作物保护科技有限公司 |
| 4 | 苯醚甲环唑 | 95.00 | 先正达（上海）作物保护科技有限公司 |
| 5 | 丙环唑 | 98.30 | 先正达（上海）作物保护科技有限公司 |
| 6 | 氟啶胺 | 50.00 | 先正达（上海）作物保护科技有限公司 |
| 7 | 咯菌腈 | 98.50 | 先正达（上海）作物保护科技有限公司 |
| 8 | 克菌丹 | 97.00 | 宁夏格瑞精细化工有限公司 |
| 9 | 噁霉灵 | 98.00 | 天津市绿亨化工有限公司 |

### 1.2 供试菌株

番茄根腐菌 *Pyrenochaeta lycopersici*（番茄棘壳孢），*Fusarium oxysporum*（尖孢镰孢）分离自山东潍坊番茄根腐病样，分离出的病原菌经回接鉴定具有强致病性，病原菌用PDA斜面保存于先正达（上海）作物保护科技有限公司杀菌剂生测试验室。

### 1.3 试验方法

采用菌丝生长速率法测定不同药剂的 $EC_{50}$。原药用 DMSO、制剂用灭菌水溶解至系列所需浓度梯度，将溶解的药剂加入准备好的 PDA 培养基，配成不同浓度的含药 PDA 平板，以只加溶剂的 PDA 平板做对照，其中嘧菌酯和吡唑醚菌酯用 AEA 培养基加 0.01% 的水杨酸替代 PDA 培养基。用直径 5 mm 的打孔器在培养好的菌落边缘打菌饼，挑取菌饼接种于配制好的梯度浓度含药 PDA 平板上，25 ℃ 培养箱中培养 7 d（*F. oxysporum*）和 14 d（*P. lycopersici*），采用十字交叉法测量菌落直径，并计算生长抑制率，根据抑制率查概率值及浓度对数值做毒力曲线（以浓度对数值为横坐标，抑制率几率值为纵坐标，求出毒力回归方程），通过线性回归，计算 $EC_{50}$ 值。

生长抑制率=［（对照菌落直径-处理菌落直径）/（对照菌落直径-菌饼直径）］×100%

## 2 结果与分析

### 2.1 供试药剂对 *Pyrenochaeta lycopersici* 的毒力测定结果

供试 9 种药剂对 *Pyrenochaeta lycopersici* 的 $EC_{50}$ 值详见表 2，其中氟唑菌酰羟胺的 $EC_{50}$ 值为 0.039 9 mg/L，活性最高，其次为苯醚甲环唑和吡唑醚菌酯，$EC_{50}$ 值分别为 0.122 0 mg/L

和 0.122 4 mg/L，再次为丙环唑、嘧菌酯、咯菌腈、氟啶胺，$EC_{50}$ 值分别为 0.337 4 mg/L、0.423 2 mg/L、0.491 3 mg/L、0.655 6 mg/L，噁霉灵和克菌丹对 *Pyrenochaeta lycopersici* 的 $EC_{50}$ 值分别为 63.115 7 mg/L 和 208.071 8 mg/L，活性差。

表 2  9 种杀菌剂对 *Pyrenochaeta lycopersici* 的 $EC_{50}$

| 药剂 | 毒力回归方程 | R | $EC_{50}$ 值/（mg/L） |
|---|---|---|---|
| 嘧菌酯 | $y=0.537 6x+5.200 8$ | 0.989 9 | 0.423 2 |
| 吡唑醚菌酯 | $y=0.584 6x+5.533 2$ | 0.911 4 | 0.122 4 |
| 氟唑菌酰羟胺 | $y=1.727 0x+7.415 6$ | 0.981 0 | 0.039 9 |
| 苯醚甲环唑 | $y=0.869 9x+5.794 9$ | 0.941 4 | 0.122 0 |
| 丙环唑 | $y=0.849 4x+5.400 8$ | 0.988 4 | 0.337 4 |
| 氟啶胺 | $y=0.711 3x+5.130 4$ | 0.965 0 | 0.655 6 |
| 咯菌腈 | $y=0.944 5x+5.291 6$ | 0.943 7 | 0.491 3 |
| 克菌丹 | $y=0.989 7x+2.705 6$ | 0.986 7 | 208.071 8 |
| 噁霉灵 | $y=1.173 5x+2.887 5$ | 0.916 8 | 63.115 7 |

## 2.2 供试药剂对 *Fusarium oxysporum* 的毒力测定结果

供试 9 种药剂对 *Fusarium oxysporum* 的 $EC_{50}$ 值详见表 3，其中苯醚甲环唑和丙环唑的 $EC_{50}$ 值分别为 0.064 5 mg/L 和 0.081 5 mg/L，活性最高，其次活性较好的为氟啶胺、吡唑醚菌酯、氟唑菌酰羟胺，$EC_{50}$ 值分别为 0.144 1 mg/L、0.210 6 mg/L、0.215 3 mg/L，再次为嘧菌酯和咯菌腈，$EC_{50}$ 值分别为 0.393 0 mg/L 和 0.464 7 mg/L，噁霉灵和克菌丹对 *Fusarium oxysporum* 的活性差，$EC_{50}$ 值分别为 19.929 2 mg/L 和 108.937 1 mg/L。试验结果见图 1、图 2。

表 3  9 种杀菌剂对 *Fusarium oxysporum* 的 $EC_{50}$

| 药剂 | 毒力回归方程 | R | $EC_{50}$ 值/（mg/L） |
|---|---|---|---|
| 嘧菌酯 | $y=0.641 4x+5.260 1$ | 0.983 7 | 0.393 0 |
| 吡唑醚菌酯 | $y=0.672 7x+5.455 1$ | 0.970 4 | 0.210 6 |
| 氟唑菌酰羟胺 | $y=0.811 7x+5.541 4$ | 0.923 9 | 0.215 3 |
| 苯醚甲环唑 | $y=0.662 6x+5.788 6$ | 0.992 5 | 0.064 5 |
| 丙环唑 | $y=0.494 1x+5.538 1$ | 0.991 8 | 0.081 5 |
| 氟啶胺 | $y=0.608 5x+5.511 9$ | 0.870 8 | 0.144 1 |
| 咯菌腈 | $y=0.587 8x+5.195 6$ | 0.895 8 | 0.464 7 |
| 克菌丹 | $y=1.323 5x+2.303 8$ | 0.946 2 | 108.937 1 |
| 噁霉灵 | $y=1.24x+3.388 6$ | 0.991 5 | 19.929 2 |

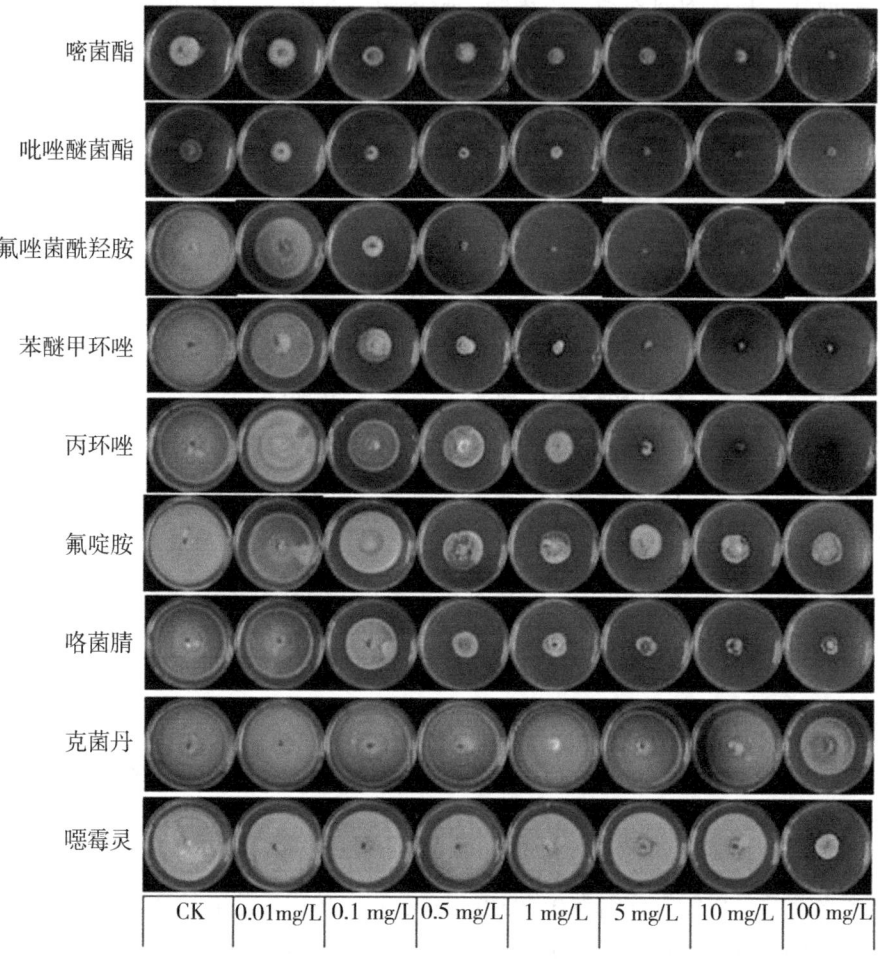

**图 1　不同杀菌剂不同剂量对 Pyrenochaeta Iycopersici 菌丝生长的抑制作用**

## 3　讨论

测定的 9 种杀菌剂对 Pyrenochaeta lycopersici 和 Fusarium oxysporum 的毒力结果表明，氟唑菌酰羟胺、苯醚甲环唑、吡唑醚菌酯、丙环唑、嘧菌酯、氟啶胺和咯菌腈对两种病原菌均表现出较高的抑制活性，其 $EC_{50}$ 值均低于 1 mg/L，值得注意的是氟啶胺对 Pyrenochaeta lycopersici 的 $EC_{50}$ 值也低于 1 mg/L，但剂量大于 1 mg/L 后，抑制率不再降低。氟唑菌酰羟胺对 P. lycopersici 的 $EC_{50}$ 值仅为 0.039 9 mg/L，显示出优异的抑菌效果，这也是氟唑菌酰羟胺防治此种病原的首次研究。氟唑菌酰羟胺 F. oxysporum 的 $EC_{50}$ 值为 0.215 3 mg/L，活性也较高，这与 Nathan、Cai 等的研究结果一致[4-5]。苯醚甲环唑对 F. oxysporum 的 $EC_{50}$ 值为 0.064 5 mg/L，同样表现出很高的抑菌活性，这些结果与 Xu 等的研究结果一致[6]，同样苯醚甲环唑对 P. lycopersici 的高活性（$EC_{50}$ = 0.122 0 mg/L）也是首次报道。相比之下，克菌丹和噁霉灵的抑制效果较差，$EC_{50}$ 值显著高于其他药剂。因此不推荐用于番茄根腐病的防治。

本研究通过室内毒力测定的方法评估了 9 种杀菌剂对 2 种番茄根腐菌的抑菌活性，筛选出的 7 种活性较高杀菌剂可以为该病害的防治提供理论参考，但该研究还未考虑土壤环境、

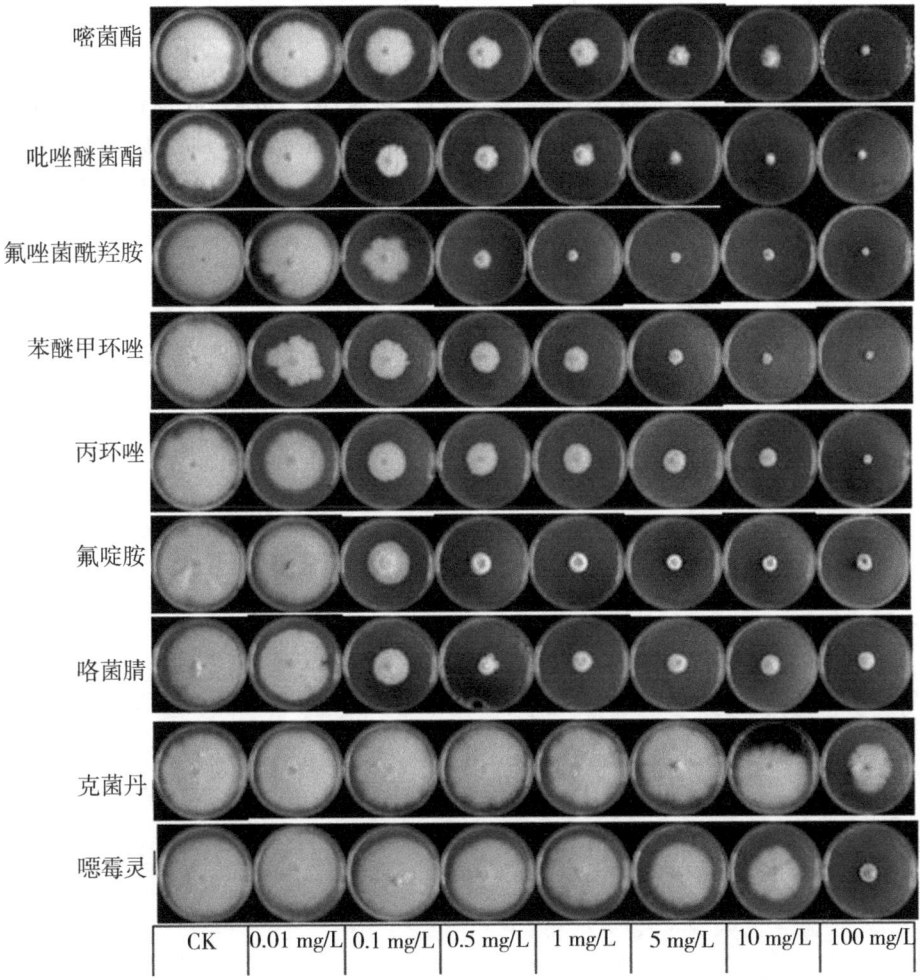

**图 2　不同杀菌剂不同剂量对 *Fusarium oxysporum* 菌丝生长的抑制作用**

制剂稳定性及植株吸收等因素对实际防效的影响，未来研究可结合盆栽试验和田间试验，综合评价药剂的持效期、安全性。此外，长期单一使用高效药剂可能导致抗药性风险增加，建议在田间防控中采用轮换用药或混合用药策略，以延缓抗药性发展，另外也可结合生物菌剂提高防效[7]。

### 参考文献

[1]　申雨荷，杨杰，陈朱侃，等. 番茄根腐病的发生与防治 [J]. 中国蔬菜，2025（6）：207-211.

[2]　PIERRE-HENRICLERGEOT, CLAUDIARIVETTI, HAMIDUZZAMAN M, *et al*. The corky root rot pathogen *Pyrenochaeta lycopersici* manipulates tomato roots with molecules secreted early during their interaction [J]. Acta Agriculturae Scandinavica Section B-Soil and Plant Science, 2012, 62: 300-310.

[3]　MCGOVERN R J. Management of tomato diseases caused by *Fusarium oxysporum* [J]. Crop protection, 2015, 73: 78-72.

[4]　NATHAN F MILLER, JEFFREY R STANDISH, LINA M. QUESADA-OCAMPO. Sensitivity of *Fusarium oxysporum* f. sp. *niveum* to prothioconazole and pydiflumetofen in vitro and efficacy for fusarium wilt management in watermelon [J]. Plant Health Progress, 2020, 21: 13-18.

[5] CAI S Y, CHEN X H, CAO S L, et al. Inhibitory activities of SDHI fungicides against *Fusarium oxysporum* f. sp. *lycopersici* and biological role of *FoSDHC*1 [EB/OL]. Plant Disease, [2025-04-30].

[6] XU D F, WANG K, LI T C, et al. In vitro activity of seven antifungal agents against *Fusarium oxysporum* and expression of related regulatory genes [J]. PLoS One, 2025, 20(4): e0322206.

[7] XU X M, WANG Y Q, LEI T, et al. Synergistic effects of *Bacillus amyloliquefaciens* SDTB009 and difenoconazole on fusarium wilt of tomato [J]. Plant Disease, 2022, 106: 2165-2171.

# 噻霉酮与戊唑醇复配抑制小麦赤霉病菌及其 DON 毒素产生的机制研究*

刘楚楚**,刘伟业,杨家伟,陈 星,陈 雨***

(安徽农业大学植物保护学院,作物有害生物综合治理安徽省重点实验室,合肥 230036)

**摘要**:由禾谷镰孢菌复合种(*Fusarium graminearum* species complex)引起的赤霉病是小麦生产上的重要病害之一。为明确杀菌剂噻霉酮对小麦赤霉病菌的抑菌活性,室内测定了18株小麦赤霉病菌对噻霉酮的敏感性,其 $EC_{50}$ 值范围为 27.188 2~49.323 5 μg/mL,平均 $EC_{50}$ 值为 35.818 6 μg/mL。此外,噻霉酮与戊唑醇 1∶1 复配对小麦赤霉病菌的菌丝生长具有良好的抑制效果,增效系数(Synergistic Ratio,SR)在 1.025 3~2.879 4 之间,对大多数菌株呈增效作用(SR≥1.5)。研究发现,噻霉酮可能通过抑制三磷酸腺苷(ATP)的产生,引起线粒体的断裂,从而抑制小麦赤霉病菌的菌丝生长。噻霉酮与戊唑醇复配不仅影响菌丝生长,还显著抑制 DON 合成相关基因的表达以及毒素小体的形成,从而抑制 DON 毒素的产生。综上,此研究结果可为噻霉酮的科学合理使用提供理论指导,并为小麦赤霉病防控与降低 DON 毒素相统一提供理论依据和数据支撑。

**关键词**:噻霉酮;亚洲镰孢菌;增效作用;毒素产生

## Mechanism of Benziothiazolinone and Tebuconazole Mixture in Inhibiting *Fusarium asiaticum* and DON Production*

LIU Chuchu**, LIU Weiye, YANG Jiawei, CHEN Xing, CHEN Yu***

(*School of Plant Protection, Anhui Agricultural University, Key Laboratory of Integrated Crop Pest Management of Anhui Province, School of Plant Protection, Anhui Agricultural University, Hefei 230036, China*)

**Abstract**: Fusarium head blight (FHB) caused by the *Fusarium graminearum* species complex is devastating diseases in wheat production, among which *F. asiaticum* is the main pathogen in China. To determine the inhibitory activity of the fungicide benziothiazolinone against *F. asiaticum*, the sensitivity of 18 *F. asiaticum* strain to benziothiazolinone was determined. The results showed that the $EC_{50}$ values ranged from 27.188 2 to 49.323 5 μg/mL, with an average $EC_{50}$ value of 35.818 6 μg/mL. In addition, the combination of benziothiazolinone and tebuconazole at a ratio of 1∶1 exhibited good additive or synergistic effect on the inhibition of mycelial growth, with a synergistic ratio (SR) ranging from 1.025 3 to 2.879 4. And benziothiazolinone may inhibit the mycelial growth of *F. asiaticum* by suppressing the production of adenosine triphosphate (ATP) and causing mitochondrial fragmentation. Moreover, the mixture of benziothiazolinone and tebuconazole not only affected mycelial growth but also significantly inhibited the expression of genes related to DON synthesis, there by decreasing DON production. These results are helpful for guiding the scientific and rational use of benziothiazolinone and provide theoretical basis and data for the unified control of

---

\* 基金项目:国家重点研发计划"小麦赤霉病灾变机制与可持续防控技术研究"(2022YFD1400100)
\*\* 第一作者:刘楚楚;E-mail:1782865155@qq.com
\*\*\* 通信作者:陈雨;E-mail:chenyu66891@sina.com

FHB and reduction of DON in wheat.

**Key words**：Benziothiazolinone；*Fusarium asiaticum*；synergistic effect；DON production

由禾谷镰孢菌复合种（*Fusarium graminearum* species complex）引起的小麦赤霉病是小麦上的一种毁灭性病害[1-2]。亚洲镰孢菌 *F. asiaticum* 和禾谷镰孢菌 *F. graminearum* 是我国小麦赤霉病的主要致病菌[3]。小麦赤霉病在我国发生频繁且危害严重，2010 年以来发病面积约占全国小麦种植总面积的 23%[4-5]。此外，小麦赤霉病菌在侵染过程中会产生多种对动物和人类健康构成严重威胁的真菌毒素（如脱氧雪腐镰孢菌烯醇 DON 等）[6-7]。目前，使用化学杀菌剂仍是防治小麦赤霉病的主要手段。在我国登记用于小麦赤霉病防治的杀菌剂主要包括苯并咪唑类、甲氧基丙烯酸酯类、2-氰基丙烯酸酯类、麦角甾醇合成抑制剂类和琥珀酸脱氢酶抑制剂类等[8-9]。然而，伴随这些杀菌剂的持续大量施用以及使用年限的增加，田间病原菌抗性群体逐年上升。其中，张艳军等人还发现多菌灵抗性群体在侵染谷物中表现出更高的 DON 合成能力[10-12]。因此，亟需探寻既能有效控制小麦赤霉病又能显著降低 DON 毒素产生的新型杀菌剂。

噻霉酮（1,2-Benzisothiazolin-3-one，BIT）是我国自主研发的一种异噻唑啉酮类杀菌剂，在酸性和碱性条件下均具有广谱抗菌活性，并具有高效、安全、低毒、微量残留等优点，已广泛应用于工业杀菌、防腐及防霉等领域[13-18]，且噻霉酮与戊唑醇的复配制剂也已在我国登记用于小麦赤霉病的防治（http：//www.chinapesticide.org.cn）。然而，噻霉酮与戊唑醇对小麦赤霉病菌生长及 DON 毒素产生的抑制效应尚未被充分研究。

本研究测定了噻霉酮对小麦赤霉病菌菌丝生长的抑制活性以及噻霉酮与戊唑醇复配对小麦赤霉病菌的联合毒力，结合其对 ATP 合成等影响，评估对小麦赤霉病菌的抑菌活性，同时探究了其对 DON 毒素合成的影响，旨在为小麦赤霉病有效的科学防控提供理论依据。

# 1 材料和方法

## 1.1 供试材料

### 1.1.1 供试菌株

亚洲镰孢菌（*Fusarium asiaticum*），菌种由安徽农业大学杀菌剂生物学实验室提供。

### 1.1.2 供试药剂

98%戊唑醇和 85%噻霉酮（Benziothiazolinone）原药，分别由江苏扬农化工股份有限公司、山东胜邦绿野化学有限公司提供。

### 1.1.3 供试培养基

马铃薯葡萄糖琼脂（Potato dextrose agar，PDA）培养基：葡萄糖 20 g，琼脂 20 g，马铃薯 200 g，无菌水定容至 1 L，用于菌株敏感性测定。

酵母浸出粉胨葡萄糖（yeast extract peptone dextrose，YEPD）培养基：酵母粉 3 g，蛋白胨 10 g，葡萄糖 20 g，无菌水定容至 1 L，搅拌均匀，pH 值调至 7.0，用于菌丝收集。

合成低营养（synthetic low nutrient，SNA）液体培养基：磷酸二氢钾 1 g、硝酸钾 1 g、硫酸镁 0.25 g、氯化钾 0.5 g、葡萄糖 0.2 g、蔗糖 0.2 g，无菌水定容至 1 L，搅拌均匀，调节 pH 值至 7.0，用于菌株产孢。

单端孢霉烯毒素诱导（Trichothecene biosynthesis induction，TBI）液体培养基：蔗糖 30 g，磷酸二氢钾 1 g，七水硫酸镁 0.5 g，氯化钾 0.5 g，七水硫酸亚铁 0.01 g，腐胺 0.8 g，

微量元素 200 μL，无菌水定容至 1 L，搅拌均匀，pH 调至 4.5，用于诱导 DON 产生。

### 1.2 试验方法

**1.2.1 小麦赤霉病菌对供试药剂的敏感性测定**

将噻霉酮与戊唑醇按照母液体积比（等同于有效成分质量比）1∶1 比例进行复配，采用菌丝生长速率法[19]分别测定各单剂和复配剂对 18 株小麦赤霉病菌的毒力。以仅加入等体积甲醇的 PDA 平板为对照，计算各处理的 $EC_{50}$ 值。利用 Wadley 法[20]进行联合毒力评价，根据公式（1）和（2）计算增效系数，SR ≥ 1.5 为增效作用，在 0.5~1.5 之间为相加作用，<0.5 为拮抗作用[21]。

$$EC_{50}(th) = \frac{(a+b)}{[a/EC_{50}(A) + b/EC_{50}(B)]} \quad (1)$$

$$SR = \frac{EC_{50}(th)}{EC_{50}(ob)} \quad (2)$$

式中，$A$、$B$ 分别代表两种药剂；$a$、$b$ 分别代表两种药剂配比；$ob$ 为实际值；$th$ 为理论值。

**1.2.2 供试药剂对小麦赤霉病菌 ATP 含量的影响**

选取菌株 HN-232 测定供试杀菌剂对小麦赤霉病菌 ATP 含量的影响。在 SNA 培养基中 175 r/min 振荡 3 d 后，分生孢子用三层擦镜纸过滤，离心，用无菌水调整至 $1×10^6$ 个/mL。然后，将 1 mL 孢子悬液加入 100 mL YEPD 培养基中，175 r/min 振荡 24 h 后，处理组分别加入相应 $EC_{50}$ 值和 $3×EC_{50}$ 值浓度的杀菌剂。相同条件摇培 24 h 后，收集菌丝，用无菌水洗涤 3 次，称重 0.1 g 菌丝，液氮研磨。使用索莱宝（北京）科技有限公司提供的 ATP 含量检测试剂盒，测定对照组和处理组菌丝中 ATP 的含量。每个处理设 3 个重复，整个试验进行 3 次。

**1.2.3 供试药剂对小麦赤霉病菌线粒体结构的影响**

如 1.2.2 所述收集新鲜菌丝，用 MitoTracker Red CMXRos（Yeasen, China）染色[22]。利用 566 nm 激发波长的激光扫描共聚焦显微镜（AX-SHS, Nikon, Japan）观察红色荧光。

**1.2.4 供试药剂对小麦赤霉病菌毒素含量的影响**

如 1.2.2 所述制备浓度为 $1×10^6$/mL 的孢子悬浮液，将 1 mL 孢子悬浮液加入 100 mL TBI 培养基中。在 175 r/min，28 ℃孵育 24 h 后，处理组分别加入相应 $EC_{50}$ 值和 $3×EC_{50}$ 值浓度的杀菌剂。再培养 6 d 后，收获菌丝，干燥，称重。采用 DON 酶联免疫吸附测定试剂盒（Wiseste，镇江，中国）测定 DON 含量。通过计算 DON 含量与菌丝干重之比（μg/g）来评估杀菌剂对 DON 产量的影响。以不施用杀菌剂的处理为对照，整个实验重复 3 次。

**1.2.5 供试药剂对小麦赤霉病菌毒素相关基因表达量的影响**

按 1.2.2 方法获得孢子悬浮液，将 1 mL 孢子悬浮液加入 100 mL TBI 培养基中。175 r/min 振荡 24 h 后，处理组分别加入相应 $EC_{50}$ 值和 $3×EC_{50}$ 值浓度的杀菌剂。再孵育 48 h 后，收集菌丝，使用 total RNA 提取液（Trizol）（Sangon Biotech；中国）提取 RNA。然后，使用 PrimsScript RT Master Mix（Takara，中国）合成互补 DNA。采用 TB Green Premix Ex TaqII 试剂盒（Takara，中国）进行实时荧光定量 PCR（qRT-PCR），引物组见表 1。整个实验重复 3 次。

表1 引物序列

| 基因名称 | 引物名称 | 引物序列（5'-3'） |
|---|---|---|
| tri1 | Tri1-F | AACCCTGCTGCTACCCA |
| | Tri1-R | CGTGTTCCACCCTTCTTC |
| tri5 | Tri5-F | CACTTGTCAACGAGCACTTTC |
| | Tri5-R | TGCTCAATCCAGCATCCCTC |
| Actin | Actin-F | ATCCACGTCACCACTTTCAA |
| | Actin-R | TGCCTTGAGATCCACATTTG |

#### 1.2.6 供试药剂对小麦赤霉病菌毒素小体的影响

按1.2.2方法，采用 Fa::Tri1-GFP 标记菌株制备孢子悬浮液，在100 mL TBI 培养基中加入1 mL 孢子悬浮液（$1×10^6$/mL）。175 r/min 培养24 h 后，处理组分别加入相应 $EC_{50}$ 值和 $3×EC_{50}$ 值浓度的杀菌剂。再孵育24 h 后，收集菌丝，用激光扫描共聚焦显微镜（AX-SHS，尼康，日本）观察毒素小体，激光激发波长为488 nm。整个实验重复3次。

## 2 结果分析

### 2.1 噻霉酮与戊唑醇复配对小麦赤霉病菌的毒力

本研究采用菌丝生长抑制法测定了噻霉酮与戊唑醇复配对小麦赤霉病菌的抑制活性。噻霉酮对18株小麦赤霉病菌的 $EC_{50}$ 值分别为27.188 2~49.323 5 μg/mL 和0.703 9~1.437 9 μg/mL，平均 $EC_{50}$ 值分别为35.818 6 μg/mL 和1.100 3 μg/mL（表1）。结果表明单独使用噻霉酮对小麦赤霉病菌的抑制效果不理想，戊唑醇的抑制效果优于噻霉酮。但噻霉酮与戊唑醇复配对小麦赤霉病菌的实际 $EC_{50}$ 值在0.778 0~2.486 1 μg/mL，对18株小麦赤霉病菌的 SR 均大于1，说明噻霉酮与戊唑醇复配具有显著的协同或良好的增效作用（表2）。

表2 噻霉酮与戊唑醇复配对小麦赤霉病菌的抑制活性

| 菌株 | $EC_{50}$（戊唑醇）/（μg/mL） | $EC_{50}$（噻霉酮）/（μg/mL） | 理论值 $EC_{50}$(th)/（μg/mL） | 实际值 $EC_{50}$(ob)/（μg/mL） | 增效系数 | 联合作用 |
|---|---|---|---|---|---|---|
| MAS-449 | 1.374 5 | 37.843 5 | 2.652 7 | 1.625 4 | 1.632 0 | 增效 |
| MAS-158 | 1.076 9 | 39.287 7 | 2.096 3 | 1.030 3 | 2.034 7 | 增效 |
| MAS-487 | 1.280 5 | 37.866 5 | 2.477 2 | 1.348 3 | 1.837 3 | 增效 |
| MAS-112 | 0.703 9 | 40.063 0 | 1.383 5 | 0.906 5 | 1.526 2 | 增效 |
| MAS-459 | 1.150 5 | 31.240 7 | 2.219 3 | 1.496 2 | 1.483 3 | 相加 |
| MAS-456 | 0.949 6 | 38.688 0 | 1.853 7 | 1.055 3 | 1.756 6 | 增效 |
| HN-209 | 1.162 2 | 30.920 4 | 2.240 2 | 0.778 0 | 2.879 4 | 增效 |
| MC-23 | 0.874 2 | 35.202 2 | 1.706 0 | 1.286 0 | 1.326 6 | 相加 |
| MAS-14 | 1.322 1 | 35.420 2 | 2.549 1 | 2.486 1 | 1.025 3 | 相加 |

(续表)

| 菌株 | $EC_{50}$(戊唑醇)/(μg/mL) | $EC_{50}$(噻霉酮)/(μg/mL) | 理论值$EC_{50}(th)$/(μg/mL) | 实际值$EC_{50}(ob)$/(μg/mL) | 增效系数 | 联合作用 |
| --- | --- | --- | --- | --- | --- | --- |
| MAS-230 | 1.030 5 | 31.908 3 | 1.996 5 | 1.288 0 | 1.550 1 | 增效 |
| 1-0 | 1.001 4 | 33.682 6 | 1.945 0 | 1.642 1 | 1.184 4 | 相加 |
| HN-175 | 0.971 6 | 27.188 2 | 1.876 2 | 1.251 5 | 1.499 1 | 相加 |
| HN-232 | 1.109 6 | 32.351 3 | 2.145 6 | 1.022 1 | 2.099 2 | 增效 |
| HN-282 | 1.437 9 | 37.887 2 | 2.770 6 | 2.410 1 | 1.149 6 | 相加 |
| MAS-253 | 1.195 9 | 34.341 6 | 2.311 3 | 1.587 7 | 1.455 8 | 相加 |
| MAS-204 | 0.961 5 | 49.323 5 | 1.886 2 | 1.351 3 | 1.395 9 | 相加 |
| MAS-98 | 1.267 4 | 39.618 9 | 2.456 2 | 1.247 0 | 1.969 7 | 增效 |
| HN-204 | 0.934 8 | 31.900 4 | 1.816 4 | 0.880 8 | 2.062 2 | 增效 |

## 2.2 噻霉酮与戊唑醇复配对 ATP 的影响

如图 1 所示，噻霉酮单独处理或与戊唑醇以相应的 $EC_{50}$ 或 $3\times EC_{50}$ 浓度复配处理后，小麦赤霉病菌的 ATP 含量均显著降低。然而，噻霉酮单独处理与复配处理之间没有显著差异。

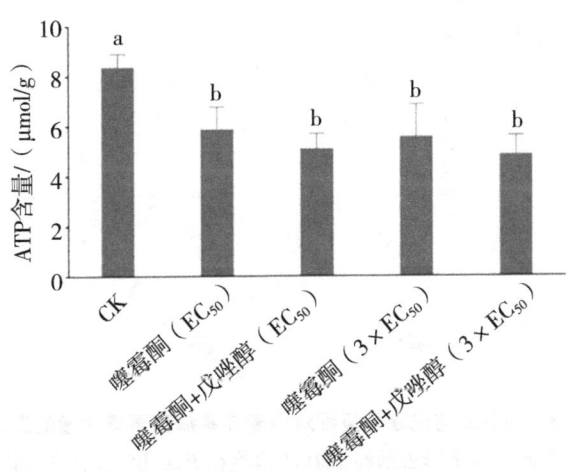

**图 1 噻霉酮与戊唑醇复配对小麦赤霉病菌 ATP 含量的影响**

注：不同小写字母表示经 LSD 法检验在 $P<0.05$ 水平差异显著。

## 2.3 噻霉酮与戊唑醇复配对线粒体结构的影响

与未处理对照相比，噻霉酮单独处理及其与戊唑醇复配处理均引起线粒体标志物荧光信号的明显分散和减弱，表明杀菌剂可以破坏线粒体的稳态，从而破坏线粒体结构。其中，噻霉酮与戊唑醇复配会导致线粒体碎裂得更严重，并且碎裂的现象具有剂量依赖性（图 2）。

## 2.4 噻霉酮与戊唑醇复配对 DON 含量的影响

与对照相比，相应的 $EC_{50}$ 和 $3\times EC_{50}$ 浓度处理后，小麦赤霉病菌的 DON 产量显著降低（图 3）。较噻霉酮单独处理，噻霉酮与戊唑醇复配能更显著降低 DON 的产生，并且伴随着剂量效应。

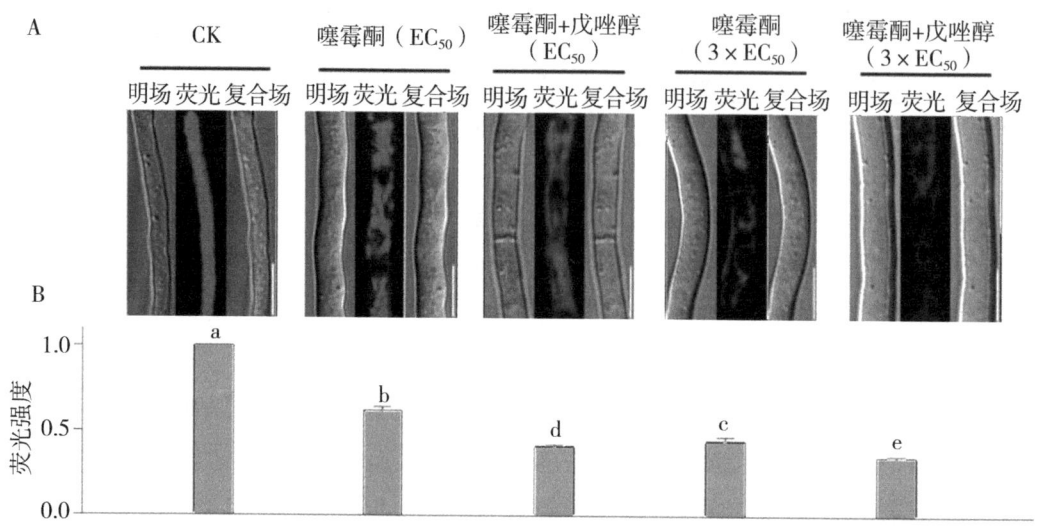

**图 2　噻霉酮与戊唑醇复配（A）对小麦赤霉病菌线粒体的影响（B）归一化荧光强度图**
注：不同小写字母表示经 LSD 法检验在 $P<0.05$ 水平差异显著。

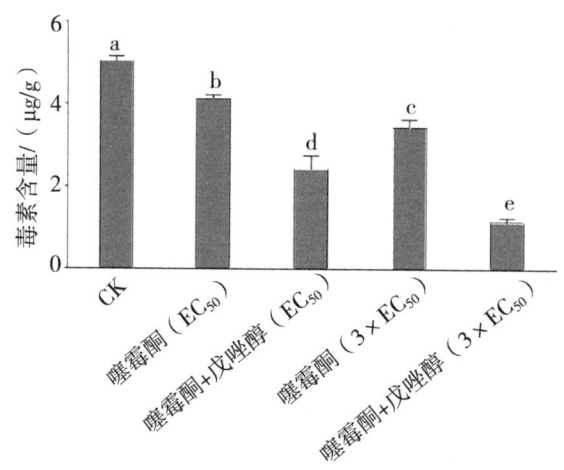

**图 3　噻霉酮与戊唑醇复配对小麦赤霉病菌毒素含量的影响**
注：不同小写字母表示经 LSD 法检验在 $P<0.05$ 水平差异显著。

### 2.5　噻霉酮与戊唑醇复配对 tri1 和 tri5 基因表达的影响

为了进一步探究噻霉酮与戊唑醇复配对小麦赤霉病菌 DON 生物合成的影响，我们测定了在供试杀菌剂处理下，tri1 和 tri5 基因的表达水平。与对照相比，单独用噻霉酮处理或噻霉酮与戊唑醇复配处理后，小麦赤霉病菌的 tri1 和 tri5 的表达均显著下调。此外，噻霉酮与戊唑醇联合使用时，小麦赤霉病菌中 tri1 和 tri5 基因的表达水平均显著低于噻霉酮单独处理（图 3）。

### 2.6　噻霉酮及其与戊唑醇复配对毒素小体形成的影响

无药剂处理条件下，Fa：Tri1-GFP 菌株在 TBI 培养基中孵育 48 h 后，可以清楚地观察到毒素小体结构。在杀菌剂处理下，荧光信号减弱，表明毒素小体结构被破坏（图 4）。此外，噻霉酮与戊唑醇复配处理的荧光强度比噻霉酮单独处理的荧光强度下降更明显。这与 DON 含量和相关基因表达水平的结果一致（图5）。

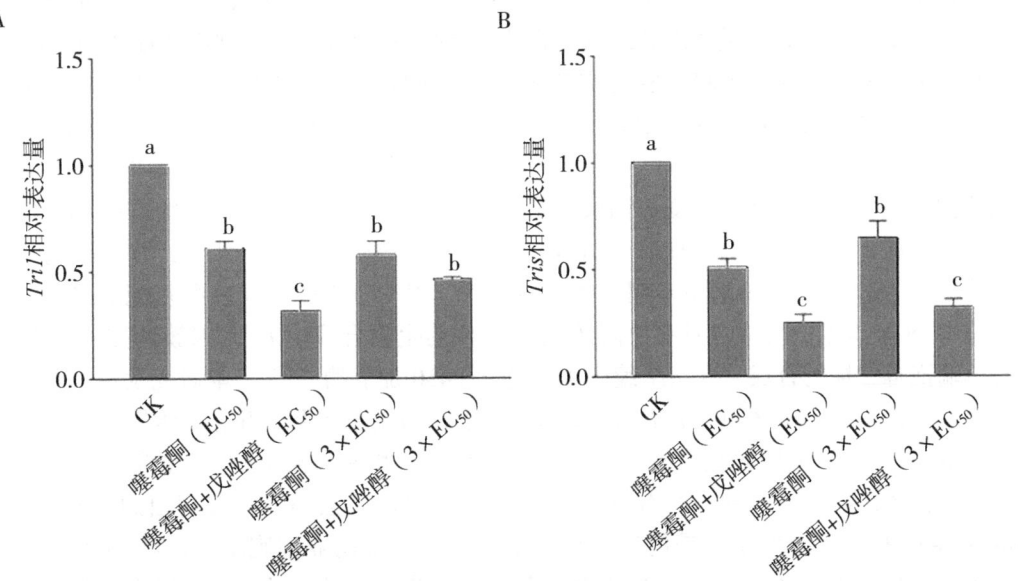

**图 4** 噻霉酮与戊唑醇复配对小麦赤霉病菌 *tri1*（A）和 *tri5*（B）基因表达的影响

注：不同小写字母表示经 LSD 法检验在 $P<0.05$ 水平差异显著。

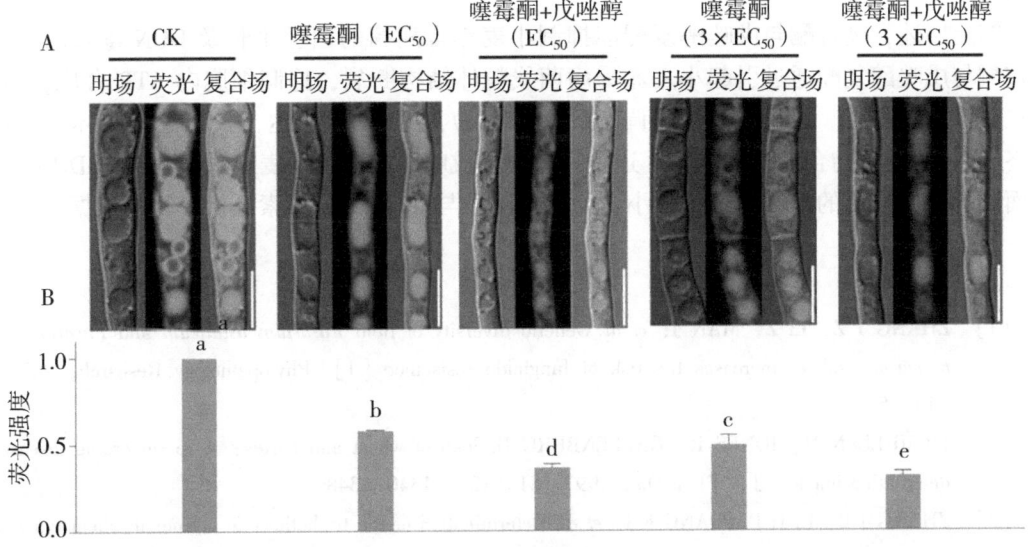

**图 5** 噻霉酮与戊唑醇复配（A）对小麦赤霉病菌毒素小体的影响（B）归一化荧光强度图

注：不同小写字母表示经 LSD 法检验在 $P<0.05$ 水平差异显著。

# 3 结论与讨论

本研究通过菌丝生长速率法，测定了 18 株小麦赤霉病菌对噻霉酮的敏感性，其 $EC_{50}$ 值范围为 27.188 2~49.323 5 μg/mL，平均 $EC_{50}$ 值为 35.818 6 μg/mL。此外，当噻霉酮与戊唑醇复配时，对大多数菌株的增效系数（Synergistic Ratio，SR）达到 1.5。这表明噻霉酮与戊唑醇复配对小麦赤霉病具有良好的抑菌效果。进一步研究表明，噻霉酮单独或与戊唑醇复配均破坏了病原菌线粒体的稳态，导致线粒体结构断裂，且复配处理对线粒体结构的损伤更为严重。线粒体作为细胞的"能量工厂"，负责细胞中大部分三磷酸腺苷（ATP）的产生，而ATP含量降低，会引起能量匮乏和细胞死亡[22]。对小麦赤霉病菌细胞内ATP含量的检测结果表明，噻霉酮单独或与戊唑醇复配均能显著降低ATP含量。因此，可以推测噻霉酮可能通过破坏线粒体结构，减少ATP合成，从而抑制小麦赤霉病菌的能量代谢引起细胞死亡。

小麦赤霉病的发生不仅造成巨大产量损失而且在侵染过程中会产生DON毒素，可导致哺乳动物出现呕吐、厌食、免疫失调或畸形。在$EC_{50}$和$3×EC_{50}$浓度下，噻霉酮单独或与戊唑醇复配处理小麦赤霉病菌菌株时，DON的产生均受到显著抑制。此外，噻霉酮与戊唑醇复配处理下的DON含量显著低于噻霉酮单独处理，表明噻霉酮与戊唑醇复配对降低小麦赤霉病菌中DON毒素的合成也具有协同效应。DON的生物合成由 tri 基因簇调控，其中，tri5 参与单端孢霉二烯的合成[23]；tri1 编码细胞色素P450加氧酶[24-25]。本研究发现，在噻霉酮单独处理下，小麦赤霉病菌中 tri1 和 tri5 基因的表达均显著下调。并且，噻霉酮与戊唑醇复配处理下 tri1 和 tri5 基因表达水平下降得更为显著，表明噻霉酮与戊唑醇复配在抑制 tri 基因表达方面存在协同作用。此外，有研究报道Tri1会被转运至小麦赤霉病菌的"毒素小体"（Toxisome）中[26]。毒素小体是包含DON生物合成关键酶的亚细胞结构，对DON生物合成至关重要，其形成直接反映了DON的生物合成能力[27]。经药剂处理后，所有处理组中毒素小体上的Tri1-GFP荧光信号较对照组均减弱。其中，噻霉酮与戊唑醇复配情况下的荧光信号下降更为显著，表明噻霉酮与戊唑醇复配可能协同抑制毒素小体的形成，从而减少DON的合成。

综上所述，噻霉酮与戊唑醇复配能抑制小麦赤霉病菌的菌丝生长及DON毒素的产生。噻霉酮与戊唑醇复配通过引起小麦赤霉病菌线粒体结构断裂，抑制细胞内ATP合成，从而导致病原菌的死亡。并且其通过下调 Tri 基因（tri1, tri5）的表达，干扰毒素小体的形成，最终导致DON生物合成水平降低。这是噻霉酮和戊唑醇在防治小麦赤霉病和减少DON产量方面发挥协同作用的首次报道，为小麦赤霉病防控与降低DON毒素提供了科学依据。

## 参考文献

[1] ZHANG Y Z, LI Z, MAN J, et al. Genetic diversity of field *Fusarium asiaticum* and *Fusarium graminearum* isolates increases the risk of fungicide resistance [J]. Phytopathology Research, 2023, 5(1)：51.

[2] MCMULLEN M, JONES R, GALLENBERG D. Scab of wheat and barley：A re-emerging disease of devastating impact [J]. Plant Dis, 1997, 81(12)：1340-1348.

[3] ZHANG J B, LI H P, DANG F J, et al. Determination of the trichothecene mycotoxin chemotypes and associated geographical distribution and phylogenetic species of the *Fusarium graminearum* clade from China [J]. Mycol. Res, 2007, 111(8)：967-975.

[4] XIU Q, BI L, XU H, et al. Antifungal activity of quinofumelin against *Fusarium graminearum* and its inhibitory effect on DON biosynthesis [J]. Toxins, 2021, 13(5)：348.

[5] MA H, ZHANG X, YAO J, et al. Breeding for the resistance to Fusarium head blight of wheat in China [J]. Front. Agric. Sci. Eng, 2019, 6(3)：251.

[6] ZHU Z, HAO Y, MERGOUM M, et al. Breeding wheat for resistance to Fusarium head blight in the Global North：China, USA, and Canada [J]. Crop J, 2019, 7(6)：730-738.

[7]　AUDENAERT K, VANHEULE A, HOFTE M, et al. Deoxynivalenol: a major player in the multifaceted response of *Fusarium* to its environment [J]. Toxins, 2014, 6 (1): 1-19.

[8]　SUN H Y, CUI J H, TIAN B H, et al. Resistance risk assessment for *Fusarium graminearum* to pydifumetofen, a new succinatede hydrogenase inhibitor [J]. Pest Manag Sci, 2020, 76 (4): 1549-1559.

[9]　LUAN S R, CHEN Y J, WANG X H, et al. Synergy of cystamine and pyraclostrobin against *Fusarium graminearum* involves membrane permeability mitigation and autophagyenhancement [J]. Pestic Biochem and Physiol, 2022, 188: 105287.

[10]　DUAN Y, YANG Y, LI T, et al. Development of a rapid and high-throughput molecular method for detecting the F200Y mutant genotype in benzimidazole resistant isolates of *Fusarium asiaticum* [J]. Pest Manag. Sci, 2016, 72 (11): 2128-2135.

[11]　ZHANG Y J, YU J J, ZHANG Y N, et al. Effect of carbendazim resistance on trichothecene production and aggressiveness of *Fusarium graminearum* [J]. Mol. Plant-Microbe Interact, 2009, 22 (9): 1143-1150.

[12]　ZHOU Z, DUAN Y, ZHOU M. Carbendazim-resistance associated $β_2$-tubulin substitutions increase deoxynivalenol biosyn- thesis by reducing the interaction between $β_2$-tubulin and IDH3 in *Fusarium graminearum* [J]. Environ. Microbiol, 2020, 22 (2): 598-614.

[13]　CHAI Y, LIU R, HE W, et al. Dissipation behavior, residue, and risk assessment of benziothiazolinone in apples [J]. Int. J. Environ. Res. Publ. Health, 2021, 18 (9): 4478.

[14]　WANG S, LIN Z, SU K, et al. Effect of curcumin and pirfenidone on toxicokinetics of paraquat in rat by UPLC-MS/MS [J]. Acta Chromatogr, 2018, 30 (1): 26-30.

[15]　LIU X, SONG B, JIANG X, et al. Residue determination and risk assessment of benziothiazolinone in citrus by LC-MS/MS [J]. Int. J. Environ, Anal. Chem, 2021, 101 (5): 668-679.

[16]　CHEN X, PANG C, LIU X, et al. Investigation of the antibacterial activity of benziothiazolinone against *Xanthomonas oryzae* pv. *oryzae* [J]. Pestic. Biochem. Physiol, 2024, 199: 105768.

[17]　WU Y, JIANG X, ZHANG S, et al. Quantification of flavonol glycosides in *Camellia sinensis* by MRM mode of UPLC-QQQ-MS/MS [J]. J. Chromatogr. B, 2016, 1017-1018: 10-17.

[18]　EDWARDS S G, SEDDON B. Mode of antagonism of *Brevibacillus brevis* against *Botrytis cinerea in vitro* [J]. J. Appl. Microbiol, 2001, 91: 652-659.

[19]　DUAN Y, TAO X, ZHAO H, et al. Activity of demethylation inhibitor fungicide metconazole on Chinese *Fusarium graminearum* species complex and its application in carbendazim-resistance management of Fusarium head blight in wheat [J]. Plant Dis, 2019, 103 (5): 929-937.

[20]　许贯友, 陈光友, 李向丽, 等. 丙烷脒与氟唑菌酰胺复配水分散粒剂的制备 [J]. 农药学学报, 2025, 27 (3): 1-13.

[21]　DUAN Y, XIAO X, LI T, et al. Impact of epoxiconazole on Fusarium head blight control, grain yield and deoxynivalenol accumulation in wheat [J]. Pestic. Biochem. Physiol, 2018, 152: 138-147.

[22]　DUAN Y, LU F, ZHOU Z, et al. Quinone outside inhibitors affect DON biosynthesis, mitochondrial structure and toxisome formation in *Fusarium graminearum* [J]. J. Hazard. Mater, 2020, 398: 122908.

[23]　ALEXANDER N J, PROCTOR R H, MCCORMICK S P. Genes, gene clusters, and biosynthesis of trichothecenes and fumonisins in *Fusarium* [J]. Toxin Rev, 2009, 28 (2-3): 198-215.

[24]　MEEK I B, PEPLOW A W, AKE C, et al. *Tri1* encodes the cytochrome P450 monooxygenase for C-8 hydroxylation during trichothecene biosynthesis in *Fusarium sporotrichioides* and resides upstream of another new *Tri* gene [J]. Appl. Environ. Microbiol, 2003, 69 (3): 1607-1613.

[25]　PROCTOR R H, HOHN T M, MCCORMICK S P. Restoration of wild-type virulence to Tri5 disruption

mutants of *Gibberella zeae* via gene reversion and mutant complementation [J]. Microbiology, 1997, 143 (8): 2583-2591.

[26] FRANK J M, THOMAS M, BIRGIT H, *et al*. Involvement of trichothecenes in fusarioses of wheat, barley and maize evaluated by gene disruption of the trichodiene synthase (*Tri5*) gene in three field isolates of different chemotype and virulence [J]. Mol. Plant Pathol, 2006, 7 (6): 449-461.

[27] PROCTOR R H, HOHN T M, MCCORMICK S P. Reduced virulence of *Gibberella zeae* caused by disruption of a trichothecene toxin biosynthetic gene [J]. Mol. Plant-Microbe Interact, 1995, 8 (4): 593-601.

[28] COVARELLI L, TURNER A S, NICHOLSON P. Repression of deoxynivalenol accumulation and expression of *Tri* genes in *Fusarium culmorum* by fungicides *in vitro* [J]. Plant Pathol, 2004, 53 (1): 22-28.

# 玉米大斑病菌对丙硫菌唑的抗性风险评估

沈运河[1]，杨　锐[2,3]，刘晓晨[1]，范富云[1]，
孙　扬[2,3]，陈　星[2,3]，王宇钰[1]，鲍　丽[1]，陈　雨[2,3]*

(1. 安徽久易农业股份有限公司，合肥　230088；2. 安徽农业大学植物保护学院，合肥　230036；3. 作物有害生物综合治理安徽省重点实验室，合肥　230036)

**摘要**：采用菌丝生长速率法测定了从河北、河南、黑龙江、安徽等省田间采集的 100 株玉米大斑病菌对丙硫菌唑的敏感性。结果表明，供试 100 株玉米大斑病菌对丙硫菌唑的敏感频率呈单峰且近似正态分布，各菌株 $EC_{50}$ 值范围在 0.100 7 ~ 1.578 4 μg/mL 之间，最大值为最小值的 15.67 倍，平均值为（0.686 9±0.325 4）μg/mL。不同地区玉米大斑病菌对丙硫菌唑的敏感性水平无显著性差异。通过药剂驯化法获得了 8 株玉米大斑病菌丙硫菌唑抗性突变体，其抗药性无法稳定遗传，不含药平板上继代培养 7 代后抗性均丧失。与亲本菌株相比，一代抗性突变体的菌丝生长速率、致病力均显著降低，而产孢量无显著变化。交互抗性结果显示丙硫菌唑与丙环唑、腈菌唑之间存在交互抗性，与嘧菌酯、吡唑醚菌酯、啶酰菌胺之间不存在交互抗性。抗性突变体的 *CYP51* 基因未发生点突变，但是表达量均显著高于亲本菌株，推测玉米大斑病菌对丙硫菌唑的抗药性可能是由 *CYP51* 基因的过表达导致。综上所述，玉米大斑病菌对丙硫菌唑的抗药性风险暂定为中等。

**关键词**：玉米大斑病菌；丙硫菌唑；敏感基线；生物适合度；交互抗性；抗药性风险

## Resistance Risk Assessment of *Exserohilum turcicum* to Prothioconazole

SHEN Yunhe[1], YANG Rui[2,3], LIU Xiaochen[1], FAN Fuyun[1],
SUN Yang[2,3], CHEN Xing[2,3], WANG Yuyu[1], BAO Li[1], CHEN Yu[2,3]*

(1. *Anhui Jiuyi Agriculture Co., Ltd. Hefei* 230088, *China*; 2. *School of Plant Protection, Anhui Agricultural University, Hefei* 230036, *China*; 3. *Key Laboratory of Integrated Crop Pest Management of Anhui Province, School of Plant Protection, Anhui Agricultural University, Hefei* 230036, *China*)

**Abstract**: The sensitivity of *Exserohilum turcicum* to prothioconazole was determined with 100 isolates collected from the corn fields of Hebei, Henan, Heilongjiang and Anhui provinces using the method of mycelial growth rate *in vitro*. The results showed that the sensitivity frequency of 100 *E. turcicum* isolates to prothioconazole was a unimodal curve and presented an approximately normal distribution. The $EC_{50}$ values of the isolates ranged from 0.100 7 to 1.578 4 μg/mL, with the maximum value being 15.67 times the minimum value. The mean $EC_{50}$ was (0.686 9± 0.325 4) μg/mL. No significant regional differences were observed in the sensitivity of *E. turcicum* to prothioconazole across geographical locations. Eight mutants resistant to prothioconazole were obtained from the wild-type parent isolates through fungicide taming. The resistance to prothioconazole decreased after transfers on PDA plates and some of the resistant mutants even became sensitive, indicating that the resistance was unstable. Compared with their parental

---

\* 通信作者：陈雨

isolates, the mutants showed significantly reduced mycelial growth rates and virulence, while conidiation capacity remained statistically unchanged. There was positive cross-resistance between prothioconazole and propiconazole/myclobutanil, but no cross-resitance between prothioconazole and other fungicides such as azoxystrobin, pyraclostrobin or boscalid. All resistant mutants exhibited significantly higher *CYP51* gene expression levels compared to their parental isolates, suggesting that resistance to prothioconazole in *E. turcicum* may be mediated by *CYP51* overexpression. Taken together, the risk of resistance to prothioconazole was temporarily considered as moderate.

**Key words**: corn northern leaf blight; *Exserohilum turcicum*; prothioconazole; biological fitness; cross-resistance; Resistance risk

玉米大斑病（Northern corn leaf blight，NCLB）是由大斑突脐蠕孢（*Exserohlium turcicum*）引起的重要玉米叶部病害[1]，其在整个生育期均可侵染危害[2]，严重降低玉米的产量和品质。目前，生产上对大斑病的防控仍以化学药剂防治为主，主选药剂为甲氧基丙烯酸酯类杀菌剂的单剂及其复配制剂[3]，但长期大量施用同类药剂，可能引起病原菌对药剂产生抗药性，导致防效降低甚至丧失，同时加剧了环境风险[4]。

丙硫菌唑是由拜耳作物科学公司研发生产的一种三唑硫酮类杀菌剂[5]，为甾醇脱甲基化抑制剂，可通过抑制病原真菌的14α-去甲基化酶（*CYP51*）干扰或阻断细胞膜麦角甾醇的生物合成，从而破坏病原菌细胞膜的正常功能发挥杀菌作用[6-7]。丙硫菌唑具有广谱的杀菌活性，已登记用于防治小麦、水稻和花生上的多种病害，因其优异的防治效果、较低的生物毒性和环境风险[8-9]，而广受农户青睐。李子豪[10]研究发现25%丙硫菌唑在施用剂量为32.0 mL/亩时，对玉米大斑病的防效可达94.3%，具有登记用于防治玉米大斑病的潜力。

FRAC将丙硫菌唑划分为中等风险杀菌剂，目前丙硫菌唑尚未登记用于防治玉米大斑病，为了科学评估玉米大斑病菌对丙硫菌唑的抗性风险，本研究采用菌丝生长速率法，测定了采自中国河北、河南、黑龙江、安徽等省100株玉米大斑病菌对丙硫菌唑的敏感性，建立了敏感基线；通过药剂驯化法获得了丙硫菌唑抗性突变体，系统研究了其抗性遗传稳定性、生物适合度变化和交互抗药性等。研究结果可为丙硫菌唑在玉米大斑病防控中的合理使用和抗性治理提供理论依据。

# 1 材料与方法

## 1.1 供试材料

### 1.1.1 菌株采集与分离

2023—2024年，分别从河北、河南、黑龙江和安徽四省采集感染玉米大斑病的叶片，经分离纯化，共获得100株玉米大斑病菌（表1）。

表1 玉米大斑病病叶的采集地及各省分离纯化获得的菌株数量

| 菌株来源 | 菌株数量 |
| --- | --- |
| 河北 | 22 |
| 河南 | 23 |
| 黑龙江 | 22 |
| 安徽 | 33 |

## 1.1.2 供试药剂

98.5%丙硫菌唑（Prothioconazole）原药（安徽久易农业股份有限公司）溶于丙酮；95%丙环唑（Propiconazole）原药（辽宁松岳生物科技有限公司）溶于丙酮；95%腈菌唑（Myclobutanil）原药（沈阳科创化学品有限公司）溶于丙酮；97%嘧菌酯（Azoxystrobin）原药（江苏辉丰生物农业股份有限公司）溶于乙腈；98%吡唑醚菌酯（Pyraclostrobin）原药（山东海利尔化工有限公司）溶于丙酮；98%啶酰菌胺（Boscalid）原药（安徽宁亿泰科技有限公司）溶于丙酮，按$1×10^4$ μg/mL配制成母液，置于4 ℃冰箱中保存，备用。

## 1.2 试验方法

### 1.2.1 玉米大斑病菌对丙硫菌唑的敏感性测定

采用菌丝生长速率法[11]测定2023—2024年采集的100株玉米大斑病菌对丙硫菌唑的敏感性。具体操作如下：将丙硫菌唑母液梯度稀释，制备含药PDA（马铃薯200 g，无水葡萄糖20 g，琼脂粉20 g，无菌水定容至1 L）平板，终浓度分别为0 μg/mL、0.062 5 μg/mL、0.125 μg/mL、0.25 μg/mL、0.5 μg/mL、1 μg/mL、2 μg/mL和4 μg/mL。

将分离纯化的玉米大斑菌株接种在不含药剂的PDA平板上，25 ℃黑暗条件下培养7 d至菌落长满平板。用无菌打孔器从菌落边缘制取直径5 mm的菌饼接种于PDA平板中央。每处理设3次重复，于25 ℃黑暗条件下培养7 d。采用十字交叉法测量菌落直径，并按照公式（1）计算各药剂处理菌丝生长抑制率$I$。利用DPS软件计算菌落生长有效抑制中浓度（$EC_{50}$）。

$$I = [(D_o - D_t)/(D_o - 5)] ×100\% \tag{1}$$

式中，$I$为菌丝生长抑制率，%；$D_0$为对照菌丝直径，mm；$D_t$为处理菌落直径，mm。

### 1.2.2 药剂驯化试验

将随机挑选的4株敏感菌株（HB2319、HB2322、HN2401、HLJ2321）在PDA培养基上培养7 d后，用无菌打孔器从菌落边缘制取直径5 mm的菌饼，分别接种至含12 μg/mL、20 μg/mL和50 μg/mL丙硫菌唑的PDA培养基上，每个平板均匀分布9个菌饼，一次接种300个平板。25 ℃黑暗条件下培养，每天观察菌落生长情况，将含有角突变的菌落继续转接至含12 μg/mL丙硫菌唑的PDA培养基平板上继续培养。培养14 d后，对能在含药平板上生长出的菌株进行转接，分别接种至12 μg/mL、20 μg/mL和50 μg/mL丙硫菌唑的PDA培养基上。

若在含有最小抑制浓度（MIC=12 μg/mL）和含有同浓度药剂平板上均未生长，则认为其对丙硫菌唑不具有抗性；若在同浓度含药平板上未生长，但在含有最小抑制浓度的平板上生长，则确定为疑似抗性菌株，将其转移至含12 μg/mL丙硫菌唑的PDA平板上并逐步提高药剂浓度；若在同浓度含药平板上生长，则确定其为疑似抗性菌株并继续转接至含20 μg/mL丙硫菌唑的PDA培养基平板上，以同样方式逐步提高药剂浓度培养至50 μg/mL。

测定最终获得的抗性菌株的MIC值，采用区分剂量法[12]鉴别菌株抗药性水平：

12 μg/mL<MIC≤20 μg/mL 为低抗菌株；

20 μg/mL<MIC≤50 μg/mL 为中抗菌株；

MIC>50 μg/mL 为高抗菌株。

### 1.2.3 抗药性遗传稳定性的测定

将第一代抗性突变体及其亲本菌株接种至无药PDA平板上连续培养，按照1.2.1所述方法，在含系列浓度丙硫菌唑的PDA平板上测定亲本菌株和抗性突变体（第1、3、5、7

代)对丙硫菌唑的敏感性,并计算抗性突变体的抗性倍数(抗性倍数=抗性突变体的 $EC_{50}$/亲本菌株 $EC_{50}$)。每个处理设置 3 个重复,试验重复 3 次。

#### 1.2.4 生物适合度的测定

菌丝生长速率测定:将第一代抗性突变体及其亲本菌株接种至 PDA 培养基上,于 25 ℃黑暗条件下培养 7 d。用无菌打孔器从菌落边缘制取直径 5 mm 的菌饼,转接至新的 PDA 培养基上,于 25 ℃黑暗条件下培养 7 d,十字交叉法测定各菌株菌落直径。每个处理设置 3 个重复,试验重复 3 次。

产孢量测定:将第一代抗性突变体及其亲本菌株接种至 PDA 培养基上,于 25 ℃黑暗条件下培养 10 d 后,每皿中加入 10 mL 的无菌水,用玻璃棒轻柔刮取菌落表面孢子,经 3 层无菌纱布过滤后,用无菌水定容至 10 mL,用血球计数板计算孢子浓度,比较亲本菌株与抗性突变体产孢量差异。每个处理设置 3 个重复,试验重复 3 次。

致病性测定:将第一代的抗性突变体和亲本菌株接种至 PDA 培养基上,于 25 ℃黑暗条件下培养 7 d 后,用无菌打孔器从菌落边缘制取直径 5 mm 的菌饼,接种于经表面消毒并风干的玉米叶片中脉两侧。使用无菌注射器针头在接种位点制造 2 个微小伤口(约深 0.5 mm),以促进病菌侵染。接种后的叶片置于铺有湿润滤纸的培养皿中,于 25 ℃、相对湿度 90%、12 h 光周期昼夜交替条件下培养,接种 60 h 后,采用十字交叉法测量叶片上的病斑直径,取平均值。每个处理设置 3 个重复,试验重复 3 次。

#### 1.2.5 玉米大斑病菌交互抗性的测定

采用 1.2.1 的菌丝生长抑制法,分别测定所获 8 株丙硫菌唑抗性突变体及其亲本菌株对丙硫菌唑、丙环唑、腈菌唑、嘧菌酯、吡唑醚菌酯和啶酰菌胺的敏感性,计算 $EC_{50}$ 值和抗性倍数,分析其交互抗性。所用药剂浓度梯度见表 2,每个处理设置 3 个重复,试验重复 3 次。

表 2 玉米大斑病菌丙硫菌唑抗、感菌株交互抗药性分析所用的药剂浓度表

| 供试药剂 | 供试浓度/(μg/mL) | | | | | | |
|---|---|---|---|---|---|---|---|
| 丙硫菌唑 | 0.062 5 | 0.125 | 0.25 | 0.5 | 1 | 2 | 4 |
| 丙环唑 | 0.1 | 0.2 | 0.4 | 0.8 | 1.6 | 3.2 | 6.4 |
| 腈菌唑 | 0.1 | 0.2 | 0.4 | 0.8 | 1.6 | 3.2 | 6.4 |
| 嘧菌酯 | 0.062 5 | 0.125 | 0.25 | 0.5 | 1 | 2 | 4 |
| 吡唑醚菌酯 | 0.062 5 | 0.125 | 0.25 | 0.5 | 1 | 2 | 4 |
| 啶酰菌胺 | 0.062 5 | 0.125 | 0.25 | 0.5 | 1 | 2 | 4 |

#### 1.2.6 丙硫菌唑-玉米大斑病菌作用靶标 CYP51 基因表达量的测定

在 NCBI(National Center for Biotechnology Information,美国国家生物技术信息中心,https://www.ncbi.nlm.nih.gov/)数据库中下载得到玉米大斑病菌的 CYP51 基因以及内参基因 TUBA 的基因序列,采用 Primer 5 软件设计 CYP51 及 TUBA 基因的特异性引物(表 3)。

表3 *CYP51* 基因表达量引物设计

| 基因名称 | 引物序列（5′-3′） | 基因号 |
| --- | --- | --- |
| *TUBA* | F：GCTCGGAATCAACTACACCA | XM-008027847.1 |
| *TUBA* | R：GACCAGGCTTCGGCAAT | |
| *CYP51* | F：CCTTTGTCCTCCTGTCCG | NW-007360310.1 |
| *CYP51* | R：GCCATACTTCTTGTGGTTGG | |

将亲本菌株与抗性突变体接种至 PDA 平板上培养 5 d，用无菌打孔器从菌落边缘制取 8 个直径 5 mm 的菌饼，放入 YEPD 液体培养基（蛋白胨 10 g，酵母提取物 3 g，葡萄糖 20 g，调节 pH 值=7，无菌水定容至 1 L）中，于 25 ℃、180 r/min 摇床上摇培 3 d 后，过滤收取菌丝，用 RNA 提取试剂盒（Trizol）提取菌株的总 RNA。并利用 TaKaRa PrimeScript TM RT 试剂盒反转录得到 cDNA，利用 TaKaRa SYBR Premix Ex Taq TM 进行实时定量 PCR 实验。

#### 1.2.7 数据分析

用 GraphPad Prism9.5 软件绘制图表，试验结果表示为平均值±标准差，采用显著性最小差异法（Least-Significant Difference，LSD，$P<0.05$）进行显著性差异分析。

## 2 结果分析

### 2.1 玉米大斑病菌对丙硫菌唑的敏感性测定

采用菌丝生长速率法测定河北、河南、黑龙江、安徽采集到的共 100 株玉米大斑病菌菌株对丙硫菌唑的敏感性，$EC_{50}$ 值为 0.100 7～1.578 4 μg/mL，平均值为（0.686 9±0.325 4）μg/mL，敏感性分布呈连续单峰曲线（图 1），符合近似正态分布特征。因此，可将 100 株敏感菌株的平均 $EC_{50}$ 值（0.686 9±0.325 4）μg/mL 作为玉米大斑病菌对丙硫菌唑的敏感基线。

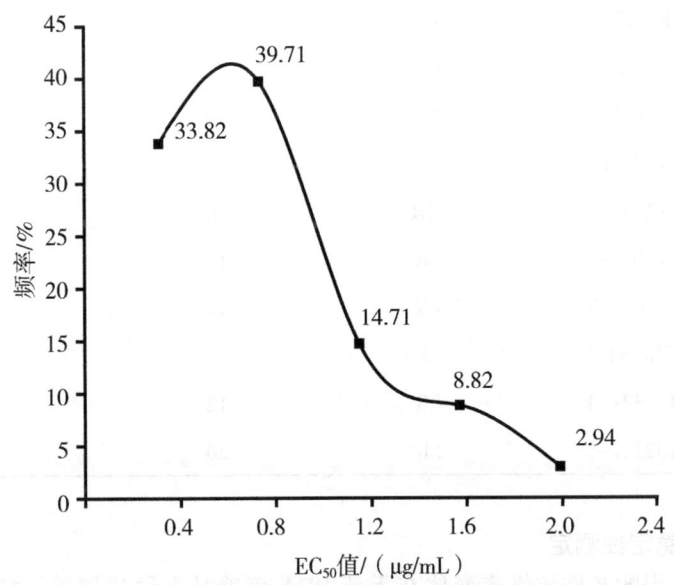

**图 1 100 株玉米大斑病菌对丙硫菌唑的敏感性的分布频率**

## 2.2 不同地区间玉米大斑病菌对丙硫菌唑的敏感性差异

为评估区域间玉米大斑病菌对丙硫菌唑的敏感性差异,对来自河北、河南、黑龙江和安徽4个省份的菌株$EC_{50}$值进行比较(表4)。统计分析结果表明,各地区菌株的敏感性差异均不显著,其中河北与河南菌株的平均$EC_{50}$值相对较高为(0.856 1±0.350 1)μg/mL、(0.834 4±0.384 6)μg/mL,黑龙江菌株的平均$EC_{50}$值相对较低,平均$EC_{50}$值为(0.432 3±0.170 1)μg/mL。变异系数均相对较低,说明同一区域内菌株间敏感性较一致。

表4 不同地区玉米大斑病菌对丙硫菌唑的敏感性

| 地区 | 菌株数量 | $EC_{50}$值/(μg/mL) 范围 | $EC_{50}$值/(μg/mL) 平均值±标准差 | 变异系数 |
|---|---|---|---|---|
| 河北 | 22 | 0.324 8~1.513 1 | 0.856 1±0.350 1a | 4.66 |
| 河南 | 23 | 0.224 1~1.578 4 | 0.834 4±0.384 6a | 7.04 |
| 黑龙江 | 22 | 0.172 2~0.795 1 | 0.432 3±0.170 1a | 4.62 |
| 安徽 | 33 | 0.100 7~0.907 6 | 0.641 6±0.211 0a | 9.01 |

注:变异系数=$EC_{50}$(最大)/$EC_{50}$(最小)。

## 2.3 玉米大斑病菌药剂驯化结果

4株玉米大斑病菌敏感菌株HB2319、HB2322、HN2401和HLJ2321通过药剂驯化法获得抗性突变体,共接种了$1×10^5$个菌饼,获得了8株抗性突变体,其抗性频率为$8×10^{-5}$,亲本菌株和抗性突变体在12 μg/mL的丙硫菌唑培养基上的生长情况如图2所示。根据抗性水平划分标准(表5),2株抗性突变体为中抗,6株抗性突变体为低抗。

表5 丙硫菌唑抗性突变体抗性水平

| 编号 | 菌株 | 丙硫菌唑敏感性 | MIC/(μg/mL) | 抗性水平 |
|---|---|---|---|---|
|  | HB2322 | S | — | — |
| 1 | HB2322-1 | MR | 50 | 中抗 |
| 2 | HB2322-2 | LR | 20 | 低抗 |
| 3 | HB2322-3 | LR | 12 | 低抗 |
|  | HN2401 | S | — | — |
| 4 | HN2401-1 | MR | 50 | 中抗 |
| 5 | HN2401-2 | LR | 12 | 低抗 |
| 6 | HN2401-3 | LR | 12 | 低抗 |
|  | HLJ2321 | S | — | — |
| 7 | HLJ2321-1 | LR | 12 | 低抗 |
| 8 | HLJ2321-2 | LR | 20 | 低抗 |

## 2.4 抗药性遗传稳定性测定

将药剂驯化获得的8株抗性突变体在无药PDA培养基上继代培养,抗性突变体对丙硫菌唑的$EC_{50}$值均呈逐代降低趋势,抗性倍数也相应地逐代降低,至第七代时所有抗性菌株均丧失抗性，表明所获得的抗性无法稳定遗传（表6）。

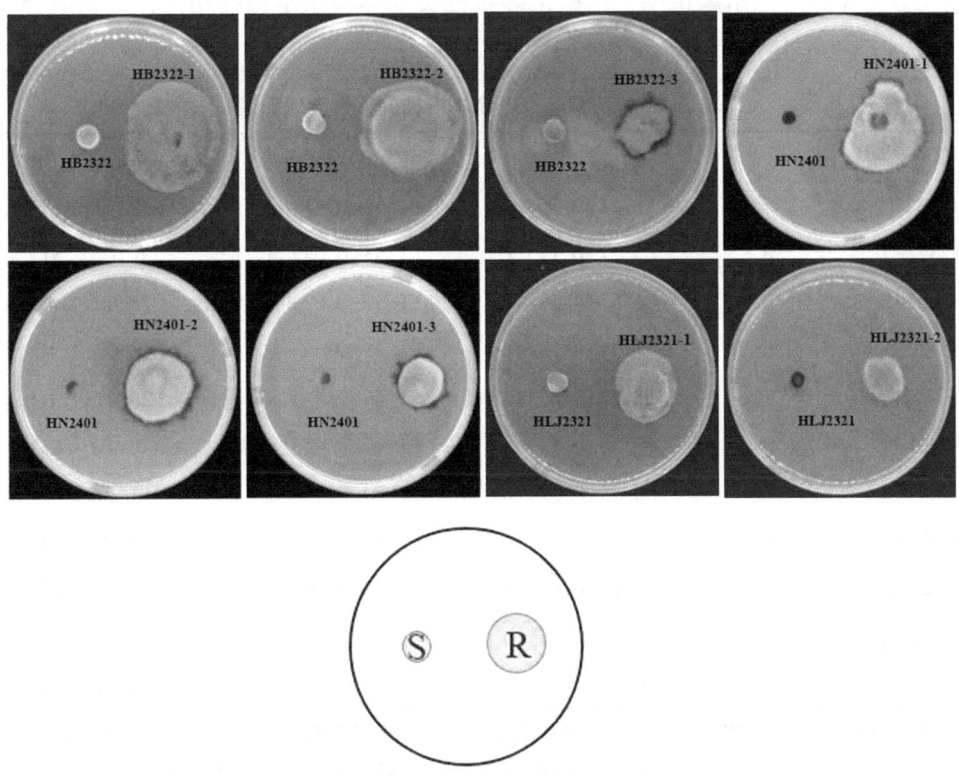

**图2 丙硫菌唑抗性菌株菌落形态**

注：以上均为含 12 μg/mL（最低抑制浓度，MIC）丙硫菌唑培养皿；
S 为敏感菌株；R 为丙硫菌唑抗药性菌株。

表6 抗丙硫菌唑玉米大斑病菌突变体的遗传稳定性

| 抗性突变体 | 亲本菌株 $EC_{50}$值/ (μg/mL) | $EC_{50}$值/ (μg/mL) /抗性倍数 | | | |
|---|---|---|---|---|---|
| | | 第一代 | 第三代 | 第五代 | 第七代 |
| HB2322-1 | | 2.085 3/3.22 | 1.664 5/2.63 | 1.136 9/1.78 | — |
| HB2322-2 | 0.647 4 | 1.648 3/2.53 | 1.278 5/2.02 | 0.855 9/1.34 | — |
| HB2322-3 | | 1.494 0/2.31 | 1.094 9/1.73 | 0.734 5/1.15 | — |
| HN2401-1 | | 1.571 2/2.62 | 1.298 1/2.12 | 0.968 0/1.62 | — |
| HN2401-2 | 0.599 7 | 1.187 4/1.98 | 1.010 3/1.65 | 0.669 2/1.12 | — |
| HN2401-3 | | 1.301 3/2.17 | 1.145 0/1.87 | 0.627 4/1.05 | — |
| HLJ2321-1 | 0.648 2 | 1.082 5/1.67 | 1.033 2/1.73 | 0.658 1/1.03 | — |
| HLJ2321-2 | | 1.594 6/2.46 | 1.206 3/2.02 | 0.709 2/1.11 | — |

## 2.5 生物适合度测定

为评估抗性突变体的适应能力，比较了其与对应亲本菌株在菌丝生长速率、产孢量及致病力三方面的差异（表7）。结果显示，所有抗性突变体的菌落直径及致病力均显著低于各自亲本菌株，表明其生长能力和致病力受到一定影响。而在产孢量方面，抗性突变体与亲本菌株间无显著差异。该结果说明，丙硫菌唑抗性突变体与亲本菌株相比，生物适合度显著降低。

表7 抗性突变体及其亲本菌株的适合度的测定

| 菌株 | 表型 | 菌落直径/cm | 产孢量/（$10^4$/mL） | 致病力/$cm^2$ |
| --- | --- | --- | --- | --- |
| HB2322 | S | (8.11±0.85) a | (1.52±0.11) a | (22.83±1.76) a |
| HB2322-1 | R | (5.21±0.11) c | (1.53±0.04) a | (6.63±0.51) c |
| HB2322-2 | R | (6.63±0.08) b | (1.50±0.07) a | (13.60±1.41) b |
| HB2322-3 | R | (6.54±0.18) b | (1.45±0.66) a | (14.07±1.10) b |
| HN2401 | S | (8.67±0.07) a | (1.46±0.41) a | (20.47±1.16) a |
| HN2401-1 | R | (5.28±0.14) c | (1.44±0.47) a | (7.40±0.82) c |
| HN2401-2 | R | (6.58±0.07) b | (1.50±0.26) a | (14.30±0.95) b |
| HN2401-3 | R | (6.41±0.11) b | (1.46±0.62) a | (15.00±0.98) b |
| HLJ2321 | S | (8.93±0.66) a | (1.49±0.36) a | (20.40±0.85) a |
| HLJ2321-1 | R | (6.67±0.06) b | (1.48±0.06) a | (13.23±0.85) b |
| HLJ2321-2 | R | (6.76±0.81) b | (1.52±0.06) a | (12.63±1.66) b |

注：菌丝生长速率以菌落直径为指标；致病力则依据病斑面积评估。采用Fisher's LSD差异显著性分析法，同列数据后相同字母表示差异不显著（$P=0.05$）。S为敏感菌株；R为抗性菌株。

## 2.6 交互抗性的测定

交互抗性结果（表8）显示，抗性突变体对相同作用机制杀菌剂丙环唑、腈菌唑的敏感性降低，其$EC_{50}$值显著高于其亲本菌株。但对不同作用机制杀菌剂甲氧基丙烯酸酯类（嘧菌酯、吡唑醚菌酯）和琥珀酸脱氢酶抑制剂（啶酰菌胺）的敏感性未发生显著变化，$EC_{50}$值与其亲本菌株无显著差异。结果表明，抗性突变体与同类型杀菌剂丙环唑、腈菌唑间存在交互抗性，与不同类杀菌剂嘧菌酯、吡唑醚菌酯、啶酰菌胺间不存在交互抗性。

表8 抗性突变体交互抗性测定

| 菌株 | $EC_{50}$值/（μg/mL）/抗性倍数 | | | | | |
| --- | --- | --- | --- | --- | --- | --- |
| | 丙硫菌唑 | 丙环唑 | 腈菌唑 | 嘧菌酯 | 吡唑醚菌酯 | 啶酰菌胺 |
| HB2322 | 0.6476 | 0.7435 | 1.1004 | 0.5159 | 0.4549 | 0.4658 |
| HB2322-1 | 2.0853/3.22 | 3.2342/4.35 | 3.8074/3.46 | 0.5262/1.02 | 0.5004/1.10 | 0.3074/0.66 |
| HB2322-2 | 1.6384/2.53 | 2.4089/3.24 | 3.9834/3.62 | 0.5056/0.98 | 0.4140/0.91 | 0.3866/0.83 |
| HB2322-3 | 1.4960/2.31 | 2.3197/3.12 | 3.1581/2.87 | 0.4282/0.83 | 0.3912/0.86 | 0.3354/0.72 |
| HN2401 | 0.5887 | 0.7753 | 1.0608 | 0.5350 | 0.4945 | 0.5255 |
| HN2401-1 | 1.5712/2.62 | 2.4034/3.10 | 3.1611/2.98 | 0.5404/1.01 | 0.3758/0.76 | 0.3311/0.63 |
| HN2401-2 | 1.1874/1.98 | 1.8762/2.42 | 2.3125/2.18 | 0.4387/0.82 | 0.3115/0.63 | 0.5308/1.01 |

（续表）

| 菌株 | EC$_{50}$值/（μg/mL）/抗性倍数 | | | | | |
| --- | --- | --- | --- | --- | --- | --- |
| | 丙硫菌唑 | 丙环唑 | 腈菌唑 | 嘧菌酯 | 吡唑醚菌酯 | 啶酰菌胺 |
| HN2401-3 | 1.301 3/2.17 | 2.418 9/3.12 | 3.829 5/3.61 | 0.358 5/0.67 | 0.291 8/0.59 | 0.509 7/0.97 |
| HLJ2321 | 0.642 8 | 0.734 9 | 1.028 6 | 0.547 7 | 0.463 0 | 0.482 0 |
| HLJ2321-1 | 1.082 5/1.67 | 1.727 0/2.35 | 3.209 2/3.12 | 0.487 5/0.89 | 0.338 0/0.73 | 0.366 3/0.76 |
| HLJ2321-2 | 1.594 6/2.46 | 2.395 8/3.26 | 4.351 0/4.23 | 0.503 9/0.92 | 0.472 3/1.02 | 0.400 1/0.83 |

### 2.7 CYP51 基因表达量测定

结果表明 8 株抗性突变体的 CYP51 基因表达量均显著高于其亲本菌株，其中，中抗菌株 HB2322-1 和 HN2401-1 的 CYP51 基因上调倍数最大，分别达到 26.33、27.81。

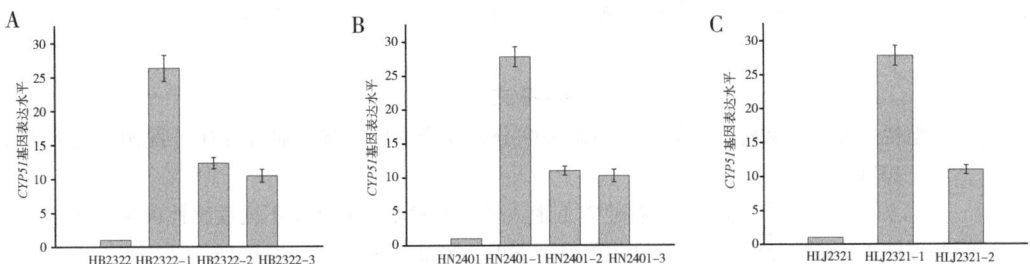

A. 亲本菌株 HB2322 以及该菌株所诱导的丙硫菌唑抗性突变体；B. 亲本菌株 HN2401 以及该菌株所诱导的丙硫菌唑抗性突变体；C. 亲本菌株 HLJ2321 以及该菌株所诱导的丙硫菌唑抗性突变体。

**图 3 CYP51 基因表达量的测定**

## 3 结论与讨论

监测田间病原真菌对杀菌剂的敏感性对于及时评估药剂在农业生产中的防治效果具有重要意义[13]。本研究共测定了 2023—2024 年采自河北省、河南省、黑龙江省和安徽省的 100 株玉米大斑病菌对丙硫菌唑的敏感性。结果显示，EC$_{50}$ 值为 0.100 7~1.578 4 μg/mL，平均值为（0.686 9±0.325 4）μg/mL，敏感性分布呈连续单峰曲线。上述结果可作为玉米大斑病菌对丙硫菌唑的敏感性基线使用，将为后期监测田间玉米大斑病菌种群对丙硫菌唑敏感性和耐药性发展的变化提供参考。

植物病原菌对杀菌剂的基本抗性风险由药剂性质与病原菌生物学特性共同决定，包括药剂的选择压力、作用机制，以及病原菌的抗性突变频率与抗性突变体的生物适合度等[14-16]。本研究通过对 4 株野生型玉米大斑病菌进行药剂驯化，最终获得 8 株抗性突变体，抗性频率为 8×10$^{-5}$。基于区分剂量法划分抗性水平，其中中抗占 25%，低抗占 75%。抗性突变体在连续传代中无法稳定遗传抗性，至第七代时丧失均抗性。生物适合度测定结果显示，相较亲本菌株，第一代抗性菌株的菌丝生长速率和致病力显著降低，产孢量则无显著变化。交互抗性结果显示，丙硫菌唑与同类杀菌剂的丙环唑和腈菌唑存在交互抗性，但与甲氧基丙烯酸酯类杀菌剂（如嘧菌酯、吡唑醚菌酯）及琥珀酸脱氢酶抑制剂（如啶酰菌胺）之间无交互抗性。

DMI类杀菌剂的抗药性机理主要表现在3个方面：①靶标基因 *CYP51* 发生点突变，降低药剂与靶蛋白的结合能力；② *CYP51* 基因过表达；③外排蛋白编码基因过表达[17-19]。Zhang等[20]在研究氟硅唑抗性突变体时虽未检测到 *CYP51* 突变，但发现 *stCYP51* 和 *statrD* 基因过表达，推测以上基因的过表达可能与玉米大斑病菌对氟硅唑的抗性相关。Wei等[21]也报道，禾谷镰孢菌对丙硫菌唑的抗性可能与 *CYP51A* 和 *CYP51B* 的过表达相关。本研究中，同样未在8株抗性突变体中检测到 *CYP51* 基因位点突变，但其 *CYP51* 表达水平均显著高于其亲本菌株，因此推测 *CYP51* 基因的过表达是玉米大斑病菌对丙硫菌唑产生抗性的主要机制。

综上所述，本研究将丙硫菌唑固有抗药性风险与本试验所得结果相结合，将玉米大斑病菌对丙硫菌唑的抗药性风险水平暂定为"中等"。鉴于丙硫菌唑对玉米大斑病菌具有良好的抑菌活性，可将其作为防治该病害的候选药剂。为延缓抗性产生，建议在田间应用中合理控制丙硫菌唑的使用频率与剂量，并与具有不同作用机制的杀菌剂（如甲氧基丙烯酸酯类或琥珀酸脱氢酶抑制剂）轮换或混用，从而延缓抗性发展并延长药剂的使用。

## 参考文献

[1] 孙恺悦. 玉米大斑病抗性的全基因组关联分析及全基因组选择研究 [D]. 沈阳：沈阳农业大学, 2023.

[2] 代玉立, 甘林, 刘晓菲, 等. 福建省玉米大斑病菌对吡唑醚菌酯不同敏感性菌株的遗传多样性与群体遗传结构分析 [J]. 农业生物技术学报, 2023, 31 (3)：603-616.

[3] 郭建国, 谢玉琴, 蒋晶晶, 等. 甘肃省玉米大斑病菌对啶酰菌胺的敏感性监测 [J]. 玉米科学, 2022, 30 (2)：162-167.

[4] 潘文轩, 王索, 张思胜, 等. 防治玉米大斑病的药剂筛选及田间应用 [J]. 农药, 2021, 60 (5)：375-378.

[5] 柏亚罗, 陈燕玲. 丙硫菌唑全球市场开发进展 [J]. 世界农药, 2024, 46 (8)：1-13, 27.

[6] MAIR W J, DENG W, MULLINS J G L, et al. Demethylase inhibitor fungicide resistance in *Pyrenophora teres* f. sp. *teres* associated with target site modification and inducible overexpression of *CYP51* [J]. Front Microbiol, 2016, 7：1279.

[7] YUN Y Z, YIN F D, DAWOOD H D, et al. Functional characterization of *FgERG3* and *FgERG5* associated with ergosterol biosynthesis, vegetative differentiation and virulence of *Fusarium graminearum* [J]. Fungal Genet Biol, 2014, 68：60-70.

[8] GAO Q, WU H, ZHOU Y P, et al. Mechanism and kinetics of prothioconazole photodegradation in aqueous solution [J]. J Agric Food Chem, 2023, 71 (17)：6594-6602.

[9] ZHANG Z, GAO B, HE Z, et al. Stereoselective bioactivity of the chiral triazole fungicide prothioconazole and its metabolite [J]. Pestic Biochem Physiol, 2019, 160：112-118.

[10] 李子豪, 兰英, 李青超, 等. 丙硫菌唑及其复配制剂对玉米大斑病的防治效果 [J]. 黑龙江农业科学, 2025 (3)：28-32.

[11] 农药室内生物测定试验准则. 杀菌剂 第2部分：抑制病原真菌菌丝生长试验. 平皿法：NY/T 1156.2—2006 [S]. 北京：中国农业出版社, 2006.

[12] ZHANG J, ZHANG B, ZHU F X, et al. Baseline sensitivity and fungicidal action of propiconazole against *Penicillium digitatum* [J]. Pestic Biochem Physiol, 2021, 172：104752.

[13] 陈晓晓. 梨火疫病菌的室内抑菌药剂筛选及对四霉素的抗药性评价 [D]. 乌鲁木齐：新疆农业

大学, 2022.

[14] 石志琦, 周明国, 叶钟音. 核盘菌对菌核净的抗药性机制初探[J]. 农药学学报, 2000 (2): 47-51.

[15] ZIOGAS B N, MARKOGLOU A N, MALANDRAKIS A A. Studies on the inherent resistance risk to fenhexamid in *Botrytis cinerea* [J]. Eur J Plan Pathol, 2023, 109: 311-317.

[16] HILBER U W, SCHWION F J, SCHUEPP H. Comparative resistance patterns of fludioxonil and vinclozolin in *Botryotinia fuckeliana* [J]. J Phytopathology, 1995, 143: 423-428.

[17] KLOSOWSKI A C, CASTELLAR C, STAMMLER G, et al. Fungicide sensitivity and monocyclic parameters related to the *Phakopsora pachyrhizi* - soybean pathosystem from organic and conventional soybean production systems [J]. Pest Manag Sci, 2017, 73 (7): 1503-1510.

[18] SCHMITZ H K, MEDEIROS C A, CRAIG I R, et al. Sensitivity of *Phakopsora pachyrhizi* towards quinone-outside-inhibitors and demethylation-inhibitors, and corresponding resistance mechanisms [J]. Pest Manag Sci, 2014, 70 (3): 378-388.

[19] ROGERS B, DECOTTIGNIES A, KOLACZKOWSKI M, et al. The pleitropic drug ABC transporters from *Saccharomyces cerevisiae* [J]. J Mol Microbiol Biotechnol, 2001, 3 (2): 207-214.

[20] ZHANG X, SONG X N, LI J L, et al. Efficiency and resistance risk of flusilazole against northern corn leaf blight caused by *Setosphaeria turcica* [J]. Pestic Biochem Physiol, 2024, 205: 106133.

[21] WEI J Q, GUO X H, JIANG J, et al. Resistance risk assessment of *Fusarium pseudograminearum* from wheat to prothioconazole [J]. Pestic Biochem Physiol, 2023, 191: 105346.

# 山东草莓根腐病病原菌新记录种及对药剂敏感性测定*

任创岭[1]**，孙正意[1]，刘　爱[1]，邹永洲[2]，刘　峰[1]***，李北兴[1]***

(1. 山东农业大学植物保护学院，泰安　271018；
2. 济南市农业技术推广服务中心，济南　250004)

**摘要**：草莓（Fragaria × ananassa Duch.）作为重要的经济水果作物，在集约化连作种植模式下根腐病危害日趋严重，致使结果期植株大面积死亡，造成重大经济损失。本研究在调查山东省草莓根腐病致病菌过程中，首次分离到藤仓镰孢菌（Fusarium fujikuroi），经回接和再分离确认。采用菌丝生长速率法测定了9种杀菌剂对该菌的毒力，结果表明，戊唑醇抑制该菌丝生长的 $EC_{50}$ 值（0.053 mg/L）显著低于其他药剂，但其 $EC_{90}$ 值（16.27 mg/L）较高；相比之下，咪鲜胺与四霉素的 $EC_{50}$ 值分别为 0.30 mg/L 和 0.48 mg/L，高于戊唑醇，但其 $EC_{90}$ 值为 0.99 mg/L 和 0.51 mg/L，相对较低。因此，四霉素与咪鲜胺在草莓镰孢根腐病防控中的应用潜力值得进一步评估。

**关键词**：草莓根腐病；镰孢菌；鉴定；室内毒力

## Identification of the Pathogen Causing Strawberry Root Rot in Shandong Province and Screening of Fungicides*

REN Chuangling[1]**, SUN Zhengyi[1], LIU Ai[1], ZOU Yongzhou[2], LIU Feng[1]***, LI Beixing[1]***

(1. College of Plant Protection, Shandong Agricultural University, Taian 271018, China;
2. Jinan District Agricultural Technology Service Center, Jinan 250004, China)

**Abstract**: Strawberry (Fragaria × ananassa Duch.), a fruit crop of high economic value, faces increasingly severe threats from root rot under intensive cultivation systems, often causing extensive plant mortality and significant economic losses. During pathogen identification, F. fujikuroi causing strawberry root rot was detected for the first time in Shandong Province. The in vitro test of nine fungicides was assessed using the mycelial growth. Results indicated that although tebuconazole exhibited the lowest $EC_{50}$ value (0.053 mg/L) against the pathogen, its $EC_{90}$ value (16.27 mg/L) was comparatively higher. In contrast, prochloraz and tetramycin demonstrated $EC_{50}$ values of 0.30 mg/L and 0.48 mg/L, respectively, with substantially lower $EC_{90}$ values (0.99 mg/L and 0.51 mg/L). Thus, tetramycin and prochloraz exhibit superior application potential for controlling Fusarium root rot.

**Key words**: strawberry root rot; Fusarium; identification; in vitro test

草莓（Fragaria × ananassa Duch.）是全球重要的经济作物，但其生产常因死棵问题导致严重损失。发病草莓植株的叶片萎蔫、发黄甚至干枯死亡，维管束褐变坏死扩展以及根系黑腐坏死，严重时可引致绝产[1]。该病害由环境因子与病原菌多样性互作诱发，其中镰孢

---

\* 基金项目：国家重点研发计划（2023YFD1401203，2022YFD1700500）；山东省蔬菜产业技术体系（SDAIT-05）
\*\* 第一作者：任创岭；E-mail：15726083895@163.com
\*\*\* 通信作者：刘峰；E-mail：fliu@sdau.edu.cn
　　　　　　李北兴；E-mail：libeixing@126.com

属真菌（*Fusarium* spp.）侵染引发的根腐病尤为突出，被鉴定为草莓镰孢根腐病（Strawberry *Fusarium* Root Rot，SFRR），已成为制约产业可持续发展的瓶颈[2]。

目前，草莓根腐病的主要致病菌种包括尖孢镰孢菌（*F. oxysporum*）[2]、腐皮镰孢菌（*F. solani*）及共享镰孢菌（*F. commune*）等已被明确鉴定的种类[3-4]。田间仍存在大量未明确鉴定的潜在病原菌且地域性分布差异显著，如兰州草莓根腐病的优势病原菌为*F. oxysporum*[3]，北京昌平区草莓根腐病的病原菌种类为*F. equiseti*和*F. oxysporum*[5]。镰孢菌种间对杀菌剂的敏感性差异进一步增加防控复杂性，如苯醚甲环唑对不同菌种的抑制活性存在显著分化[6]。因此，病原精准鉴定与高效药剂筛选是实现靶向防控的关键基础。

本研究利用组织分离纯化、形态学、多位点分子生物学以及接种方法确定采自山东省潍坊市草莓产区的根腐病株的致病菌的种类，并在室内测定了9种杀菌剂的抑菌活性，以期为病害防治提供依据。

## 1 材料方法

### 1.1 供试药剂及培养基

次氯酸钠溶液，购自生工生物工程（上海）股份有限公司；95%苯醚甲环唑、95%丙环唑、97%戊唑醇购自山东潍坊润丰化工股份有限公司，98%丙硫菌唑购自江苏七洲绿色化工股份有限公司，97%咪鲜胺购自山东华阳农药化工集团有限公司，98%抑霉唑购自安道麦马克西姆有限公司，15%四霉素购自辽宁微科生物工程有限公司，95%乙蒜素购自南阳神圣农化科技有限公司，400 g/L氯氟醚菌唑购自巴斯夫植物保护（江苏）有限公司。

马铃薯葡萄糖琼脂培养基（PDA）：马铃薯200 g、葡萄糖20 g、琼脂20 g，去离子水定容至1 000 mL；马铃薯葡萄糖液体培养基（PDB）：马铃薯200 g，葡萄糖20 g，去离子水定容至1 000 mL。

### 1.2 试剂及仪器

DNA提取试剂盒以及PCR扩增试剂盒2×Taq PCR Mix，购自上海生工生物工程股份有限公司；Olympus IX-71光学显微镜，奥林巴斯光学技术公司。

### 1.3 病原菌分离及鉴定

草莓根腐病病样于2023年5—8月采集自山东省潍坊市。取病健交界处组织经75%乙醇表面消毒30 s，无菌去离子水漂洗3次后，浸入10%次氯酸钠溶液处理1 min，再经无菌去离子水冲洗3次。将消毒组织移接至PDA平板，25 ℃黑暗条件下培养3 d。挑取菌落边缘的菌丝，接种至空白PDA平板中，置于25 ℃黑暗条件下培养[7]。观察记录菌落形态，并通过Olympus IX-71光学显微镜观察分生孢子及菌丝形态。记录视野中80~100个菌株分生孢子大小，并保存至30%甘油水中。

### 1.4 病原菌致病性测定

随机选取鉴定菌株于PDA平板活化，25 ℃培养5 d，取菌落边缘5个5 mm菌饼接种于PDB培养基（25 ℃，200 r/min，黑暗，3 d），制备分生孢子悬浮液经血球计数板校准浓度为$1×10^6$个/mL。选用根系健康、长势均一的草莓苗，浸根接种1 min后移栽至灭菌基质，置于人工气候室于16 h/8 h的光暗周期下培养。分别于接种后3 d、7 d、14 d记录发病状况。以无菌去离子水为对照处理，每个处理3次重复，每重复10株植株。接种14 d后进行病原菌再分离，并通过形态学与多位点分子生物学，与原菌株比对。病害严重度分级见表1[8]。

$$发病率 = [发病株数（株）/调查总株数（株）] \times 100\%$$
$$病情指数 = [\Sigma（各级病株数 \times 该病所对应级数）] / （调查总株数 \times 总级数） \times 100$$

表1 接种藤仓镰孢菌草莓根系病情分级标准

| 病级 | 病情 |
|---|---|
| 0 | 无任何发病症状 |
| 1 | 少部分根系变黑有新生根生成，短缩茎变色面积 < 30%，叶片正常 |
| 2 | 部分根系变黑，有少量新生根，30% < 短缩茎变色面积 ≤ 60%，老叶边缘开始枯萎 |
| 3 | 部分根系变黑且无新生根，60% < 短缩茎变色面积 ≤ 80%，老叶全部枯萎 |
| 4 | 仅存极少量未完全变黑的根系，短缩茎变色面积超过80%，无新叶生成，心叶枯萎 |
| 5 | 根系完全变黑死亡，短缩茎腐烂甚至中空，叶片干枯 |

## 1.5 病原菌分子生物学分析

对分离菌株进行多位点分子生物学鉴定。采用真菌基因组 DNA 提取试剂提取目标菌株 DNA，参照文献设计引物扩增核糖体内转录间隔区（ITS）、延伸因子（TEF-1α）及 RNA 聚合酶Ⅱ第二大亚基（RPB2）基因片段（表2）。以提取的 DNA 为模板，根据 PCR 扩增试剂盒说明书进行 PCR 扩增。将 PCR 产物送至上海生工生物工程股份有限公司测序。并将测序结果上传至 GenBank。从 GenBank 下载标准菌株对应的序列（表3），使用 MEGA 7.0 软件对 ITS-TEF-RPB2 三基因联合数据集进行多序列比对，以最大似然法（ML）构建系统发育树（Bootstrap = 1 000 次重复）。

表2 本研究所用目的基因的详细信息

| 基因 | 序列（5′-3′） | 来源 |
|---|---|---|
| ITS | TCCTCCGCTTATTGATATGC<br>GGAAGTAAAAGTCGTAACAAGG | White et al., 1990[9] |
| RPB2 | GGGGWGAYCAGAAGAAGGC<br>GCRTGGATCTTRTCRTCSACC | O'Donnell et al., 2000[10] |
| TEF | ATGGGTAAGGARGACAAGAC<br>GGARGTACCAGTSATCATGTT | Shen et al., 2022[11] |

注：R = A/G；S = C/G；W = A/T；Y = C/T。

表3 系统发育树中所用镰孢菌种类和 GenBank 登录号

| 菌株 | 编号 | GenBank 登录号 | | |
|---|---|---|---|---|
| | | TEF | RPB2 | ITS |
| *F. anguioides* | LC13612 | MW580435 | MW474381 | MW016395 |
| *F. arcuatisporum* | LC6026 | MK289585 | MK289770 | MK280792 |
| *F. bambusarum* | LC7180 | MW580443 | MW474389 | MW016403 |

(续表)

| 菌株 | 编号 | GenBank 登录号 | | |
|---|---|---|---|---|
| | | TEF | RPB2 | ITS |
| *F. concentricum* | LC1003 | MW580449 | — | MW016409 |
| *F. fujikuroi* | LC13637 | MW580476 | MW474422 | MW016436 |
| *F. grosmichelii* | JXF4-32 | OL771393 | OL771385 | — |
| *F. humuli* | CQ1032 | MK289568 | MK289722 | MK280844 |
| *F. irregulare* | LC13711 | MW594381 | MW474524 | MW016538 |
| *F. subglutinans* | LC13682 | MW580549 | MW474495 | MW016509 |
| *F. verticillioides* | LC13653 | MW580504 | MW474450 | MW016464 |
| *F. oxysporum* | NoFu2B | OR891730 | OR891742 | OR879066 |
| *Blackwellomyces* sp. (out group) | YBW-2024a | PQ523839 | PQ523834 | PP989311 |

## 1.6 室内毒力测定

采用菌丝生长速率法测定 9 种镰孢菌常用杀菌剂的抑菌活性。经预实验确定各药剂梯度浓度（表4）。从活化 5 d 菌落边缘获得 5 mm 菌饼，分别接种于含系列浓度药剂的 PDA 平板中央，置于 25 ℃光照培养箱黑暗培养 5 d。采用十字交叉法测量菌落的直径，每个处理重复 3 次。根据菌落直径计算菌丝生长抑制率，用 DPS 软件计算 $EC_{50}$ 及 $EC_{90}$ 值。

菌丝生长抑制率＝［（对照菌落直径－处理菌落直径）/（对照菌落直径－菌饼直径）］×100%

**表4 9种杀菌剂供试浓度**

| 供试药剂 | 浓度/（mg/L） |
|---|---|
| 苯醚甲环唑 | 0, 1, 2, 4, 10, 50, 100 |
| 氯氟醚菌唑 | 0, 1, 2, 4, 10, 50, 100 |
| 丙环唑 | 0, 0.1, 0.2, 1, 10, 50, 100 |
| 戊唑醇 | 0, 0.02, 0.04, 0.1, 1, 10, 20 |
| 丙硫菌唑 | 0, 0.05, 0.1, 0.2, 0.4, 0.8, 2 |
| 咪鲜胺 | 0, 0.05, 0.1, 0.2, 0.4, 0.8, 1.6 |
| 抑霉唑 | 0, 0.01, 0.05, 0.1, 0.5, 1, 5 |
| 四霉素 | 0, 0.1, 0.2, 0.4, 0.8, 1.6, 3.2 |
| 乙蒜素 | 0, 0.5, 1, 2, 4, 8, 16 |

## 2 结果与分析

### 2.1 病原菌形态学鉴定

菌株在培养基呈白色菌落，菌丝呈羊毛状，菌落形态为近圆形至椭圆形；日平均生长速率为 5.96 mm。大分生孢子呈典型镰刀形，两端渐尖，大小为（10.1~26.9）μm ×（1.21~1.58）μm（$n=50$），具 3~5 个隔膜。小分生孢子，呈卵圆形或肾形，大小为（2.17~6.78）μm ×（0.8~2.1）μm（$n=50$），具 0 或 1 个隔膜（图1）。上述形态特征与藤仓镰孢 F. fujikuroi 复合种的描述相符。

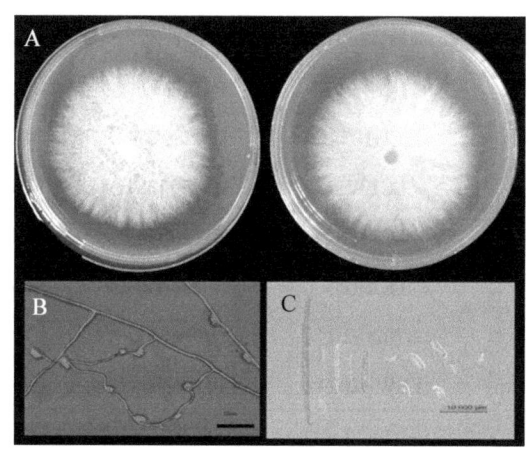

**图 1　草莓根腐病病原菌菌落（A）、菌丝（B）和分生孢子（C）形态**

### 2.2　致病菌分子生物学鉴定

为进一步确定病原菌种类，对病原菌进行多位点分子生物学鉴定。利用镰孢菌特异性鉴定通用的 3 个序列（ITS、TEF、RPB2）进行 PCR 扩增，获得相应的目的片段。将 3 个基因序列与 F. fujikuroi 复合种中的对应序列进行串联，并在 MEGA 7.0 版本中构建系统进化树。分离得到的菌株与 F. fujikuroi LC13637 聚在一枝，自展值为 100%，属于同一种真菌（图2）。结合分离物的形态学特征，明确该病原菌为藤仓镰孢菌 F. fujikuroi。

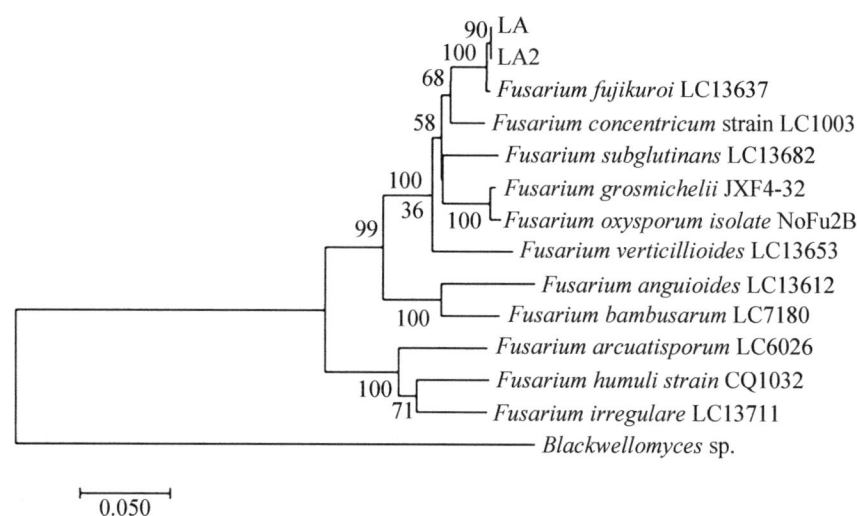

**图 2　基于 ITS、TEF、RPB2 串联构建最大似然系统发育树**

### 2.3　病原菌致病性测定

本研究建立了藤仓镰孢菌（F. fujikuroi）的室内草莓接种体系，接种后 7 d，短缩茎维管束初始褐变；随后的 5 d 内病原菌在维管组织内快速扩展，导致大面积褐变坏死，同时老叶向新叶发生渐进性萎蔫，并伴随新生根系发育停滞；至接种后 19~25 d，维管系统完全褐变，植株系统性枯死，发病率达 98.95%，病情指数为 96.33（图 3）。对照植株无症状。经对病斑进行病原菌再分离及形态学复核鉴定，所得菌株与原始接种菌株一致，符合柯赫氏法则（Koch's postulates），确证该分离物为草莓根腐病致病菌。

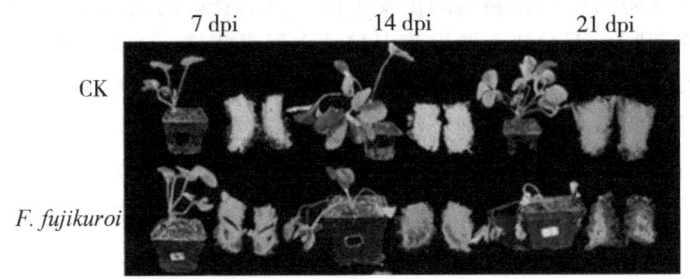

图 3  接种藤仓镰孢菌不同天数后，草莓根系发病情况

## 2.4 杀菌剂毒力测定结果

9 种供试杀菌剂对藤仓镰孢菌（*F. fujikuroi*）均表现抑制活性，其中戊唑醇的 $EC_{50}$ 值最低（0.053 mg/L），显著优于其他药剂，但其 $EC_{90}$ 值高达 16.27 mg/L；而咪鲜胺（0.30 mg/L）与四霉素（0.48 mg/L）虽 $EC_{50}$ 值高于戊唑醇，但其 $EC_{90}$ 值分别仅为 0.99 mg/L 和 0.51 mg/L，显著低于其他供试药剂（表 5）。基于 $EC_{90}$ 值所呈现的田间实际防效阈值，四霉素与咪鲜胺对藤仓镰孢菌引起的草莓根腐病的防控潜力值得进一步评估。

表 5  9 种药剂对藤仓镰孢菌的室内毒力

| 药剂 | $EC_{50}$值/（mg/L） | $EC_{90}$值/（mg/L） |
|---|---|---|
| 苯醚甲环唑 | 2.56±0.029 | — |
| 氯氟醚菌唑 | 0.24±0.005 8 | |
| 丙环唑 | 0.18±0.023 | — |
| 戊唑醇 | 0.053±0.053 | 16.27±0.43 |
| 丙硫菌唑 | 0.28±0.018 | 1.97±0.088 |
| 咪鲜胺 | 0.30±0.012 | 0.99±0.015 |
| 抑霉唑 | 0.10±0.008 8 | 2.03±0.048 |
| 四霉素 | 0.48±0.026 | 0.51±0.032 |
| 乙蒜素 | 2.41±0.11 | 7.21±0.25 |

# 3 讨论

镰孢菌为土壤习居菌，连作导致病原菌积累，随着草莓种植面积的扩大和连作年限的延长，根腐病日益严重。不同地区由镰孢菌引起的根腐病种类不同，如兰州草莓根腐病的优势病原菌为 *F. oxysporum*，北京昌平区草莓根腐病的病原菌种类为 *F. equiseti* 和 *F. oxysporum* 等。此外，由镰孢菌引起的根腐病种类不断有新种发现，如 *F. asiaticum*、*F. commune* 和 *F. proliferatum* 引起的草莓根腐病为国内首次报道[12-15]。不同镰孢菌对药剂的敏感性可能存在差异，因此需要先明确引起草莓根腐病的病原菌种类，再确定有效防治药剂。本研究从山东省潍坊市草莓产区的病株上分离得到 2 株镰孢菌，经过形态学与多位点分子生物学鉴定，确定病原菌为藤仓镰孢菌（*F. fujikuroi*），这是该菌在山东省的首次报道。藤仓镰孢菌广泛危害水稻、小麦、玉米、番茄、甘蔗和葡萄等多种作物[16-18]；在草莓上，目前仅在四川省及河南省郑州市少量检出，尚未形成优势种群，但其潜在跨区域传播及适应性风险需进一步监测。此外，该菌在不同作物间的传播扩散状况也有待进一步研究。

使用化学农药是防治草莓根腐病的重要手段。目前登记的药剂主要有棉隆、异硫氰酸烯丙酯和氟啶胺·咯菌腈。而对藤仓镰孢菌引起的水稻恶苗病、玉米茎基腐病等，目前登记的防治药剂有咪鲜胺、氰烯菌酯、咯菌腈等。据相关报道，氰烯菌酯、多菌灵和咪鲜胺抗性风险高[16]，有必要筛选其他高效药剂。丙环唑对引起水稻恶苗病的藤仓镰孢菌的 $EC_{50}$ 为 0.029 8~0.211 mg/L，苯醚甲环唑对百香果果腐病病原菌藤仓镰孢菌的具有优异的抑制作用[17-18]。本研究供试9种杀菌剂均对分离到的草莓藤仓镰孢菌均存在抑制活性，其中四霉素、咪鲜胺以及戊唑醇毒力相对比较突出，有必要进行系统评价。

## 参考文献

[1] 苏代发, 代庆忠, 严聪文, 等. 草莓根腐病及其生物防治研究进展 [J]. 江苏农业科学, 2022, 50 (24): 16-26.

[2] HE Y L, CHEN J, TANG C, et al. Genetic diversity and population structure of *Fusarium commune* causing strawberry root rot in southcentral China [J]. Genes, 2022, 13 (5): 899.

[3] 曹奎荣. 草莓根腐病病原菌鉴定及生物学特性的研究 [D]. 兰州: 甘肃农业大学, 2006.

[4] ZHANG Y T, YU H, HU M H, et al. Fungal pathogens associated with strawberry crown rot disease in China [J]. Journal of Fungi, 2022, 8 (11): 3506-3523.

[5] ZHANG Y, LIU Z P, WEI Y M, et al. Identification of the strawberry root rot pathogen in Changping district Beijing [J]. Chinese Agricultural Science Bulletin, 2015, 31 (18): 278-284.

[6] HERKERT P F, AL-HATMI A M S, SALVADOR G L D O, et al. Molecular characterization and antifungal susceptibility of clinical *Fusarium* species from Brazil [J]. Frontiers in Microbiology, 2019, 10: 888.

[7] CAO S, YANG N B, ZHAO C, et al. Diversity of *Fusarium* species associated with root rot of sugar beet in China [J]. Journal of General Plant Pathology, 2018, 84 (5): 321-329.

[8] 任晶晶, 刘政源, 王勇, 等. 草莓根腐病防控生物药剂筛选与田间防治效果验证 [J]. 农药学学报, 2022, 24 (6): 1456-1465.

[9] WHITE T J, BRUNS T, LEE S, et al. Amplification and direct sequencing of fungal ribosomal RNA genes for phylogenetics [M] //INNIS M A, GELFAND D H, SNINSKY J J, et al. PCR Protocols: A Guide to Methods and Applications. San Diego: Academic Press, 1990: 315-322.

[10] O'DONNELL K, NIRENBERG H I, AOKI T, et al. A multigene phylogeny of the *Gibberella fujikuroi* species complex: Detection of additional phylogenetically distinct species [J]. Mycoscience, 2000, 41 (1): 61-78.

[11] SHEN B Y, SUN W S, LIU K, et al. First report of root rot of *Schisandra chinensis* caused by *Fusarium acuminatum* in northeast China [J]. Plant Disease, 2022, 106 (7): 1987.

[12] 王慧瑜, 邰惠苹, 李晓青, 等. 郑州草莓根腐病致病菌的分离与鉴定 [J]. 中国植保导刊, 2022, 42 (9): 14-18.

[13] 龚洛, 邓佳辉, 焦芹, 等. 玉米穗腐病防治药剂的室内毒力测定及田间防效 [J]. 植物保护, 2022, 48 (6): 374-381.

[14] YILMAZ N, SANDOVAL D M, LOMBARD L, et al. Redefining species limits in the *Fusarium fujikuroi* species complex [J]. Persoonia, 2021, 46: 129-162.

[15] 赵雨萌,李金婷,石昊,等.引起草莓根腐病的镰孢菌种类鉴定[J].植物病理学报,2024,54(2):451-456.

[16] 陈宏州,周晨,庄义庆,等.江苏省水稻恶苗病菌种群鉴定及抗药性检测[J].植物保护,2022,48(2):48-62.

[17] 项艳君,袁治理,毛雪伟,等.丙环唑对水稻恶苗病菌生物活性研究[J].植物病理学报,2022,52(2):203-214.

[18] 马金慧,杨克泽,吴之涛,等.14种杀菌剂对玉米藤仓镰孢菌室内毒力测定[J].山东农业科学,2020,52(3):102-106.

# 剂型及喷雾助剂改善啶酰菌胺防治黄瓜白粉病效果及机制分析*

王璐[1]**, 刘骁驰[1], 张敬智[2], 张兰云[3]***, 张大侠[1]***, 刘峰[1]***

(1. 山东农业大学植物保护学院,泰安 271018;
2. 山东思远农业开发有限公司,淄博 255400;
3. 临淄区农业技术服务中心,淄博 255400)

**摘要**: 在农药喷施过程中,药液能否在接触靶标界面时快速扩散并渗透至组织间隙,对药效的发挥具有关键影响。本研究利用水分散粒剂、悬浮剂与可分散油悬浮剂3种剂型的啶酰菌胺以及添加Gemini31511、GY-S903、GY-07与油酸甲酯4种喷雾助剂的啶酰菌胺水分散粒剂,测定了7种稀释药液在健康黄瓜叶片及感染黄瓜白粉病黄瓜叶片上的接触角、润湿面积、附着张力、持留量和蒸发时间。结果表明:在健康叶片上,与单独施用啶酰菌胺水分散粒剂相比,施用啶酰菌胺可分散油悬浮剂以及水分散粒剂添加4种喷雾助剂展现出更优异的润湿性能。在感染黄瓜白粉病叶片上,啶酰菌胺可分散油悬浮剂及其水分散粒剂协同GY-S903助剂处理润湿性相对较好,发病后期仍可润湿叶片,药后7 d药效分别为96.93%±3.07%、87.30%±3.59%。局部喷雾施药试验,也证明了剂型和使用喷雾助剂能够增强药剂横向和跨层移动防效。因此,通过优化剂型以及常规剂型添加喷雾助剂均能够改善稀释药液对靶标叶片表面的润湿与渗透性能,提高防治效果,这对于农药的减量增效具有重要参考价值。

**关键词**: 喷雾助剂;剂型;黄瓜白粉病;润湿;渗透

## Formulation and Spray Adjuvants Enhance Boscalid's Efficacy and Mechanis Magainst Cucumber Powdery Mildew*

WANG Lu[1]**, LIU Xiaochi[1], ZHANG Jingzhi[2],
ZHANG Lanyun[3]***, ZHANG Daxia[1]***, LIU Feng[1]***

(1. *College of Plant Protection, Shandong Agricultural University, Taian 271018, China;*
2. *Shandong Siyuan Agricultural Development Co., Ltd., Zibo 255400, China;*
3. *Linzi District Agricultural Technology Service Center, Zibo 255400, China*)

**Abstract**: Upon application of fungicides onto plant leaf surfaces, rapid expansion and penetration into tissue spaces are critical for maximizing pesticide absorption. Otherwise, pesticide solutions may simply runoff the leaves, leading to inefficiency and environmental waste. In this study, we utilized SC and OD formulations, as well as a water-dispersible granule (WG) diluent combined with four spray additives as test agents. We evaluated multiple parameters, including contact angle, diffusion coefficient, wetting area, adhesion tension, adhesion work, retention time, and

---

\* 基金项目:国家重点研发计划(2022YFD1700500);山东省重点研发计划(重大科技创新工程)(2022CXGC020710)
\** 第一作者:王璐; E-mail: 15650099605@163.com
\*** 通信作者:张兰云; E-mail: 154225820@qq.com
张大侠; E-mail: daxia586@163.com
刘峰; E-mail: fliu@sdau.edu.cn

evaporation rate, for seven boscalid diluents applied to both healthy and powdery mildew-infected cucumber leaves. Our results demonstrated that on healthy leaves, the OD formulation and WG combined with four spray adjuvants exhibited significantly enhanced wettability compared to WG alone; however, retention was notably reduced. Subsequently, we validated the correlation between control efficacy and the penetration/translocation of active ingredients by spraying across different leaf regions. Specifically, on infected leaves, only the OD formulation and WG combined with GY-S903 showed favorable wettability and expansion properties, along with significant disease control effects. At 7 days post-disease onset, the control efficacies were 96.93% ± 3.07% and 87.30% ± 3.59%, respectively. Therefore, enhancing the wettability and penetration of pesticide droplets upon reaching leaf surfaces is recommended to improve control efficiency. This study provides important insights into reducing pesticide usage while enhancing its effectiveness.

**Key words**: spray adjuvant; formulation; cucumber powdery mildew leaves; wettability; penetration

黄瓜白粉病是由单囊壳白粉菌 *Sphaerotheca fuliginea* (Schlecht) Poll. 和二孢白粉菌 *Erysiphe cichoracearum* DC. 等侵染引起的一种重要病害，主要危害黄瓜、南瓜、西葫芦等葫芦科作物的地上部分，发病后一般减产10%~30%，严重时可减产50%以上[1]。尽管我国提倡"预防为主，综合防治"的植保策略[2]，但化学防治仍是防治白粉病的重要手段[1]。生产中普遍反映该病害存在防治困难的问题，其原因值得深入探讨。

前期研究表明，健康黄瓜叶片呈现典型的亲水性特征。然而，当叶片被白粉病病菌侵染后，其表面被菌丝和分生孢子覆盖。这种变化使叶片表面自由能降低，导致其从亲水性转变为疏水性，从而难以被农药稀释液润湿。这种疏水性转变会阻碍水分和药液向叶片内部的渗透吸收，进而显著影响药剂的实际使用效果[3]。由于黄瓜白粉病菌存在潜育期短、再侵染频繁、流行性强等特点，发病后的防治也尤为重要[4]。不同剂型的农药制剂所含助剂种类及用量存在较大差异，这些差异对药效影响的程度以及如何通过科学手段有效弥补剂型差异所导致的防治效果不稳定性等问题亟待深入研究。

本研究以啶酰菌胺水分散粒剂、悬浮剂、可分散油悬浮剂为例，比较了剂型对啶酰菌胺防治黄瓜白粉病效果的影响；进一步探究了有机硅助剂GY-S903、阳离子型助剂Gemini31511、植物油类助剂GY-W07和油酸甲酯等喷雾助剂对啶酰菌胺水分散粒剂防治黄瓜白粉病效果的影响及增效机制，以期为农药高效利用和减施增效提供理论依据。

# 1 材料与方法

## 1.1 供试材料

50%啶酰菌胺（boscalid）水分散粒剂，巴斯夫欧洲公司；30%啶酰菌胺悬浮剂与20%啶酰菌胺可分散油悬浮剂均由山东农业大学农药高效利用与环境安全实验室制备。GY-S903和GY-W07喷雾助剂由北京广源益农科技有限公司提供；Gemini31511购自河南道纯新材料科技有限公司；油酸甲酯（工业级）由山东鑫昌化工科技有限公司提供。

感染黄瓜白粉病的黄瓜叶片采自山东农业大学园艺试验站的日光温室。选取发病程度一致的黄瓜白粉病感病叶片进行试验，取样时保证白粉层为自然状态，叶片现取现用。

## 1.2 农药稀释液的配制

结合中国农药信息网中的登记信息，设置啶酰菌胺水分散粒剂、悬浮剂与可分散油悬浮剂的浓度为500 mg/L[5]。其中在啶酰菌胺水分散粒剂中添加4种喷雾助剂（浓度均为0.05%，大于相应的临界胶束浓度）。本研究中所有农药稀释液均现用现配。

## 1.3 农药稀释液的表面张力测定

在 25℃，相对湿度 40%~45% 的条件下，通过全自动表面张力仪，使用 Wilhemy 法对不同农药稀释液的表面张力（$\gamma$）进行测定。表面张力测定过程中，采用动态平衡判据法控制数据采集进程，当连续 5 个检测周期内张力值波动幅度 <1%（相对标准偏差）时判定系统达到稳定状态，终止数据采集并记录算术平均值（$n = 30$ 个有效数据点）。每处理重复 4 次，该试验重复 2 次，数据采集间隔设定为 10 s/次[6]。

## 1.4 农药稀释液在黄瓜叶片的表面行为

### 1.4.1 接触角测定

选择龄期一致的健康黄瓜叶片与新鲜黄瓜白粉病发病叶片为试验材料。用镊子夹取干净的载玻片，用胶头滴管吸取约 1 mL 去离子水，均匀滴于载玻片的预设样品区。将黄瓜叶片裁剪为 5.0 cm×3.0 cm 的长条，用镊子夹取经预处理的黄瓜叶片样本，将其正面向上平稳转移至载玻片表面（预先滴加 20 μL 去离子水形成润湿基底）。在裁剪叶片时，应避开黄瓜叶片的主叶脉，且确保健康叶片和发病叶片的白粉层表面结构完整。使用接触角测量仪测量不同农药稀释液在健康黄瓜叶片与被黄瓜白粉病侵染叶片表面上的静态接触角（$\theta$）[7]。试验过程中，温度应保持在 20~25℃，相对湿度保持在 40%~45%。对添加农药助剂的稀释液，试验时液滴体积均为 2 μL；试验时液滴的表面张力达到平衡时即可进行测量。每处理重复 4 次。

### 1.4.2 黏附张力、黏附功和扩散系数的计算

根据前期测得的表面张力值与接触角值计算农药稀释液在黄瓜健康叶片与黄瓜白粉病发病叶片上的黏附张力（$Ta$）、黏附功（$Wa$）与扩散系数（$Cs$）[8]。计算公式如下：

$$Ta(mN/m) = \gamma \cos\theta$$
$$Wa(mJ/m^2) = \gamma(\cos\theta + 1)$$
$$Cs = \gamma(\cos\theta - 1)$$

式中，$\gamma$ 为不同农药稀释液的表面张力；$\theta$ 为农药稀释液液滴的接触角；$Ta$ 为稀释液液滴在黄瓜叶片表面的黏附张力；$Wa$ 为稀释液液滴在黄瓜叶片上的黏附功；$Cs$ 为稀释液液滴在黄瓜叶片上的黏附功。

### 1.4.3 最大稳定持留量测定

选择叶片完整、龄期一致的健康黄瓜叶片与新鲜黄瓜白粉病发病叶片为供试材料。首先，将供试黄瓜叶片水平置于试验操作台上，用高速摄像机从同一高度拍摄每片叶片的完整轮廓，并用 Image J 软件计算叶片面积。用电子天平称量黄瓜叶片的质量 $M_1$，并记录。将供试黄瓜叶片置于 60° 斜面上，使用 Potter 喷雾塔喷洒待测农药稀释液，至叶面上药液即将流失，重量保持不变时，称量并记录此时的叶片重量 $M_2$[9]。每处理需重复 5 次。通过以下公式计算叶片的最大稳定持留量：

$$药液最大稳定持留量 = (M_2 - M_1)/S$$

### 1.4.4 最大润湿面积测定

试验中玻片的制作方法同 1.4.1。准确吸取 5 μL 待测农药稀释液，保持同一高度，滴于玻片上。试验时应确保玻片能够承载农药稀释液液滴的最大润湿面积。使用超高速摄像机记录液滴从开始滴落到停止扩展整个过程中的图像信息，当液滴在黄瓜叶片表面不再继续扩展时，其所达到的最大覆盖面积即定义为最大润湿面积。使用 Image J 软件计算此时液滴的润湿面积。每处理需重复 5 次[10]。

1.4.5 干燥时间的测定

选择新鲜黄瓜白粉病发病叶片以及新鲜黄瓜叶片，进行农药稀释液液滴在靶标叶片上的蒸发时间测定。本试验玻片制作方法同1.4.1。精确吸取5 μL农药稀释液并滴加于玻片上。在液滴与黄瓜叶片表面接触的瞬间启动计时器。待叶片上的液滴完全干燥时，停止计时。从液滴接触叶片到完全干燥的这段时间定义为液滴的完全蒸发时间[11-13]。各处理重复5次。

## 1.5 不同剂型及喷雾助剂的啶酰菌胺对黄瓜白粉病的盆栽防效

1.5.1 剂型及喷雾助剂对啶酰菌胺在黄瓜叶片中的渗透移动及防治黄瓜白粉病效果的影响

配制不同处理的药液，挑选日光温室中长势一致的3~4叶期的盆栽黄瓜为试验材料。分为3种施药方式：①沿着叶脉主脉将植物叶片分为左右2部分，仅在叶片的左半边施药（命名为横向转运施药）。②沿着主叶脉分隔，将叶片分为上下2个区域，仅对叶片的上半区域进行施药（命名为纵向转运施药）。③植物叶片分为上表面和下表面，仅在植物下表面施药（命名为渗透施药）。施药后分区统计防效。为了保证试验的准确性，防止施药时药剂喷溅至未施药区域，在施药前用保鲜膜对植物叶片的非施药区域用保鲜膜进行密封包裹，待施药结束，药剂风干后再将保鲜膜取下。24 h后喷洒孢子悬浮液接种黄瓜白粉病菌，接种后的黄瓜植株置于温度为20~24℃的日光温室中培养。接种后7 d、14 d分区记录各叶片施药区域与未施药区域发病相对级数值。每处理3盆，试验重复3次，并设空白对照（图1）。

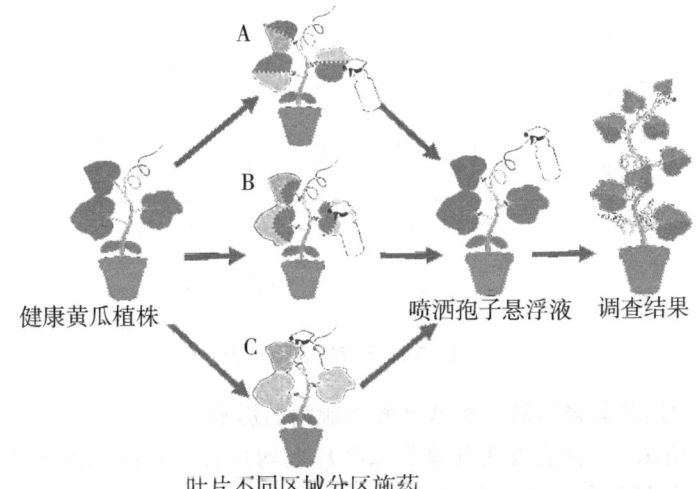

A. 药剂在叶片上横向转运施药；B. 药剂在叶片上纵向转运施药；C. 药剂在叶片上渗透施药。

**图1 三种施药方式下，药剂对黄瓜白粉病防治效果**

1.5.2 不同剂型及喷雾助剂的啶酰菌胺对黄瓜白粉病的治疗防效

采用盆栽接种法测定3种剂型的啶酰菌胺以及水分散粒剂搭配4种喷雾助剂对黄瓜白粉病菌的防效[14]。用于试验的黄瓜植株病情指数为21.82~25.45。将喷雾器以45°倾斜喷雾，使药液均匀喷施于黄瓜叶片表面，待药液静置晾干后备用。试验每处理3盆，试验重复3次，并设置空白对照。采用前期配制的孢子悬浮液进行喷雾接种。在保护性试验中，于施药后24 h喷洒孢子悬浮液接种病原菌；在治疗作用试验中，于施药前24 h接种。接种后的黄瓜植株置于温度为20~24℃的日光温室内培养，分别于接种后7 d、14 d记录各叶片发病相对级数值。通过各叶片的相对级数值计算病情指数，根据病情指数计算防治效果。

### 1.6 数据处理

使用 DPS 数据处理系统对试验中数据进行单因素方差分析，使用 Tukey 法比较组间差异性，使用 Origin 2020 绘制图表。

## 2 结果与分析

### 2.1 啶酰菌胺稀释液的表面张力

如图 2 所示，3 种剂型的啶酰菌胺表面张力存在显著性差异，表面张力由大到小依次为 WG、SC、OD。添加 4 种助剂的啶酰菌胺 WG 表面张力存在显著差异，GY-S903 助剂对药液表面张力的降低作用最明显，其他 3 个助剂对表面张力的降低作用由大到小依次为 GY-W07、Gemini31511 和油酸甲酯。其中 WG+GY-S903 表面张力显著低于 OD。

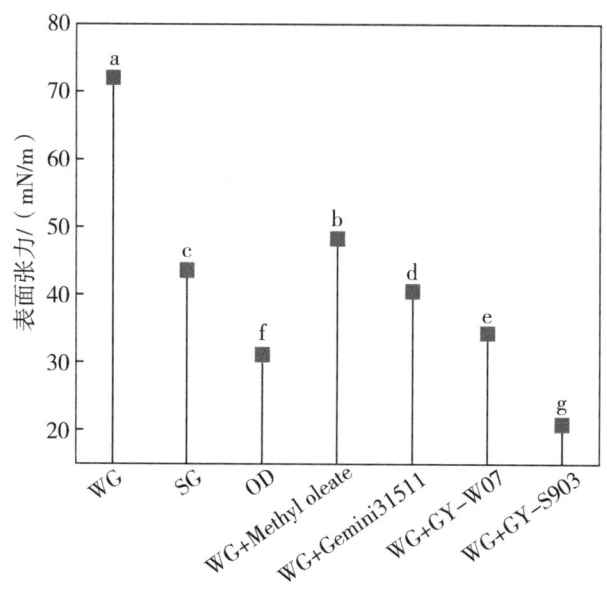

**图 2　7 种药液的表面张力**

### 2.2 剂型及喷雾助剂对稀释药液在黄瓜叶面接触角的影响

如图 3A、3B 所示，7 种药液在健康黄瓜叶片上均具有一定的润湿作用。3 种不同剂型药剂在黄瓜叶片上的接触角存在显著差异，WG>SC>OD，该结果与 2.1 中表面张力结果相对应。添加助剂显著降低药液的接触角。其中添加油酸甲酯的接触角与 SC 差异不显著。添加助剂 Gemini31551 与 CY-W07 后，接触角介于 SC 与 OD 之间。其中，WG+GY-S903 的接触角与剂型 OD 不存在显著差异。如图 3C、3D 所示，WG、SC 两种剂型的稀释液液滴以及添加油酸甲酯、Gemini31511 与 CY-W07 三种助剂的液滴在侵染黄瓜白粉病叶片上呈球形，润湿效果相对较低。

### 2.3 剂型及喷雾助剂对农药液滴在黄瓜叶片上的扩散行为的影响

如图 4A，4 种剂型的稀释液在健康黄瓜叶片上扩散系数存在显著性差异，OD 的扩散系数最大，表明其横向扩散能力较好。添加 4 种助剂的 WG 稀释药液中，WG+油酸甲酯扩散系数最低，但也显著高于不添加助剂的 WG 溶液，WG+Gemini31511 与 WG+GY-W07 扩散系数无显著性差异，扩散性能优于 WG 与 SC，但低于 OD。WG+GY-S903 的扩散系数与 OD 无显著性差异。黄瓜叶片被白粉病菌侵染后，除 OD 与 WG+GY-S903 外，其他处理稀释液

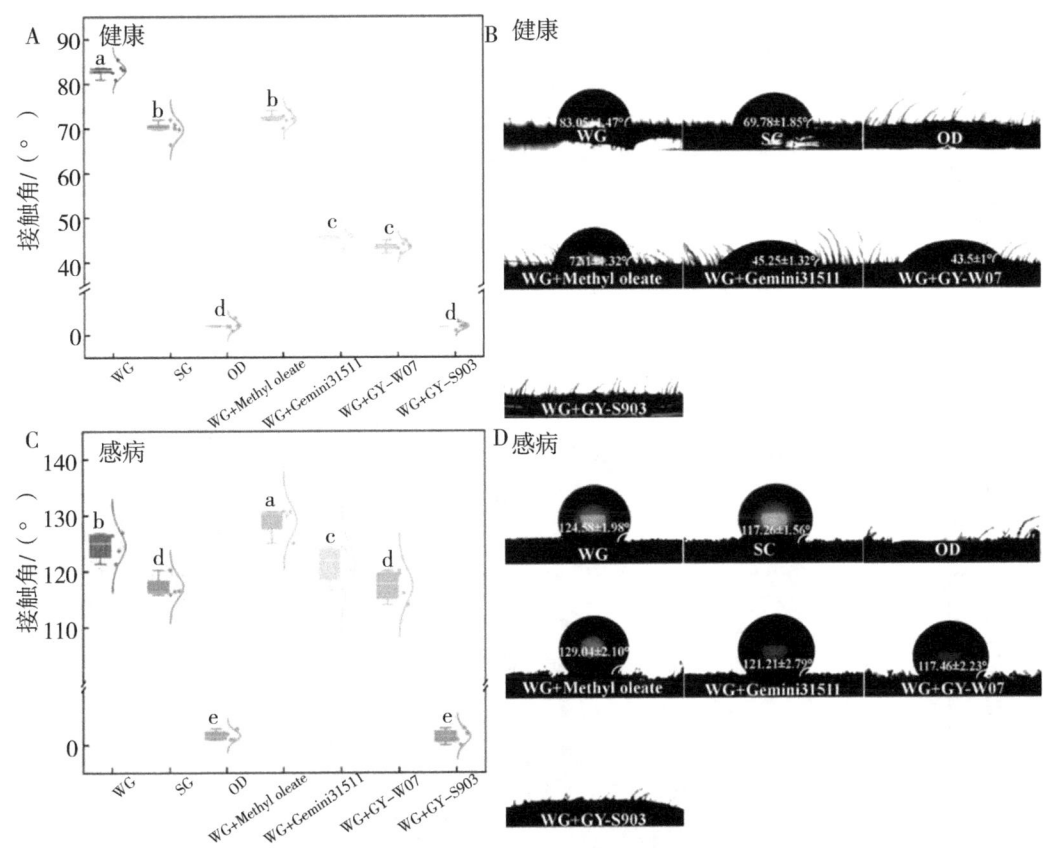

A、B 为健康黄瓜叶片；C、D 为染病叶片。
**图 3** 药液在健康黄瓜叶片与黄瓜白粉病感病叶片上的接触角

的扩散系数显著降低，表明稀释液的润湿性变差。

润湿面积也是稀释药液在固体表面上扩散能力的实际体现，在润湿固体界面表面特征恒定的情况下，扩散能力越强，润湿面积越大[15-16]。如图 4C，3 种剂型中，OD 的润湿面积显著高于其他两个剂型。WG+GY-S903 润湿面积显著高于其他 6 种处理。如图 4D 所示，6 种处理药液的润湿面积与健康叶片相比均显著降低，推测与白粉病菌菌丝及分生孢子吸附有关。

## 2.4 剂型及喷雾助剂对农药液滴在黄瓜叶片上的黏附和持留行为的影响

如图 5A 所示，3 种剂型中，OD 的黏附张力最大。添加 4 种不同助剂的 WG 中，黏附张力大小依次为 WG+Gemini31511>WG+GY-W07>WG+GY-S903>WG+油酸甲酯。WG+GY-S903 的黏附张力显著低于 WG+Gemini31511 和 WG+GY-W07。如图 5B 所示，叶片染病后，除 OD 和 WG+GY-S903，其他 5 种稀释药液的黏附张力下降明显。

图 5C、5D 为 7 种农药稀释液在黄瓜健康叶片与染病叶片上的黏附功。在健康叶片上，3 种剂型的药剂黏附功大小依次为 WG>OD>SC，添加 4 种不同助剂的 WG 中，黏附张力大小依次为 WG+Gemini31511>WG+油酸甲酯>WG+GY-W07>WG+GY-S903。在被黄瓜白粉病侵染的叶片上，由于叶片表面变得更加粗糙，7 种处理稀释液中，OD 和 WG+GY-S903 黏附功最大。

图 5 结果显示，3 种剂型中 OD 的黏附功最大，但其持留量最小，可能与 OD 接触角较

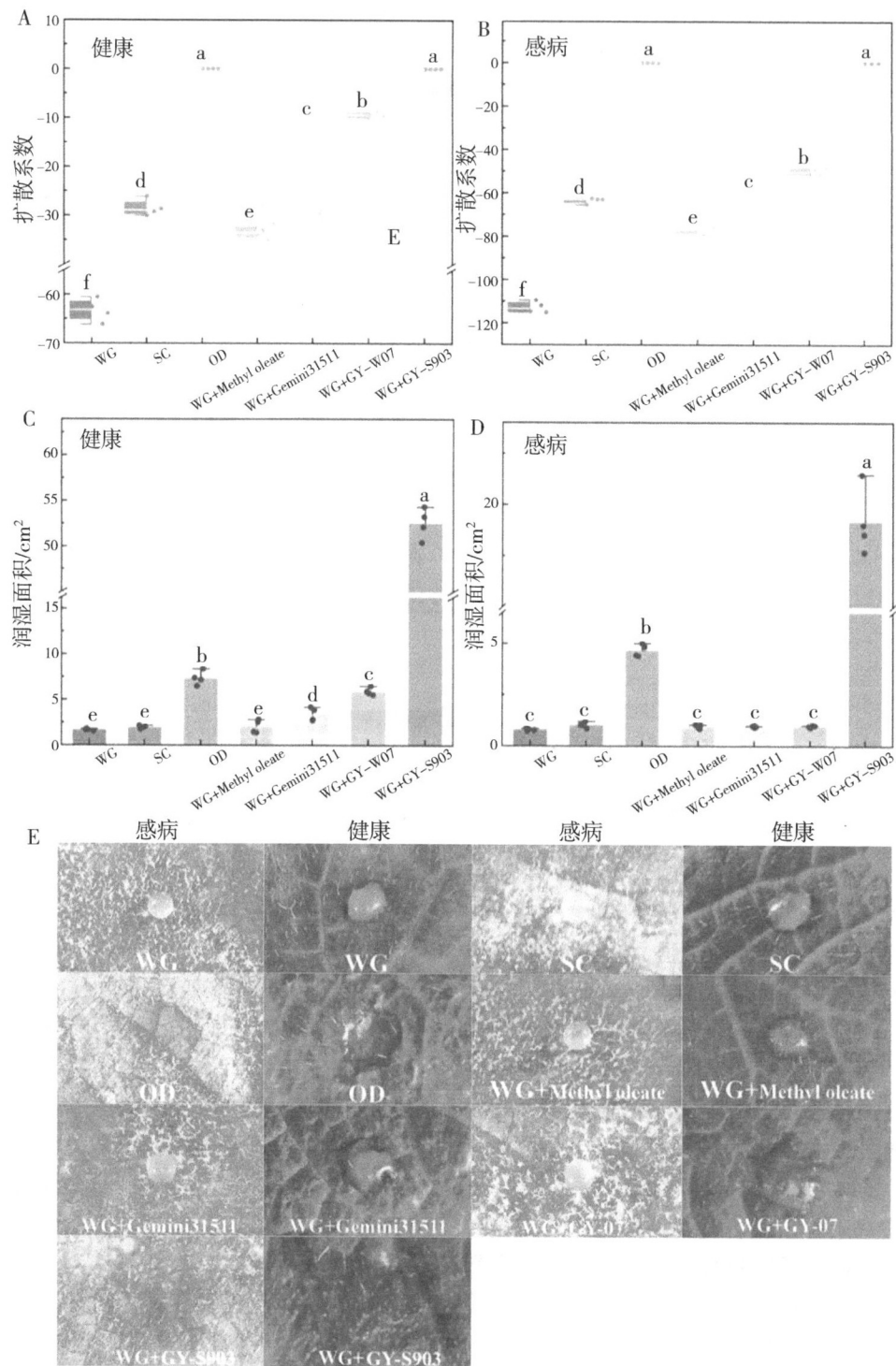

A、C 为健康叶片；B、D 为感病叶片。

图 4　药液在健康黄瓜叶片与黄瓜白粉病感病叶片上的扩散系数和润湿面积

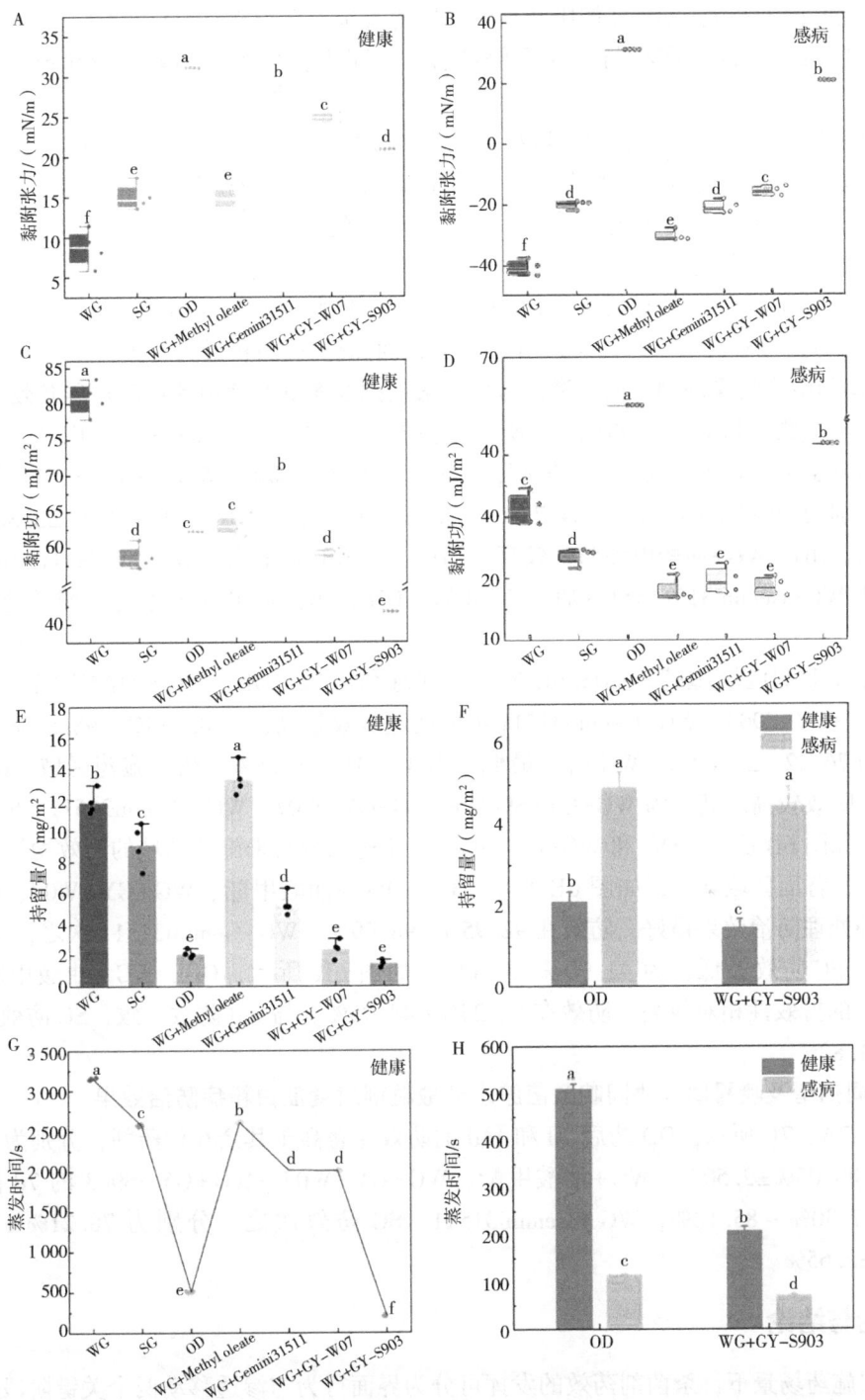

A、C、E、G 健康叶片；B、D 感病叶片。

**图 5** 农药液滴在健康黄瓜叶片与黄瓜白粉病感病叶片上的黏附张力、黏附功、持留量和蒸发时间

小、润湿面积较大，过度润湿有关。添加4种不同助剂的溶液，WG+油酸甲酯具有较低的黏附张力，却有较高的持留量，推测原因是其接触角较大、润湿面积较小，液滴以近球形"悬挂"在叶面上有关。OD在健康叶片上的持留量显著高于WG+GY-S903，而叶片发病后，二者的持留量均升高。推测与叶片受侵染后，叶面生长出大量菌丝与分生孢子吸附药液有关。

农药液滴在靶标部位的蒸发时间对药剂效果与农药利用率起着关键作用。适当缩短农药液滴的蒸发时间，可显著降低喷雾液滴在叶片表面出现聚集、滑落现象的可能，进而减少液滴在叶片上因漂移而造成的损失[17]。7种稀释液在健康黄瓜叶片上的蒸发时间如图5G所示。3种剂型中，OD的蒸发时间最短，推测与其润湿和渗透性能强有关。添加4种不同助剂的稀释药液中，蒸发时间长短依次为WG+油酸甲酯>WG+Gemini31511>WG+GY-W07>WG+GY-S903。WG+GY-S903蒸发时间最短与其润湿扩展面积最大有关。

### 2.5 不同剂型及喷雾助剂协同啶酰菌胺水分散粒剂在黄瓜叶片中的内吸传导防效

在叶片左侧区域施药，如图6A所示，在施药区域，OD、WG+油酸甲酯、WG+GY-W07、WG+GY-S903 4种药剂防效较高，在93.81%~97.12%。WG+Gemini31511和SC防效次之，分别为79.08%±1.99%、64.73%±2.84%，WG防效最低，为38.09%±3.30%。在未施药区域，OD、WG+油酸甲酯防效较高。随后，防效自高到低依次为WG+GY-S903>WG+GY-W07>WG+Gemini31511>SC>WG。14 d后，OD在施药区域与未施药区域的防治效果均较高。

在叶片上侧区域施药，如图6C所示，在施药区域，OD、WG+油酸甲酯、WG+GY-W07、WG+GY-S903、WG+Gemini31511 4种处理防效较高，在83.33%~98.81%。SC防效次之，为76.22%±4.02%，WG防效最低，为45.71%±5.71%。在未施药区域，OD、WG+油酸甲酯防效较高。其次为WG+GY-S903和WG+GY-W07，WG+Gemini31511、SC、WG相对较低。如图6D所示，OD和WG+GY-S903在施药区域与未施药区域的防效均较高。

在叶片背面区域施药，如图6E所示，OD、WG+油酸甲酯、WG+GY-W07、WG+GY-S903 4种处理防治效果最好，防效在92.95%~98.69%。WG+Gemini31511次之，为81.07%±2.70%，SC防效最低，为41.90%±3.30%。如图6H所示，OD、WG+油酸甲酯、WG+GY-S903的持效性相对较高，防效在54.24%~44.95%。与7 d防效一致，SC防效最低，为9.09%±1.82%。

### 2.6 不同剂型及喷雾助剂协同啶酰菌胺水分散粒剂对黄瓜白粉病防治效果

如图7A、7B所示，OD药后7d和14d的防效显著高于其余6种药剂，分别为96.93%±3.07%、80.05%±2.50%。WG+油酸甲酯、WG+GY-W07、WG+GY-S903的7d防效也较高，在87.30%~85.18%，WG+Gemini31511、SC防效次之，分别为78.21%±2.98%和75.44%±2.65%。

## 3 讨论与结论

冠层施药场景下，杀菌剂药效的发挥可分为界面行为与渗透移动两个关键阶段：在界面行为阶段，药液的润湿、扩散与沉积直接影响其抑菌效果，较好的润湿展布性能可使药液在植物叶表形成均匀致密的保护膜，有效覆盖气孔、叶缘等易感部位，阻断病原菌的侵入；在渗透移动阶段，药剂经渗透作用进入植物组织后，通过质外体或共质体途径进行跨细胞转运与再分配。当病原菌孢子落到植物叶片上，产生吸器，侵入植物细胞内，汲取营养时，渗入

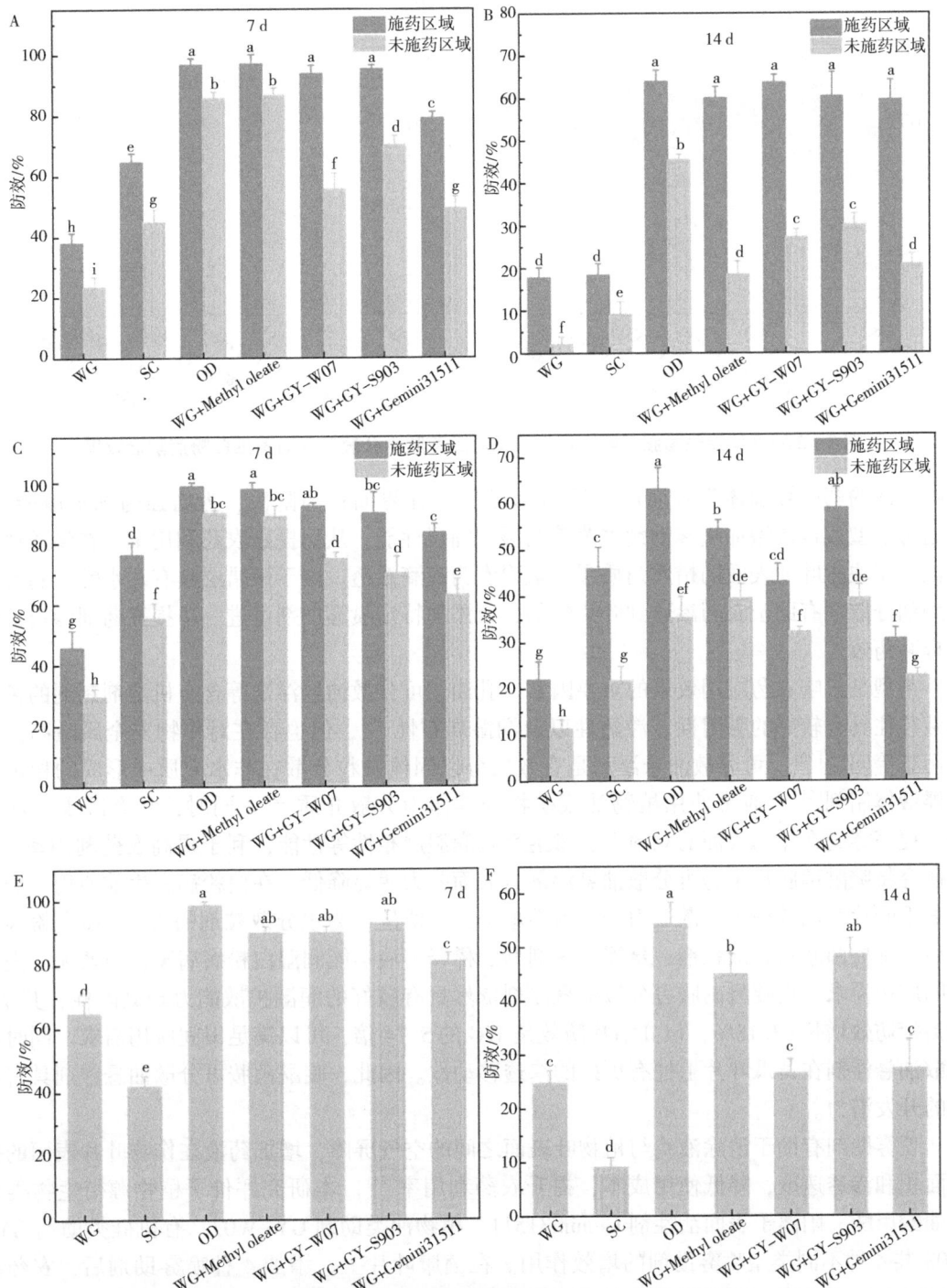

A、B 分别为叶片左侧区域施药后 7 d 和 14 d 防效；C、D. 为叶片上侧区域施药后 7 d 和 14 d 防效；E、F. 为叶片背面区域施药后 7 d 和 14 d 防效。

**图 6** 3 种剂型啶酰菌胺及喷雾助剂协同啶酰菌胺水分散粒剂在黄瓜叶片中的内吸传导防效

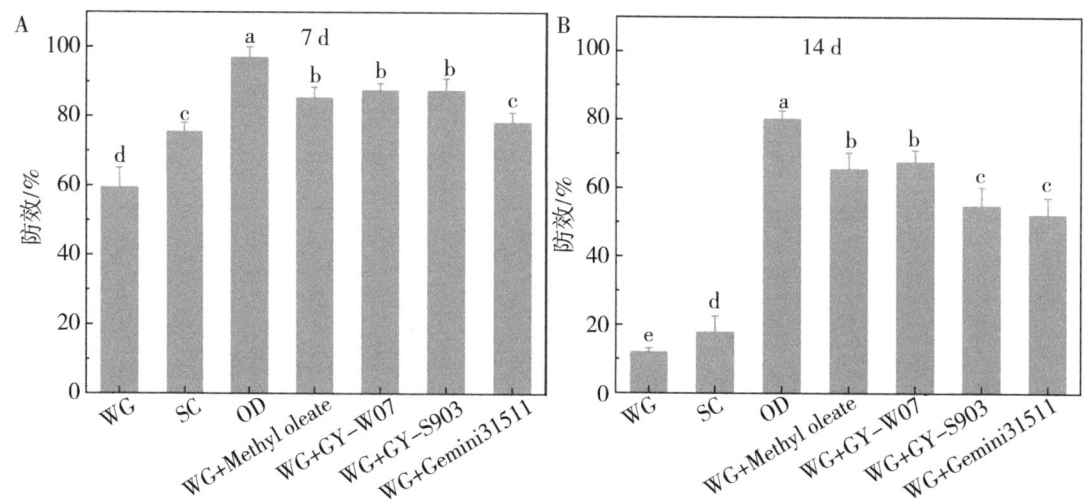

图7 3种剂型啶酰菌胺及喷雾助剂协同啶酰菌胺水分散粒剂对黄瓜白粉病防治效果

植物叶面的药剂被菌体吸收而产生抑制作用[18]。在界面行为阶段,为增强药剂扩散能力,可通过剂型改良或添加喷雾助剂来改善润湿和铺展性能,从而提高农药利用率。在渗透移动阶段,需注意叶片表面的蜡质角质层会阻碍农药液滴渗透。由于该蜡层具有疏水性,制剂中使用油分散剂有助于农药渗透到叶片内部,或添加特定喷雾助剂可进一步提高药剂渗透性进而提高药效。

剂型是影响农药应用效果的重要因素。乳油、可分散油悬浮剂等含有机溶剂制剂的稀释药液往往具有较好的黏附性、渗透性以及润湿展布性[19],但也存在对作物安全风险高,环境污染等问题[20]。可分散油悬浮剂是有效成分以固体微粒分散在非水介质中形成的稳定的悬浮液体制剂[21],通常使用植物油或矿物油等作为分散介质[22]。同时,具有减少雾滴漂移、提高雾滴在作物表面的黏附性、渗透性及润湿展布性等性能,利于提高农药利用率[19]。本研究将啶酰菌胺加工为可分散油悬浮剂,表面张力明显降低。在白粉病发生前使用,药剂在黄瓜叶片表面的润湿扩散能力与黏附性增加,持留量仅为水分散粒剂的1/3。在白粉病发生后,啶酰菌胺水分散粒剂、悬浮剂等剂型的稀释药液不能润湿白粉病病斑,防效无法满足田间应用需求。而啶酰菌胺可分散油悬浮剂依然具有较好的润湿扩散能力与黏附性,其7 d的治疗防效增长63.18%,14 d治疗防效是WG的5.74倍,可以满足田间应用需求。同时可分散油悬浮剂在黄瓜叶片上拥有更好的渗透移动性。因此,啶酰菌胺可分散油悬浮剂具有较大的开发潜力。

喷雾助剂有助于消除液滴与植物叶表面之间的空气屏障,增加药液在作物叶片表面的扩散面积和渗透速度,降低使用成本,提升农药利用率[23]。本研究评价了植物源衍生物类助剂油酸甲酯、阳离子表面活性剂Gemini31511、植物油类助剂GY-W07、有机硅类助剂GY-S903共4种不同类型喷雾助剂的增效作用。在健康叶片上,添加4种喷雾助剂后,农药液滴接触角显著下降,下降能力由大到小依次为GY-S903408、GY-W07、Gemini31511、油酸甲酯。药液在叶面的扩散系数、润湿面积增加,扩散能力增强。其中,添加GY-S903、GY-W07、Gemini31511共3种喷雾助剂后,持留量均有显著降低;添加油酸甲酯后,药剂在黄瓜叶片上的持留量增加1.12倍。所以药效的高低与持留量并非呈正相关性,其原因还需进一步探究。黄瓜白粉病发病后,药液无法有效润湿病斑,添加有机硅等助剂显著提升对病斑部位的润湿效果，药剂在叶片表面的润湿扩散性与黏附性增加，同时可以显著降低喷液量。此外，在WG中添加油酸甲酯及有机硅喷雾助剂能提高药剂在叶片内的横向及跨层移动能力，有利于提高防效。因此，在稀释药液中添加喷雾助剂是保障发病后施药质量的关键。

## 参考文献

[1] LEBEDA A, KRÍSTKOVÁ E, MIESLEROVÁ B, et al. Status, gaps and perspectives of powdery mildew resistance research and breeding in Cucurbits [J]. Critical Reviews in Plant Sciences, 2024, 43 (4): 211-290.

[2] 陈燕羽, 罗劲梅, 李萍, 等. 我国豇豆病虫害绿色防控技术研究应用进展及对策建议 [J]. 植物保护, 2025, 51 (2): 1-7, 17.

[3] HE L F, DING L, WATERHOUSE G I N, et al. Performance matching between the surface structure of cucumber powdery mildew in different growth stages and the properties of surfactant solution [J]. Pest Management Science, 2021, 77 (7): 3538-3546.

[4] 任红敏, 赵云和, 范凡, 等. 大黄酚对黄瓜白粉病的生物活性及内吸传导性研究 [J]. 农药学报, 2011, 13 (5): 535-538.

[5] 中国农药信息网. 农药登记数据 [M]. 2025: http://www.chinapesticide.org.cn/zwb/data Center.

[6] LI X X, LIU Y, HE L F, et al. Fungicide formulations influence their control efficacy by mediating physicochemical properties of spray dilutions and their interaction with target leaves [J]. Journal of agricultural and food chemistry, 2020, 68 (5): 1198-1206.

[7] ZHANG X, QIN Y. Contact angle hysteresis of a water droplet on a hydrophobic fuel cell surface [J]. Journal of colloid and interface science, 2019, 545: 231-241.

[8] SOLEIMANI H, GHANADIAN M, MOSTOWFIZADEH-GHALAMFARSA R. Spinach flavonoid-rich extract: Unleashing plant defense mechanisms against cucumber powdery mildew [J]. Sustainable Chemistry and Pharmacy, 2024, 41: 101740.

[9] HE L, DING L, LI B, et al. Regulating droplet wetting and pinning behaviors on pathogen-modified hydrophobic surfaces: strategies and working mechanisms [J]. Journal of Agricultural and Food Chemistry, 2021, 69 (39): 11720-11732.

[10] HE L, DING L, LI B, et al. Optimization strategy to inhibit droplets rebound on pathogen-modified hydrophobic surfaces [J]. ACS Applied Materials & Interfaces, 2021, 13 (32): 38018-38028.

[11] 丁磊. 剂型及喷雾助剂改善吡唑醚菌酯防治黄瓜白粉病效果及机制分析 [D]. 泰安: 山东农业大学, 2023.

[12] DUAN L, FANG Z H, HAN X Q, et al. Study ondroplet impact and spreading and deposition behavior of harvest aids on cotton leaves [J]. Langmuir, 2022, 38 (40): 12248-12262.

[13] PRECIPITO L M B, DARIO G, OLIVEIRA J V, et al. Evaporation and wettability of fungicide spray, with or without adjuvant, on leaves of vegetables [J]. Horticultura Brasileira, 2018, 36 (3): 320-324.

[14] 中华人民共和国农业农村部. 农药室内生物测定试验准则 第11部分: 防治瓜类白粉病试验 盆栽法 [M]. 2008.

[15] YU Y, ZHU H, FRANTZ J, et al. Evaporation and coverage area of pesticide droplets on hairy and waxy leaves [J]. Biosystems engineering, 2009, 104 (3): 324-334.

[16] ZHENG L, CAO C, CAN L D, et al. Bouncebehavior and regulation of pesticide solution droplets on rice leaf surfaces [J]. Journal of Agricultural and Food Chemistry, 2018, 66 (44): 11560-11568.

[17] POOS T, VARJU E. Review for convection based evaporation of open liquid surface and equations of

evaporation rate [J]. International Communications in Heat and Mass Transfer, 2024, 157: 107755.

[18] ISLAM M S, HAQUE M S, ISLAM M M, et al. Tools to kill: genome of one of the most destructive plant pathogenic fungi *Macrophomina phaseolina* [J]. BMC Genomics, 2012, 13: 1-16.

[19] 胡帅, 上官文杰, 程雪健, 等. 农药可分散油悬浮剂的制备、发展现状及展望 [J]. 农药学学报, 2023, 25 (3): 537-550.

[20] MONDÉJAR-LÓPEZ M, GARCÍA-SIMARRO M P, NAVARRO-SIMARRO P, et al. A review on the encapsulation of "eco-friendly" compounds in natural polymer-based nanoparticles as next generation nano-agrochemicals for sustainable agriculture and crop management [J]. International Journal of Biological Macromolecules, 2024, 280: 136030.

[21] FARAHANI M D, ZHENG Y. The formulation, development and application of oil dispersants [J]. Journal of Marine Science and Engineering, 2022, 10 (3): 425.

[22] BARRON M G. The use of dispersants in marine oil spill response [J]. Integrated Environmental Assessment and Management, 2022, 18 (4): 1121-1123.

[23] JINGJING WEI M W, GAOPENG HUA1, YAQI ZHANG, et al. Wettability on plant leaf surfaces and its effect on pesticide efficiency [J]. International Journal of Precision Agricultural Aviation, 2020, 3: 7.

# 固体黏结剂 SBPS-01 在水稻种子丸粒化中应用效果研究[*]

邢耀春[**]，张奇珍，石　鑫，刘鹏飞[***]，刘西莉

（中国农业大学植物保护学院，北京　100193）

**摘要**：水稻直播省去了育秧和移栽环节，是水稻智能化轻减栽培的主要发展方向。但是，直播稻发芽成苗率低、根浅、易倒伏等问题制约着该项技术的应用。笔者前期研究筛选获得了可促进种子萌发和淹水条件下秧苗根系生长的活性成分，通过种子丸粒化处理，可有效提升秧苗的健康生长。但种子丸粒化加工过程中，因黏结剂使用不当可严重影响丸衣质量和种子发芽。本文研究了新型固体黏结剂 SBPS-01 不同用量下的应用效果。结果显示，以 3% 用量添加到丸粒化粉中，丸衣开裂率为 6.33%±1.41%，脱落率为 3.60%±1.34%，有籽率为 100%，单籽率为 100%，单籽耐压强度>20 N，含水量为 15.28%±1.77%，种子尺寸为（7.47±0.48）mm×（4.51±0.42）mm。直播种子发芽率为 83.0%±2.8%，成苗率为 63.3%±2.8%。表明固体黏结剂 SBPS-01 可保障丸衣质量，种子出苗安全，为水稻直播种子处理配套技术的研发应用提供了有效保障。

**关键词**：水稻直播；种子丸粒化；黏结剂

## Study on Application Effect of Solid Binder SBPS-01 in Rice Seed Pelleting[*]

XING Yaochun[**], ZHANG Qizhen, SHI Xin, LIU Pengfei[***], LIU Xili

(*College of Plant Protection, China Agricultural University, Beijing 100193, China*)

**Abstract**: Rice direct seeding, which avoids seedling raising and transplanting, is the main development direction of intelligent and simplified rice cultivation. However, the technique application has been restricted by its inducing low emergence rates, poor seedling establishment, shallow rooting, and high lodging susceptibility. Our previous studies have screened active ingredients that promote seed germination and root growth of seedlings under flooded conditions, which can effectively ensure seedling health through seed treatment of pelleting. During the pelleting process, improper use of binders seriously affects the quality of the pellet coat and seed germination. This paper studies the application effects of the new solid binder SBPS-01 at different dosages in rice seed pelleting. The results showed that when the binder was added to the pelleting powder at a dosage of 3%, the cracking rate of the pellet coat is 6.33%±1.41%, the shedding rate is 3.60%±1.34%, the seed-containing rate is 100%, the single-seed rate is 100%, the compressive strength of single seed is >20 N, the water content is 15.28%±1.77%, and the seed size is (7.47±0.48) mm×(4.51±0.42) mm. The germination rate of direct-seeded seeds is 83.0%±2.8%, and the seedling establishment rate is 63.3%±2.8%. The solid binder SBPS-01 can effectively ensure the quality of the pellet coat and the safety of seedling emergence, providing effective support for the scientific application of supporting technologies for direct-seeded rice seed treatment.

---

[*] 基金项目：国家重点研发计划（2023YFD1701100）；云南重大科技专项计划（202302AE090003）
[**] 第一作者：邢耀春；E-mail：1585530391@qq.com
[***] 通信作者：刘鹏飞；E-mail：pengfeiliu@cau.edu.cn

**Key words**: rice direct seeding; seed pelleting; binder

水稻（*Oryza sativa* L.）是世界上最重要的粮食作物之一，全球50%及中国65%以上人口以稻米为主食[1]。2023年，我国水稻播种面积2 894.9万hm²，34个省级行政区均有水稻的种植，稻谷总产量20 660.3万t，占我国三大主粮作物的32.2%[2]。稳定播种面积，主攻单产和品质提升，确保水稻的安全生产对我国粮食安全至关重要。

丸粒化种子是指通过包衣机械将活性物质与惰性填料附着于表面不规则、扁平、带刺的小粒种子表面，在保持原种子生物学特性的基础上，形成具有特定形状、大小、强度的颗粒状种子[3]。种子丸粒化技术能够增加种子体积，调整种子形状，不仅方便机械播种，还可以提高种子处理的载药量，对保苗健苗具有重要作用[4-5]。水稻种子丸粒化可将具有种子引发、促进根系生长等物质，以及防病治虫的农药有效成分等，通过种子处理的方式包裹在种子上，特别有利于直播水稻种子的萌发、成苗和淹水条件下根系的生长，为秧苗健康生长提供有力保障。

针对水稻种子丸粒化过程中黏结剂使用不当导致的种子丸衣质量较差，影响种子发芽等问题，本文系统研究了固体黏结剂在水稻种子丸粒化中的应用效果，解决丸粒化技术中的瓶颈问题。丸粒化技术应用于水稻种子机械化精量播种，对于保证苗全苗壮、秧苗健康，以及避免播种期被鸟类啄食和除草效果等具有重要意义[6-8]。

# 1 材料与方法

## 1.1 供试材料

水稻品种：云粳37号，云南省农业科学院粮食作物研究所提供。

供试试剂：惰性填料1（高岭土，山西金诚高岭土制品有限公司）；惰性填料2（凹凸棒土，江苏汇鑫凹土有限公司）；润湿剂（十二烷基苯磺酸钠，南京卡尼尔科技有限公司）；增氧剂C（国药集团化学试剂有限公司）；固体黏结剂SBPS-01（中国农业大学种子病理药理实验室自制）。

## 1.2 试验方法

### 1.2.1 水稻种子丸粒化处理

按照水稻种子丸粒化粉剂配方：润湿剂2%、黏结剂3%、种子引发剂2%、促根活性物质50%、惰性填料1/惰性填料2（7/3）余量，将各组分按照等量递增原则混合均匀，制得丸粒化粉。称取20 g精选后的水稻种子，20 g丸粒化粉，以14 mL水作为润湿液，备用。检查丸粒化包衣机工作环境及设备运行状况，将水稻种子加入包衣机中，设置机器转速为45 r/min，使种子沿机器内壁均匀旋转。开启机器顶部的洒水旋转圆盘，并将其转速调至100 r/min。

通过注水孔注入少量润湿液，每次注水约1 mL，使水稻种子表面湿润且互不粘连。随后从粉剂注入口缓慢加入少量丸粒化粉，每次约1 g，待大部分粉剂黏附于种子表面后，重复上述过程。丸粒化种子逐渐增大，润湿液及粉剂用量可适当增多，至粉剂全部包裹至种子表面。丸粒化过程中及时筛除未黏结在种子上单独成球的粉剂，避免产生大量空籽。制得的丸粒化种子室温下用电风扇吹风辅助干燥过夜。

### 1.2.2 黏结剂用量对种子丸粒化质量的影响

黏结剂分别按照3%、5%、7%的用量添加到20 g丸粒化粉体系中，配方参见表1。以不添加黏结剂的丸粒化粉为对照组。观察丸粒化对水稻种子丸衣外观的影响。

发芽率：在直径 10 cm 的培养皿底部平铺滤纸，加入 10 mL 蒸馏水润湿滤纸，将不同配方处理的 25 粒丸粒化种子均匀铺于滤纸上，加盖密封。将培养皿置于 25 ℃培养箱中黑暗培养，每日通风 1 h 并补充 1 mL 蒸馏水，4 次重复，培养 14 d 后统计发芽率（GB/T 3543.4—1995）。

成苗率：在规格为 19 cm（长）×13 cm（宽）×12 cm（高）的发芽盒内，装入由营养土、蛭石、鸡粪按照 7∶3∶1 比例配制的基质 500 g，加入 500 mL 水混合均匀。将不同配方处理的丸粒化种子均匀播于基质表面，覆盖上一层薄土，置于 25℃温室中培养，每个处理 50 粒种子，3 次重复，30 d 后调查其成苗率（GB/T 3543.4—1995）。

表1　20 g 丸粒化粉体系固体黏结剂用量筛选配方　　　　　　　　　　　　　　　　　单位：g

| 配方组分 | 配方用量 | | | |
| --- | --- | --- | --- | --- |
| | 无黏结剂 | 3%黏结剂 | 5%黏结剂 | 7%黏结剂 |
| 增氧剂 | 10 | 10 | 10 | 10 |
| 润湿剂 | 0.4 | 0.4 | 0.4 | 0.4 |
| 固体黏结剂 | 0 | 0.6 | 1 | 1.4 |
| 填料1 | 6.72 | 6.3 | 6.02 | 5.74 |
| 填料2 | 2.88 | 2.7 | 2.58 | 2.46 |

### 1.2.3　丸粒化种子质量检测

目前，我国针对丸粒化种子的质量检测标准较少。本研究参考《烟草种子》（GB/T 21138—2019）及水稻种子相关特性，选取以下指标进行检测。

发芽率：在直径 10 cm 的培养皿底部平铺滤纸，加入 10 mL 蒸馏水润湿滤纸，将不同配方处理的 25 粒丸粒化种子均匀铺于滤纸上，加盖密封。将培养皿置于 25 ℃培养箱中黑暗培养，每日通风 1 h 并补充 1 mL 蒸馏水，4 次重复，培养 14 d 后统计发芽率（GB/T 3543.4—1995）。

含水量：先将盛放种子的铝盒放入烘箱中烘干至恒重，称取 10 g 待测的种子样品，放入容器中称重，记录数值。然后将种子连同容器一起放入烘箱中烘干，每隔 1 h 称重一次直至总重量不再变化，记录重量。

$$种子含水量 = \frac{(烘干前样品质量 - 烘干后样品质量)}{烘干前样品质量} \times 100\% \quad (1)$$

有籽率和单籽率：取丸粒化水稻种子置于容器中，加水润湿后去除种子表面的丸粒化粉剂，观察每粒丸粒化种子内水稻种子的数量。含有种子的计入有籽粒数，仅含单粒种子的计入单籽粒数统计。每次测 100 粒种子，3 次重复，有籽率和单籽率分别按如下公式计算。

$$有籽率 = \frac{有籽粒数}{100} \times 100\% \quad (2)$$

$$单籽率 = \frac{单籽粒数}{100} \times 100\% \quad (3)$$

单子抗压强度：丸粒化水稻种子 1 粒用推拉强度测定仪记录种子所受的压力峰值。将种子放在平面上用仪器下方的接触面将其压碎，读取仪器数值，以牛顿（N）为单位，精确到

0.1 N。期间保持仪器与水平面垂直，共测 100 粒种子，得出单子抗压强度的范围。

丸粒化种子尺寸：取丸粒化水稻种子 10 粒，用游标卡尺逐个测定种子的长与宽，得出水稻丸粒化种子尺寸范围，以毫米（mm）为单位，精确到 0.1 mm。

丸衣开裂率：从干燥后的种子中随机抽取 100 粒为一组样本，将出现裂缝的丸衣数量记为开裂数，并计算开裂率。

$$开裂率 = \frac{开裂数}{100} \times 100\% \qquad (4)$$

丸衣脱落率：称取（10±3）g 干燥后的种子放入 Dust Meter 灰尘仪的不锈钢桶内，设定旋转速度为 60 r/min、气体流量为 20 mL/s，持续旋转 10 min，粉尘过滤膜分别于磨损前、后称重，计算丸衣脱落率。

$$丸衣脱落率 = \frac{(磨损前种子质量 - 磨损后种子质量)}{磨损前种子质量} \times 100\% \qquad (5)$$

## 2 结果与分析

### 2.1 黏结剂对丸衣外观的影响

丸粒化粉中添加固体黏结剂 SBPS-01 组分，以不加黏结剂的丸粒化粉为对照，分别对水稻种子进行 1 倍增重丸粒化。固体黏结剂用量为 3%、5%、7%，种子外观如图 1 所示。使用固体黏结剂的丸粒外表光滑，接近于球形，用量为 3% 和 5% 时种子大小均匀一致，7% 时丸粒化粉在黏结剂作用下更易粘连在一起，空籽增加。

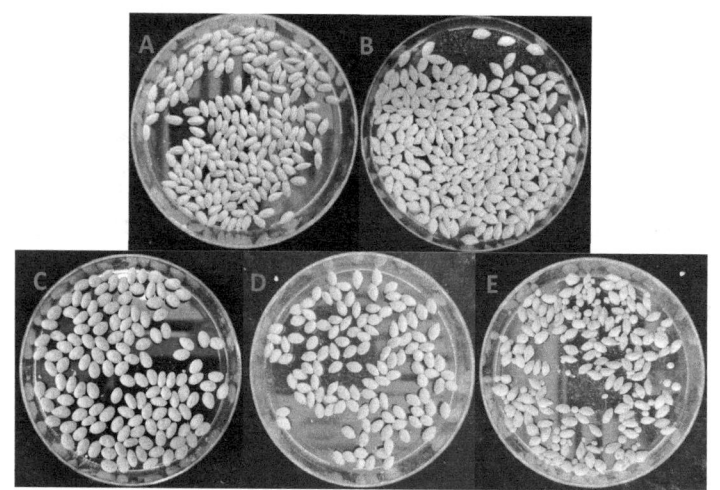

**图 1 黏结剂用量对丸粒化水稻种子外观的影响（1 倍增重）**
注：A 和 B 分别为未丸粒化种子和未加黏结剂的丸粒化种子；
固体黏结剂配方用量为 3%（C）、5%（D）、7%（E）。

### 2.2 黏结剂对丸粒化种子质量的影响

参考《烟草种子》（GB/T 21138—2019）质量检测标准，对不同处理水稻丸粒化种子的含水量、单籽率、有籽率、单籽耐压强度及丸粒化种子尺寸进行检测，结果见表 2。不添加黏结剂的对照组形成丸粒化种子尺寸为（7.18±0.33）mm×（4.11±0.14）mm，单籽率、有籽率均为 100%，含水量为 15.49%±2.84%，单籽耐压强度为 20 N 以上。添加 3%~7% 固体黏结剂形成的丸粒化种子尺寸为（7.47±0.48）mm×（4.51±0.42）mm ~（7.14±0.25）mm×（3.97±0.05）mm，单籽率、有籽率均为100%，含水量为（15.28%±1.77%）~（14.62%±2.37%），单籽耐压强度为20 N以上。与对照组相比，添加黏结剂对种子形状、有籽率、单籽率、含水量和单籽耐压强度无显著影响。

表2 固体黏结剂对水稻种子丸粒化质量部分指标的影响

| 指标 | 无黏结剂 | 3%黏结剂 | 5%黏结剂 | 7%黏结剂 |
| --- | --- | --- | --- | --- |
| 种子长度/mm | 7.18±0.33 | 7.47±0.48 | 7.25±0.11 | 7.14±0.25 |
| 种子宽度/mm | 4.11±0.14 | 4.51±0.42 | 4.17±0.28 | 3.97±0.05 |
| 有籽率/% | 100 | 100 | 100 | 74 |
| 单籽率/% | 100 | 100 | 100 | 100 |
| 含水量/% | 15.49±2.84 | 15.28±1.77 | 14.93±3.54 | 14.62±2.37 |
| 单籽耐压强度/N | >20 | >20 | >20 | >20 |

### 2.3 黏结剂对丸衣开裂率和脱落率的影响

丸衣开裂率检测结果如图2A所示，以不加黏结剂的丸粒化水稻种子为空白对照组，丸衣开裂率为87.33%。试验用量下，固体黏结剂使丸衣开裂率降至3.33%~6.33%，液体黏结剂使丸衣开裂率降至0~0.33%，后者优于前者。两种黏结剂均显著降低了水稻种子的丸衣开裂率。

采用Dust Meter灰尘仪模拟机械碰撞对种子丸衣的损伤，测试脱落率结果如图2B所示。不添加黏结剂的对照组丸衣脱落率为10.2%。添加3%~7%的固体黏结剂，脱落率为3.6%~4.7%，显著低于对照组。表明黏结剂显著提升了水稻种子丸衣的耐磨性。

结果表明，固体黏结剂的加入可以显著改善丸粒化水稻种子的丸衣外观，当固体黏结剂的用量为3%时，与不添加黏结剂相比，丸衣开裂率显著降低。

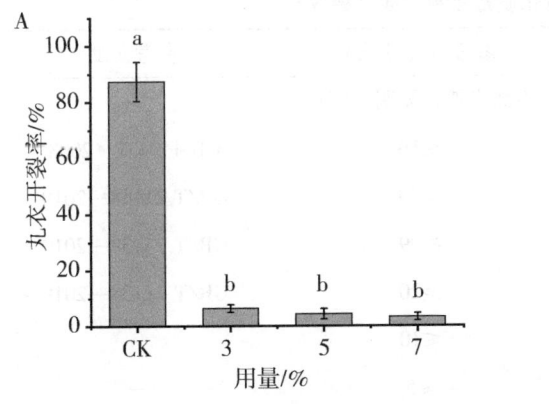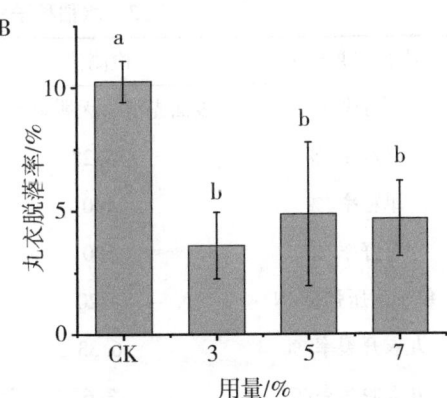

图2 固体黏结剂用量对水稻种子丸衣开裂率和脱落率的影响

注：不同字母表示 $P<0.05$ 水平上差异显著。

### 2.4 黏结剂对丸粒化种子发芽和成苗安全性的影响

固体黏结剂对水稻发芽和成苗影响如图3所示。不添加黏结剂的对照组发芽率为86%，成苗率为70%。添加固体黏结剂后发芽率和成苗率略有下降，但在试验用量下，发芽率差异不显著，而3%的用量下成苗率与对照差异不显著。

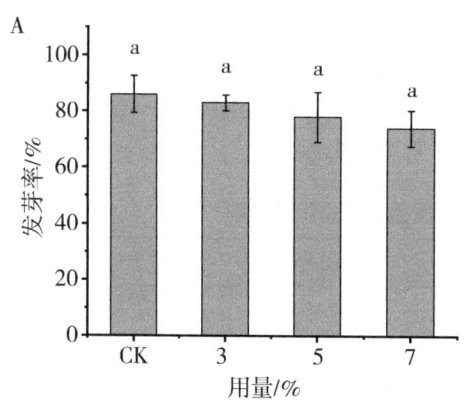
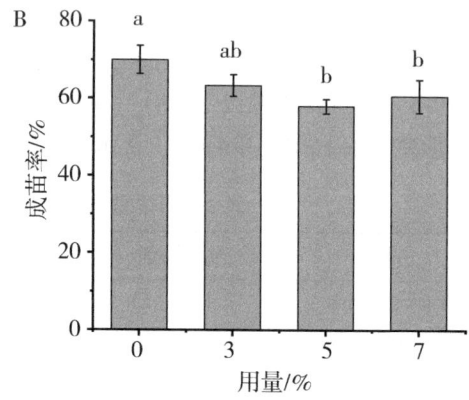

图 3　固体黏结剂对水稻发芽率（A）和成苗率（B）的影响

注：不同字母表示 $P<0.05$ 水平上差异显著。

## 3　结论与讨论

采用质量分数为 3% 的固体黏结剂制备丸粒化粉，对水稻种子进行 1 倍增重丸粒化，可形成纺锤形丸粒，表面光滑，大小均匀，开裂率 6.33%、脱落率 3.6%、发芽率 83%、成苗率 63%、耐压强度>20 N，单籽率和有籽率均为 100%，丸衣性能优良，对水稻种子安全。

鉴于目前尚缺少水稻种子丸粒化质量控制标准，参考《烟草种子》（GB/T 21138—2019）中对烟草丸粒化种子的相关标准，以及《农作物种子检验规程》（GB 3543.1—1995）、《粮食作物种子　第 1 部分：禾谷类》（GB 4404.1—2008）中对水稻种子相关质量指标的要求，结合水稻种子的生物学特性，提出以种子外观、单籽率、有籽率、含水量、耐压强度、开裂率、脱落率、种子安全性等指标作为水稻种子丸粒化质量控制指标，参考标准如表 3 所示。该标准可为今后制定或完善水稻种子丸粒化加工相关技术规范提供参考。

表 3　水稻种子丸粒化质量控制标准（建议）

| 指标（单位） | 检测值 | 参考值（建议） | 参考文献 |
| --- | --- | --- | --- |
| 种子外观 | 表面光滑，无明显裂纹 | 表面光滑，无明显裂纹 | — |
| 含水量/% | 15.28 | ≤16 | GB 4404.1—2008 |
| 单籽率/% | 100 | ≥99 | GB/T 21138—2019 |
| 有籽率/% | 100 | ≥99 | GB/T 21138—2019 |
| 单子耐压强度/N | ≥20 | ≥20 | GB/T 21138—2019 |
| 丸衣开裂率/% | 6.33 | ≤10 | — |
| 丸衣脱落率/% | 3.6 | ≤5 | — |
| 发芽率/% | 83.0 | ≥80 | GB 4404.1—2008 |

此外，现有市场化推广的丸粒化加工多将液体黏结剂添加于润湿液中使用，本配方筛选出的固体黏结剂可直接添加至丸粒化粉中，这在加工过程中有利于润湿液管道清洁，大大减少了粉剂粘壁和种子间黏连等情况的发生，从而简化种子处理，提高生产效率，有极大的推广潜力。

## 参考文献

[1] ALEXANDRATOS N, BRUINSMA J. World agriculture towards 2030/2050: the 2012 revision [C]. Agricultural Development Economics Division, Food and Agriculture Organization of the United Nations, Rome.

[2] 中华人民共和国国家统计局. 中国统计年鉴2024 [M]. 北京：中国统计出版社, 2025.

[3] 李明, 姚东伟, 陈利明. 我国种子丸粒化加工技术现状（综述）[J]. 上海农业学报, 2004 (3)：73-77.

[4] 王维成, 王荣华, 高有军, 等. 甜菜种子丸粒化加工技术初探 [J]. 中国糖料, 2016 (5)：46-48.

[5] 常瑛, 魏廷邦, 臧广鹏, 等. 种子丸粒化技术在小粒种子中的研究与应用 [J]. 中国种业, 2020 (11)：18-21.

[6] MEI J H, WANG W Q, PENG S B, et al. Seed pelleting with Calcium peroxide improves crop establishment of direct-seeded rice under waterlogging conditions [J]. Scientific Reports, 2017 (1)：4878.

[7] ABDUKERIM, R, XIANG S, SHI Y X, et al. Seed pelleting with gum arabic-encapsulated biocontrol Bacteria for effective control of clubroot disease in Pak Choi. [J]. Plants, 2023 (12)：3702.

[8] KANGSOPA J, HYNES R K, SIRI B. Lettuce Seed Pelleting with *Pseudomonas* sp. 31-12：Plant growth promotion under laboratory and greenhouse conditions [J]. Canadian Journal of Microbiology, 2024 (12)：529-537.

# 会议论文摘要

# Inhibitory Activity of Benziothiazolinone Against *Magnaporthe oryzae* and Its Multifaceted Antifungal Mechanisms[*]

TU Zijuan[1,2**], REN Zhenghua[1,2], BI Chaowei[1,2***]

(1. *Yibin Academy of Southwest University, Yibin 644000, China*;
2. *College of Plant Protection, Southwest University, Chongqing 400715, China*)

**Abstract**: Rice blast, caused by the fungal pathogen *Magnaporthe oryzae*, poses a critical threat to global rice production. This study systematically investigated the multifaceted antifungal mechanisms of benziothiazolinone, a heterocyclic thiazolinone fungicide, to address the challenge of widespread resistance in *M. oryzae* to conventional fungicides. In vitro bioassays revealed that benziothiazolinone exhibited strong inhibitory effects on mycelial growth, with an $EC_{50}$ value of 10.867 1 μg/mL. At 48 μg/mL, mycelial inhibition reached 85.71%, accompanied by reduced spore germination and germ tube elongation. Dose – dependent suppression was observed across tested concentrations. Metabolomic analyses demonstrated that benziothiazolinone disrupts fungal physiology via three pathways: ① Inhibition of ergosterol biosynthesis (20% reduction) without compromising membrane integrity, despite elevated malondialdehyde levels; ②Impairment of α-ketoglutarate dehydrogenase complex activity in the tricarboxylic acid (TCA) cycle, leading to pyruvate accumulation (41% increase) and soluble protein elevation (52% increase); ③Modulation of oxidative stress responses, including increased superoxide anion ($O_2^-$) levels and superoxide dismutase (SOD) /catalase (CAT) activities, with concurrent suppression of peroxidase (POD) activity.

**Key words**: benziothiazolinone; *Magnaporthe oryzae*; antifungal mechanism; ergosterol biosynthesis; oxidative stress

---

[*] Funding: Shuangcheng Cooperative Agreement Research Grant of Yibin, China (XNDX2022020011); National Key R&D Program of China (2022YFD1400901)
[**] First author: TU Zijuan; E-mail: 2385926725@qq.com
[***] Corresponding author: BI Chaowei; E-mail: chwbi@swu.edu.cn

# Determination of Systemic Conductivity of Benziothiazolinone in Rice Plants and Its Efficacy Against Rice Blast[*]

TU Zijuan[1,2][**], REN Zhenghua[1,2], BI Chaowei[1,2][***]

(1. *Yibin Academy of Southwest University*, *Yibin* 644000, *China*;
2. *College of Plant Protection*, *Southwest University*, *Chongqing* 400715, *China*)

**Abstract**: Benziothiazolinone (BIT), an organic heterocyclic fungicide, demonstrates potential for managing fungal diseases including rice blast (*Magnaporthe oryzae*). However, its systemic absorption and translocation dynamics in living rice plants remain poorly characterized. This study systematically investigated BIT's absorption/translocation patterns in rice and its field efficacy against rice blast. Hydroponic and foliar application experiments revealed that BIT exhibits bidirectional but asymmetric translocation, with limited basipetal mobility. While BIT demonstrated both protective and curative activities, seed treatment showed limited efficacy against seedling blast (20.49% – 34.05% control). Dose-response analyses indicated hormetic effects: low concentrations (24 – 96 μg/mL) enhanced seed germination and seedling vigor, whereas high concentrations caused germination delay and root inhibition. Field trials achieved 48.53% blast control at 39.6 gai./hm$^2$, suggesting optimization of application methods is critical for practical implementation. These findings elucidate BIT's phloem-limited systemic behavior and provide a framework for rational deployment against rice blast.

**Key words**: benziothiazolinone; *Oryza sativa*; systemic translocation; *Magnaporthe oryzae*; disease management

---

[*] Funding: Shuangcheng Cooperative Agreement Research Grant of Yibin, China (XNDX2022020011); National Key R&D Program of China (2022YFD1400901)
[**] First author: TU Zijuan; E-mail: 2385926725@qq.com
[***] Corresponding author: BI Chaowei; E-mail: chwbi@swu.edu.cn

# 430 g/L 戊唑醇悬浮剂防治稻曲病的飞防助剂筛选[*]

高连奇[**]，魏松红，祁之秋[***]

(沈阳农业大学植物保护学院，沈阳 110866)

**摘要**：稻曲病作为水稻三大病害之一，严重威胁着水稻生产。随着植保无人机施药技术的发展，稻田无人机施药已得到普及。无人机施药喷雾直径较小，药剂漂移严重，不仅影响施药区着药量，还出现环境污染，对非靶标生物不安全等问题。施药时，药液中添加飞防助剂可有效改善雾滴沉降，减少药液漂移，提高农药利用率。戊唑醇是生产上防治稻曲病的重要杀菌剂，本试验研究迈飞、翼途、杰效利、金诺、萃润、百士威 6 种飞防助剂对其理化性状的影响，筛选出适用于 430 g/L 戊唑醇悬浮剂的飞防助剂，确定 430 g/L 戊唑醇悬浮剂和飞防助剂的配比组合，以提高对稻曲病的防治效果。结果如下：

6 种飞防助剂与戊唑醇药液混合后对药剂理化性状均有影响。其中，按药液 1.5% 的剂量添加金诺和杰效利后，对药液理化性能的影响显著优于其他飞防助剂：两种助剂使 430 g/L 戊唑醇悬浮剂的药液表面张力下降 24.86%、26.81%，黏度增加 64.05%、68.38%；添加金诺和杰效利助剂的药液润湿性显著提高，液滴接触水稻叶片后迅速铺展，接触角接近 0°；金诺的抗蒸发能力高于杰效利，药液的蒸发速率分别减少 6.18% 和 2.91%；添加金诺助剂的药液喷施在水稻植株上，静置 12 h 和 24 h 后，戊唑醇在水稻穗部和叶部的渗透量提高了 56.00%、53.30% 和 50.67%、64.02%。

采用大疆 T40 型无人机喷施药液防治稻曲病，430 g/L 戊唑醇悬浮剂添加金诺助剂后对稻曲病的防治效果达 85.75%，显著高于对未添加助剂的戊唑醇处理 (79.59%)。添加金诺后，采用水敏纸测试水稻植株上、中部叶片药液，发现雾滴密度分别提高 56.63% 和 49.06%；雾滴沉积量分别增加 0.37 μL/cm² 和 0.18 μL/cm²；雾滴覆盖率分别提高 67.47% 和 58.26%。由此可见，金诺助剂适合与 430 g/L 戊唑醇悬浮剂桶混采用无人机喷施防治稻曲病，提高防治效果。

**关键词**：植保无人机；飞防助剂；戊唑醇；稻曲病；防治效果

---

[*] 基金项目：国家水稻产业技术体系 (CARS-01)；"兴辽英才计划"农业专家项目 (XLYC2213046)
[**] 第一作者：高连奇，博士研究生；E-mail：2023240661@stu.syau.edu.cn
[***] 通信作者：祁之秋，副教授，从事农药毒理及抗药性研究；E-mail：2001500063@syau.edu.cn

# 2020—2025 年江苏省稻曲病菌对三唑类杀菌剂的抗药性监测*

潘夏艳[1]**，朱 凤[2]，张舒琪[1]，于俊杰[1]，刘永锋[1]***

(1. 江苏省农业科学院植物保护研究所，南京 210014；
2. 江苏省植物保护植物检疫站，南京 210014)

**摘要**：由稻曲病菌（*Ustilaginoidea virens*）侵染引起的稻曲病是水稻三大真菌病害之一，发生日趋严重。三唑类杀菌剂是防控稻曲病的首要药剂，但由于其长期使用已面临抗性风险。为明确江苏省田间稻曲病菌对三唑类杀菌剂的抗药性水平，本研究从 2020—2025 年连续 6 年在江苏省不同地区采集并分离了 728 个稻曲病菌单孢菌株，并对其进行了三唑类杀菌剂的抗药性监测。结果显示，2020 年在江苏徐州市检测到 1 株抗药性菌株，其抗性频率为 0.6%；2022 年在江苏省靖江市检测到 1 株抗药性菌株，其抗性频率为 0.7%；2023 年和 2025 年在江苏省淮安市均检测到 1 株抗药性菌株，其抗性频率分别为 0.9% 和 1.3%。所有抗药性菌株的抗性水平均<5，为低抗性菌株。对靶标基因 *CYP51* 测序分析显示，所有抗药性菌株 *CYP51* 均未发生突变。以上监测结果表明江苏省稻曲病菌对三唑类杀菌的抗药性风险较低，三唑类杀菌剂仍然可以作为江苏省防治稻曲病的主要药剂。

**关键词**：江苏省；稻曲病菌；三唑类；抗药性

---

\* 基金项目：国家基金面上项目（32272512）；江苏省农业科技自主创新资金（CX〔24〕3014）
\*\* 第一作者：潘夏艳；E-mail：panxy@jaas.ac.cn
\*\*\* 通信作者：刘永锋；E-mail：liuyf@jaas.ac.cn

# 2020—2025年江苏省稻瘟病菌对稻瘟灵的抗药性监测

潘夏艳[1][**],朱 凤[2],张舒琪[1],齐中强[1],刘永锋[1][***]

(1. 江苏省农业科学院植物保护研究所,南京 210014;
2. 江苏省植物保护植物检疫站,南京 210014)

**摘要:** 为明确江苏省稻瘟病菌对稻瘟灵的抗药性,本研究自2020—2025年连续6年在江苏省采集并分离了稻瘟病菌单孢菌株902株,并对其进行了稻瘟灵抗药性监测。结果显示,除了2024年未在江苏省检测到稻瘟病菌对稻瘟灵的抗药性菌株,其余年份在江苏省徐州市、淮安市、连云港市、东台市、靖江市、宜兴市、仪征市和南通市8个地区检测到了低抗菌株。2020—2023年以及2025年江苏省稻瘟病菌对稻瘟灵的抗性频率分别为12.9%、15.2%、3.8%、3.7%和7.2%。所有抗药性菌株的抗性水平均<5,与嘧菌酯、咪鲜胺以及稻瘟酰胺均不存在交互抗性,且抗药性相关基因 *MoIRR* 未发生任何突变。以上监测结果表明江苏省稻瘟病菌对稻瘟灵的抗药性风险较低,稻瘟灵仍然可以作为江苏省防治稻瘟病的主要药剂。

**关键词:** 江苏省;稻瘟病菌;稻瘟灵;抗药性

---

\* 基金项目:农业基础性长期性科技工作植物保护观测监测项目(ZX04S110101)
\*\* 第一作者:潘夏艳;E-mail:panxy@jaas.ac.cn
\*\*\* 通信作者:刘永锋;E-mail:liuyf@jaas.ac.cn

# 川渝地区高粱炭疽病菌对常用杀菌剂的田间抗性监测

孙伟进[1,2]**,王晶晶[1,2],屠紫娟[1,2],毕朝位[1,2]***

(1. 宜宾西南大学研究院,宜宾 644000;2. 西南大学植物保护学院,重庆 400715)

**摘要:** 由高粱刺盘孢(*Colletotrichum sublineola*)引起的高粱炭疽病是川渝地区高粱上的主要病害,苗期到成株期均可侵染,使高粱减产30%以上。目前国内外防治高粱炭疽病的方法主要是化学防治,包括甾醇脱甲基抑制剂类(DMI)、甲氧基丙烯酸酯类(QoI)、苯并咪唑类(MBC)和琥珀酸脱氢酶抑制剂类(SDHI)杀菌剂。本研究旨在对川渝地区高粱炭疽病菌对常用杀菌剂的田间抗性监测,为指导药剂的科学使用和制定合理的抗性治理措施提供依据。对采集自四川(宣汉、长宁、南溪、泸县)和重庆(江津)的高粱炭疽病病样分离纯化,获得329株病原菌。选取100株敏感菌株以菌丝生长速率法测定其对不同杀菌剂的敏感性($EC_{50}$值),建立了高粱炭疽病菌对6种杀菌剂的敏感性基线[戊唑醇(2.310±0.1291)mg/L、苯醚甲环唑(0.611±0.0575)mg/L、醚菌酯(1.270±0.1341)mg/L、吡唑醚菌酯(0.034±0.0027)mg/L、多菌灵(0.071±0.0019)mg/L和啶酰菌胺(0.634±0.0157)mg/L]。使用鉴别剂量法(戊唑醇20 mg/L、苯醚甲环唑30 mg/L、醚菌酯100 mg/L、吡唑醚菌酯6 mg/L、多菌灵4 mg/L、啶酰菌胺20 mg/L)对各地的病原菌进行抗性监测。结果表明:戊唑醇抗性菌株3株,抗性频率为0.91%;苯醚甲环唑抗性菌株2株,抗性频率为0.61%;醚菌酯6株,1.82%;吡唑醚菌酯2株,0.61%;多菌灵2株,0.61%;啶酰菌胺4株,1.21%。测定所得到的抗性菌株的$EC_{50}$值并与敏感性基线相比得到抗性倍数,结果表明所有田间抗性菌株均为低抗。对抗性菌株的药剂靶标基因(*CYP51*、*Cytb*、*β-TUB2*和*SDH-B/C/D*亚基)进行测序比对,均未发现位点突变;进一步测定戊唑醇和苯醚甲环唑田间抗性菌株的*CYP51*基因的表达量,发现其表达量升高。

**关键词:** 高粱炭疽病菌;田间抗性;戊唑醇;苯醚甲环唑

---

\* 基金项目:宜宾市双城协议保障科研经费(XNDX2022020011);国家重点研发计划(2022YFD1400901)
\*\* 第一作者:孙伟进;E-mail:2974038525@qq.com
\*\*\* 通信作者:毕朝位;E-mail:chwbi@swu.edu.cn

# 稻曲病菌对丙硫唑的敏感性及丙硫唑抗性突变体的适合度

李鹏飞，许崇敬，王晨光，侯毅平*

(南京农业大学植物保护学院，南京 210095)

**摘要**：由稻绿核菌（*Ustilaginoidea virens*）引起的水稻稻曲病严重影响水稻产量和品质，威胁粮食安全。化学防治仍是目前主要的防治措施，但杀菌剂长期不科学的使用，导致稻曲病菌已对多种杀菌剂产生了抗药性。为解决这一问题，笔者测定了丙硫唑对稻曲病菌的抑制活性。采用菌丝生长速率法测定了从河北、江苏、安徽、浙江、重庆分离的103株稻曲病菌对丙硫唑的敏感性，并建立了敏感性基线。结果显示敏感性基线呈单峰分布，$EC_{50}$值范围为0.424 6~2.660 0 μg/mL，平均值为（1.098 4±0.459 0）μg/mL，表明丙硫唑对稻曲病菌菌丝生长具有显著抑制作用。为评估稻曲病菌对丙硫唑的抗性风险，分别通过药剂驯化和紫外诱变获得了抗性突变体，抗性频率分别为3.3%和6.7%。在获得的9株抗性突变体中，8株表现为高等水平抗性（抗性倍数RF>100），1株为中等水平抗性（RF>80），所有抗性突变体的抗性性状均可稳定遗传。抗性突变体表现出显著的适合度下降，包括菌丝生长速率减慢、菌丝生物量减少、菌丝低温耐受性下降以及致病力降低。交互抗性分析表明，丙硫唑与嘧菌酯和丙环唑无交互抗性，但与相同作用机理杀菌剂多菌灵存在交互抗性。综合分析抗性频率和适合度代价等因素，评估稻曲病菌对丙硫唑的抗性风险为中等。本研究为丙硫唑的科学使用提供了重要理论依据，并证明了丙硫唑具有作为防治稻曲病替代杀菌剂的潜在应用价值。

**关键词**：稻曲病菌；丙硫唑；适合度；抗性风险

---

* 通信作者：侯毅平，教授，研究方向为杀菌剂毒理及病原菌抗药性；E-mail：houyiping@njau.edu.cn

# 小麦秸秆还田对茎基腐病和纹枯病的影响及微生物驱动机制[*]

冯超红[1][**]，范志业[2]，徐 飞[1][***]

(1. 河南省农业科学院植物保护研究所，农业农村部华北南部作物有害生物综合治理重点实验室，郑州 450002；2. 漯河市农业科学院，漯河 462000)

**摘要**：小麦茎基腐病和纹枯病是威胁河南省小麦安全生产的重要茎部病害，其在秸秆还田背景下的发生规律与微生物驱动机制亟待阐明。本研究于河南省漯河市试验基地进行，设置小麦秸秆还田处理组和未还田对照组，选用周麦18和周麦33两个品种，探究了秸秆还田对两种病害发生及不同根区土壤（根际、根围、行间）微生物群落的影响。田间调查表明，秸秆还田的效应因品种而异：秸秆还田导致感病品种周麦33灌浆期茎基腐病病情指数显著加重（11.10 vs 3.04），同时显著提高周麦18返青期纹枯病发病率（90.30% vs 48.06%），但对两个品种返青期茎基腐病发病率和灌浆期周麦18病情指数均无显著影响。通过绝对定量扩增子测序分析微生物组发现，秸秆还田处理整体降低了土壤镰孢菌属（*Fusarium*）的相对丰度，但在感病品种周麦33的根际等关键区域，镰孢菌的相对丰度显著升高，且灌浆期根际镰孢菌相对丰度与茎基腐病病情指数呈显著正相关。同时，秸秆还田降低了具有潜在抑菌功能的有益菌（如黄杆菌属*Flavobacterium*）的相对丰度，并显著重塑了微生物共现网络结构，表现为行间土和根际土中细菌/真菌网络复杂性（节点数、边数、平均度）和细菌网络正内聚力降低，根际土壤细菌网络的稳定性下降。本研究揭示，秸秆还田并非简单地增加土壤病原菌总量，而是通过驱动根际病原菌在感病品种关键生育期和微域（根际）的富集、削减有益菌群、以及削弱微生物网络的稳定性和协同作用，进而导致病害发生，且效应因品种抗性而异。研究结果为理解秸秆还田下土传病害的微生态机制及制定品种差异化的病害防控策略提供了重要依据。

**关键词**：秸秆还田；小麦茎基腐病；小麦纹枯病；微生物组；微生物共现网络

---

[*] 基金项目：国家重点研发计划（2024YFD1400400）；河南省农业科学院自主创新项目（2025ZC61）
[**] 第一作者：冯超红，助理研究员，主要从事小麦病害生物防治研究；E-mail：fengchaohong166@163.com
[***] 通信作者：徐飞，研究员，主要从事小麦病害监测预警和防控技术研究；E-mail：xufei198409@163.com

# 河南省 800 个小麦新品系的茎基腐病抗性筛选和抗性快速鉴定技术[*]

石瑞杰[1][**]，刘露露[1]，王红旗[2]，刘继红[2]，徐　飞[1][***]

(1. 河南省农业科学院植物保护研究所，农业农村部华北南部作物有害生物综合治理重点实验室，郑州　450002；2. 河南省农业科学院农业质量标准与检测技术研究所，河南省粮食质量安全与检测重点实验室，郑州　450002)

**摘要**：在黄淮麦区，小麦茎基腐病主要由假禾谷镰孢（*Fusarium pseudograminearum*）引起，该病害对小麦安全生产造成严重影响。筛选出抗茎基腐病的小麦品种显得尤为重要。然而，目前在抗性品种的筛选与培育过程中，小麦品种茎基腐抗性资源的快速鉴定技术是主要瓶颈。本研究主要目的是优化小麦成株期茎基腐病的抗性鉴定技术。通过调查河南省小麦新品系对茎基腐病的成株期抗性，并运用荧光定量 PCR 技术对代表性品种的茎秆中假禾谷镰孢的生物量进行测定，同时检测了茎秆中毒素的积累情况，本研究进一步探讨了小麦茎基腐病情与假禾谷镰孢生物量及毒素积累之间的关系。在 2022—2024 年，于河南内黄和原阳两地种植的 800 个小麦品种的成株期抗性鉴定结果表明：在两年两地的种植条件下，共有 188 个品种表现出稳定一致的小麦茎基腐病抗性水平。其中，36 个品种为抗性品种，占比 19.2%；81 个品种表现为中等抗性，占比 43.1%；48 个品种表现为中感，占比 25.5%；14 个品种为感病，占比 7.4%；9 个品种为高感，占比 4.8%。抗性、中抗、中感、感、高感品种的平均病指分别为 5.75、14.88、25.80、32.34 和 48.39；茎秆中假禾谷镰孢的平均生物量分别为 1.26 mg/kg、4.33 mg/kg、5.74 mg/kg、8.23 mg/kg 和 8.83 mg/kg；主要毒素 DON 的平均积累量分别为 5.21 mg/kg、14.14 mg/kg、17.29 mg/kg、22.89 mg/kg 和 19.52 mg/kg。研究结果揭示了品种的病情指数与假禾谷镰孢的生物量和主要毒素 DON 的平均积累量之间存在高度显著的正相关关系（$P<0.001$），相关系数分别为 0.64 和 0.57，并且假禾谷镰孢的生物量与病情指数呈现出密切的同步增长趋势。本研究证明了利用荧光定量 PCR 技术检测茎秆中假禾谷镰孢的生物量能够真实、快速、准确地反映小麦品种对茎基腐病的抗性水平，该技术可作为一种新的快速鉴定小麦茎基腐病抗性的方法，为小麦茎基腐病抗性鉴定评价、抗性品种的培育和应用提供科学依据。

**关键词**：小麦品种；茎基腐病；抗性鉴定；假禾谷镰孢生物量；鉴定技术

---

[*] 基金项目：国家重点研发计划（2024YFD1400400）
[**] 第一作者：石瑞杰，助理研究员，主要从事小麦品种抗性研究；E-mail：15638130623@163.com
[***] 通信作者：徐飞，研究员，主要从事小麦茎基腐病综合防控技术研究；E-mail：xufei198409@163.com

# 禾谷镰孢菌活体盆栽试验体系的建立

孙庚\*，孙芹，王斌\*\*

(沈阳中化农药化工研发有限公司，新农药创制与开发国家重点实验室，沈阳 110021)

**摘要**：镰孢菌属真菌被列为世界上影响植物（尤其是谷物）的10种最重要病原真菌之一。为大量筛选对镰孢菌属有效的新化合物及商品化药剂，本研究建立了以玉米植株为寄主植物的禾谷镰孢菌活体盆栽试验体系，并对多种杀菌剂进行测定，以确定该体系的趋势稳定性和结果准确性。试验结果表明，该体系具有适宜大量筛选、操作简便、耗时短、结果趋势稳定、结果准确等优点。对杀菌剂筛选结果表明，1.56 mg/L 浓度下，氟唑菌酰羟胺的防效可达90%以上；6.25 mg/L 浓度下，丙硫菌唑、咯菌腈、多菌灵等杀菌剂的防效可达90%以上；25 mg/L 浓度下，种菌唑、叶菌唑等杀菌剂的防效可达90%以上；100 mg/L 浓度下，氰烯菌酯等杀菌剂的防效可达90%以上。且对氟唑菌酰羟胺、丙硫菌唑、氰烯菌酯3种杀菌剂进行多次测定，结果趋势稳定。该方法可以用于新化合物和杀菌剂的大量筛选研究、混配配方筛选研究及作用特性研究等，为镰孢菌属真菌的防治和产品开发提供理论依据和试验方法。

**关键词**：禾谷镰孢菌；活体盆栽试验体系；化合物筛选

---

\* 第一作者：孙庚，高级工程师，主要从事新化合物杀菌活性筛选及植物病害化学防治技术研究
\*\* 通信作者：王斌，高级工程师；E-mail：wangbin@yangnongchem.com

# 黄瓜霜霉病菌对氟噻唑吡乙酮的抗药性检测

杨慧鑫*，孙 芹，王 斌**

(沈阳中化农药化工研发有限公司，新农药创制与开发国家重点实验室，沈阳 110021)

**摘要**：黄瓜霜霉病是当今黄瓜生产中的主要病害，由病原物古巴假霜霉（*Pseudoperonospora cubensis*）侵染引起，具有传播迅速、毁灭性强的特点，可导致黄瓜的大规模减产。氟噻唑吡乙酮是美国杜邦公司2007年研发的OSBPI类杀菌剂，并于2016年在我国登记上市，对黄瓜霜霉病、马铃薯晚疫病等病害具有显著的防效。氟噻唑吡乙酮此类杀菌剂靶向卵菌的特异性氧化固醇结合蛋白，但作用位点单一，易引发抗性，而且FRAC已将黄瓜霜霉病菌列为十大高风险病原菌之一。目前氟噻唑吡乙酮在我国已经应用多年，开展其田间抗性监测为病害的持续有效控制及抗药性治理策略的制定提供重要依据。

本研究对采集自北京、辽宁、河北、河南、广东、广西等10个省（区、市）2023—2024年的黄瓜霜霉病菌进行分离、纯化和鉴定，并对其用药历史进行调查，选择72株供试菌株，采用叶碟法分别测定了其对氟噻唑吡乙酮的敏感性。测定结果显示，供试的黄瓜霜霉病对氟噻唑吡乙酮的有效抑制中浓度（$EC_{50}$）在 0.021 4~1.221 8 μg/mL。根据黄瓜霜霉病菌对氟噻唑吡乙酮的敏感性基线，评价当前采集分离的72株黄瓜霜霉病菌的抗性水平。试验结果表明，供试菌株中对氟噻唑吡乙酮的抗性水平在50~100倍的有10个，101~1 000倍的有16株，1 001~2 000倍的有21株，2 001~3 000倍的有17株，3 001~5 000倍的有5株，5 000倍以上的有3株。山东、四川等地的菌种抗性水平较高，大多在2 000倍以上。上述结果表明，该10个省（区、市）黄瓜霜霉病菌对氟噻唑吡乙酮已经产生普遍的抗药性，未来需要通过科学用药，并适时监测抗药性发展情况，为科学指导田间合理使用氟噻唑吡乙酮提供参考。

**关键词**：黄瓜霜霉病；氟噻唑吡乙酮；抗药性检测

---

\* 第一作者：杨慧鑫，助理工程师，主要从事新化合物杀菌活性筛选及植物病害化学防治技术研究
\*\* 通信作者：王斌，高级工程师；E-mail：wangbin@yangnongchem.com

# Efficacy of Fluxapyroxad and Mefentrifluconazole in Inhibiting and Controlling Wheat Powdery Mildew (*Blumeria graminis* f. sp. *tritici*) in Henan, Hebei and Shandong Provinces, China[*]

BI Qiuyan[**], WU Jie, LU Fen, LIU Xiangyu, HAN Xiuying, ZHAO Jianjiang[***]

(*Plant Protection Institute, Hebei Academy of Agriculture and Forestry Sciences/ Key Laboratory of Integrated Pest Management on Crops in the Northern Region of North China, Ministry of Agriculture and Rural Affairs, China/IPM Innovation Center of Hebei Province/ International Science and Technology Joint Research Center on IPM of Hebei Province, Baoding 071000, China*)

**Abstract:** Wheat powdery mildew, caused by *Blumeria graminis* f. sp. *tritici* (Bgt), is one of the most significant diseases affecting production in wheat-growing regions of China. Fluxapyroxad and mefentrifluconazole exhibit broad-spectrum activity against a wide range of plant pathogens, including Bgt. This study presents a comprehensive investigation of the efficacy of fluxapyroxad and mefentrifluconazole in controlling wheat powdery mildew in three Chinese provinces. Sensitivity baselines for Bgt isolates against fluxapyroxad (0.911 1 μg/mL) and mefentrifluconazole (1.322 4 μg/mL) were established. Bgt isolates collected from 2022-2024 demonstrated sensitivity or low resistance to fluxapyroxad and sensitivity, low resistance, or moderate resistance to mefentrifluconazole. The results revealed positive cross-resistance between mefentrifluconazole and tebuconazole but not between fluxapyroxad or mefentrifluconazole and other fungicides. For fluxapyroxad, three site mutations were identified within the SDHD subunit, but they did not result in amino acid changes. For mefentrifluconazole, overexpression of the QCYP51A and QCYP51B genes was identified as a significant factor contributing to low-level resistance in Bgt. Both fluxapyroxad and mefentrifluconazole, individually and in combination, exhibited high control efficacy (>89%) against wheat powdery mildew. This research provides valuable insights into the current status of Bgt resistance to these fungicides and offers guidance for their judicious application in the field.

**Key words:** baseline sensitivity; fluxapyroxad; mefentrifluconazole; *Blumeria graminis* f. sp. *tritici*; resistance analyses; chemical control

---

[*] Funding: National Key Research and Development Program of China (2022YFD1400903-3); Technology Innovation Special Project (2022KJCXZX-ZBS-12)

[**] First author: BI Qiuyan; E-mail: 0304biqiuyan@haafs.org

[***] Corresponding author: ZHAO Jianjiang; E-mail: zhaojianjiang@haafs.org

# 河南省小麦白粉菌对三唑类杀菌剂的敏感性评价[*]

李亚红[**], 王俊美, 徐 飞[***]

(河南省农业科学院植物保护研究所,农业农村部华北南部作物有害生物综合治理重点实验室,郑州 450002)

**摘要**:小麦白粉病是我国小麦上的重要病害,药剂防治是防治该病害的重要手段。三唑类药剂是目前小麦白粉病防治的关键药剂,其中三唑酮、戊唑醇和丙硫菌唑使用广泛。目前存在小麦白粉病田间防治效果不稳定的情况,因此明确河南省小麦白粉病菌株对主要药剂的敏感性很有必要。本研究采用离体浸叶法,系统测定了河南省2023年小麦白粉菌株对戊唑醇、三唑酮和丙硫菌唑的敏感性。分别采集了内黄、巩义、开封、灵宝、洛阳、林州、商丘、新乡、周口等9地病样,经闭囊壳释放,分离纯化获得67个单孢菌株。将15%三唑酮可湿性粉剂进行稀释浓度梯度为 100 mg/L、50 mg/L、20 mg/L、5 mg/L、2.5 mg/L、1.0 mg/L、0.5 mg/L、0 mg/L,430 g/L 戊唑醇悬浮剂和30%丙硫菌唑可分散油悬浮剂稀释浓度梯度均为 50 mg/L、10 mg/L、2.5 mg/L、1.0 mg/L、0.5 mg/L、0.1 mg/L、0.05 mg/L、0 mg/L;每个处理设置4个重复;采用孢子沉降法进行接种,18 ℃光照培养箱内12 h光暗交替培养10 d后调查记录发病面积,计算 $EC_{50}$ 值。结果表明:灵宝、林州和洛阳地区菌株对戊唑醇、三唑酮和丙硫菌唑的 $EC_{50}$ 平均值相对较低,分别为 0.230~0.478 mg/L、2.268~2.954 mg/L 和 0.940~0.981 mg/L,说明这些地区菌株对药剂较为敏感,这可能与这些采样点多位于山区及高海拔地区,药剂使用频率较低有关。而周口、新乡和开封等地菌株对3种药剂的 $EC_{50}$ 平均值相对较高,分别为 1.002~1.010 mg/L、5.494~5.793 mg/L 和 1.493~1.555 mg/L,说明这些地区菌株对药剂的敏感性较差,可能与当地长期频繁使用药剂密切相关。此外,不同地区白粉菌株对药剂的敏感性存在差异,其中戊唑醇和三唑酮的平均 $EC_{50}$ 差异倍数均值为4.18倍和4.01倍,而丙硫菌唑为2.64倍。本研究结果为小麦白粉病防治药剂的合理使用提供了理论依据,对于优化用药策略,延缓药剂抗性发展,保障小麦安全生产具有重要意义。

---

[*] 基金项目:河南省小麦产业技术体系(HARS-22-01-G6)
[**] 第一作者:李亚红,助理研究员,主要从事小麦病害研究工作;E-mail:yahong91@163.com
[***] 通信作者:徐飞,研究员,主要从事小麦病害研究工作;E-mail:xufei198409@163.com

# 灰葡萄孢对嘧霉胺的抗药性机制初探

吴丽婷**，祁之秋***

（沈阳农业大学植物保护学院，沈阳 110866）

**摘要**：灰葡萄孢（*Botrytis cinerea*）对嘧霉胺的抗性频率和抗性水平逐年提高，但其抗药性机制尚在研究中。本研究以灰葡萄孢对嘧霉胺的敏感性菌株和抗药性菌株为研究对象，综合探究嘧霉胺作用靶标基因胱硫醚-γ-合成酶（*CGS*）突变和表达水平、线粒体基因突变及菌体其他非靶标基因在病原菌抗药性形成中的作用。研究结果旨在阐明灰葡萄孢对嘧霉胺的多层次抗药性机制，为有效预防或延缓嘧霉胺抗性，实施抗性治理策略提供理论依据。

结果表明：灰葡萄孢敏感菌株和抗性菌株 *CGS* 序列未发生突变，其基因表达水平无显著差别，且不受嘧霉胺的调控。与嘧霉胺抗性相关的线粒体 *Bcmdl*1 基因存在 E407K 突变，其他与抗性相关的线粒体基因均未发生突变。上述结果表明嘧霉胺抗性与靶标基因 *CGS* 突变及表达量无关，与线粒体 *Bcmdl*1 基因 E407K 突变有关。

通过对比嘧霉胺处理的敏感和抗性菌株转录组发现，敏感菌株和抗性菌株差异表达基因（DEGs）分别为 6 197 个和 2 087 个。以抗性菌株中无表达差异而敏感菌株显著差异为筛选标准，鉴定出 8 个甲硫氨酸合成通路关键基因及 21 个非靶标抗性基因。通过氨基酸逆转试验证实嘧霉胺显著抑制敏感菌株甲硫氨酸合成通路（丝氨酸/高丝氨酸→S-腺苷甲硫氨酸），而对抗性菌株该通路影响较小。酶活性测定进一步表明 O-乙酰丝氨酸硫化氢解酶、甲硫氨酸合成酶在敏感菌株中活性下降，抗性菌株中活性上升。解毒代谢酶微粒体多功能氧化酶（P450s）和谷胱甘肽-S-转移酶（GSTs）活性在抗性菌中增强，敏感菌中下降。这表明 O-乙酰丝氨酸硫化氢解酶、甲硫氨酸合成酶及解毒代谢酶 P450s 和 GSTs 与灰葡萄孢对嘧霉胺的抗药性有关。

**关键词**：嘧霉胺；灰葡萄孢；抗性机制

---

\* 基金项目：辽宁省教育厅项目（LJKMZ20221045）
\*\* 第一作者：吴丽婷，沈阳农业大学在读研究生；E-mail：2643745360@qq.com
\*\*\* 通信作者：祁之秋，副教授，从事农药毒理及抗药性研究；E-mail：2001500063@syau.edu.cn

# 江苏省水稻恶苗病菌对氰烯菌酯的抗性监测及其机制研究

金月铭[1]，彭泽龙[1]，袁治理[1]，陈付蓉[1]，胡　蜂[1]，陈宏州[2]，侯毅平[1]*

(1. 南京农业大学植物保护学院，南京　210095；
2. 江苏丘陵地区镇江农业科学研究所，句容　212400)

**摘要**：水稻恶苗病是一种主要由藤仓镰孢菌（*Fusarium fujikuroi*）引起的真菌病害，不仅严重影响水稻的品质和产量，还能够产生多种真菌毒素，威胁人类和动物的健康。氰烯菌酯属于 2-氰基丙烯酸酯类杀菌剂，其通过抑制肌球蛋白（Myosin-5）马达结构域的 ATP 酶活性从而发挥抗真菌作用，具有镰孢菌专化性，可防治由镰孢菌引起的小麦赤霉病、水稻恶苗病等多种病害。随着氰烯菌酯的长期使用，田间水稻恶苗病菌已出现了不同程度的抗药性，但近年来江苏省地区水稻恶苗病菌对氰烯菌酯的抗药性尚不明确。因此，笔者监测了 2022 年和 2023 年江苏省水稻恶苗病菌对氰烯菌酯的抗药性。采用区分剂量法测定了 2022 年（85 株）和 2023 年（138 株）从江苏省采集分离的共计 223 株水稻恶苗病菌的抗性频率，结果表明其抗性频率分别为 25.88% 和 49.28%，且以高抗水平为主。此外，笔者在抗性群体的 Myosin-5 上发现了一个新的氨基酸突变类型，其第 420 位氨基酸由丝氨酸突变成了异亮氨酸（S420I），随后通过遗传学验证结果表明，S420I 突变可导致藤仓镰孢菌对氰烯菌酯产生高等抗性（RF>140）。同时，适合度分析结果表明，通过定点突变得到的 S420I 突变体在菌丝生长、孢子产量和孢子萌发方面存在缺陷，其综合适合度指数（$1 \times 10^5 < CFI \leq 2 \times 10^5$）显著低于亲本菌株（$CFI = 10.26 \times 10^5$）。交互抗性结果分析表明，氰烯菌酯与戊唑醇、氟啶胺、咯菌腈、多菌灵和嘧菌酯均无交互抗性。本研究明确了江苏省水稻恶苗病菌对氰烯菌酯的抗性发展趋势，并探究了其抗性机制，从而为氰烯菌酯的科学使用以及水稻恶苗病菌的抗性治理提供了重要理论依据。

**关键词**：藤仓镰孢菌；氰烯菌酯抗性；*Myosin-5*；适合度

---

\* 通信作者：侯毅平，教授，研究方向为杀菌剂毒理及病原菌抗药性；E-mail：houyiping@njau.edu.cn

# Citral: A Natural Product with Excellent Agricultural Application Potential[*]

HU Ke[1][**], WU Shuai[1], LIAO Xun[1,2,3], LI Jianyi[1,2,3], LI Ming[1,2,3], LI Rongyu[1,2,3][***]

*(1. Institute of Crop Protection, Guizhou University, Guiyang 550025, China; 2. Guizhou Key Laboratory of Agricultural Biosecurity, Guizhou University, Guiyang 550025, China; 3. Engineering and Technology Research Center of Kiwifruit, Guizhou University, Guiyang 550025, China)*

**Abstract**: Citral, an acyclic monoterpene compound widely present in plant essential oils such as *Litsea cubeba* and *Cymbopogon citratus*, is characterized by the molecular formula $C_{10}H_{16}O$ and consists of two isomers, geranial and neral. The aldehyde and conjugated double-bond groups in its molecular structure confer high reactivity, enabling its extensive applications in pharmaceuticals and chemical industries. Recent studies highlight its emerging potential in agriculture, demonstrating significant fungicidal, antibacterial, antiviral, and herbicidal activities, alongside outstanding environmental safety—no genotoxicity, low ecological accumulation risks, and compliance with international standards. However, despite its mature utilization in medicine and chemical synthesis, research on citral in agricultural applications, especially pest control and postharvest preservation, remains in its infancy. This underscores the urgent need for a comprehensive review of existing literature to systematically evaluate its agricultural bioactivities. This paper systematically reviews the research progress on the agricultural applications of citral. First, it comprehensively outlines the technical system for citral preparation from plant resources, extraction processes, and biosynthetic/chemical synthesis pathways. Second, based on its significant bioactive characteristics, we focus on innovative discoveries in citral's applications for agricultural pest control and postharvest preservation. Last, in response to the demands for pest management, we further explore recent advancements in structural modification and functional optimization of citral as an active compound. In summary, this review systematically presents the application potential of citral in agricultural practices, offering theoretical foundations and technical references to advance the development of citral-based green pesticides.

**Key words**: Citral; agricultural applications; bioactivities; synthesis; green pesticide

---

[*] Funding: National Key R&D Program of China (No. 2022YFD1700504); Guizhou Provincial Science and Technology Projects (Qiankehe 〔2023〕 016); Guizhou Provincial Innovation Talents Team (CXTD 〔2023〕 015, QiankeheZSYS 〔2025〕 024)

[**] First author: HU Ke; E-mail: hk1995gu@126.com

[***] Corresponding author: LI Rongyu; E-mail: ryli@gzu.edu.cn

# Synergistic Antifungal Activity and Mechanism of Carvacrol/Citral Combination Against *Fusarium oxysporum* in *Dendrobium officinale*[*]

LU Xuemei[1**], HU Ke[1], LIAO Xun[1,2,3], LI Jianyi[1,2,3], LI Ming,[1,2,3] LI Rongyu[1,2,3***]

(1. *Institute of Crop Protection, Guizhou University, Guiyang 550025, China*; 2. *Guizhou Key Laboratory of Agricultural Biosecurity, Guizhou University, Guiyang 550025, China*; 3. *Engineering and Technology Research Center of Kiwifruit, Guizhou University, Guiyang 550025, China*)

**Abstract**: The soft rot disease caused by *Fusarium oxysporum* leads to a significant reduction in the yield of *Dendrobium officinale*. However, research into the synergistic inhibitory effect of essential oils in *D. officinale* is extremely limited. In this study, we systematically investigated the direct and indirect inhibitory activity of carvacrol, citral and their combination against *F. oxysporum*, and their synergistic inhibitory mechanism. Carvacrol and citral exhibited significant direct and indirect inhibitory activity against *F. oxysporum* with $EC_{50}$ values of 54.37 mg/L and 119.32 mg/L (direct), 18.01 μL/ (L·air) and 48.70 μL/ (L·air) (indirect). Synergistic analysis revealed that the optimal synergistic toxicity of carvacrol and citral combination (Ca·Ci) against *F. oxysporum* was 10∶1, with co-toxicity coefficient (CTC) of 131.57 and $EC_{50}$ value of 44.24 mg/L. Microscopy confirmed that the Ca·Ci led to more significant tip constriction, uneven surfaces and serious rupture of *F. oxysporum* mycelia than single compound. Transmission electron microscopy (TEM) showed that Ca·Ci also caused significant ultrastructural alterations to *F. oxysporum*, manifesting as cytoplasmic disorganization and partial organellar disintegration. Moreover, Ca·Ci dramatically increased the sensitivity of *F. oxysporum* to calcofluor white compared with a single compound. Ca·Ci also considerably upregulated the expression of chitinase-related genes (*FOXG_12882*) and β-1, 3-glucanase-related genes (*FOXG_10637*) in *F. oxysporum*, resulting in higher chitinase and β-1, 3-glucanase activity. However, it should be noted that carvacrol exerted a greater contribution than citral. In conclusion, the combination of carvacrol and citral greatly disrupted the cell wall integrity of *F. oxysporum*, thereby exhibiting a synergistic effect.

**Key words**: carvacrol; citral; *Fusarium oxysporum*; antifungal activity; synergistic mechanism

---

[*] Funding: Guizhou Provincial Science and Technology Projects (Qiankehe [2023] 016, [2019] 3001); Guizhou Provincial Innovation Talents Team (CXTD [2023] 015, QiankeheZSYS [2025] 024)

[**] First author: LU Xuemei; E-mail: 1740524984@qq.com

[***] Corresponding author: LI Rongyu; E-mail: ryli@gzu.edu.cn

# Sensitivity Determination of Two Pathogenic Fungi Causing Pepper Anthracnose to Picoxystrobin

ZHANG Wenjing*, XU Zilu, YIN Hui, LV Hong, QIN Nan, ZHAO Xiaojun**, REN Lu**

*(College of Plant Protection, Shanxi Agricultural University, Taigu 030801, China)*

**Abstract**: The growth inhibition test of 45 isolates of *Colletotrichum* spp. that had never used QoI fungicides was carried out with 100 μg/mL salicylhydroxamic acid to determine their sensitivity to picoxystrobin. The sensitivity of the isolates was relatively close, and the $EC_{50}$ value was between 0.021–0.197 μg/mL. The sensitive baseline of picoxystrobin showed a single peak curve distribution, and the average $EC_{50}$ value was (0.108 ± 0.004) μg/mL. In the field trials, the average $EC_{50}$ value of 57 isolates of *Colletotrichum* spp. from 4 regions of China was (1.074 ± 3.287) μg/mL, which was 9.94 times higher than the baseline sensitivity. In these 4 regions, QoI inhibitors provided about 85% of the control effect. The isolates showing low, medium and high resistance to picoxystrobin accounted for 3.5%, 7.0% and 5.3% of all isolates, respectively. However, after the resistant isolates were continuously cultured on the fungicide-free medium for 10 generations, the sensitivity of the low resistance and medium resistance isolates to picoxystrobin was restored. In addition, there was no significant difference in sporulation, mycelial growth rate and spore germination rate between the resistant isolates and the sensitive isolates. Mutation genetic analysis showed that some isolates with high resistance to picoxystrobin were related to the mutation of GGT to GCT at codon 143 of CytB (G143A), while no point mutation was detected in low resistant and medium resistant isolates. There was a positive cross-resistance between picoxystrobin and QoIs (azoxystrobin and kresoxim-methyl), and there was no cross-resistance between picoxystrobin and other types of fungicides (carbendazim and prochloraz).

**Key words**: *Colletotrichum gloeosporioides*; *Colletotrichum capsici*; picoxystrobin; sensitivity; resistance

---

* First author: ZHANG Wenjing; E-mail: wjing20239@163.com
** Corresponding authors: ZHAO Xiaojun; E-mail: zhaoxiaojun0218@163.com
  REN Lu; E-mail: renlubaby@163.com

# Screening of Compound Fungicides for Quinoa Gray Mold*

ZHAO Yu**, XUN Zilu, YIN Hui, LV Hong, QIN Nan, REN Lu***, ZHAO Xiaojun***

(*College of Plant Protection, Shanxi Agricultural University, Taiyuan 030031, China*)

**Abstract**: Quinoa gray mold is one of the important diseases that endanger quinoa. It is common in quinoa planting areas and seriously affects the yield and quality of quinoa. At present, there is no available registered fungicide for the control of quinoa gray mold, which makes it impossible to effectively control quinoa gray mold. In this study, a fungicide with good effect on *Botrytis cinerea* was screened by indoor virulence determination. Then determine the best compounding ratio, the feasibility of compound fungicides to control quinoa gray mold was preliminarily verified by in vitro leaf test and indoor pot test. Finally, the control effect of compound fungicides was determined by field control effect test, and the feasibility of compound fungicides to control quinoa gray mold was further verified. The indoor toxicity of 12 fungicides to *B. cinerea* was determined by growth rate method, and 4 fungicides with the strongest toxicity to *B. cinerea* were screened out, which were pyraclostrobin, pyraclostrobin, azoxystrobin and tebuconazole. The $EC_{50}$ values of the four fungicides to *B. cinerea* were 0.032 3 μg/mL, 0.493 6 μg/mL, 0.391 9 μg/mL and 0.090 6 μg/mL, respectively. The combined toxicity of the four fungicides was determined by the interactive determination method. The results showed that only the combination of fludioxonil and tebuconazole had a synergistic effect on *B. cinerea*. When the volume ratio of fludioxonil to tebuconazole was 4∶6 and 5∶5, the synergistic effect was the largest, and the toxicity ratios were 1.49 and 1.37, respectively. Then, the formula was optimized. Based on the maximum concentration ratio of toxicity ratio, seven groups of mass ratio compounding treatments were designed, and the synergistic coefficient of different mass ratio compounding agents was determined by Wadley method. The results showed that when the mass ratio of fludioxonil to tebuconazole was 9∶2, the synergistic coefficient was the largest, which was 2.85. Subsequently, the in vitro leaves and pot experiments of the compound agents were carried out through the selected optimal mass ratio results. Three concentrations [(200+44.4) μg/mL, (160+35.6) μg/mL, (120+26.7) μg/mL] of the mass ratio of fludioxonil to tebuconazole 9∶2 were set. The results showed that the three concentrations showed good in vitro protection and treatment effects on quinoa gray mold, which were higher than the protection and treatment effects of two single-dose control agents. The feasibility of compound fungicides to control gray mold of quinoa was preliminarily verified. Finally, the field experiment was carried out by the

---

\* Funding: The Key Research and Development Program of Shanxi Province (2022ZDYF117)
\*\* First author: ZHAO Yu; E-mail: 2337250135@qq.com
\*\*\* Corresponding authors: REN Lu; E-mail: renlubaby@163.com
ZHAO Xiaojun; E-mail: Zhaoxiaojun0218@163.com

best mass ratio of fludioxonil and tebuconazole. The results showed that the control effect of 200 g/L fludioxonil suspension agent + 430 g/L tebuconazole suspension agent 50 + 5.2 mL/667 m$^2$ compound agent (high concentration) reached 87.77%, and the control effect was the highest. The control effect of 200 g/L fluopicolide suspension concentrate + 430 g/L tebuconazole suspension concentrate 40 + 4.1 mL/667 m$^2$ compound agent treatment (medium concentration) was the second, and the control effect reached 79.91%. The control effects of the two fungicides were significantly higher than that of 430 g/L tebuconazole SC 25 mL/667 m$^2$ (field recommended dose) and 200 g/L fludioxonil SC 65 mL/667 m$^2$ (field recommended dose). The yield of quinoa increased by 21.38% and 17.17% under high and medium concentration treatments, respectively. Therefore, it is recommended to use high concentration or medium concentration of fludioxonil and tebuconazole to control quinoa gray mold in the field.

**Key words**: quinoa gray mold; compound; synergistic effect; field experiment

# 检查点激酶 SsChk2 调控核盘菌对戊唑醇敏感性机制初探

扈圣群*，张佳欣，刘金亮，潘洪玉，王　岩**

(吉林大学植物科学学院，长春　130062)

**摘要：** 核盘菌 [*Sclerotinia sclerotiorum* (Lib.) de Bary] 可侵染多种植物引起菌核病，寄主范围广泛，对农业生产造成严重经济损失。DMI 类杀菌剂通过抑制麦角甾醇的生物合成，破坏细胞膜的完整性与流动性发挥抑菌作用。病原菌产生抗性主要与靶标基因 *CYP51* 点突变、靶标基因过量表达以及外排转运蛋白的过量表达等密切相关。检查点激酶 2 (Checkpoint kinase 2, Chk2) 在 DNA 损伤反应中发挥重要作用。本研究以核盘菌检查点激酶 SsChk2 为研究对象，构建 *Chk2* 基因敲除突变体菌株 ΔSsChk2 和回补菌株 ΔSsChk2-C 的核盘菌，探究 SsChk2 对核盘菌生长发育和核盘菌对戊唑醇敏感性影响，解析其抗性产生的分子机制，有利于深入解析核盘菌对 DMI 的抗性机制。

(1) 采用菌丝生长速率法和离体叶片接种法，检测核盘菌菌株对戊唑醇敏感性。ΔSsChk2 菌株对戊唑醇敏感性下降，对其他 DMI 类药剂苯醚甲环唑、氟环唑敏感性也下降，回补菌株敏感性上升接近野生型。形态学观察结果表明，野生型 UF-1、敲除突变体 ΔSsChk2、回补菌株 ΔSsChk2-C 在菌丝生长速率、产生菌核数量和干重方面均无明显差异。

(2) ΔSsChk2 菌株的 *SsCYP51* 基因序列与野生型一致，无点突变发生。ΔSsChk2 菌株对 DMI 类药剂的敏感性下降不是由靶标基因 *SsCYP51* 点突引起。利用 RT-qPCR 方法检测靶标基因 *SsCYP51* 的表达量，有无药剂选择压 ΔSsChk2 菌株中 *SsCYP51* 表达量均高于野生型菌株。高效液相色谱法检测麦角甾醇含量结果显示，ΔSsChk2 菌株麦角甾醇含量显著高于野生型和回补突变体。

(3) 利用转录组测序分析，ΔSsChk2 与 UF-1 戊唑醇处理后存在与抗药相关的差异表达基因 (DEGs)。戊唑醇诱导的 ΔSsChk2 转录组中鉴定了 ABC/MFS 转运蛋白编码基因、麦角甾醇 (ERG) 合成代谢成分和细胞周期等 9 个差异表达基因的功能富集。通过 RT-qPCR 方法验证，药剂处理后 ΔSsChk2 与 UF-1 的差异基因 *SsCYP51* (*ERG11*)、*ABC1*、*ERG3*、*ERG5*、*ERG6* 表达量上调表达，ΔSsChk2 菌株的 *ERG5*、*ERG6* 表达量显著高于 UF-1。ΔSsChk2 菌株抗药性产生可能与麦角甾醇合成、外排转运蛋白、细胞周期中关键基因差异表达有关。

**关键词：** 核盘菌；SsChk2；DMIs；药剂敏感性；抗性机制

---

\* 第一作者：扈圣群；E-mail：sqhu21@mails.jlu.edu.cn

\*\* 通信作者：王岩；E-mail：wang197911@163.com

# 线粒体相关蛋白 FgNdk1 通过与琥珀酸脱氢酶相互作用调节禾谷镰孢菌的发育、致病力及 SDHI 杀菌剂敏感性

王晨光\*\*，侯毅平\*\*\*

（南京农业大学植物保护学院，农林生物安全全国重点实验室，南京 210095）

**摘要**：核糖核苷二磷酸激酶（Nucleoside diphosphate kinase，NDK）在所有生物体的众多细胞过程中发挥着重要作用。迄今为止，NDK 蛋白在任何植物病原真菌中的功能尚未得到充分阐述。本研究对禾谷镰孢菌（*Fusarium graminearum*）中一种核糖核苷二磷酸激酶（FgNdk1）进行了功能表征。FgNdk1 靶向线粒体，参与调控线粒体生物学功能。缺失 *FgNdk1* 基因导致突变体出现异常的线粒体形态结构，并破坏了 GTP 与 ATP 的稳态平衡。与野生型相比，*FgNdk1* 突变体的 ATP 含量降低，并且表现出生长发育缺陷和致病力下降。此外，FgNdk1 还通过与琥珀酸脱氢酶亚基（FgSdhA、$FgSdhC_1$ 和 $FgSdhC_2$）的互作参与对 SDHI 类杀菌剂的抗药性。值得注意的是，在氟唑菌酰羟胺存在时，FgNdk1 还参与了对 $FgSdhC_1$ 和 $FgSdhC_2$ 基因的转录调控。$FgSdhC_1$ 和 $FgSdhC_2$ 转录水平的升高可能与其对 SDHI 杀菌剂敏感性降低有关。综上所述，本研究揭示了 FgNdk1 在禾谷镰孢菌致病力及其对 SDHI 杀菌剂敏感性方面的一种新调控机制，为深入理解禾谷镰孢菌的致病机理及其抗药性产生机制提供了关键理论依据，并为开发基于线粒体功能调控的新型病害防控策略奠定了重要基础。

**关键词**：禾谷镰孢菌；FgNdk1；致病力；SDHI 杀菌剂敏感性

---

\* 基金项目：国家自然科学基金（31972307）；国家重点研发计划（2022YFD1400900）
\*\* 第一作者：王晨光，博士研究生，研究方向为杀菌剂毒理及病原菌抗药性；E-mail：2022202004@stu.njau.edu.cn
\*\*\* 通信作者：侯毅平，教授，研究方向为杀菌剂毒理及病原菌抗药性；E-mail：houyiping@njau.edu.cn

# 转录因子 *FgCreA* 通过调控 *FgCyp51A* 和 *FgErg6A* 的转录，影响禾谷镰孢菌的麦角甾醇生物合成及其对 DMI 杀菌剂的敏感性[*]

王晨光[**]，侯毅平[***]

（南京农业大学植物保护学院，农林生物安全全国重点实验室，南京 210095）

**摘要**：禾谷镰孢菌（*Fusarium graminearum*）引起的小麦赤霉病是全球灾害性病害，严重危害作物产量与品质。碳分解代谢响应元件 A（catabolite responsive elements A，CreA）在真核生物中调控多种细胞过程。本研究系统解析了禾谷镰孢菌 FgCreA 的功能。本研究发现 FgCyp51A 和 FgErg6A 启动子区含有 FgCreA 特异性结合 motif（5′-SYGGRG-3′保守序列）；FgCreA 作为转录抑制因子直接结合该位点并负调控靶基因转录。缺失 FgCreA 导致 FgCyp51A 和 FgErg6A 转录解除抑制而上调，驱动麦角甾醇含量异常升高。该过程降低病原菌对脱甲基抑制剂（DMI）类杀菌剂的敏感性。由于 FgCreA 是碳分解代谢阻遏（CCR）核心因子，ΔFgcreA 突变体呈现多重表型缺陷：在多碳源培养基中菌丝径向生长受阻，有性/无性生殖能力下降，且脱氧雪腐镰孢菌烯醇（DON）毒素生物合成显著减弱。综上，本研究阐明了 FgCreA 通过特异性结合靶基因启动子负调控麦角甾醇合成途径，进而构成影响致病力与 DMI 杀菌剂敏感性的转录调控枢纽。

**关键词**：禾谷镰孢菌；FgCreA；麦角甾醇；DMI 杀菌剂敏感性；致病力

---

[*] 基金项目：国家自然科学基金（32272585）；国家重点研发计划（2022YFD1400900）
[**] 第一作者：王晨光，博士研究生，研究方向为杀菌剂毒理及病原菌抗药性；E-mail：2022202004@stu.njau.edu.cn
[***] 通信作者：侯毅平，教授，研究方向为杀菌剂毒理及病原菌抗药性；E-mail：houyiping@njau.edu.cn

# 禾谷镰孢菌组氨酸激酶 FgOs1 的 HAMP 结构域新型点突变 M402V/M541I 与 HATPase_c 结构域突变 L915M 介导对咯菌腈的差异抗性

王晨光**，侯毅平***

（南京农业大学植物保护学院，农林生物安全全国重点实验室，南京 210095）

**摘要：** 由禾谷镰孢菌（*Fusarium graminearum*）引起的小麦赤霉病严重影响小麦产量和品质。咯菌腈是一种用于防治小麦赤霉病的苯基吡咯类杀菌剂。本研究在中国浙江省杭州市分离获得对咯菌腈产生抗药性的菌株，其组氨酸激酶（FgOs1）存在新型氨基酸位点突变（M402V，M541I，L915M）。通过定点突变和结构分析，我们发现位于 HAMP 结构域的点突变（M402V，M541I）导致禾谷镰孢菌产生超高水平抗性（$EC_{50}$ > 100 μg/mL，RF > 4 000），而位于 HATPase_c 结构域的 L915M 突变则导致高水平抗性（100 μg/mL > $EC_{50}$ > 50 μg/mL，4 000 > RF > 2 000）。此外，分子对接分析表明，FgOs1 蛋白的突变（M402V，M541I，L915M）降低了其与咯菌腈的结合亲和力，这可能是咯菌腈对其有效性改变的原因。此外，这些突变不仅影响了病原菌的无性和有性生殖能力，还削弱了其致病力及脱氧雪腐镰孢菌烯醇毒素的产生。与敏感菌株相比，在渗透胁迫或咯菌腈胁迫下，抗性突变体积累的甘油更少。未观察到这些抗性突变体与作用机制不同的杀菌剂（包括氰烯菌酯、吡唑醚菌酯、氟唑菌酰羟胺、多菌灵和戊唑醇）之间存在交互抗性。综上所述，*FgOs1* 基因的突变（M402V，M541I，L915M）调控了禾谷镰孢菌对咯菌腈的抗性，并影响了其无性生殖、有性生殖、致病力及 DON 毒素的产生。

**关键词：** 禾谷镰孢菌；HAMP 结构域；HATPase_c 结构域；咯菌腈抗药性；适合度

---

\* 基金项目：国家自然科学基金（32272585）；江苏省农业科技创新基金（CX〔24〕1007）；江苏省研究生科研与实践创新计划（KYCX24_0985）

\** 第一作者：王晨光，博士研究生，研究方向为杀菌剂毒理及病原菌抗药性；E-mail：2022202004@stu.njau.edu.cn

\*** 通信作者：侯毅平，教授，研究方向为杀菌剂毒理及病原菌抗药性；E-mail：houyiping@njau.edu.cn

# 小麦赤霉病菌对氰烯菌酯的田间抗性机制研究

张紫阳[1]**，宋心浩[1]，邱辉[1]，徐超[2]，张海波[3]，蔡义强[1]，张杰[1]，朱凤[4]，杨红福[2]，田子华[3]，张帅[5]，周明国[1]，段亚冰[1]***

(1. 南京农业大学植物保护学院，农林生物安全全国重点实验室，南京 210095；
2. 江苏丘陵地区镇江农业科学研究所，句容 212400；
3. 江苏省植物保护植物检疫站，南京 210036；
4. 江苏省绿色食品办公室，南京 210036；
5. 全国农业技术推广服务中心，北京 100125)

**摘要**：小麦赤霉病（Fusarium head blight，FHB）是一种由禾谷镰孢菌复合种群（*Fusarium graminearum* species complex，FGSC）引起的毁灭性真菌病害，严重威胁全球小麦生产和粮食安全。氰烯菌酯是由江苏省农药研究所创制的一种肌球蛋白 5（Myosin5）抑制剂，对由镰孢菌引起的多种植物病害具有较好的防治效果，自 2007 年起在中国登记用于防治小麦赤霉病和水稻恶苗病。近年来，在浙江、黑龙江、安徽等地，水稻恶苗病菌对氰烯菌酯的抗性较高，发生较为普遍。虽然已有关于实验室诱导的小麦赤霉病菌抗性突变体对氰烯菌酯抗性机制的研究，但其田间抗性机制尚不清楚。本团队自氰烯菌酯上市以来，持续开展了小麦赤霉病菌对氰烯菌酯的田间抗性监测工作，直到 2023 年在 5 163 株田间分离的小麦赤霉病菌中，筛选到 6 株对氰烯菌酯具有高水平抗性的小麦赤霉病菌，并鉴定为亚洲镰孢菌（*Fusarium asiaticum*）。序列比对分析发现，这些抗性菌株的 Myosin5 中均发生了 E420K 点突变。通过人工定点突变试验证实，Myosin5 上 E420K 点突变是导致亚洲镰孢菌对氰烯菌酯高抗的关键因素。此外交互抗性试验发现，氰烯菌酯与吡唑醚菌酯、氟唑菌酰羟胺和戊唑醇之间无交互抗性。并且，氰烯菌酯抗性菌株在菌丝生长速率、产孢量及致病力方面表现出明显下降，表明其生物适合度降低。分子对接分析进一步表明，E420K 点突变降低了肌球蛋白 5 与氰烯菌酯的亲和力。综上所述，本研究首次报道了田间小麦赤霉病菌对氰烯菌酯产生抗药性，并揭示了亚洲镰孢菌 Myosin5 的 E420K 点突变介导其抗性的分子机制，为小麦赤霉病菌抗药性监测与科学管理提供了理论依据和数据支撑。

**关键词**：小麦赤霉病；氰烯菌酯；肌球蛋白 5；田间抗性

---

* 基金项目：国家重点研发计划（2022YFD1400100）；江苏省研究生科研与实践创新计划（KYCX25_0991）
** 第一作者：张紫阳；E-mail：2024202093@stu.njau.edu.cn
*** 通信作者：段亚冰；E-mail：dyb@njau.edu.cn

# 皂荚枝干溃疡病防治药剂室内筛选[*]

李鹏飞[1,2\**]，孙荣华[1\**]，路广亮[1]，徐建强[2\***]，罗卿权[1\***]

(1. 上海市园林科学规划研究院，城市困难立地生态园林国家林业和草原局重点实验室，上海 200232；2. 河南科技大学园艺与植保学院，洛阳 4710031)

**摘要**：皂荚（*Gleditsia sinensis* Lam）属豆科皂荚属，是中国特有种，具有极佳的景观和经济价值。然而，病害的发生对其产量和质量的负面影响逐渐增大。尤其是枝干病害常对植株造成严重的损害，极大的影响经济效益。笔者首次分离报道了皂荚溃疡病菌（*Thyronectria austroamericana*）导致的皂荚枝干溃疡病，该病害严重发生可导致50%受侵染的皂荚幼苗死亡。目前，皂荚溃疡病未有专门的登记药剂。为筛选出对该病原菌有效的药剂，本研究选取了98%多菌灵、90.7%氰烯菌酯、95%咪鲜胺、98%戊唑醇、97%苯醚甲环唑、97%啶酰菌胺、98%氟唑菌酰羟胺、97.5%嘧菌酯、96.5%吡唑醚菌酯9种杀菌剂原药，制备了含不同浓度梯度原药的WA和PDA平板，分别采用孢子萌发和菌丝生长速率法，测定9种杀菌剂对3株皂荚溃疡病菌生长发育的抑制作用。结果表明，9种杀菌剂对病原菌的孢子萌发和菌丝生长均有一定的抑制作用，其中吡唑醚菌酯、嘧菌酯、多菌灵和氟唑菌酰羟胺对孢子萌发抑制作用较强，$EC_{50}$值为0.047 9~0.161 9 μg/mL；戊唑醇、咪鲜胺和多菌灵对菌丝生长的抑制作用最强，$EC_{50}$值为0.019 6~0.307 9 μg/mL。这些发现对于指导皂荚枝干溃疡病田间防控的药剂选择与使用具有重要参考意义。

**关键词**：皂荚；枝干溃疡病；室内筛选；$EC_{50}$

---

[*] 基金项目：上海市绿化和市容管理局攻关项目（G230202）
[**] 第一作者：李鹏飞，硕士研究生
     孙荣华，硕士研究生
[***] 通信作者：徐建强，教授，主要从事病害化学防治、杀菌剂毒理及抗药性研究；E-mail：xujqhust@126.com
     罗卿权，高级工程师，主要从事园林植物病害检测、杀菌剂毒力及有害生物防控研究；E-mail：qingquan.luo@outlook.com

# 重庆灰葡萄孢菌对氯氟醚菌唑的田间抗性监测及抗性机理[*]

屠紫娟[1,2**]，王晶晶[1,2]，孙伟进[1,2]，毕朝位[1,2***]

(1. 宜宾西南大学研究院，宜宾 644000；2. 西南大学植物保护学院，重庆 400715)

**摘要**：灰葡萄孢菌（*Botrytis cinerea*）是引起灰霉病的主要病原真菌，严重危害多种经济作物。化学防治中甾醇脱甲基化抑制剂（DMIs）类杀菌剂因其高效性被广泛应用，其中首个新型异丙醇三唑类杀菌剂氯氟醚菌唑对灰霉病防效显著，但重庆市灰葡萄孢菌对其抗性情况尚未明确。本研究从重庆的北碚、长寿、沙坪坝、璧山等地区采集灰霉病样本，通过单孢分离获得 96 株灰葡萄孢菌菌株。采用菌丝生长抑制法测定了 74 株敏感菌株对药剂的敏感性，其平均 $EC_{50}$ 值为（0.089 7±0.058 9）μg/mL，最不敏感菌株的 $EC_{50}$ 值为最敏感菌株的 3.5 倍。同时获得了 22 株田间抗性菌株（抗性频率为 22.92%），其中 10 株为中抗，12 株为低抗菌株。通过基因测序比对发现部分中抗菌株的 *CYP51* 基因存在点突变，其中 4 株抗性菌株为 G461S 突变，2 株抗性菌株为 R464K 突变。通过分子对接分析表明这两种点突变的 CYP51 与氯氟醚菌唑的结合能力降低。通过定点突变获得的 G461S 突变和 R464K 突变菌株对氯氟醚菌唑的敏感性也表现为抗性。以上结果表明，灰葡萄孢菌 CYP51 的 G461S 和 R464K 突变是其氯氟醚菌唑抗性产生的原因。

**关键词**：灰葡萄孢菌；氯氟醚菌唑；敏感性基线；*CYP51* 基因点突变

---

[*] 基金项目：宜宾市双城协议保障科研经费（XNDX2022020011）；国家重点研发计划（2022YFD1400901）
[**] 第一作者：屠紫娟；E-mail：2385926725@qq.com
[***] 通信作者：毕朝位；E-mail：chwbi@swu.edu.cn

# Unveiling the Resistance Risk and Mechanism of Mefentrifluconazole in *Colletotrichum scovillei**

SHI Niuniu[1,2**], DU Yixin[2***], GAO Fangluan[1***]

(1. *Fujian Key Laboratory of Plant Virology, Institute of Plant Virology, Fujian Agriculture and Forestry University, Fuzhou 350002, China*; 2. *Institute of Plant Protection, Fujian Academy of Agricultural Sciences, Fujian Key Laboratory for Monitoring and Integrated Management of Crop Pests, Fuzhou 350013, China*)

**Abstract**: In order to assess the resistance risk of anthracnose pathogen *Colletotrichum scovillei* to mefentrifluconazole and clarify the underlying resistance mechanisms, mefentrifluconazole-resistant mutants, which were induced by fungicide-taming method, were studied on the fitness and the cross-resistance. The full-length cDNA of resistance related genes *CYP51A* and *CYP51B*, and the promoter sequences were compared between resistant mutants and sensitive isolates, and the relative expression of *CYP51A* and *CYP51B*, were also investigated. The results showed that the sensitivity of 102 *C. scovillei* isolates to mefentrifluconazole ranged from 0.114 2 to 1.615 1 μg/mL, with a mean $EC_{50}$ value of (0.692 4 ± 0.148 2) μg/mL. Seven stable resistant mutants were generated from four sensitive parental isolates, with resistance factors ranging from 3.73 to 26.51. Compared to their parental isolates, the resistant mutants displayed similar or reduced fitness in terms of growth, sporulation and pathogenicity. Cross-resistance assays indicated that mefentrifluconazole exhibited positive cross-resistance with difenoconazole, propiconazole and prochloraz, but not with pyraclostrobin, florylpicoxamid or fluazinam. Further biochemical analysis demonstrated that mefentrifluconazole treatment resulted in a significantly higher inhibition rate of ergosterol biosynthesis in parental isolates relative to resistant mutants. A similar finding was observed in cell membrane damage assessment. Molecular investigations revealed no mutations in *CYP51s* among resistant mutants; however, quantitative analysis confirmed the overexpression of *CYP51s* in these isolates following mefentrifluconazole exposure. The results indicated that there is a low risk of *C. scovillei* developing resistance to mefentrifluconazole, and the induced overexpression of *CYP51s* may contribute to potential mefentrifluconazole resistance in this pathogen. These findings offer significant implications for formulating effective management strategies against anthracnose.

**Key words**: *Colletotrichum scovillei*; mefentrifluconazole; fungicide resistance; resistance mechanism; overexpression

---

\* Funding: Agro-Scientific Research in the Public Interest of Fujian Province, China (2024R1058); Special Fund for Free-exploration of Fujian Academy of Agricultural Sciences (ZYTS202411); "5511" Collaborative Innovation Project of High-quality Agricultural Development and Surpassment in Fujian Province (XTCXGC2021011)

\*\* First author: SHI Niuniu; E-mail: niuniushi@126.com

\*\*\* Corresponding authors: DU Yixin; E-mail: yixindu@163.com

GAO Fangluan; E-mail: raindy@fafu.edu.cn

# 稻曲病菌对氟唑菌酰羟胺的抗性风险及机制研究

殷消茹\*，高欣龙，沈　欣，任富豪，李一歌，
张　杰，蔡义强，王建新，周明国，段亚冰\*\*

（南京农业大学植物保护学院，农林生物安全国家重点实验室，南京　210095）

**摘要**：稻曲病是由稻绿核菌（*Ustilaginoidea virens*）侵染引起的水稻穗部真菌病害，在全球范围内广泛发生。近年来，受气候异常与耕作制度变化的影响，该病的田间发病率持续上升，尤其在杂交稻上危害严重，不仅造成显著产量损失，而且病原菌在感病的稻粒中还会产生大量真菌毒素，严重威胁食品安全和人类健康。目前，稻曲病的防治主要依赖抗病品种选育、栽培措施和化学防治，其中化学防治仍是生产中控制稻曲病的主要措施。然而，长期大量使用单一作用位点的化学杀菌剂易导致病原菌产生抗药性，造成防治效果的下降或失败。因此，筛选高效、低毒且能减少毒素污染的新型杀菌剂具有重要实践意义。氟唑菌酰羟胺是先正达开发的新型琥珀酸脱氢酶抑制剂（SDHI）类杀菌剂，具有高效、广谱等特点，已获批用于防治多种植物真菌病害。然而，其对稻曲病菌的抑制活性及其潜在抗性风险尚未有相关研究报道。本研究以新型 SDHI 类杀菌剂氟唑菌酰羟胺为研究对象，系统评估了其对稻曲病菌的抑菌活性及其潜在的抗性风险。采用菌丝生长抑制法测定了 33 株田间分离的 *U. virens* 菌株对氟唑菌酰羟胺的敏感性，$EC_{50}$ 值范围为 0.002 5~0.012 3 μg/mL，平均 $EC_{50}$ 值为 （0.005 6±0.002 5）μg/mL。随机挑选了 4 株 *U. virens* 亲本菌株进行药剂驯化，获得了 8 株抗性稳定遗传的氟唑菌酰羟胺抗性突变体，抗性突变频率为 1%，其中 2 株突变体表现为低抗水平，3 株突变体表现为中抗水平，3 株突变体表现为高抗水平。抗药性突变体生物适合度测定结果显示，与亲本菌株相比，2 株高抗突变体的产孢量有所下降，而其他抗性突变体的产孢量均显著增加；所有高抗突变体的菌丝生长速率显著降低，次级代谢产物产量显著增加，而低抗突变体的菌丝生长速率则显著增加，但次级代谢产物产量显著减少。交互抗性测定结果表明，氟唑菌酰羟胺与同类杀菌剂氟唑菌酰胺及氟吡菌酰胺之间存在正交互抗性，与同类型杀菌剂啶酰菌胺及麦角甾醇生物合成抑制剂类杀菌剂戊唑醇之间不存在交互抗性。抗药性分子机制研究发现，抗性突变体在药靶基因 *UvSDHB*、*UvSDHC* 和 *UvSDHD* 存在 3 种突变基因型：SDHB-H239Y、SDHB-H239L 和 SDHC-A77V。其中，SDHB-H239Y 抗性基因型为低等水平抗性，SDHC-A77V 抗性基因型为中等水平抗性，SDHB-H239L 抗性基因型为高等水平抗性。基于国际杀菌剂抗药性行为委员会（FRAC）的固有抗性风险等级，综合本研究的抗性获得频率、适合度代价、交互抗性模式及靶标抗性机制等研究结果，将稻曲病菌对氟唑菌酰羟胺的抗性风险综合评价等级为中等。这些发现不仅深化了植物病原真菌对 SDHI 类杀菌剂的抗性机制的理解，也为氟唑菌酰羟胺的合理使用及稻曲病的化学防控提供重要理论依据。

**关键词**：*Ustilaginoidea virens*；氟唑菌酰羟胺；敏感性；抗性机制

---

\* 第一作者：殷消茹，博士研究生；E-mail：2024202092@stu.njau.edu.cn
\*\* 通信作者：段亚冰，教授，主要从事杀菌剂毒理及抗药性研究；E-mail：dyb@njau.edu.cn

# 番茄灰叶斑病菌对氟唑菌酰羟胺抗性风险评估

刘翔宇,杨可心,吴 杰,毕秋艳,路 粉,赵建江

(河北省农林科学院植物保护研究所,保定 071000)

**摘要**:番茄灰叶斑病是由番茄匍柄霉(*Stemphylium lycopersici*)引起的真菌性病害,严重影响番茄产量。氟唑菌酰羟胺(pydiflumetofen)是由先正达公司研发的吡唑酰胺类的琥珀酸脱氢酶抑制剂。为明确氟唑菌酰羟胺对番茄灰叶斑病的抑制效果,本研究利用菌丝生长速率法测定了212株番茄灰叶斑病菌对氟唑菌酰羟胺的敏感性。结果表明,虽然番茄灰叶斑病菌对氟唑菌酰羟胺的敏感菌株仍占主导地位,但河北省已出现番茄灰叶斑病菌对氟唑菌酰羟胺抗性亚群。去除外群后,番茄灰叶斑病菌对氟唑菌酰羟胺的 $EC_{50}$ 值为 0.031 8~2.360 6 μg/mL,平均 $EC_{50}$ 值为 (1.040 0 ± 0.051 5) μg/mL,近似正态曲线分布,该数据可作为河北省番茄灰叶斑病菌对氟唑菌酰羟胺的敏感基线。对其中14株氟唑菌酰羟胺抗性菌株 *Sdh*s 编码蛋白基因序列进行分析,结果表明,与敏感菌株相比,所有抗性菌株仅在 *SdhC* 基因序列中存在点突变。环境适合度测定表明,抗性菌株 FQSL1-10 与 FQSL1-14 在菌丝生长速率和温度适应性方面与敏感菌株无显著性差异。本研究表明,虽然氟唑菌酰羟胺对番茄灰叶斑病菌有一定的防治效果,但田间已发现抗性菌株,未来防治番茄灰叶斑病时应注意不同类型杀菌剂的复配,避免抗药性风险蔓延。

**关键词**:番茄灰叶斑病菌;氟唑菌酰羟胺;敏感基线

---

\* 基金项目:河北省农林科学院科技创新专项(2022KJCXZX-ZBS-12)

# 马铃薯早疫病菌对氯氟联苯吡菌胺的抗性风险及机制研究

任富豪**，殷消茹，李一歌，吴 欢，蔡义强，张 杰，段亚冰***

（南京农业大学植物保护学院，农林生物安全国家重点实验室，南京 210095）

**摘要**：链格孢属病原菌（*Alternaria* spp.）复合侵染引起的马铃薯早疫病是马铃薯生产中的主要病害之一，该病害主要危害马铃薯的叶片和块茎，叶片染病后失水脱落，失去光合作用能力；块茎染病后则表现为干瘪腐烂，造成严重的产量损失。在我国各大马铃薯产区，该病害广泛发生且呈逐年加重态势。目前，该病害的防控仍以使用化学农药为主，但近年来田间抗性菌株的分布范围持续扩展、抗性群体比例显著上升，极大增加了马铃薯早疫病的防治难度。氯氟联苯吡菌胺是由拜耳作物科学公司开发的琥珀酸脱氢酶抑制剂类杀菌剂，尚未在我国登记用于马铃薯早疫病的防控。本文开展了马铃薯早疫病菌对氯氟联苯吡菌胺的抗性风险评估和抗性机制研究，以期为马铃薯早疫病的化学防控与氯氟联苯吡菌胺登记提供理论支撑。本文共选取 100 株田间采集的马铃薯早疫病菌，通过菌丝生长速率法测定了马铃薯早疫病菌对氯氟联苯吡菌胺的敏感性，并建立敏感性基线。结果显示，氯氟联苯吡菌胺对马铃薯早疫病菌的 $EC_{50}$ 值范围为 0.139 1~1.698 2 μg/mL，平均 $EC_{50}$ 值为 (0.648 9±0.276 7) μg/mL，变异系数为 12.2。选取 4 株亲本菌株进行药剂驯化和紫外诱变试验，成功获得了 4 株氯氟联苯吡菌胺抗性突变体，抗性频率为 $5.3×10^{-3}$。经 $EC_{50}$ 值测定发现，3 株突变体菌株表现为中等抗性，1 株突变体菌株表现为高等抗性。通过对药靶基因 *SDHs* 序列测定分析，发现 SDHC-S73L 和 SDHC-S135R 基因突变型菌株表现中等抗性，SDHD-G137V 基因突变型菌株表现为高等抗性。将抗性菌株连续转接 10 代后，抗性特征均能稳定遗传。生物适合度分析结果表明：1 株抗性菌株的菌丝生长速率显著低于亲本菌株；4 株抗性菌株的产孢量均显著下降；活体接种试验显示，抗性菌株致病力显著弱于亲本菌株。以上结果充分表明抗药性突变体生物适合度显著下降。交互抗性测定结果表明：氯氟联苯吡菌胺与常用药剂啶酰菌胺存在正交互抗性，与戊唑醇、吡唑醚菌酯和异菌脲无交互抗性。结合上述研究结果，我们将马铃薯早疫病菌对氯氟联苯吡菌胺的抗性风险等级定义为中等。本研究系统评估了马铃薯早疫病菌对氯氟联苯吡菌胺的抗性风险，并对其抗性分子机制进行了初步探究，以期为马铃薯早疫病的精准选药、科学用药以及氯氟联苯吡菌胺的登记应用提供理论依据。

**关键词**：马铃薯早疫病；氯氟联苯吡菌胺；链格孢；抗性风险评估；敏感性基线

---

\* 基金项目：国家重点研发计划课题项目（2022YFD1400100）
\*\* 第一作者：任富豪，博士研究生，研究方向为杀菌剂毒理及抗药性；E-mail：rfh@stu.njau.edu.cn
\*\*\* 通信作者：段亚冰，教授，主要从事杀菌剂毒理及抗药性研究；E-mail：dyb@njau.edu.cn

# 河北省黄瓜靶斑病高效防治药剂及复配增效组合筛选*

路 粉**，毕秋艳，吴 杰，李 洋，刘翔宇，赵建江***

（河北省农林科学院植物保护研究所，农业农村部华北北部作物有害生物综合治理重点实验室，河北省农业有害生物综合防治技术创新中心，河北省作物有害生物综合防治国际科技联合研究中心，保定 071000）

**摘要**：黄瓜靶斑病由多主棒孢菌（*Corynespora cassiicola*）侵染引起，严重影响黄瓜产量和品质。近年来随着河北省设施蔬菜产业的迅速发展和规模日益扩大，黄瓜靶斑病已成为制约黄瓜产业可持续发展的主要因素之一。黄瓜靶斑病的防治目前主要依赖化学药剂，但是由于一些药剂的不合理使用，黄瓜靶斑病菌已经对其产生了不同程度的抗性。本研究采用菌丝生长速率法测定了黄瓜靶斑病菌对苯醚甲环唑、咯菌腈和氟啶胺等不同作用机制的10余种杀菌剂的敏感性，结果发现黄瓜靶斑病菌对咯菌腈、四霉素、咪鲜胺、氟啶胺、苯醚甲环唑和双胍三辛烷基苯磺酸盐6种杀菌剂较为敏感（$EC_{50}$值为0.055 7~0.940 8 μg/mL），对乙霉威、氟唑菌酰羟胺和异菌脲的敏感性次之（$EC_{50}$值为4.475 6~8.535 4 μg/mL），对啶酰菌胺和甲基硫菌灵敏感性最低（$EC_{50}$值为42.531 2~390.80 μg/mL）。联合毒力测定结果表明，咪鲜胺与氟唑菌酰羟胺、吡唑醚菌酯，咯菌腈与苯醚甲环唑、氯氟醚菌唑、吡唑醚菌酯混配均表现出不同程度的增效作用。咪鲜胺与氟唑菌酰羟胺、吡唑醚菌酯分别以质量比6∶1和1∶1混配时，增效作用最明显，增效系数分别为5.7和9.8。咯菌腈与苯醚甲环唑、氯氟醚菌唑、吡唑醚菌酯分别以质量比1∶4、4∶1和2∶1混配时，增效作用最明显，增效系数分别为4.5、11.0和6.5。田间试验结果显示以上室内筛选到的咯菌腈和四霉素等高效药剂及复配增效组合对黄瓜靶斑病防效良好。本研究筛选了防治河北省黄瓜靶斑病的高效药剂及复配增效组合，为河北省黄瓜靶斑病的高效防治、黄瓜靶斑病菌的抗药性治理和生产上药剂的合理使用提供参考。

**关键词**：黄瓜靶斑病；多主棒孢菌；高效药剂；复配增效

---

* 基金项目：河北省农林科学院科技创新专项（2022KJCXZX-ZBS-12）
** 第一作者：路粉；E-mail：lufen1206@126.com
*** 通信作者：赵建江；E-mail：CHILLGESS@163.COM

# 黄淮海麦区小麦赤霉病菌对氟唑菌酰羟胺及其复配组合的敏感性[*]

吴 杰[**]，毕秋艳，路 粉，刘翔宇，赵建江[***]

(河北省农林科学院植物保护研究所，保定 071000)

**摘要**：禾谷镰孢菌复合种（*Fusarium graminearum* complex）引起的赤霉病是小麦生产中一种主要的气传真菌病害，近年来小麦赤霉病在黄淮海麦区呈加重发生态势，严重威胁小麦的安全生产。氟唑菌酰羟胺是先正达公司开发的一种新型SDHIs杀菌剂，2020年起登记用于小麦赤霉病的防控。本研究采用菌丝生长速率法，测定了2023年采集自河北、河南、山东和江苏等4省71个区县的185株小麦赤霉病菌对氟唑菌酰羟胺的敏感性。氟唑菌酰羟胺对所有被试菌株的$EC_{50}$值为0.02~0.58 μg/mL，平均$EC_{50}$值为（0.172±0.122）μg/mL，小麦赤霉病菌对氟唑菌酰羟胺的敏感性频率分布呈单峰分布，平均$EC_{50}$值可以作为敏感性基线，用于未来黄淮海麦区小麦赤霉病菌对氟唑菌酰羟胺的抗药性监测。

采用菌丝生长速率法测定氟唑菌酰羟胺与氯氟醚菌唑、氟唑菌酰羟胺与四霉素2种不同药剂混配组合抑制小麦赤霉病菌菌丝生长的室内毒力，并采用Wadley法评价联合毒力效果。试验结果显示，氟唑菌酰羟胺与氯氟醚菌唑、四霉素复配组合均表现出不同程度的增效作用，其中氟唑菌酰羟胺与氯氟醚菌唑按3∶1的质量比混配后，增效系数（SR）为8.55，实际$EC_{50}$值为0.02 μg/mL；氟唑菌酰羟胺与四霉素按按30∶1的质量比混配后，增效系数（SR）为1.71，实际$EC_{50}$值为0.18 μg/mL。

上述结果表明氟唑菌酰羟胺作为新型SDHIs杀菌剂对小麦赤霉病菌菌丝生长具有较好的抑制作用，然而由于SDHIs杀菌剂作用位点单一，随着药剂的推广使用，小麦赤霉病菌对氟唑菌酰羟胺存在较高的抗性风险。在赤霉病防治中，氟唑菌酰羟胺与氯氟醚菌唑、四霉素等不同作用机制杀菌剂进行复配，在提高防治效果同时，可延缓病菌对氟唑菌酰羟胺抗性的产生和发展。本研究结果为氟唑菌酰羟胺科学使用和黄淮海麦区小麦赤霉病抗药性综合治理提供技术支撑。

**关键词**：禾谷镰孢菌；氟唑菌酰羟胺；敏感性基线；复配组合

---

[*] 基金项目：国家重点研发计划（2022YFD1400903-3）
[**] 第一作者：吴杰，副研究员，主要从事植物病原菌抗药性及杀菌剂应用技术研究；E-mail：wujiecarlos@163.com
[***] 通信作者：赵建江，研究员，主要从事植物病原菌抗药性及杀菌剂应用技术研究；E-mail：chillgess@163.com

# 亚洲镰孢菌琥珀酸脱氢酶 SdhC 亚基的遗传分化及其对琥珀酸脱氢酶抑制剂类杀菌剂敏感性的调控作用

宋吉昌*，王佳凯，刘寅凯，毕莲玉，李美霞，段亚冰**

（南京农业大学植物保护学院，农林生物安全全国重点实验室，南京 210095）

**摘要：** 小麦赤霉病（Fusarium head blight，FHB）是由禾谷镰孢菌复合种（*Fusarium graminearum* species complex，FGSC）引起的一种全球性重大真菌病害。在我国长江中下游地区，亚洲镰孢菌（*Fusarium asiaticum*）是该病害的优势病原种群。该病害不仅造成小麦产量损失，其病原菌分泌的脱氧雪腐镰孢菌烯醇（Deoxynivalenol，DON）等真菌毒素还会污染粮食，威胁人畜健康。由于缺乏高抗品种，化学防治仍是目前防控该病害的主要手段，常用杀菌剂包括麦角甾醇生物合成抑制剂类（如戊唑醇、丙硫菌唑等）、甲氧基丙烯酸酯类（如嘧菌酯、吡唑醚菌酯等）以及琥珀酸脱氢酶抑制剂（Succinate dehydrogenase inhibitor，SDHI）类杀菌剂（如氟吡菌酰胺、氟唑菌酰羟胺等）。琥珀酸脱氢酶抑制剂是一类通过干扰病原菌的能量代谢而抑制病原菌生长的杀菌剂，其作用靶标为琥珀酸脱氢酶（Succinate dehydrogenase，SDH），是线粒体电子传递链的关键组分，主要有 SdhA、SdhB、SdhC、SdhD 四个亚基组成。本研究发现亚洲镰孢菌 SDH 复合体中的 SdhC 亚基存在遗传分化现象，包含两个同源亚基 FaSdhC1 和 FaSdhC2。通过构建基因敲除突变体发现，FaSdhC2 缺失会显著降低菌株的分生孢子产量、致病力和 DON 生物合成能力，而 FaSdhC1 的缺失对上述生物学功能无显著影响。然而，这两个亚基均调控亚洲镰孢菌对 SDHI 杀菌剂的敏感性：ΔFaSDHC1 突变体对 SDHI 类杀菌剂的敏感性显著降低，而 ΔFaSDHC2 突变体则对 SDHI 类杀菌剂敏感性升高。为揭示亚洲镰孢菌 SdhC 亚基在 SDHI 类杀菌剂敏感性中的调控作用，本研究以 ΔFaSDHC2 突变体为研究材料，通过室内抗性诱导成功获得 11 株啶酰菌胺抗性突变体。对这些抗性突变体的生物适合度分析发现，大多数抗性菌株在菌丝生长速率、致病力和 DON 生物合成等方面与亲本菌株 ΔFaSDHC2 无显著差异，部分抗性菌株表现出生长减缓、致病力减弱和 DON 生物合成被抑制。抗性机制分析发现，这些突变体 *SDH* 各亚基均存在氨基酸突变，包括 FaSdhB-H248Y、FaSdhC1-H144Y/N、FaSdhD-H122Y、FaSdhD-D133N 及 FaSdhD-E166K。交互抗性试验表明，室内诱导获得的啶酰菌胺抗性突变体与氟唑菌酰羟胺、吡唑萘菌胺和苯并烯氟菌唑等 SDHI 类杀菌剂存在正交互抗性，与 QoI 类杀菌剂吡唑醚菌酯无交互抗性。值得注意的是，携带 FaSdhB-H248Y 突变的菌株对氟吡菌酰胺仍保持敏感，而 FaSdhC1-H144Y/N、FaSdhD-H122Y、FaSdhD-D133N 或 FaSdhD-E166K 突变的菌株则表现出抗性。这种啶酰菌胺与氟吡菌酰胺交互抗性模式的差异，与 SdhB 亚基的特定位点的变异存在明确关联，该现象在灰霉病菌（*Botrytis cinerea*）和假禾谷镰孢菌（*Fusarium pseudogra-*

---

\* 第一作者：宋吉昌，博士后，主要从事杀菌剂生物学研究；E-mail：t2024083@njau.edu.cn

\*\* 通信作者：段亚冰，教授，主要从事杀菌剂毒理与抗药性研究；E-mail：dyb@njau.edu.cn

*minearum*) 等多种植物病原真菌中均得到验证。为系统验证上述位点的抗药性功能，我们采用定点突变技术在 ΔFaSDHC2 菌株中构建了系列突变体（包括 FaSdhB-H248Y、FaSdhC1-H144Y/N、FaSdhD-H122Y、FaSdhD-D133N 和 FaSdhD-E166K）。杀菌剂敏感性测定结果表明，所有突变体均表现出对 SDHI 类杀菌剂的显著抗性，证实了这些位点在药敏性调控中的关键作用。本研究揭示了亚洲镰孢菌 SdhC 亚基的遗传分化对 SDHI 杀菌剂敏感性的调控作用，阐明了亚洲镰孢菌 SDH 复合体不同亚基特异性变异在 SDHI 杀菌剂敏感性调控中的差异。这些发现不仅增强了对 SDHI 类杀菌剂抗性机制的认识，而且为开发新型杀菌剂和制定抗药性治理策略奠定了科学基础。

**关键词**：亚洲镰孢菌；FaSdhC1；FaSdhC2；SDHI 类杀菌剂；抗性机制

# 小麦赤霉病菌对氟唑菌酰羟胺的抗性监测及分子机制

李一歌[1\*],张紫阳[1],殷消茹[1],任富豪[1],蔡义强[1],
张 杰[1],周明国[1],张海波[2],朱 凤[3],田子华[1],段亚冰[1\*\*]

(1. 南京农业大学植物保护学院,农林生物安全全国重点实验室,南京 210095;
2. 江苏省植物保护植物检疫站,南京 210036;
3. 江苏省绿色食品办公室,南京 210036)

**摘要:** 由禾谷镰孢菌复合种群 (*Fusarium graminearum* species complex, FGSC) 引起的小麦赤霉病 (Fusarium head blight, FHB) 是一种全球性分布的毁灭性真菌病害。该病害不仅导致小麦产量损失,而且病原菌在感病麦粒中分泌的脱氧雪腐镰孢菌烯醇 (Deoxynivalenol, DON) 等真菌毒素,严重威胁食品安全与人类健康。在我国长江中下游和江淮等小麦主产区,亚洲镰孢菌 (*Fusarium asiaticum*) 是导致小麦赤霉病暴发流行的主要致病菌之一。由于目前生产中缺乏小麦高抗赤霉病品种,化学防治仍然是防控小麦赤霉病最为有效的措施。目前生产上常用的防治药剂主要包括三类:甲氧基丙烯酸酯类(如嘧菌酯、吡唑醚菌酯等)、麦角甾醇生物合成抑制剂类(如丙硫菌唑、叶菌唑、戊唑醇等)以及琥珀酸脱氢酶抑制剂(SDHI)类杀菌剂(如氟吡菌酰胺、氟唑菌酰羟胺等)。其中,氟唑菌酰羟胺(pydiflumetofen)作为先正达公司研发的新型 SDHI 类杀菌剂,因其广谱高效的杀菌特性,已被广泛应用于多种作物真菌病害的防治。该药剂在中国已登记用于防治小麦赤霉病、油菜菌核病、花生叶斑病、水稻恶苗病及稻曲病等多种作物病害。该药剂对小麦赤霉病不仅表现出卓越的防治效果,还能显著降低籽粒中 DON 含量。然而,长期使用作用位点单一的化学药剂极易导致田间病原菌抗药性发展。因此,开展针对赤霉病菌对氟唑菌酰羟胺的抗药性监测具有重要的实践指导意义。虽然已有在室内条件下成功诱变获得亚洲镰孢菌对氟唑菌酰羟胺的抗性突变体的报道,但目前仍缺乏关于田间流行菌株对该药剂敏感性变化的系统性研究。本研究从 2023 年采集自湖北、安徽和江苏等小麦主产区的 5 163 份田间样本中,分离并获得了 5 株氟唑菌酰羟胺高等抗性水平的亚洲镰孢菌菌株 (抗性倍数 RF 值均大于 100)。通过系统的生物学特性研究发现,与田间敏感菌株相比,这些氟唑菌酰羟胺抗性菌株存在明显的适合度损失,具体表现为产孢量显著降低和致病力明显减弱。交互抗性测定结果表明,氟唑菌酰羟胺与吡唑醚菌酯、氰烯菌酯及戊唑醇等常用杀菌剂无交互抗性,与氟吡菌酰胺、氟唑菌酰胺等存在正交互抗性。通过采用分子生物学技术对田间敏感菌株和抗性菌株的琥珀酸脱氢酶 C2 亚基 (*FaSDHC2*) 进行序列比对分析,发现氟唑菌酰羟胺抗性菌株在第 248 位碱基发生 C→T 突变 (GCC→GTC),导致第 83 位氨基酸由丙氨酸变为缬氨酸 (A83V)。该突变是导致亚洲镰孢菌对氟唑菌酰羟胺表现出高水平抗性的分子基础。本研究首次在田间条件鉴定出亚洲镰孢菌对氟唑菌酰羟胺的抗性突变体,并系统阐明了其抗性分子机制。研究成

---

\* 第一作者:李一歌,硕士研究生;E-mail: 2023102111@stu.njau.edu.cn
\*\* 通信作者:段亚冰,教授,主要从事杀菌剂毒理与抗药性研究;E-mail: dyb@njau.edu.cn

果为小麦赤霉病的田间综合防控提供了重要的理论依据,对指导氟唑菌酰羟胺的合理使用、延缓抗性发展具有重要实践意义,同时也为制定抗性治理策略奠定了科学基础。

**关键词**：亚洲镰孢菌；小麦赤霉病；氟唑菌酰羟胺；抗性监测；抗性机制

# 河南省假禾谷镰孢对氰烯菌酯及其复配剂的敏感性[*]

张冰雪[1,**]，李丹丹[2]，靳煜溪[1]，张文凤[1]，胡冰洋[1]，姜 佳[1]，钱 乐[1]，刘圣明[1,***]

(1. 河南科技大学园艺与植物保护学院，洛阳 471023；
2. 沁阳市农业技术推广中心，焦作 454550)

**摘要**：小麦茎基腐病属于典型的土传性真菌病害，河南省小麦茎基腐病由以假禾谷镰孢(*Fusarium pseudograminearum*)为优势种的一种或多种病原菌引起。氰烯菌酯(phenamacril)是由国家南方农药创制中心江苏基地合成的一种对镰孢菌具有优异抑制活性的氰基丙烯酸酯类化合物。明确河南省假禾谷镰孢对氰烯菌酯的敏感性，对小麦茎基腐病的综合治理和抗药性监测具有重要意义。

氰烯菌酯对假禾谷镰孢不同发育阶段的抑制活性表明：假禾谷镰孢不同发育阶段对氰烯菌酯的敏感性存在较大差异，$EC_{50}$值由大到小依次为孢子萌发>芽管伸长>菌丝生长>分生孢子产量，分别为 4.828 8 μg/mL、0.970 8 μg/mL、0.247 4 μg/mL、0.232 2 μg/mL。采用菌丝生长速率法测定了采自河南省 7 个地区的 208 株假禾谷镰孢对氰烯菌酯的敏感性，结果表明氰烯菌酯对 208 株假禾谷镰孢的 $EC_{50}$ 值范围为 0.125 8~0.485 9 μg/mL，平均 $EC_{50}$ 值为 (0.232 4±0.652) μg/mL，敏感性频率分布呈连续单峰曲线，表明田间不存在对氰烯菌酯敏感性下降的抗药性亚群体，其平均 $EC_{50}$ 值可作为河南省假禾谷镰孢对氰烯菌酯的敏感性基线，为假禾谷镰孢对氰烯菌酯的田间抗性监测提供参考。复配药剂联合毒力结果表明，氰烯菌酯与氟啶胺、咯菌腈、多菌灵、咪鲜胺、氟环唑复配均表现为相加或增效作用，增效系数(SR)值为 0.505 2~1.811 1，实际 $EC_{50}$ 范围在 0.026 2~0.311 0 μg/mL 之间。其中，当氰烯菌酯：咪鲜胺=1：3 时，增效系数值最大(SR=1.81)，实际 $EC_{50}$ 值为 0.027 1 μg/mL。本研究为氰烯菌酯的科学使用以及小麦茎基腐病的综合治理提供了重要的理论依据。

**关键词**：小麦茎基腐病；假禾谷镰孢；氰烯菌酯；敏感基线；复配剂

---

[*] 基金项目：河南省科技研发计划联合基金(232301420122)；洛阳市公益性行业科研专项(2302032A)

[**] 第一作者：张冰雪，硕士研究生；E-mail：1919567569@qq.com

[***] 通信作者：刘圣明，教授，主要从事植物病害化学防治、杀菌剂毒理及抗药性研究；E-mail：liushengmingzb@163.com

# 假禾谷镰孢 *FPGIr1* 基因功能研究*

张文凤[1]**,李丹丹[2],胡冰洋[1],张冰雪[1],靳煜溪[1],姜 佳[1],钱 乐[1],刘圣明[1]***

(1. 河南科技大学园艺与植物保护学院,洛阳 471023;
2. 沁阳市农业技术推广中心,焦作 454550)

**摘要**:假禾谷镰孢(*Fusarium pseudograminearum*)是引发小麦茎基腐病的重要病原真菌,在小麦各个生长发育阶段均可危害,不仅会降低小麦的产量和品质,还会产生大量的真菌毒素,严重威胁人畜健康。谷胱甘肽还原酶是一种含有黄素腺嘌呤二核苷酸(FAD)的关键抗氧化酶,依赖 NADPH 将氧化型谷胱甘肽(GSSG)还原为还原型谷胱甘肽(GSH),从而维持细胞内 GSH/GSSG 比值的稳定,在谷胱甘肽系统中发挥着至关重要的作用。前期研究发现,假禾谷镰孢中谷胱甘肽还原酶基因 *FPGIr1* 在不同杀菌剂胁迫后基因显著上调表达,但其在假禾谷镰孢中的生物学功能和参与的代谢尚未得到系统研究。

本研究以野生型菌株 XX1809 为亲本,通过同源重组介导的基因敲除,构建了谷胱甘肽还原酶基因敲除突变体 *ΔFPGIr1* 及其回补突变体 *ΔFPGIr1-C*。对亲本菌株、敲除突变体 *ΔFPGIr1* 和回补突变体 *ΔFPGIr1-C* 进行生物学性状分析发现,敲除和回补突变体在菌丝形态、分生孢子形态、孢子产量等未发生显著变化,但敲除突变体 *ΔFPGIr1* 在其他方面表现出显著缺陷,包括生长速率显著降低、对氧化胁迫和金属离子胁迫的敏感性增强、DON 毒素产量减少、对杀菌剂氟啶胺的敏感性升高以及致病力明显减弱。对 *FPGIr1* 敲除突变体进行回补,回补突变体的生长速率、胁迫耐受性、致病力等回复到原始菌株水平。采用 qRT-PCR 分析不同发育时期和感染阶段 *FPGIr1* 的表达水平,结果显示,*FPGIr1* 在营养生长阶段表达水平较低,而在感染宿主过程中表达量显著上调。综上,*FPGIr1* 基因在假禾谷镰孢的营养生长、氧化胁迫响应、毒素合成及致病性调控中发挥着关键作用,为进一步揭示该病原菌的致病机制提供了理论依据。

**关键词**:假禾谷镰孢;茎基腐;*FPGLr1*;谷胱甘肽还原酶

---

\* 基金项目:河南省科技研发计划联合基金(232301420122);洛阳市公益性行业科研专项(2302032A)
\*\* 第一作者:张文凤,硕士研究生;E-mail:zhang15237024627@163.com
\*\*\* 通信作者:刘圣明,教授,主要从事植物病害化学防治、杀菌剂毒理及抗药性研究;E-mail:liushengmingzb@163.com

# 禾谷镰孢 *FgRdr1* 基因功能研究及其对化学防治影响*

郭旭昊[1,2]**,姜 佳[1],钱 乐[1],刘圣明***

(1. 河南科技大学园艺与植物保护学院,洛阳 471023;
2. 河南农业大学植物保护学院,郑州 450046)

**摘要**:小麦赤霉病是由禾谷镰孢(*Fusarium graminearum*)引起的重要真菌病害,不仅严重影响小麦产量,其产生的脱氧雪腐镰孢菌烯醇(DON)等真菌毒素还对人畜健康构成严重威胁。转录因子(Transcription factor)作为基因表达调控的关键蛋白,在病原菌的生物学功能和致病性中发挥重要作用。本研究以禾谷镰孢中编码转录抑制因子 RDR1 蛋白的 *FgRdr1* 基因为研究对象,通过分子生物学手段系统解析了该基因的生物学功能。采用 PEG 介导的原生质体转化法,构建并获得了 *FgRdr1* 基因的敲除突变体和回补突变体,经筛选和 PCR 验证用于后续功能分析。生物学表型分析表明,敲除 *FgRdr1* 对禾谷镰孢菌丝生长和孢子形态无显著影响。胁迫应答能力测定结果显示,敲除 *FgRdr1* 降低了禾谷镰孢对 $Na^+$、刚果红胁迫的耐受性。杀菌剂敏感性测定结果显示,敲除 *FgRdr1* 提高了禾谷镰孢对不同作用机制杀菌剂的敏感性,表明 *FgRdr1* 基因是禾谷镰孢应对多种环境胁迫和杀菌剂处理的重要调控因子。此外,DON 毒素含量测定和致病力分析结果显示,*FgRdr1* 敲除突变体的毒素产量和在小麦上的致病性显著降低,回补突变体则恢复至野生型水平。基因表达分析初步揭示了 *FgRdr1* 的作用机制,发现该基因通过调控胁迫应答相关基因的表达来影响禾谷镰孢的胁迫应答能力,特别是在戊唑醇处理后,敲除突变体中 ABC 转运体基因表达显著下调,表明 *FgRdr1* 可能通过调控 ABC 转运体的表达来影响病原菌对杀菌剂的敏感性。综上,*FgRdr1* 参与调控禾谷镰孢对环境胁迫和杀菌剂的响应,并在毒素合成及致病力形成中发挥关键作用,研究结果为理解禾谷镰孢的毒力调控机制及其化学防治提供了新的理论基础。

**关键词**:禾谷镰孢;转录因子;小麦赤霉病;胁迫应答;杀菌剂敏感性

---

* 基金项目:河南省科技研发计划联合基金(232301420122);洛阳市公益性行业科研专项(2302032A)
** 第一作者:郭旭昊,博士研究生,E-mail: gxh_rsch@163.com
*** 通信作者:刘圣明,教授,主要从事植物病害化学防治、杀菌剂毒理及抗药性研究;E-mail: liushengmingzb@163.com

# 核盘菌对氯氟联苯吡菌胺和氟吡菌酰胺的抗性风险[*]

靳煜溪[1][**],李丹丹[2],张冰雪[1],张文凤[1],胡冰洋[1],姜 佳[1],钱 乐[1],刘圣明[1][***]

(1. 河南科技大学园艺与植物保护学院,洛阳 471023;
2. 沁阳市农业技术推广中心,焦作 454550)

**摘要**:由核盘菌(*Sclerotinia sclerotiorum*)引起的油菜菌核病是世界范围内对油菜危害重大的病害之一。油菜菌核病以植株坏死、荚果数减少和生长发育迟缓为特征,严重影响油菜的产量和品质。目前防治菌核病的主要方法是化学防治。氯氟联苯吡菌胺和氟吡菌酰胺同属于琥珀酸脱氢酶抑制剂(SDHI)类杀菌剂。这两种杀菌剂目前尚未在中国的油菜上进行注册,尚未在油菜上进行使用,关于氯氟联苯吡菌胺和氟吡菌酰胺在中国应用于油菜菌核病的研究鲜有报道。

采用菌丝生长速率法,测定了核盘菌对氯氟联苯吡菌胺和氟吡菌酰的敏感性,并通过室内药剂驯化获得氯氟联苯吡菌胺和氟吡菌酰胺的抗性突变体,测定并分析了亲本菌株与抗性突变体菌株的生物学表型。结果表明:供试菌株对氯氟联苯吡菌胺的平均 $EC_{50}$ 值为 $(0.196\ 8 \pm 0.105\ 3)$ μg/mL,对氟吡菌酰胺的平均 $EC_{50}$ 值为 $(0.054\ 6 \pm 0.022\ 8)$ μg/mL。通过室内药剂驯化共获得 12 株抗性突变体。与亲本菌株相比,部分抗性突变体的菌丝生长速率及产菌核能力均显著降低。所有抗性突变体对油菜的致病力均显著降低。

**关键词**:油菜菌核病;氯氟联苯吡菌胺;氟吡菌酰胺;抗性风险

---

[*] 基金项目:河南省科技研发计划联合基金(232301420122);洛阳市公益性行业科研专项(2302032A)
[**] 第一作者:靳煜溪,硕士研究生;E-mail:www3324512992@163.com
[***] 通信作者:刘圣明,教授,主要从事植物病害化学防治、杀菌剂毒理及抗药性研究;E-mail:liushengmingzb@163.com

# 百菌清和微塑料联合暴露对斑马鱼毒性作用的影响

张梦格[**]，胡乐乐，尹畅，姜佳，钱乐[***]，刘圣明[***]

(河南科技大学园艺与植物保护学院，洛阳 471023)

**摘要**：百菌清（chlorothalonil，CTN）是一种高效、广谱有机氯杀菌剂，被广泛用于防治水稻真菌性病害，但其持久性残留特性已被广泛检出存在于地表水及地下水环境中，对水生生态系统构成潜在风险。同时，微塑料（microplastics，MPs）作为新兴污染物可通过大气沉降、污水排放及地表径流等途径进入水环境，并因其高比表面积和疏水性而强烈吸附有机污染物，进而改变污染物的环境行为与生物可利用性。已有研究证明百菌清会导致生物体内分泌紊乱、生殖和神经毒性，而微塑料则可能通过诱导氧化应激、干扰代谢稳态及破坏关键生理功能，对生物体造成多器官毒性。然而，目前关于微塑料和百菌清之间的相互作用及其联合毒性效应尚不明确，特别是在微塑料粒径差异变化如何影响百菌清生物毒性方面仍缺乏深入的研究和了解。

本研究以斑马鱼为模式生物，旨在探究百菌清单独暴露及其与不同粒径（10 μm 和 50 μm）浓度 100 μg/L 的聚丙烯微塑料（PP-MPs）联合暴露的急性毒性效应。研究结果表明 CTN 和 PP-MPs 对斑马鱼胚胎分别表现为剧毒和低等毒性，CTN 对斑马鱼胚胎的 96 h-$LC_{50}$ 为 0.021 mg/L。CTN 与 10 μm PP-MPs 联合暴露时对斑马鱼胚胎的 96 h-$LC_{50}$ 为 0.013 mg/L，与 50 μm PP-MPs 联合暴露时对斑马鱼胚胎的 96 h-$LC_{50}$ 为 0.017 mg/L。结果显示 CTN 和 PP-MPs 联合作用类型为协同作用。通过对斑马鱼胚胎形态观察发现，CTN 与 10 μm PP-MPs 联合暴露加重了对斑马鱼发育的不利影响，导致心包水肿、卵黄囊水肿、脊柱弯曲畸形、尾部畸形的发生比例显著增加。综上所述，本研究系统探讨了 CTN 单独及与 PP-MPs 联合暴露对斑马鱼急性毒性效应，研究结果不仅为评估环境污染物的生态风险提供了关键数据，还进一步加深了对污染物在环境中行为机制的理解。

**关键词**：微塑料；斑马鱼胚胎；毒性效应；联合毒性；$LC_{50}$

---

[*] 基金项目：河南省科技研发计划联合基金（232301420122）；洛阳市公益性行业科研专项（2302032A）
[**] 第一作者：张梦格，硕士研究生；E-mail：19838924169@163.com
[***] 通信作者：钱乐，副教授，主要从事杀菌剂毒理学研究；E-mail：9906223@haust.edu.cn
刘圣明，教授，主要从事植物病害化学防治、杀菌剂毒理及抗药性研究；E-mail：liushengmingzb@163.com

# 禾谷镰孢 *FgAur1* 基因生物学功能研究[*]

胡乐乐[**],尹 畅,张梦格,姜 佳,钱 乐,刘圣明[***]

(河南科技大学园艺与植物保护学院,洛阳 471023)

**摘要**:由禾谷镰孢(*Fusarium graminearum*)引起的小麦赤霉病(Fusarium head blight,FHB)是一种毁灭性的小麦病害。该病害不仅降低小麦产量,还导致小麦受单端孢霉烯族真菌毒素(Trichothecenes,TCTs)污染,严重威胁人和动物的健康。Aur1(肌醇磷酸神经酰胺合成酶,IPC synthase)是真菌鞘脂合成的关键酶,催化神经酰胺与肌醇磷酸生成肌醇磷酸神经酰胺(IPC),对维持细胞膜结构、信号传导及病原真菌毒力至关重要。Aur1 在真菌中保守,目前关于 Aur1p 蛋白的功能研究主要集中在酵母(如酿酒酵母 *Saccharomyces cerevisiae*)和部分病原性真菌中,但在禾谷镰孢中的功能却没有相关研究。

本研究通过 PEG 介导的原生质体转化技术获得了禾谷镰孢菌 *FgAur1* 的敲除突变体 *ΔFgAur1*。通过对敲除突变体的生物学性状研究发现,*FgAur1* 敲除突变体在菌丝形态、分生孢子形态以及分生孢子产量等方面均未出现显著变化,然而在菌丝生长速率、分生孢子萌发率等方面却呈现出显著下降的情况。本研究结果表明 *FgAur1* 通过调控菌丝生长和孢子萌发参与禾谷镰孢的发育过程,为靶向鞘脂合成的杀菌剂设计提供了潜在分子靶点。

**关键词**:禾谷镰孢;小麦赤霉病;肌醇磷酸神经酰胺合成酶;生物学功能研究

---

[*] 基金项目:河南省科技研发计划联合基金(232301420122);洛阳市公益性行业科研专项(2302032A)
[**] 第一作者:胡乐乐,硕士研究生;E-mail:18438133438@163.com
[***] 通信作者:刘圣明,教授,主要从事植物病害化学防治、杀菌剂毒理及抗药性研究;E-mail:liushengmingzb@163.com

# 假禾谷镰孢 *FpYOR1* 基因的生物学功能研究

张冰雪**,靳煜溪,胡冰洋,张文凤,姜 佳,钱 乐,刘圣明***

(河南科技大学园艺与植物保护学院,洛阳 471023)

**摘要:**小麦茎基腐病是由多种病原菌引起的土传病害,其优势致病菌是假禾谷镰孢(*Fusarium pseudograminearum*)。小麦茎基腐病在小麦的整个生育期均可侵染危害,其发病部位随生长阶段的不同而呈现出明显的时序性特征。近些年来,该病害已成为危害我国粮食安全的主要病害之一。本课题组前期研究发现,假禾谷镰孢中 ABC 转运蛋白编码基因 *FpYOR1* 在不同作用机制的杀菌剂处理后会产生显著的上调表达,但该基因在假禾谷镰孢中参与的代谢途径和生物学功能尚无报道。

本研究采用同源重组介导的基因敲除,获得了假禾谷镰孢 *FpYOR1* 的敲除突变体 Δ*FpYOR1-1*、Δ*FpYOR1-2*、Δ*FpYOR1-3* 以及回补突变体 Δ*FpYOR1-C*。对亲本菌株、敲除突变体以及回补突变体的生物学性状分析发现,敲除突变体在菌丝形态、分生孢子形态等方面未发生显著变化,而在菌丝生长速率、分生孢子萌发率、对杀菌剂的敏感性、对小麦胚芽鞘的致病力以及非生物胁迫耐受性(氧化胁迫、渗透压胁迫、金属离子胁迫)等方面则表现出显著的降低。对 *FpYOR1* 的敲除突变体进行原位回补,回补突变体在菌丝生长速率、分生孢子萌发率、对杀菌剂的敏感性和对小麦胚芽鞘的致病力等表型方面均可以得到恢复,表明 *FpYOR1* 基因在假禾谷镰孢的无性繁殖、致病力、应对非生物胁迫和杀菌剂胁迫的过程中发挥了重要作用。本研究丰富了人们对假禾谷镰孢中 ABC 转运蛋白的认识,为深入了解植物病原真菌中相关蛋白的生物学功能提供参考依据。

**关键词:**假禾谷镰孢;ABC 转运蛋白;*FpYOR1*;生物学功能

---

* 基金项目:河南省科技研发计划联合基金(232301420122);洛阳市公益性行业科研专项(2302032A)
** 第一作者:张冰雪,硕士研究生;E-mail:1919567569@qq.com
*** 通信作者:刘圣明,教授,主要从事植物病害化学防治、杀菌剂毒理及抗药性研究;E-mail:liushengmingzb@163.com

# 河南省灰葡萄孢菌对氯氟联苯吡菌胺的抗性[*]

尹 畅[**]，张梦格，胡乐乐，姜 佳，钱 乐，刘圣明[***]

(河南科技大学园艺与植物保护学院，洛阳 471023)

**摘要**：番茄灰霉病是一种世界性重要真菌病害，其病原为灰葡萄孢菌（*Botrytis cinerea*），其侵染后会造成严重的经济损失。目前，化学防治仍然是防治灰霉病所采用的主要方法。但由于长期不合理的使用杀菌剂，使其主要防控药剂的抗性越来越严重。氯氟联苯吡菌胺为新型 SDHI 类杀菌剂，但灰葡萄孢对氯氟联苯吡菌胺的抗性风险尚未报道。

为明确河南省田间灰葡萄孢菌对于新型 SDHI 类杀菌剂氯氟联苯吡菌胺的抗药性情况，2025 年从河南省驻马店、洛阳、郑州等 11 个地区的温室中采取病样，采用组织分离法对病原菌进行了分离培养，经形态学鉴定和单孢分离纯化共获得 165 株灰葡萄孢菌菌株。采用鉴别剂量法测定了 165 株灰葡萄孢菌对氯氟联苯吡菌胺的敏感性，结果显示，共有 27 株菌可在含 200 μg/mL 的氯氟联苯吡菌胺的培养基上正常生长，抗性频率为 16.36%，表明田间已经形成抗氯氟联苯吡菌胺的亚群体。

**关键词**：番茄；灰霉病；灰葡萄孢菌；SDHI 类杀菌剂；抗药性

---

[*] 基金项目：河南省科技研发计划联合基金（232301420122）；洛阳市公益性行业科研专项（2302032A）
[**] 第一作者：尹畅，硕士研究生；E-mail：y13121839895@126.com
[***] 通信作者：刘圣明，教授，主要从事植物病害化学防治、杀菌剂毒理及抗药性研究；E-mail：liushengmingzb@163.com

# 干旱胁迫下禾谷镰孢与假禾谷镰孢的竞争机制研究*

胡冰洋[1]**，李丹丹[2]，张文凤[1]，张冰雪[1]，靳煜溪[1]，姜 佳[1]，钱 乐[1]，刘圣明[1]***

(1. 河南科技大学园艺与植物保护学院，洛阳 471023；
2. 沁阳市农业技术推广中心，焦作 454550)

**摘要**：在我国小麦生产中存在多种流行性病害，其中影响黄淮麦区两种大面积病害是小麦赤霉病和茎基腐病。河南省小麦赤霉病的优势病原菌为禾谷镰孢（*Fusarium graminearum*），茎基腐病的优势病原菌为假禾谷镰孢（*F. pseudograminearum*）。田间采样调查发现茎基腐病和赤霉病可在同一地块混合发生，在赤霉病和茎基腐病的样品中均可检测到禾谷镰孢与假禾谷镰孢的存在。研究发现近年来小麦赤霉病中假禾谷镰孢的分离频率明显升高，且保持稳定的上升态势。有研究证明，干旱胁迫会影响假禾谷镰孢菌丝量的积累和侵染模式，推测假禾谷镰孢侵染诱导的寄主相关基因与抗旱性之间可能存在一定关联。因此探究干旱胁迫下禾谷镰孢与假禾谷镰孢之间的竞争机制，对综合防治小麦赤霉病和茎基腐病具有重要意义。

    本研究测定了两种镰孢菌室内生存适合度、室内种间竞争和不同土壤湿度条件根系土壤中镰孢菌群落动态变化，并进行了转录组测序和分析。结果显示禾谷镰孢与假禾谷镰孢在菌丝形态、孢子形态、萌发率、温度敏感性和分生孢子致病性方面没有显著差异，而在菌丝生长、分生孢子浓度和对低盐离子胁迫耐受性方面两者存在差异，假禾谷镰孢的菌丝生长速率低于禾谷镰孢，但其产孢量较高。采用室内共培养方法，将两种菌按照1∶1的比例接种至液体培养基，进行传代培养。计算每一代培养物中不同病原菌所占的比率。结果显示，假禾谷镰孢在每一代中的占比逐步提高，表明两种镰孢菌在室内竞争中假禾谷的繁殖能力较强。同时采用土壤接种和盆栽控水技术对不同干旱条件下的小麦根基土壤中镰孢菌群落动态变化影响和转录组学分析共同阐明干旱环境对两种镰孢种群竞争的影响，为小麦赤霉病和茎基腐病的防治提供理论基础。

**关键词**：干旱胁迫；禾谷镰孢；假禾谷镰孢；小麦赤霉病；小麦茎基腐病

---

\* 基金项目：河南省科技研发计划联合基金（232301420122）；洛阳市公益性行业科研专项（2302032A）
\*\* 第一作者：胡冰洋，硕士研究生；E-mail：a17838748743@163.com
\*\*\* 通信作者：刘圣明，教授，主要从事植物病害化学防治、杀菌剂毒理及抗药性研究；E-mail：liushengmingzb@163.com

# 根球链霉菌 0250 对尖孢镰孢和南方根结线虫复合侵染病害的控制作用及应用潜力*

苏转转[1]**,吕鹏[1],刘阳[1],张敬智[2],张大侠[1],慕卫[1]***,刘峰[1]***

(1. 山东农业大学植物保护学院,泰安 271018;
2. 山东思远农业开发有限公司,淄博 255400)

**摘要**:设施番茄栽培过程中,根腐病、根结线虫病等多种土传病害往往复合发生,较单一病害造成更严重损失,亟待开发有效的兼治措施。链霉菌在防治土传病害方面多有报道,但未见对控制两种病害复合侵染的报道。本文评价了根球链霉菌 0250 发酵液及其无菌滤液对南方根结线虫和尖孢镰孢复合侵染的防治效果,优化了发酵条件。稀释 10 倍后 0250 发酵液和无菌滤液对南方根结线虫 J2 的致死率均超过 80%,同时对尖孢镰孢菌丝生长的抑制率分别达到 86.68% 和 88.68%。在幼苗平板接种试验中,无菌滤液稀释 1 倍后对根结线虫和尖孢镰孢复合侵染的防效分别为 82.89% 和 89.37%。盆栽接种试验中,无菌滤液稀释 1 倍后对根结线虫和尖孢镰孢复合侵染的防效分别是 87.59% 和 94.25%,稀释 10 倍后的防效分别是 76.35% 和 81.69%。进一步筛选出 pH 值为 7、发酵温度为 28 ℃、转速为 200 r/min、接种量为 8%、发酵时间为 7 d 的优化发酵条件,在此条件下,菌悬液 $OD_{600}$ 值最大,合成次级代谢产物最稳定。并且,该菌株对番茄株高、茎粗增量、地上与地下部分的干重和黄瓜茎粗增量、地上与地下部分的干重具有明显的促生效果。进一步证明 0250 代谢产物中有效活性物质对温度、紫外线、酸和碱均有较强的耐受性。本研究证实,根球链霉菌 0250 发酵液及其代谢产物能够兼防尖孢镰孢与根结线虫引起的复合侵染,具有绿色、高效的开发与应用潜力。

**关键词**:链霉菌;发酵液;无菌滤液;根结线虫;尖孢镰孢;生物防治

---

\* 基金项目:国家重点研发计划(2022YFD1700500);山东省蔬菜产业技术体系(SDAIT-05)
\*\* 第一作者:苏转转;E-mail:m17789365983@163.com
\*\*\* 通信作者:慕卫;E-mail:muwei@sdau.edu.cn
  刘峰;E-mail:fliu@sdau.edu.cn

# 小麦白粉病病菌对氟吡菌酰胺的抗性风险评估

张玉莲，闫晓静，陈淑宁

(中国农业科学院植物保护研究所，北京 100193)

**摘要**：小麦是我国重要的粮食作物，但小麦白粉病（*Blumeria graminis* f. sp. *tritici*）的频繁发生给小麦生产造成损失。氟吡菌酰胺是一种新型琥珀酸脱氢酶抑制剂（SDHI）类杀菌剂，具有广谱、内吸、传导性强等特点，被广泛应用于白粉病防控。因作用位点单一，其抗性风险备受关注，但目前小麦白粉病病菌对氟吡菌酰胺的抗性风险等级仍未明确。

本研究从我国河南、山东、河北、江苏及天津等地采集的小麦白粉病样本中分离获得菌株，采用盆栽法测定74株小麦白粉病病菌对氟吡菌酰胺的敏感性。结果显示，所有测试菌株对氟吡菌酰胺具有较高敏感性，$EC_{50}$值为 0.67~1.75 mg/L，平均 $EC_{50}$ 值为（0.98 ± 0.22）mg/L，敏感性频率分布符合正态分布，且呈连续单峰曲线，供试小麦白粉病病菌群体未出现对氟吡菌酰胺敏感性降低的亚群体。因此可以将其作为试验地区小麦白粉病病菌对氟吡菌酰胺的敏感基线。

通过药剂诱导对随机挑选的5株敏感菌株进行10代抗药性选育后获得5株抗性突变体，分别为：TJ-1-R、SD-1-R、HBSJZ-3-R、HAXX-1-R、JSHA-4-R，抗性指数分别为 5.04、6.35、4.92、6.27、2.67。选用药剂驯化获得的5株突变体进行后续生物学性状研究，研究结果表明：将小麦白粉病抗性突变菌株接种于未进行氟吡菌酰胺喷雾处理的小麦植株上，并连续培养10代后，突变体对氟吡菌酰胺的抗性水平基本保持不变。除抗性突变菌株 HBSJZ-3-R 外，其他4株抗性突变体产孢量基本与其亲本菌株持平，但在孢子萌发率方面，抗性突变体的孢子萌发率仅为 60%~80%，均显著低于其亲本菌株（85% 以上）。氟吡菌酰胺抗性突变体及其亲本菌株均对小麦叶片具有致病性，抗性突变体和亲本菌株之间病情指数不存在显著性差异，不同的亲本菌株及其抗性突变体的病情指数不具有显著性差异。交互抗性研究表明，氟吡菌酰胺与多菌灵、丙硫菌唑和吡唑醚菌酯之间不存在交互抗性（$R^2 < 0.02$），而与啶酰菌胺存在交互抗性（$R^2 = 0.93$）。结合小麦白粉病病菌对氟吡菌酰胺的敏感性基线、抗性突变指数、抗性突变体的遗传稳定性、交互抗性、适合度等几个方面，综合评估小麦白粉病病菌对氟吡菌酰胺的抗性风险为中等抗性风险。

**关键词**：小麦白粉病病菌；氟吡菌酰胺；抗性风险

# 小分子化合物 PK150 通过靶向 MenG 抑制 *Xanthomonas oryzae* pv. *oryzae*

胡硕丹*, 马忠华**

(浙江大学农业与生物技术学院, 杭州 310058)

**摘要**: 由 *Xanthomonas oryzae* pv. *oryzae* (Xoo) 引起的白叶枯病 (Bacterial leaf blight) 是水稻上一种毁灭性细菌病害, 在全球主要水稻产区广泛分布; 病害流行年份可导致作物减产 50% 以上, 严重威胁全球粮食安全。目前, 由于抗病品种和高效药剂缺乏, 开发新型杀菌剂已成为当前水稻白叶枯病防控的迫切需求。以往研究发现, 小分子化合物 PK150 对革兰氏阳性菌有较好的抑菌活性, 但对革兰氏阴性菌的抑菌效果较差。化学蛋白质组学表明, 在金黄色葡萄球菌中, PK150 可能作用于信号肽酶 I (SpsB I) 和甲基萘醌转移酶 (MenG) 等多靶点发挥抑菌活性。基于 PK150 亲和探针的质谱分析证实了其在 SpsB 中的结合位点, 但其与 MenG 相互作用的直接证据尚未得到证实。

本研究通过筛选小分子化合物库, 发现 PK150 对 Xoo 有较强抑制活性。体外抑菌试验表明, 该化合物对 Xoo 的最低抑菌浓度为 0.15 μg/mL, 且在植株上表现良好的防治效果。为了探究 PK150 在 Xoo 中的作用机制, 我们通过表面等离子体共振 (SPR) 分析发现, PK150 与 MenG 结合存在浓度依赖性, 解离常数 ($K_d$) 为 $6.42\times10^{-5}$ mol/L。外源添加 100 μg/mL 甲萘醌-4 显著降低 PK150 抑菌作用, 表明 MenG 是 PK150 潜在的靶标。分子对接结果表明, ALA-73、THR-76、ASP-97 和 ILE-98 是 MenG 与 PK150 相互作用的关键残基。SPR 试验发现, 关键残基突变后的 MenG 失去与 PK150 结合能力; 基因敲除试验表明, MenG 是 Xoo 生长必需基因。这些研究结果表明, MenG 是 PK150 的直接靶点。根据此药靶, 以 PK150 为先导, 有望能够开发出防治水稻白叶枯病的新型杀菌剂。

**关键词**: 水稻白叶枯病; 稻黄单胞; PK150; MenG

---

\* 第一作者: 胡硕丹, 博士研究生; E-mail: hsd@zju.edu.cn
\*\* 通信作者: 马忠华, 教授, 主要从事新型杀菌剂的创制、杀菌剂抗药性治理研究, 以及真菌毒素绿色防控; E-mail: zhma@zju.edu.cn

# 切花牡丹/芍药灰霉病菌对常用杀菌剂的敏感性研究

魏猛[1]**, 段晓欣[1]***, 杜笑歌[1], 徐建强[1], 侯小改[2]***

(1. 河南科技大学园艺与植物保护学院，洛阳 471023；
2. 河南科技大学农学院，牡丹学院，洛阳 471023)

**摘要**：主要由灰葡萄孢（*Botrytis cinerea*）侵染引起的灰霉病是严重威胁切花牡丹/芍药生产的一种真菌性病害，在世界范围内均有分布。目前，使用杀菌剂进行化学防治是防治灰霉病最有效的措施，但牡丹/芍药灰霉病菌对常用杀菌剂的敏感性研究鲜有报道。为掌握生产中牡丹/芍药灰霉病菌对常用杀菌剂的敏感性现状，本研究采用菌丝生长速率法和区分计量法测定了95株采集自山东菏泽、河南洛阳两地区的牡丹/芍药灰霉病菌对嘧霉胺、吡唑醚菌酯、腐霉利和啶酰菌胺4种常用杀菌剂的敏感性。结果表明，95株灰霉病菌对嘧霉胺、吡唑醚菌酯、腐霉利、啶酰菌胺的抗性频率分别为95.79%、94.74%、100.00%和93.68%。菌株中共存在8种不同的抗药性表型，可对1种、2种、3种或4种杀菌剂产生抗性，其中，同时耐受上述4种杀菌剂的多重抗性菌株（$Koum^R\ Pyra^R\ Pyrm^R\ Bosc^R$）占主导地位（77.89%），表明两地区牡丹/芍药灰霉病菌群体对嘧霉胺、吡唑醚菌酯、腐霉利和啶酰菌胺已普遍产生高水平抗药性，且多重抗性现象极为严重。鉴于当前抗性态势，生产中应严格限制或避免使用上述4种药剂防治牡丹/芍药灰霉病。本研究结果为河南洛阳和山东菏泽地区牡丹/芍药灰霉病的科学防治及抗药性治理策略的制定提供了关键依据。

**关键词**：灰葡萄孢；牡丹/芍药灰霉病；杀菌剂；敏感性

---

\* 基金项目：河南省教育厅高等学校重点科研项目（19A210010）；河南省中药医药产业技术体系（2023-24）
\*\* 第一作者：魏猛，硕士研究生，植物病理学；E-mail：2824193239@qq.com
\*\*\* 通信作者：段晓欣，博士，讲师；E-mail：9906650@haust.edu.cn
  侯小改，博士，教授；E-mail：kychxg@haust.edu.cn

# 氟酰胺对禾谷丝核菌的毒力和对小麦纹枯病的田间防治效果[*]

周温棋[**]，成泽珺[***]，段晓欣，张莲朋，郑 伟，徐建强[***]

(河南科技大学园艺与植物保护学院，洛阳 471023)

**摘要**：为明确中国河南省小麦纹枯病主要病原菌禾谷丝核菌（*Rhizoctonia cerealis*）对氟酰胺的敏感性，本研究采用菌丝生长速率法测定了2023年河南省各地市分离菌株对氟酰胺的毒力。同时，分析了病原菌群体对氟酰胺的敏感性分布特征，评估了氟酰胺对菌丝生长、菌核形成与萌发的抑制活性，检测了其对咯菌腈、戊唑醇、甲基立枯磷、噻呋酰胺、井冈霉素和苯醚甲环唑6种常用杀菌剂的交互抗性，并通过大田拌种试验验证了氟酰胺对小麦纹枯病的实际防效。结果表明：氟酰胺对供试菌种的$EC_{50}$范围为0.1247~0.5016 μg/mL，剔除敏感型下降的亚群体后，剩余94株菌对氟酰胺的敏感性呈连续单峰曲线分布，将其$EC_{50}$的平均值0.2522 μg/mL作为敏感性基线。同一地市菌株对氟酰胺的敏感性差异较大，但各个地市之间的菌株对氟酰胺的敏感性不存在显著性的差异。氟酰胺对禾谷丝核菌菌丝生长抑制效果显著，最高菌丝干重抑制率达75.41%；同时可有效抑制菌核形成与萌发，平均抑制率分别为39.01%和13.69%。相关性分析表明，禾谷丝核菌对氟酰胺的敏感性与对咯菌腈等6种供试杀菌剂的敏感性间无显著相关性，提示氟酰胺与这些药剂间无交互抗性风险。生产上可将氟酰胺与这6种杀菌剂交替轮换使用，以延长其使用年限。大田试验显示，氟酰胺拌种在小麦返青拔节期、灌浆期及抽穗期均能有效降低纹枯病发病率和病情指数，防效介于30.64%~65.01%。本研究为氟酰胺在小麦纹枯病防控中的应用及药物轮换使用方面提供了一定的参考。

**关键词**：氟酰胺；禾谷丝核菌；田间防效；交互抗性

---

[*] 基金项目：河南主要农作物重大生物灾害绿色防控及生物农药创制（221100110100）
[**] 第一作者：周温棋，硕士研究生，主要研究方向为植物病理学；E-mail：2454167751@qq.com
[***] 通信作者：成泽珺，讲师，从事土传病害综合防控研究；E-mail：chengzj@haust.edu.cn
徐建强，教授，从事土传病害综合防控研究；E-mail：xujqhust@126.com

# AtSDH 结合位点结构改变导致 Alternaria tenuissima 对 SDHIs 抗性

陈 斌*,刘睿奇,何 雯,胡 媛,李佳伟,宋修仕,陈长军**,邵文勇**

(南京农业大学植物保护学院,南京 210031)

**摘要**:Alternaria tenuissima 引起的大蒜紫斑病(GVLS)对大蒜的产量造成严重损失。自 2012 年起,琥珀酸脱氢酶抑制剂(SDHI)类杀菌剂啶酰菌胺(Boscalid,简称 Bos)在中国被登记用于防治大蒜紫斑病。然而,田间抗性发展情况尚不明确。本研究从中国东部江苏省邳州市分离的 53 株菌株中鉴定出 6 株低抗性菌株($Bos^{LR}$)。根据 AtSDH 各亚基氨基酸替换情况,抗性基因型可分为两类:Ⅰ类在 AtSDHB 或 AtSDHD 亚基发生突变;Ⅱ类在 4 个亚基均未发生突变。其中 Ⅰ 类又细分为 3 个亚型:$AtSDHB^{E218G}$、$AtSDHD^{A164T}$ 和 $AtSDHD^{V17A+Q18H+A47T}$。为阐明抗性机制,本研究通过 AlphaFold3 预测 AtSDH 结构,并结合分子对接鉴定出 3 个 Bos 结合位点:Ⅰ类(位于 AtSDHB 亚基)介导 $AtSDHB^{E218G}$ 抗性;Ⅱ类(AtSDHC/SDHB/SDHD 三联交界区)与 $AtSDHD^{V17A+Q18H+A47T}$ 抗性相关;Ⅲ类(AtSDHC/SDHD 界面)通过 $AtSDHD^{A164T}$ 赋予抗性。重要的是,分子对接验证了 AtSDH 中 3 个新型 SDHI 结合位点,该结果获得了杀菌剂敏感性测定和交互抗性分析的有力支撑。多数低抗菌株在菌丝生长、产孢能力和致病力等适应性方面存在缺陷。进一步研究发现,在 Bos 处理条件下低抗菌株的 AtSDH 基因表达水平,酶活性和 ATP 水平均显著高于敏感菌株。Spearman 等级相关分析证实在 A. tenuissima 中啶酰菌胺与氟苯醚酰胺存在正交互抗性。综上所述,本研究揭示了链格孢属真菌琥珀酸脱氢酶的新型 SDHI 结合位点,阐明了氨基酸替换对于抗药性的重要作用。

**关键词**:Alternaria tenuissima;啶酰菌胺;Sdh 氨基酸突变;AlphaFold;分子对接

---

\* 第一作者:陈斌,博士研究生;E-mail:2021102107@ stu. njau. edu. cn
\*\* 通信作者:陈长军,教授;E-mail:changjun-chen@ njau. edu. cn
　　邵文勇,副教授;E-mail:shaowy@ njau. edu. cn

# CiOs1、CiOs4 和 CiOs5 调控大豆红冠腐病病菌的温度依赖性生长和对咯菌腈的抗性

李秀娟\*，刘书舟，李　果，宋修仕，邵文勇，陈长军\*\*

（南京农业大学植物保护学院，南京　210095）

**摘要**：冬青丽赤壳（*Calonectria ilicicola*）引发的大豆红冠腐病（RCR）会导致大豆叶片早衰、提前落叶及组织坏死，在全球范围内造成严重的产量和品质损失。咯菌腈（Fludioxonil，Flu）是一种苯基吡咯类广谱杀菌剂，对植物病原真菌具有高效活性，但目前关于冬青丽赤壳菌对咯菌腈的敏感性基线及抗药性机制尚不明确。本研究测定了来自大豆主产区的 100 株冬青丽赤壳菌对咯菌腈的敏感性基线，结果显示其 $EC_{50}$ 值为 0.071~0.200 μg/mL，平均值为（0.144±0.029）μg/mL，且呈单峰分布。通过体外诱导，从 5 株敏感菌株中获得 15 株咯菌腈抗性突变体（$Flu^{HR}$），其抗性倍数（RF）均超过 400 倍。这些突变体表现出明显的适合度缺陷，包括产孢能力、致病力、渗透胁迫耐受性和温度适应性降低。交互抗性分析显示，在冬青丽赤壳菌中咯菌腈与异菌脲存在正交互抗性，但与氟唑菌酰羟胺、戊唑醇和氟啶胺无交互抗性。基因测序分析发现，$Flu^{HR}$ 突变体中 CiOs1、CiOs4 和 CiOs5 存在氨基酸突变，共有 4 种类型。为探究这些蛋白的功能，本研究构建了 CiOs1、CiOs2、CiOs4 和 CiOs5 的缺失突变体。结果表明，缺失任一蛋白均导致菌株生长速率、产孢能力、致病力及咯菌腈敏感性降低，同时对 NaCl 渗透胁迫的敏感性增加。综上所述，本研究首次建立了冬青丽赤壳菌对咯菌腈的敏感性基线，并揭示了 $Flu^{HR}$ 突变体的生物学和分子特征，为利用咯菌腈防治冬青丽赤壳菌引起的 RCR 提供科学指导。

**关键词**：冬青丽赤壳菌；咯菌腈；敏感性基线；抗药性；适合度代价；CiOss 点突变

---

\*　第一作者：李秀娟，博士研究生；E-mail：2022202001@stu.njau.edu.cn

\*\*　通信作者：陈长军，教授；E-mail：changjun-chen@njau.edu.cn

# *FgPtp3* 过表达通过抑制 FgHog1 磷酸化调控禾谷镰孢对咯菌腈的抗药性

时东亚，王 锦，曹莹莹，张智慧，李 欣，宋修仕，邵文勇，陈长军*

(南京农业大学植物保护学院，南京 210031)

**摘要**：禾谷镰孢（*Fusarium graminearum*）是引起禾谷类作物毁灭性病害赤霉病（Fusarium head blight，FHB）的主要病原真菌之一。隶属于苯吡咯类杀菌剂咯菌腈是小麦种子处理剂的活性组分之一。近年来田间已出现禾谷镰孢对咯菌腈（fludioxonil）的抗药性报道，但其抗性机制尚不明确。本研究通过室内驯化禾谷镰孢测序菌株 PH-1，获得了 152 株咯菌腈抗性突变体（fludioxonil-resistant，FR），随机挑选其中 13 个 FR 菌株进行生物学表型分析，结果表明其生存适合度都显著降低，且对渗透胁迫超敏感。对已报道的潜在抗性相关靶标基因（*FgTPI*、*FgMRR1*、*FgOS1*、*FgOS2*、*FgOS4*、*FgOS5*）进行测序发现，仅有 7 个 FR 菌株的高渗甘油（HOG）途径相关 *OS* 基因存在突变；而其余 6 个 FR 菌株（FR-1、FR-25、FR-60、FR-84、FR-132、FR-144）的上述基因都未检测到突变。随机选取 FR-60、FR-132 两个抗性菌株与 PH-1 进行全基因组测序比较，未发现基因突变；然而，经 0.5 μg/mL 咯菌腈处理后进行转录组测序分析，发现 FR-60 和 FR-132 分别存在 3 032 个和 2 778 个差异表达基因（DEGs）。KEGG 富集分析显示，MAPK 通路相关 DEGs 显著富集。针对该通路富集的 DEGs，构建了相应基因的敲除和过表达突变体进行功能验证。研究发现，敲除酪氨酸蛋白磷酸酶 3 基因（*FgPTP3*、FGSG_11979）的突变体 Δ*FgPtp3* 对咯菌腈敏感性增加，其 $EC_{50}$ 值较 PH-1 下降 52.54%，最小抑制浓度（MIC）<0.5 μg/mL（PH-1 的 MIC<1 μg/mL）。相反，*FgPTP3* 过表达突变体 *FgPtp3*$^{OE}$ 对咯菌腈的敏感性显著降低，其 $EC_{50}$ 值是 PH-1 的 6 倍以上，MIC>400 μg/mL。进一步检测 FgHog1 的蛋白磷酸化水平发现，经 1.2 mol/L NaCl 处理 30 min 或 5 μg/mL 咯菌腈 6 h 后，Δ*FgPtp3* 中的 FgHog1 磷酸化水平较 PH-1 显著升高，而 *FgPtp3*$^{OE}$ 菌株中则显著降低。酵母双杂实验证实禾谷镰孢 FgPtp3 和 FgHog1 之间存在直接物理相互作用。综上所述，本研究推断 FgPtp3 通过调控 FgHog1 的磷酸化水平，参与调控禾谷镰孢菌对咯菌腈的抗药性及对渗透胁迫的敏感性。

**关键词**：禾谷镰孢菌；咯菌腈；抗药性；*FgPtp3* 过表达

---

* 通信作者：陈长军，教授；E-mail：changjun-chen@njau.edu.cn

# Point Mutations in NcMyo1 Confer Resistance to Phenamacril in *Neopestalotiopsis clavispora*

ZHANG Zhihui[1], LI Shihui[1], ZHU Yanqiu[1], WANG Jin[1], LI Xin[1],
SHAO Wenyong[1], ZHU Xujun[2], FANG Wanping[2], CHEN Changjun[1]*

(1. *Key Laboratory of Monitoring and Management of Crop Diseases and Pest Insects, Ministry of Education, College of Plant Protection, Nanjing Agricultural University, Nanjing 210095, China*; 2. *College of Horticulture, Nanjing Agricultural University, Naning 210095, China*)

**Abstract**: Gray blight disease, caused by *Pestalotiopsis*-like fungi, is one of the deadliest threats to tea (*Camellia sinensis*) production. Phenamacril (PHE) is a new cyanoacrylate fungicide which exhibits strong fungicidal activity against *Fusarium* species. In this study, we found that PHE could effectively inhibit the growth of *N. clavispora*, 36 phenamacril-resistant ($PHE^R$) mutants were generated from the wild-type strains via fungicide domestication. The nine types mutations (S42F, A180V, L215W, K217N, K217E, S218P, S218L, Y410F and C424R) were identified in NcMyo1 among all of $PHE^R$. To validate whether the above-mentioned mutaions are responsible for PHE-resistance in *N. clavispora*, the replacement mutants were generated. The S42F mutation was required for low PHE-resistance (resistance factor, RF<10), A180V or L215W mutation is responsible for moderate PHE-resistance (10<RF<50), while K217N, K217E, S218P, S218L, Y410F or C424R mutation were required for high PHE-resistance (RF>100). Additionally, in comparison with PHE-sensitive isolates, some mutants exhibited defects on mycelial growth and sporulation. There was no cross-resistance between phenamacril and other fungicides in *N. clavispora*. Taken together, this study first reveals that the resistance mechanism of *N. clavispora* to PHE, and provides direction for the management of gray blight on tea using PHE.

**Key words**: tea gray blight; *Neopestalotiopsis clavispora*; phenamacril; resistance mechanism

---

* Corresponding author: CHEN Changjun; E-mail: changjun-chen@ njau. edu. cn

# 大豆红冠腐病菌麦角甾醇 14α-脱甲基酶在调控对 DMIs 敏感性的功能分化

魏令令，宋修仕，邵文勇，陈长军*

(南京农业大学植物保护学院，南京 210095)

**摘要**：大豆红冠腐病菌是引起大豆早衰的主要病害之一，在我国黄淮海大豆部分产区发生严重，其流行年份可导致减产 50%；呈由南向北的扩展态势。其病原菌有性态为冬青丽赤壳 (*Calonectria ilicicola*)，无性态为寄生寻梗柱孢菌 (*Cylindrocladium parasiticum*)，是一种能引起土传病害的半活体营养型寄生菌。目前，尚无商业化的大豆抗性品种和针对该病的防控药剂。为此，笔者研究了大豆红冠腐病菌对 DMIs 药剂的敏感性及其调控机制，为后续使用 DMIs 药剂防控大豆红冠腐病奠定理论基础。羊毛甾醇 14α-去甲基化酶 (CYP51) 不仅是麦角甾醇生物合成途径中的关键成分，也是 DMIs 类杀菌剂的作用靶标。本研究测定了大豆红冠腐病菌对 10 种 DMIs 类药剂的敏感性，并首次鉴定出了大豆红冠腐病菌具有 3 个 CYP51 同源基因。通过构建单基因敲除突变体 Δ*CiCYP51A*、Δ*CiCYP51B*、Δ*CiCYP51C*，与双基因敲除突变体 Δ*CiCYP51AB*、Δ*CiCYP51AC*、Δ*CiCYP51BC*，解析了 3 个 CYP51 同源基因在大豆红冠腐病菌中的分工和协作：*CiCyp*51A 基因主要负责调控对 DMIs 的敏感性和维持细胞壁的完整性，可被 DMIs 或非生物胁迫显著诱导表达；*CiCyp*51B 基因参与调控有性生殖、致病力和对 DMIs 的敏感性；*CiCyp*51C 基因是新发现的 CYP51 家族成员，参与调控麦角甾醇的产量以及对 DMIs 的敏感性；通过 CiCYP51A、CiCYP51B、CiCYP51C 蛋白分别与 DMIs 药剂或羊毛甾醇进行对接后发现，3 个蛋白分别具有 2 个活性结合口袋；羊毛甾醇与 CiCYP51A、CiCYP51B 或 CiCYP51C 蛋白相互作用的活性结合口袋同大多数 DMIs 与 3 个蛋白相互作用的活性结合口袋相同，且结合的氨基酸残基有的完全一致，有的虽不完全一致，但位置相近，这表明 DMIs 类杀菌剂的作用方式可能是与羊毛甾醇竞争性结合 CiCYP51，抑制其活性，从而阻断麦角甾醇的生物合成途径。

**关键词**：大豆红冠腐病；DMIs；羊毛甾醇；CiCyp51 功能分化

---

\* 通信作者：陈长军，教授；E-mail：changjun-chen@njau.edu.cn

# 莴笋核盘菌啶酰菌胺田间抗性菌株的抗药性机制

时东亚，李锋杰，张智慧，曹莹莹，Jane Ifunanya MBADIANYA，
李 欣，王 锦，宋修仕，邵文勇，陈长军*

(南京农业大学植物保护学院，南京 210031)

**摘要**：本研究从江苏省徐州市、苏州市、无锡市、盐城市等地的莴苣菌核中分离获得172株核盘菌（*Sclerotinia sclerotiorum*）。抗性检测显示，其中132株（76.74%）对啶酰菌胺（boscalid）表现出低水平抗性（Bos$^{LR}$，鉴别剂量为5 μg/mL）。随机选取的2株敏感菌株和10株抗性菌株测定结果表明，啶酰菌胺对10株Bos$^{LR}$菌株的EC$_{50}$值范围为0.047～0.48 μg/mL，抗性指数（RF）为5.32～10.21。敏感菌株的最小抑制浓度（MIC）值<5 μg/mL，而抗性菌株MIC值>50 μg/mL。生物学特性分析显示，与啶酰菌胺敏感菌株（Bos$^S$）相比，多数Bos$^{LR}$菌株菌丝生长速率更高、菌核产量更大，但致病力无显著差异。生理生化特性检测发现，多数Bos$^{LR}$分离株的草酸（OA）积累量与Bos$^S$菌株相近，但其胞外多糖（EPS）含量显著升高，且细胞膜透性降低；胁迫因子响应试验表明，不同菌株对细胞膜胁迫因子（SDS、D-山梨醇）、渗透胁迫因子（NaCl、KCl）、金属离子胁迫因子（LiCl）和细胞壁胁迫因子（刚果红，CR）的敏感性存在显著差异；啶酰菌胺对Bos$^{LR}$菌株的防治效果显著低于其对Bos$^S$菌株的防治效果；药剂靶标测序比对分析发现，Bos$^{LR}$分离株的琥珀酸脱氢酶（SDH）基因存在3种突变基因型：Ⅰ型（*SDHB*基因A11V氨基酸替换，SDHB$^{A11V}$）、Ⅱ型（*SDHC*基因Q38R氨基酸替换，SDHC$^{Q38R}$）和Ⅲ型（SDHB$^{A11V}$+SDHC$^{Q38R}$）；交互抗性试验证实，啶酰菌胺与噻呋酰胺、氟唑菌酰羟胺、氟啶胺或戊唑醇之间无交互抗性。分子对接分析显示，Ⅰ型抗性分离株与啶酰菌胺的对接总评分（DTS，1.399 3）显著低于敏感分离株（1.749 9），表明莴笋核盘菌对啶酰菌胺的低水平抗性可能与SDHB亚基的A11V氨基酸突变相关。该研究结果丰富了植物病原真菌对啶酰菌胺作用机制的理解，并为啶酰菌胺抗药性的可持续治理提供了理论依据。

**关键词**：莴笋核盘菌；啶酰菌胺；抗药性机制；SDHB$^{A11V}$；SDIIC$^{Q38R}$

* 通信作者：陈长军，教授；E-mail：changjun-chen@njau.edu.cn

# 水稻褐变穗病原菌鉴定及防治药剂筛选

陈嘉琪,曹喜萍,宋修仕*

(南京农业大学植物保护学院,南京 210095)

**摘要**:水稻是全球主要的粮食作物之一。但近年来,受气候、耕作制度和品种等因素的影响,水稻褐变穗病在不同稻区蔓延并呈加重趋势。目前,国内外对于水稻褐变穗的研究较少且在中国农药信息网上无登记药剂,本研究从不同省份分离得到水稻褐变穗病原菌并进行了柯赫氏法则验证、形态学观察及分子生物学鉴定,明确了不同稻区样品发病症状及病原菌组成的差异。

研究结果表明,不同水稻稻区的致病菌具有多样性:黑龙江、辽宁等高纬度地区以链格孢属为优势种,中纬度地区链格孢属、镰孢属发生更普遍;海南等低纬度地区以弯孢、镰孢属为优势菌种。同时本研究测定了优势致病菌对氟啶胺、咯菌腈、咪鲜胺、腐霉利的敏感性及其复配剂的联合毒力作用。结果发现咯菌腈抑制病原菌菌丝生长的能力优于其他3个药剂。氟啶胺与咯菌腈、氟啶胺与咪鲜胺、腐霉利与咪鲜胺复配的联合毒力测定结果表明,氟啶胺与咯菌腈、氟啶胺与咪鲜胺复配时,氟:咪(1:5)能同时对厚垣镰孢(*Fusarium chlamydosporum*)和变红镰孢(*F. incarnatum*)产生较好的协同作用,增效系数(SR)分别为1.452 0、1.036 8,腐霉利与咪鲜胺复配时,腐:咪(1:5)对两种镰孢菌效果较好;腐:咪(1:1)对互隔链格孢(*Alternaria alternata*)、细极链格孢(*A. tenuissima*)增效作用最好,SR值分别为1.533 8、2.578 7;腐:咪(1:3)能同时对新月弯孢菌(*Curvularia lunata*)产生较好的抑制效果,SR分别为1.227 9、1.734 5。

**关键词**:水稻褐变穗;病原菌鉴定;复配;田间药效;防治药剂筛选

---

\* 通信作者:宋修仕,副教授,主要研究方向为杀菌剂的毒理与抗药性研究

# 以氟噻唑吡乙酮作为先导化合物的衍生物合成与评价

丁绍晨，金卫国，宋修仕*

(南京农业大学植物保护学院，南京 210095)

**摘要**：氟噻唑吡乙酮（oxathiapiprolin, OXTP）是哌啶基噻唑异噁唑啉（piperidinyl thiazole isooxazoline, PTI）类杀菌剂，对卵菌引起的植物病害具有优异防效。本研究合成了一系列OXTP衍生物，并系统评价了其抗菌活性。室内毒力试验结果表明，OXTP衍生物对疫霉菌丝生长具有显著抑制作用，所有新型化合物对辣椒疫霉菌 $EC_{50}$ 值均低于 0.3 μg/mL，B12、B13 和 B20 对于马铃薯晚疫病菌 $EC_{50}$ 值低于 0.003 μg/mL。活体药效试验表明，B12 和 B13 对马铃薯晚疫病具有保护效果，在 60 μg/mL 浓度下，防效分别为 92% 和 82%，治疗防效为 87% 和 80%，与 OXTP 相当。同时 OXTP 衍生物还展现出广谱杀菌活性，对稻瘟病菌（*Pyricularia oryzae*）$EC_{50}$ 值低于 23.5 μg/mL、对灰霉菌（*Botrytis cinerea*）$EC_{50}$ 值低于 2.3 μg/mL、对草莓炭疽菌（*Colletotrichum gloeosporioides*）$EC_{50}$ 值低于 9.1 μg/mL。分子生物学试验表明，卵菌中氧化固醇结合蛋白 1（oxysterol binding protein-related protein, ORP1）的点突变菌株会表现出对OXTP衍生物抗性，说明 ORP1 是 OXTP 衍生物的靶点。结果表明本研究合成的 OXTP 衍生物具有防治卵菌、真菌病害的潜力与价值。

**关键词**：氟噻唑吡乙酮衍生物；卵菌；活体药效试验；氧化固醇结合蛋白

---

\* 通信作者：宋修仕，副教授，主要研究方向为杀菌剂的毒理与抗药性研究

# 假禾谷镰孢菌与灰葡萄孢菌对 SDHIs 杀菌剂敏感性差异的毒理机制研究*

王国贤[1]**，汪金玉[1]，薛梅[1]，王子姝[1]，张莉[1,2,3]，李北兴[1,2,3]***，刘峰[1,2]***

[1. 山东农业大学植物保护学院，泰安 271018；2. 山东农业大学小麦育种全国重点实验室，泰安 271018；3. 山东农业大学德州（齐河）小麦产业研究院，德州 251100]

**摘要**：琥珀酸脱氢酶抑制剂类杀菌剂品种多，存在显著的杀菌剂谱差异，已成为当前农药毒理学研究的热点。本文比较研究了 SDHIs 杀菌剂不同品种在假禾谷镰孢菌和灰葡萄菌之间存在的毒力差异现象。三氟吡啶胺、氟唑菌酰羟胺和氟吡菌酰胺对假禾谷镰孢菌的 $EC_{50}$ 值范围在 $0.01\sim17.87$ μg/mL，啶酰菌胺和吡噻菌胺对假禾谷镰孢菌的抑制作用不显著，$EC_{50}$ 值在 1 000 μg/mL 以上，不同品种间的毒力差距最高达到 100 000 倍，而 5 种 SDHIs 杀菌剂对灰葡萄孢菌的 $EC_{50}$ 为 $0.64\sim9.37$ μg/mL。进一步测定发现，5 种 SDHIs 杀菌剂对灰葡萄孢菌 SDH 活性、呼吸速率与 ATP 含量的影响与室内毒力结果均一致，而对假禾谷镰孢菌，仅三氟吡啶胺、氟唑菌酰羟胺和氟吡菌酰胺 SDH 活性、呼吸速率与 ATP 含量的影响与室内毒力结果一致，啶酰菌胺和吡噻菌胺对假禾谷镰孢菌的 SDH 活性、呼吸速率与 ATP 含量的影响与空白对照并无显著差异。基于前期证实假禾谷镰孢菌的琥珀酸脱氢酶 C 亚基产生分化，分别为 SDHC1 亚基和 SDHC2 亚基，SDHC1 亚基调控了其敏感性的结论，经对灰葡萄孢菌和假禾谷镰孢菌琥珀酸脱氢酶的两种构型分别进行同源模建与分子对接。结果发现，5 种 SDHIs 杀菌剂与灰葡萄孢菌琥珀酸脱氢酶的结合能高，有较强结合力。啶酰菌胺、吡噻菌胺与假禾谷镰孢菌琥珀酸脱氢酶 FPC1 构象无法进行有效结合，三氟吡啶胺、氟唑菌酰羟胺、氟吡菌酰胺、啶酰菌胺和吡噻菌胺与 FPC2 构象的结合能远大于其与 FPC1 构象的结合能。综上分析，SDHIs 杀菌剂对假禾谷镰孢菌的毒力选择性可能与其对琥珀酸脱氢酶 FPC1 构象的结合能力差异有关。

**关键词**：SDHIs 杀菌剂；毒力选择；琥珀酸脱氢酶；分子对接；构象

---

\* 基金项目：山东省一流学科建设"811"项目资助
\*\* 第一作者：王国贤，博士研究生；E-mail：wanggx199901@163.com
\*\*\* 通信作者：李北兴，教授，主要从事农药制剂学研究；E-mail：libeixing@126.com
刘峰，教授，主要从事杀菌剂毒理学与施药技术研究；E-mail：fliu@sdau.edu.cn

# 未知功能蛋白 Ps495620 参与调控大豆疫霉孢子囊和卵孢子形成[*]

杜晓冉[1][**]，曾艳[1]，李怡莹[1]，彭钦[1]，苗建强[1][***]，刘西莉[1,2]

(1. 西北农林科技大学植物保护学院，旱区作物逆境生物学国家重点实验室，杨凌 712100；2. 中国农业大学植物病理学系，北京 100193)

**摘要**：生物信息学的快速发展极大地促进了众多蛋白质结构域和功能的鉴定，但仍有部分蛋白质缺乏结构域注释，且功能尚未明确。在卵菌中，存在大量未知功能的蛋白，其生物学作用仍不清楚。通过分析大豆疫霉（*Phytophthora sojae*）基因组数据库，我们发现了未知功能蛋白 Ps495620，结构域预测分析发现该蛋白无已知结构域注释。

本研究采用 CRISPR/Cas9 介导的基因敲除技术，获得了 *Ps495620* 基因纯合敲除突变体，系统分析了 *Ps495620* 敲除突变体的生物学性状。与野生型菌株 P6497 相比，*Ps495620* 敲除突变体卵孢子产量显著增加而孢子囊形成显著减少。*Ps495620* 敲除突变体在孢子囊阶段转录组分析表明，Ps495620 在大豆疫霉中主要参与调控氮代谢、丙酮酸代谢、抗坏血酸代谢和腺苷酸代谢等多个代谢途径，发挥着重要的调控作用。其中，发现 Ps495620 调节着 ABC 转运蛋白的表达，通过进化树分析鉴定到 Ps495620 调控的 ABC 转运蛋白主要参与脂质运输、肽转运和离子运输等。研究结果揭示了 Ps495620 在大豆疫霉孢子囊形成与卵孢子的产生过程中具有关键的生物学功能，并参与调控大豆疫霉多种物质转运等生物过程。

**关键词**：大豆疫霉；CRISPR/Cas9；基因功能；孢子囊；卵孢子

---

[*] 基金项目："十四五"国家重点研发计划（2023YFD1700700）
[**] 第一作者：杜晓冉，博士研究生；E-mail：duxiaoran@nwafu.edu.cn
[***] 通信作者：苗建强，副研究员，主要从事植物病原菌与杀菌剂互作的理论和技术研究；E-mail：mjq2018@nwafu.edu.cn

# 假禾谷镰孢菌中 3 个同源 *CYP51* 基因的生物学功能分析

李桂香[1]**, 蒋 涵[1], 苗建强[1], 刘西莉[1,2]***

(1. 西北农林科技大学植物保护学院，旱区作物逆境生物学国家重点实验室，
杨凌 712100; 2. 中国农业大学植物病理学系，北京 100193)

**摘要**：小麦茎基腐病是由多种镰孢菌复合侵染引起的重要土传病害，其中假禾谷镰孢菌为优势病原菌，对小麦产量和品质构成显著威胁。前期研究发现，甾醇脱甲基抑制剂（DMI）类杀菌剂对假禾谷镰孢菌表现出优异的抑制活性。目前关于 DMI 类杀菌剂的靶标蛋白 FpCYP51s 对假禾谷镰孢菌的生物学功能尚不明确。

本研究首先通过遗传转化获得了假禾谷镰孢菌 3 个同源 *CYP51* 基因单敲除（Δ*FgCYP51A*、Δ*FgCYP51B* 和 Δ*FgCYP51C*）突变体和 2 种双敲除（Δ*FgCYP51AC* 和 Δ*FgCYP51BC*）突变体。生物学性状和药敏性分析结果表明，Δ*FgCYP51B* 和 Δ*FgCYP51BC* 转化子的生长速率和致病力显著降低，对种菌唑、氯氟醚菌唑、咪鲜胺、戊唑醇和三唑酮的敏感性降低；Δ*FgCYP51A* 和 Δ*FgCYP51AC* 转化子对叶菌唑、种菌唑、氯氟醚菌唑、咪鲜胺、戊唑醇和三唑酮的敏感性均有所提高，而 Δ*FpCYP51C* 转化子的药剂敏感性无变化。通过分子对接试验，模拟不同 DMI 类杀菌剂与 FpCYP51A、FpCYP51B 和 FpCYP51C 蛋白的结合模式。发现药剂分子与 FpCYP51A 和 FpCYP51B 蛋白的结合能大于其与 FpCYP51C 的结合能，3 个同源蛋白与药剂的亲和性及结合能存在一定的差异。*FpCYP51s* 基因表达量测定结果表明，*FpCYP51B/BC* 敲除转化子中，*FpCYP51A* 基因的表达量显著增加，而 *FpCYP51A/C/AC* 敲除转化子中，未被敲除的 *FpCYP51s* 基因表达量与野生型菌株无显著差异。另外，发现 *FpCYP51s* 敲除突变体与野生型菌株中的麦角甾醇及毒素含量没有明显差异。以上研究结果丰富了学界对于真菌 CYP51 蛋白生物学功能的认识，对于进一步深入了解不同 DMI 类杀菌剂与靶标蛋白的具体结合位点和作用机制提供了理论指导。

**关键词**：假禾谷镰孢菌；DMI 类杀菌剂；生物学性状；敏感性；分子对接

---

* 基金项目："十四五"国家重点研发计划（2022YFD1400900）
** 第一作者：李桂香，博士研究生；E-mail：liguixiang2018@foxmail.com
*** 通信作者：刘西莉，教授，主要从事植物病原菌与杀菌剂互作的理论和技术研究；E-mail：seedling@nwafu.edu.cn

# 假禾谷镰孢菌对叶菌唑的抗性风险评估和抗性机制研究

李桂香[1]**, 张 玲[1], 蒋 涵[1], 苗建强[1]***, 刘西莉[1,2]

(1. 西北农林科技大学植物保护学院,旱区作物逆境生物学国家重点实验室,杨凌 712100;2. 中国农业大学植物病理学系,北京 100193)

**摘要**:小麦茎基腐病是由假禾谷镰孢菌侵染引起的一种重要的土传病害,可造成显著减产并产生有毒代谢产物,威胁人畜健康。叶菌唑属于14α-脱甲基酶抑制剂,对假禾谷镰孢菌具有优异的抑制活性。本研究系统开展了假禾谷镰孢菌对叶菌唑的抗性风险及抗性分子机制。研究结果表明,叶菌唑对105株假禾谷镰孢菌的$EC_{50}$范围为0.021 7~0.136 6 μg/mL,平均$EC_{50}$值为(0.055 9±0.027 0)μg/mL,敏感性频率分布呈单峰曲线,未发现抗药性菌株。因此,上述数据可作为假禾谷镰孢菌对叶菌唑的敏感性基线。选取3株亲本菌株(FP4、W6和H11),通过药剂驯化方法获得了6株突变体。这些突变体对叶菌唑呈现出不同抗性水平,其$EC_{50}$值范围为0.382 7~1.661 2 μg/mL,抗性倍数(RF)为11.06~97.72。将相关突变体在无药剂的PDA平板上连续转接培养10代后,突变体的$EC_{50}$值范围变为0.425 3~3.035 4 μg/mL,而RF值为12.40~51.89。与亲本菌株相比,抗性突变体的菌丝生长、孢子产量、孢子萌发率和致病力显著低于亲本。交互抗药性结果表明,叶菌唑与戊唑醇以及氯氟醚菌唑均表现出交互抗性。但叶菌唑与其他4种杀菌剂(吡唑醚菌酯、咯菌腈、多菌灵和氟唑菌酰羟胺)之间未观察到交互抗性。结合室内药剂驯化试验获得抗药性突变体的难易程度及其生存适合度,综合分析表明,假禾谷镰孢菌对叶菌唑具有低到中等抗性风险。

进一步克隆和比对了假禾谷镰孢菌中3个 FpCYP51s 基因,发现1株叶菌唑抗性突变体中FpCYP51B蛋白上发生M151T点突变,其余抗药性突变体CYP51s蛋白上不存在点突变。分子对接验证结果表明,M151T定点突变降低了FpCYP51B与叶菌唑的结合力;进一步利用遗传转化试验获得了假禾谷镰孢菌 FpCYP51B-M151T 的定点突变转化子,点突变转化子对叶菌唑的敏感性显著降低。qRT-PCR测定结果表明,与亲本菌株相比,药剂处理下突变体菌株中 FpCYP51A/B/C 基因均发生过量表达。综上所述,FpCYP51B-M151T点突变和 FpCYP51s 过量表达可能是假禾谷镰孢菌对叶菌唑产生抗性的主要原因。本研究结果为叶菌唑在小麦茎基腐病防治过程中的科学使用以及制定有效延缓抗药性发生发展的治理策略提供重要依据。

**关键词**:小麦茎基腐病;叶菌唑;抗性风险评估;抗性机制

---

\* 基金项目:"十四五"国家重点研发计划(2022YFD1400900);陕西省科技创新人才推进计划-科技创新团队(2020TD-035)
\*\* 第一作者:李桂香,博士研究生;E-mail:liguixiang2018@foxmail.com
\*\*\* 通信作者:苗建强,副研究员,主要从事植物病原菌与杀菌剂互作的理论和技术研究;E-mail:mjq2018@nwafu.edu.cn

# 番茄早疫病菌对三氟吡啶胺的抗性风险评估和抗性机制研究*

彭钦[1]**,唐丽君[1],苗建强[1],刘西莉[1,2]***

(1. 西北农林科技大学植物保护学院,旱区作物逆境生物学国家重点实验室,
杨凌 712100;2. 中国农业大学植物病理学系,北京 100193)

**摘要**:番茄早疫病是番茄生产过程中的一种重要病害,前期研究发现,先正达公司研发的新型琥珀酸脱氢酶抑制剂三氟吡啶胺(cyclobutrifluram)对番茄早疫病菌具有优异的抑菌活性,但是目前关于番茄早疫病菌对该药剂的抗性风险及抗性分子机制尚未见报道。

本研究采用菌丝生长速率法测定了111株番茄早疫病菌对三氟吡啶胺的敏感性,结果表明,三氟吡啶胺对番茄早疫病菌的平均 $EC_{50}$ 值为 0.10 μg/mL,敏感性分布呈单峰曲线,未监测到抗药性亚群体,可将其作为番茄早疫病菌对三氟吡啶胺的敏感性基线。通过室内药剂驯化方法,从3株番茄早疫病菌敏感菌株中驯化获得8株抗药性突变体,抗性水平为82~5 750倍,且抗药性状相对稳定。生物学性状测定结果表明,抗性突变体的菌丝生长速率显著高于亲本或与亲本相当,致病力显著低于亲本或与亲本相当,而分生孢子产量和孢子萌发率显著低于亲本。交互抗药性研究结果表明,三氟吡啶胺与啶酰菌胺和氟唑菌酰羟胺存在正交互抗药性,而与异菌脲、嘧菌酯、氯氟醚菌唑和苯醚甲环唑之间无交互抗药性。

根据药剂驯化获得抗药性突变体的难易程度、突变体的抗性倍数及其生存适合度、交互抗药性结果,综合分析表明,番茄早疫病菌对三氟吡啶胺可能存在中等抗性风险。进一步克隆和比对了抗性突变体及其亲本的 *AaSdh* 基因,发现番茄早疫抗性突变体 AaSdh 蛋白上存在4种类型点突变:$AaSdhC^{S73L}$、$AaSdhD^{P113T}$、$AaSdhD^{H134N}$ 和 $AaSdhD^{D145N}$。分子对接试验结果表明,上述4种点突变均可导致三氟吡啶胺与 AaSdh 蛋白间的亲和力降低,表明 *AaSdh* 基因点突变可能是番茄早疫病菌对三氟吡啶胺产生抗性的主要原因。基于上述点突变,分别建立了能够有效区分抗性突变体和敏感菌株的 AS-PCR 抗药性分子检测方法。本研究结果为进一步指导三氟吡啶胺在番茄早疫病防治中的科学使用、田间抗性监测以及制定有效延缓抗药性发生发展的治理策略提供了重要依据。

**关键词**:番茄早疫病;三氟吡啶胺;抗性风险评估;抗性机制;分子检测

---

\* 基金项目:"十四五"国家重点研发计划(2022YFD1400900)
\*\* 第一作者:彭钦,副教授,主要从事植物病原菌与杀菌剂/植物互作的分子机制研究;E-mail:pq2022@nwafu.edu.cn
\*\*\* 通信作者:刘西莉,教授,主要从事植物病原菌与杀菌剂互作的理论和技术研究;E-mail:seedling@nwafu.edu.cn

# 新型 SDHI 类杀菌剂三氟吡啶胺的抑菌活性及黄瓜靶斑病菌对其抗性机制研究[*]

郝新昌[1][**]，李怡文[1]，苗建强[1]，彭钦[1]，刘西莉[1,2][***]

(1. 西北农林科技大学植物保护学院，旱区作物逆境生物学国家重点实验室，杨凌 712100；2. 中国农业大学植物病理学系，北京 100193)

**摘要**：由多主棒孢菌（*Corynespora cassiicola*）引发的黄瓜靶斑病是黄瓜生产中的重大病害，该病原菌主要危害黄瓜叶片，影响黄瓜的产量和品质。三氟吡啶胺（cyclobutrifluram）是先正达公司研发的新型琥珀酸脱氢酶抑制剂（SDHI），对多种植物病原真菌和线虫具有优异抑制作用。然而，该药剂的抑菌谱以及多主棒孢菌对其的抗药性风险及机制仍待阐明。

本研究测定了三氟吡啶胺对农业生产中 39 种重要植物病原菌的抑制活性，结果发现，三氟吡啶胺对无性型真菌及部分子囊菌具有显著抑菌活性，其 $EC_{50}$ 值在 $0.0042 \sim 0.9663$ μg/mL 之间。多主棒孢菌对三氟吡啶胺的敏感性基线呈多峰分布曲线，平均 $EC_{50}$ 值为 $(2.38 \pm 0.50)$ μg/mL，分析发现田间已存在抗药性菌株。通过室内药剂驯化法获得 5 株抗性突变体，其适合度与亲本菌株相当或降低。抗性突变体中检测到琥珀酸脱氢酶（Sdh）的 $SdhB^{H278Y}$、$SdhC^{H134Q}$ 或 $SdhC^{S135R}$ 突变，而田间抗性菌株中共鉴定出 7 种点突变，包括 $SdhB^{H278Y}$、$SdhB^{I280V}$、$SdhC^{S73P}$、$SdhC^{N75S}$、$SdhC^{H134R}$、$SdhD^{D121E}$ 和 $SdhD^{G135V}$。三氟吡啶胺与 florylpicoxamid、吡唑醚菌酯、咪鲜胺及丙森锌 4 种不同作用机制的药剂均未表现出交互抗性。携带不同突变位点的抗药性菌株对不同 SDHI 类药剂的敏感性存在差异。三氟吡啶胺与多数 SDHI 类药剂呈现正交互抗性，但不同突变位点会导致其与 SDHI 类药剂的交互抗性程度出现分化。

综上，三氟吡啶胺对供试的无性型真菌和部分子囊菌具有优异的抑菌作用。多主棒孢菌对三氟吡啶胺产生抗性风险为中到高等，SdhB、SdhC 或 SdhD 亚基上的点突变是导致其对三氟吡啶胺产生抗性的重要分子机制。本研究结果为多主棒孢菌的抗药性治理提供了重要的参考和指导。

**关键词**：三氟吡啶胺；多主棒孢菌；抗性风险评估；点突变；抗性机制

---

[*] 基金项目："十四五"国家重点研发计划（2022YFD1400900）
[**] 第一作者：郝新昌，博士研究生；E-mail：shichang0122@foxmail.com
[***] 通信作者：刘西莉，教授，主要从事植物病原菌与杀菌剂互作的理论和技术研究；E-mail：seedling@nwafu.edu.cn

# 假禾谷镰孢菌的琥珀酸脱氢酶四个亚基的生物学功能研究[*]

李怡文[1**], 王 妍[1], 苗建强[1***], 刘西莉[1,2***]

(1. 西北农林科技大学植物保护学院,旱区作物逆境生物学国家重点实验室,杨凌 712100; 2. 中国农业大学植物病理学系,北京 100193)

**摘要:** 小麦茎基腐病是由多种镰孢菌侵染引起的一种毁灭性病害,优势病原菌为假禾谷镰孢菌(*Fusarium pseudograminearum*)。琥珀酸脱氢酶抑制剂是一类重要的杀菌剂,其中仅三吡啶胺和氟唑菌酰羟胺对假禾谷镰孢菌表现出优异的抑制活性。为明确 8 个 *FpSdhs* 基因对假禾谷镰孢菌的生物学性状及其药剂敏感性的调控机制,本文通过遗传转化方法成功获得了假禾谷镰孢菌的 8 个 *FpSdh* 基因及 *FpSdhC$_{1\&2}$* 双敲除转化子,并对各基因敲除转化子的生物学表型进行了测定。结果表明,*FpSdhA$_1$* 和 *FpSdhA$_4$* 基因缺失对假禾谷镰孢菌的菌丝生长和分生孢子产量无显著影响; *FpSdhA$_2$* 基因缺失后假禾谷镰孢菌的菌丝形态正常但菌丝生长缓慢,分生孢子产量无变化; *FpSdhC$_1$* 和 *FpSdhC$_2$* 基因缺失对假禾谷镰孢菌的菌丝生长和孢子产生均无影响。然而,*FpSdhA$_3$*、*FpSdhB*、*FpSdhD* 基因缺失以及 *FpSdhC$_{1\&2}$* 双敲除后,假禾谷镰孢菌不能产生气生菌丝,菌丝生长异常缓慢,并且丧失了产孢能力。单个 *FpSdh* 基因缺失或 *FpSdhC$_{1\&2}$* 双敲除后均会降低假禾谷镰孢菌的致病力,其中,*FpSdhA$_3$*、*FpSdhB*、*FpSdhD* 基因单敲突变体与 *FpSdhC$_{1\&2}$* 双敲突变体的致病力显著降低。药剂敏感性试验结果表明,*FpSdhA$_1$*、*FpSdhA$_2$* 和 *FpSdhA$_4$* 基因缺失不影响假禾谷镰孢菌对 7 种供试 SDHI 类杀菌剂的敏感性; *FpSdhC$_1$* 基因缺失导致假禾谷镰孢菌对三氟吡啶胺、氟唑菌酰羟胺、氟吡菌酰胺、氟唑菌酰胺、氟唑菌苯胺、异丙噻菌胺和啶酰菌胺的敏感性均显著增加; *FpSdhC$_2$* 基因缺失导致假禾谷镰孢菌对这 7 种 SDHI 类杀菌剂的敏感性呈下降趋势; *FpSdhA$_3$*、*FpSdhB* 和 *FpSdhD* 基因缺失导致假禾谷镰孢菌对三氟吡啶胺、氟唑菌酰羟胺和氟吡菌酰胺的敏感性均显著下降,但其对氟唑菌酰胺、氟唑菌苯胺、异丙噻菌胺和啶酰菌胺的敏感性未发生明显变化; *FpSdhC$_{1\&2}$* 双敲除后,假禾谷镰孢菌对三氟吡啶胺、氟唑菌酰羟胺和氟吡菌酰胺的敏感性显著降低,但对氟唑菌酰胺、氟唑菌苯胺、异丙噻菌胺和啶酰菌胺这 4 种药剂的敏感性提高。毒素测定结果表明,*FpSdhA$_1$*、*FpSdhA$_2$*、*FpSdhA$_4$* 或 *FpSdhC$_1$* 基因敲除后,假禾谷镰孢菌的毒素产量均未发生明显变化; *FpSdhA$_3$*、*FpSdhB*、*FpSdhD* 以及 *FpSdhC$_{1\&2}$* 基因敲除后,假禾谷镰孢菌均无法合成毒素; *FpSdhC$_2$* 基因缺失导致假禾谷镰孢菌的产毒小体被破坏且 DON 产量显著降低。*FpSdhs* 基因表达量分析结果表明,当假禾谷镰孢菌 *FpSdhA$_3$*、*FpSdhB*、*FpSdhC$_2$* 或 *FpSdhD* 缺失后,均会导致其 *FpSdhC$_1$* 基因过表达。

综上,*FpSdhA$_3$*、*FpSdhB* 和 *FpSdhD* 对假禾谷镰孢菌的生长发育至关重要,*FpSdhC$_1$* 是调

---

[*] 基金项目:"十四五"国家重点研发计划 (2022YFD1400900)

[**] 第一作者:李怡文,博士研究生;E-mail:liyiwendec@foxmail.com

[***] 通信作者:苗建强,副研究员,主要从事植物病原菌与杀菌剂互作研究;E-mail:mjq2018@nwafu.edu.cn
　　　　刘西莉,教授,主要从事植物病原菌与杀菌剂互作的理论和技术研究;E-mail:seedling@nwafu.edu.cn

控假禾谷镰孢菌对多种 SDHI 类药剂敏感性的关键基因，$FpSdhC_2$ 是调控假禾谷镰孢菌毒素合成的关键基因。

**关键词**：假禾谷镰孢菌；三氟吡啶胺；氟唑菌酰羟胺；琥珀酸脱氢酶；毒素

# 靶向 PcORP1-PH 结构域的新型抑制剂的虚拟筛选、结构优化及生物活性评价*

路星星[1,2]**，刘小飞[1,3]，杨新玲[2]，凌云[2]，苗建强[1]，黄中乔[3]，张莉[2]，刘西莉[1,3]***

(1. 西北农林科技大学植物保护学院，旱区作物逆境生物学国家重点实验室，杨凌 712100；2. 中国农业大学理学院应用化学系，北京 100193；3. 中国农业大学植物病理学系，北京 100193)

**摘要**：氧化固醇结合蛋白相关蛋白 1 [The oxysterol-binding protein (OSBP) -related protein 1，ORP1] 是新型卵菌抑制剂的药剂靶标，其 ORD 结构域可被氧化固醇结合蛋白抑制剂 (OSBPI) 类杀菌剂特异性结合，从而表现出超高的抑菌活性。卵菌的 ORP1 蛋白由 ORD、START 和 PH 三个功能结构域组成。课题组前期研究发现，疫霉菌 ORP1 蛋白的 PH 结构域敲除致死，但其作为杀菌剂靶标的可行性尚未得到系统验证。

本研究基于辣椒疫霉 (*Phytophthora capsici*) ORP1 蛋白 PH 结构域的三维结构，建立了靶向 PH 结构域的虚拟筛选策略。通过类农药规则、药效团模型、分子对接及结构过滤，从 ChemDiv 数据库中筛选出 15 个候选化合物，经生物活性评价，发现化合物 VS-07 具有良好的抗卵菌活性。进一步对 VS-07 的三大结构片段进行优化，设计合成了 27 个衍生物。其中，化合物 X4、X7 和 X10 对 6 种卵菌均表现出优异的抑菌活性（$EC_{50}$ 值 = 1~4 μg/mL）。此外，化合物 X4 在离体叶片试验中表现出显著的保护作用，在 100 μg/mL 和 200 μg/mL 浓度下对辣椒疫霉的防效均超过 90%。微量热泳动 (microscale thermophoresis，MST) 分析证实，化合物 X4 可特异性结合 PcORP1 的 PH 结构域并抑制其活性。分子对接结果表明，X4 通过其桥链脒基与 PH 结构域中的 Trp51、Ser91 和 Thr93 形成稳定的氢键作用，并通过肉桂醛基团形成疏水相互作用，从而增强其构象稳定性。进一步通过转录组分析与透射电镜观察研究其抑菌机制，发现化合物 X4 通过与 PH 结构域结合来干扰脂类的转运与代谢，导致辣椒疫霉菌丝异常增生和细胞膜皱缩，最终抑制病原菌的生长发育。

综上所述，本研究首次验证了 PH 结构域作为杀菌剂新靶标的可行性，发现了靶向该结构域的抑制剂 X4，为基于 PH 结构域的杀菌剂创制及卵菌病害绿色防控提供了重要的理论依据与先导化合物支持。

**关键词**：氧化固醇结合蛋白；PH 结构域；基于对接的虚拟筛选；辣椒疫霉；杀菌剂创制

---

\* 基金项目："十四五"国家重点研发计划青年科学家项目 (2022YFD1401300)；国家自然科学基金 (31730075)；陕西省科技厅"青年科技新星"项目 (2024ZC-KJXX-062)
\*\* 第一作者：路星星，博士后；E-mail：luxx@nwafu.edu.cn
\*\*\* 通信作者：刘西莉，教授，主要从事植物病原菌与杀菌剂互作的理论和技术研究；E-mail：seedling@nwafu.edu.cn

# 辣椒炭疽病菌对 florylpicoxamid 的抗性风险评估和抗性机制研究

唐义冬[1][**]，许延瑞[1][**]，苗建强[1]，刘西莉[1,2][***]

(1. 西北农林科技大学植物保护学院，旱区作物逆境生物学国家重点实验室，杨凌 712100；2. 中国农业大学植物病理学系，北京 100193)

**摘要**：辣椒炭疽病是由胶孢炭疽菌（*Colletotrichum gloeosporioides*）、平头刺盘孢（*C. truncatum*）等多种炭疽菌复合侵染引起的重要病害。随着杀菌剂在田间的长时间大量使用，辣椒炭疽病菌抗药性问题日益突出，因此筛选开发新型杀菌剂尤为重要。florylpicoxamid 是科迪华公司开发的新型 QiIs 杀菌剂，其作用于呼吸电子传递链线粒体复合物Ⅲ细胞色素 bc1 的 Qi 位点，通过抑制血红素 bH 到醌-半氢醌之间的电子传递，阻断 ATP 的合成，从而抑制病原菌的生长。本研究旨在明确 *C. truncatum* 对 florylpicoxamid 的抗性风险和抗性分子机制，为辣椒炭疽病的科学化学防控及合理用药提供理论指导。

本研究采用菌丝生长速率法测定了来自 6 个省份 111 株辣椒炭疽病菌对 florylpicoxamid 的敏感性，供试菌株的有效中浓度（$EC_{50}$）呈连续分布，平均 $EC_{50}$ 值为（0.136 2±0.114 4）μg/mL，不同菌株对 florylpicoxamid 的敏感性频率分布呈单峰曲线，表明田间未出现敏感性下降的病原菌亚群体，因此，可将该曲线作为辣椒炭疽病菌对 florylpicoxamid 的敏感基线。

采用室内药剂驯化的方法进行突变体的筛选，最终从 2 株亲本菌株中筛选获得 4 株抗性倍数均大于 600 的高水平抗性突变体，平均突变频率为 $6.11×10^{-4}$，抗药性可稳定遗传，但所有抗性突变体的生存适合度均显著低于亲本菌株。交互抗性分析结果表明，florylpicoxamid 与吡唑醚菌酯、氯氟醚菌唑、咪鲜胺、氟啶胺、多菌灵这 5 种不同作用机制的杀菌剂之间无交互抗药性。综合分析表明，辣椒炭疽病菌对 florylpicoxamid 具有中等抗性风险。进一步克隆、分析比对了 florylpicoxamid 抗性突变体和亲本菌株的 *Cytb* 基因，发现室内药剂驯化筛选获得的 4 株抗性突变体均在 Cytb 上发生 S207L 突变。分子对接结果显示，该点突变可引起药剂与 Cytb 的结合能显著降低，从而导致辣椒炭疽病菌对 florylpicoxamid 表现出抗性。

**关键词**：辣椒炭疽病；florylpicoxamid；抗性风险评估；抗性机制

---

[*] 基金项目：国家重点研发计划（2022YFD1400900）
[**] 第一作者：唐义冬，硕士研究生；E-mail：3143049971@qq.com
许延瑞，本科生；E-mail：2379705749@qq.com
[***] 通信作者：刘西莉，教授，主要从事植物病原菌与杀菌剂互作的理论和技术研究；E-mail：seedling@nwafu.edu.cn

# 辣椒疫霉对氟醚菌酰胺的抗性分子机制[*]

杨继焜[1][**]，代 探[1][**]，苗建强[1]，刘西莉[1,2][***]

(1. 西北农林科技大学植物保护学院，旱区作物逆境生物学国家重点实验室，
杨凌 712100；2. 中国农业大学植物保护学院，北京 100193)

**摘要**：辣椒疫霉（*Phytophthora capsici*）是十大植物病原卵菌之一，每年可在全球范围内造成严重的经济损失。氟醚菌酰胺（fluopimomide）是山东中农联合生物科技股份公司研发的苯甲酰胺类杀菌剂，对植物病原卵菌引起的植物病害具有良好的活性。目前，辣椒疫霉对氟醚菌酰胺的抗性风险和抗性机制尚不明确。

本研究测定106株辣椒疫霉对氟醚菌酰胺的敏感性，建立了辣椒疫霉对氟醚菌酰胺的敏感基线，平均$EC_{50}$值为$(5.1892 \pm 2.2613)$ μg/mL。通过药剂驯化，获得了来自2个亲本菌株中的3株高抗突变体，抗性倍数（RF）均大于90，突变频率为$1×10^{-4}$。交互抗药性分析表明，氟吡菌胺和氟醚菌酰胺具有正交互抗性，进一步测定突变体的生存适合度，结合室内抗性风险评估结果及"病原菌-药剂"组合的固有抗性风险等级，综合分析表明，辣椒疫霉对氟醚菌酰胺具有中等抗性风险。

已有报道表明，氟吡菌胺的靶标蛋白为V-ATP酶a亚基（VHA-a），与氟吡菌胺具有正交互抗性的氟醚菌酰胺可能具有相似的作用机制。因此，本研究对3株抗性突变体的*PcVHA-a*进行克隆、测序和比对，发现2株抗性突变体的*PcVHA-a*发生G767E突变，1株抗性突变体的*PcVHA-a*发生K847R突变。进一步通过CRISPR/Cas9技术在野生型菌株中获得了上述2个位点的定点突变转化子，抗性倍数均大于100。同时，分子对接结果表明，2种点突变均引起*PcVHA-a*与氟醚菌酰胺的结合能降低。以上结果说明，*PcVHA-a*上发生G767E和K847R突变均可导致辣椒疫霉对氟醚菌酰胺的高水平抗性。此外，进一步针对这两个抗性位点设计了AS-PCR快速分子检测体系，可快速准确区分氟醚菌酰胺抗性菌株和敏感菌株及其他常见的植物病原真菌或卵菌。本研究结果对氟醚菌酰胺的科学使用及田间抗性监测和治理具有重要指导意义。

**关键词**：辣椒疫霉；氟醚菌酰胺；V-ATP酶a亚基；抗性分子机制

---

[*] 基金项目：国家自然科学基金（32001942）
[**] 第一作者：杨继焜，博士研究生；E-mail：yangjikun@nwafu.edu.cn
　　　　　　代探，博士，副教授；E-mail：daitan2020@163.com
[***] 通信作者：刘西莉，教授，主要从事植物病原菌与杀菌剂互作的理论和技术研究；E-mail：seedling@nwafu.edu.cn

# 大豆疫霉对唑嘧菌胺的抗性进化机制研究[*]

袁康[1**],代探[1**],苗建强[1***],刘西莉[1,2***]

(1. 西北农林科技大学植物保护学院,旱区作物逆境生物学国家重点实验室,
杨凌 712100;2. 中国农业大学植物保护学院,北京 100193)

**摘要:** 巴斯夫公司开发的新型 QioSI 类抑制剂唑嘧菌胺对卵菌具有优异的防治效果,目前已在全球 50 多个国家登记使用。已有研究表明,法国多地葡萄园已经发现了霜霉病菌对唑嘧菌胺的田间抗性群体。探究植物病原菌对杀菌剂产生抗性的进化机制,对于制定科学的抗性治理策略、延长杀菌剂的使用寿命具有重要指导意义。

本研究通过室内药剂梯度浓度驯化的方法开展了大豆疫霉对唑嘧菌胺的抗性进化研究。测定了以上研究中不同时期和不同驯化浓度下获得的 711 株大豆疫霉对唑嘧菌胺的敏感性,系统分析和明确了大豆疫霉对唑嘧菌胺的抗性进化过程。研究发现,获得的低抗和中抗突变体作为过渡态,在药剂选择压下会继续进化为高抗突变体。进一步在大豆疫霉中建立了线粒体基因编辑系统(DdCBE 碱基编辑器),利用该体系证明了 PsCytb$^{S33L}$ 点突变能够导致大豆疫霉对唑嘧菌胺产生高水平抗性。通过整合一代至三代测序技术,发现线粒体异质性是驱动大豆疫霉对唑嘧菌胺抗性进化的主要机制,即 PsCytb$^{S33L}$ 点突变基因的逐步积累驱动大豆疫霉种群对唑嘧菌胺产生高水平抗性。进一步研究发现,PsCytb$^{S33L}$ 点突变能够影响线粒体的形态和膜电势、线粒体复合物Ⅲ的酶活、ROS 水平以及线粒体 DNA 拷贝数等,最终使线粒体功能异常,从而导致大豆疫霉生存适合度降低,实现了杀菌剂抗性和适应性代价之间的进化权衡。

上述研究结果表明,在抗性进化过程中,通常病原菌在获得抗药性的同时,也会付出生存适合度代价。此外,通过第三代测序技术检测到田间野生型菌株的极个别线粒体中存在天然 PsCytb$^{S33L}$ 点突变,表明抗性进化的起源包括常设遗传变异和新生突变两种模式。这为病原体抗性进化研究提供了新的见解。

**关键词:** DdCBE 碱基编辑器;抗性进化;线粒体异质性;适合度代价权衡;抗性进化起源

---

[*] 基金项目:国家自然科学基金(32202369);国家重点研发计划(2022YFD1400900)
[**] 第一作者:袁康,博士研究生;E-mail: ykhist@163.com
代探,副教授;E-mail: daitan@nwafu.edu.cn
[***] 通信作者:苗建强,副研究员,主要从事植物病原菌与杀菌剂互作机制研究;E-mail: mjq2018@nwafu.edu.cn
刘西莉,教授,主要从事植物病原菌与杀菌剂互作的理论和技术研究;E-mail: seedling@nwafu.edu.cn

# Cytb 异位过表达体系在线粒体复合物Ⅲ抑制剂的抗性分子机制研究中的应用*

袁 康[1]**，代 探[1]**，苗建强[1]***，刘西莉[1,2]***

(1. 西北农林科技大学植物保护学院，旱区作物逆境生物学国家重点实验室，杨凌 712100；2. 中国农业大学植物保护学院，北京 100193)

**摘要**：线粒体呼吸电子传递链复合物Ⅲ抑制剂包含 QoIs、QiIs 和 QioSI 3 种类型。Cytb 上发生的位点突变通常被认为是植物病原体对复合物Ⅲ抑制剂产生抗性的主要原因。但由于 Cas9 蛋白很难进入线粒体，使得 CRISPR/Cas9 技术无法对线粒体基因进行精确编辑，因此，长期以来线粒体抑制剂的抗性相关位点缺乏遗传转化验证。

本研究以大豆疫霉作为模式菌株，将 PsCytb 进行核基因密码子优化并添加线粒体导肽，通过遗传转化证实了 PsCytb 上 24 个点突变是导致大豆疫霉对复合物Ⅲ抑制剂产生抗性的主要原因。其中，13 个点突变与 QoIs 抑制剂相关，11 个点突变与 QiIs 抑制剂相关，1 个点突变与 QioSI 抑制剂相关。值得注意的是，毒力测定表明，PsCytb 上 S33L、F220L 和 M124I 点突变分别赋予了复合物Ⅲ抑制剂之间的负交互抗药性。其中，S33L 点突变导致大豆疫霉对唑嘧菌胺产生高水平抗性，但同时引起大豆疫霉对氰霜唑和嘧菌酯更为敏感。F220L 点突变导致大豆疫霉对氰霜唑产生高水平抗性，但对唑嘧菌胺和嘧菌酯更为敏感。M124I 点突变导致大豆疫霉对噁唑菌酮的高水平抗性，但对嘧菌酯更为敏感。分子对接结果表明，携带不同突变位点的 PsCytb 与复合物Ⅲ抑制剂之间的结合能变化是导致负交互抗性产生的主要原因。本研究结果为复合物Ⅲ抑制剂的抗性机制研究以及基于负交互抗药性的新型杀菌剂研发提供了重要理论依据。

**关键词**：线粒体复合物Ⅲ抑制剂；Cytb；异源过表达；抗性机制；负交互

# 新型杀菌剂 WML-01 的生物活性与内吸传导性研究[*]

张 玲[1][**]，吴浩然[1]，苗建强[1]，刘西莉[1,2][***]

(1. 西北农林科技大学植物保护学院，旱区作物逆境生物学国家重点实验室，
杨凌 712100；2. 中国农业大学植物保护学院，北京 100193)

**摘要**：WML-01 是由中国农业大学创新设计并合成的新型杀菌剂，其独特结构融合了罗丹宁与螺环丁烯内酯双药效团。本研究系统解析了 WML-01 的抑菌谱、保护/治疗活性及其在植物中的内吸传导活性。

抑菌谱测定结果表明，WML-01 对镰孢菌（*Fusarium* spp.）、胶孢炭疽菌（*Colletotrichum gloeosporioides*）、稻瘟病菌（*Magnaporthe oryzae*）、黄瓜黑星病菌（*Cladosporium cucumerinum*）等植物病原真菌具有优异的抑菌活性，但对卵菌与担子菌无明显抑制作用。进一步测定了 WML-01 对小麦赤霉病菌（*F. graminearum*）不同发育阶段的影响，结果表明，该药剂对小麦赤霉病菌的菌丝生长、分生孢子产生、芽管伸长以及分生孢子萌发均具有良好的抑制作用，其 $EC_{50}$ 分别为 0.067 1 μg/mL、0.005 4 μg/mL、0.185 7 μg/mL、4.565 1 μg/mL。在温室条件下，200 mg/L 的 WML-01 对小麦赤霉病的保护活性（74.19%）和治疗活性（60.66%），与相同浓度的氰烯菌酯处理防效相当（70.97% 和 63.93%）。高效液相色谱分析结果表明 WML-01 在小麦植株内具有一定的内吸传导活性。研究结果对于 WML-01 进一步的开发应用提供了重要的理论指导。

**关键词**：WML-01；抑菌谱；小麦赤霉病菌；内吸传导

---

[*] 基金项目：国家重点研发计划（2022YFD1400900，2023YFD1700700）
[**] 第一作者：张玲，硕士研究生；E-mail：1766505375@qq.com
[***] 通信作者：刘西莉，博士，教授，主要从事植物病原菌与杀菌剂互作的理论和技术研究；E-mail：seedling@nwafu.edu.cn

# 新型卵菌抑制剂四唑吡氨酯的抑菌活性和作用方式研究[*]

付轶欣[1][**]，杜晓冉[1]，王惜惜[1]，程 菲[1]，彭 钦[1]，刘西莉[1,2][***]，苗建强[1]

(1. 西北农林科技大学植物保护学院，旱区作物逆境生物学国家重点实验室，杨凌 712100；2. 中国农业大学植物保护学院，北京 100193)

**摘要**：四唑吡氨酯是日本曹达公司开发的新型四唑肟类杀菌剂，主要用于防治植物卵菌病害，如葫芦、番茄、叶类蔬菜上的霜霉病和疫病等，与目前市场上使用的主要卵菌病害防治药剂无交互抗性。2021年9月，四唑吡氨酯原药及其制剂产品在我国获得登记，用于防治黄瓜霜霉病。目前有关该药剂的防治谱及其作用方式尚不明确。

本研究系统测定了四唑吡氨酯对农业生产中51种重要植物病原真菌和卵菌的抑制活性。研究发现四唑吡氨酯对真菌抑制活性差，但对疫霉、腐霉和霜霉等植物病原卵菌的抑制活性优异，其 $EC_{50}$ 值为 $3.1×10^{-4} \sim 7.27×10^{-3}$ μg/mL。进一步测定了四唑吡氨酯对辣椒疫霉不同发育阶段的抑制活性，结果表明，四唑吡氨酯对辣椒疫霉的菌丝生长、孢子囊产生、游动孢子释放和休止孢萌发均具有优异的抑制作用，其 $EC_{50}$ 值分别为 $1.34×10^{-3}$ μg/mL、$1.11×10^{-3}$ μg/mL、$4.85×10^{-3}$ μg/mL 和 $5.88×10^{-2}$ μg/mL。通过温室防效试验测定了四唑吡氨酯对辣椒疫病的保护与治疗作用，结果显示 200 μg/mL 四唑吡氨酯对辣椒疫病的保护和治疗效果分别为 100% 和 41.03%，显著高于阳性对照药剂 200 μg/mL 烯酰吗啉对辣椒疫病的保护和治疗效果 (77.52% 和 36.15%)，表明四唑吡氨酯对辣椒疫病具有良好的保护与治疗作用，并且保护作用优于治疗作用。进一步采用辣椒植株根部给药和叶部接种的方式，并结合高效液相色谱法分析，表明四唑吡氨酯在辣椒植株中具有一定的内吸传导能力。

综上，四唑吡氨酯对多种植物病原卵菌具有优异的抑菌活性，并对辣椒疫病表现出优异的保护和治疗效果，在辣椒植株上具有一定的内吸传导特性，在植物卵菌病害防控和抗药性治理中具有广阔的应用前景。

**关键词**：四唑吡氨酯；辣椒疫病；抑菌活性；吸收传导

---

[*] 基金项目：陕西省科技创新人才推进计划-科技创新团队 (2020TD-035)
[**] 第一作者：付轶欣，硕士研究生；E-mail：fyx000202@nwafu.edu.cn
[***] 通信作者：刘西莉，博士，教授，主要从事植物病原菌与杀菌剂互作的理论和技术研究；E-mail：seedling@nwafu.edu.cn

# 大豆疫霉甘油-3-磷酸酰基转移酶的生物学功能研究

钟林宇[1]**，钟孟宇[1]，杨思琦[1]，张博瑞[1]***，刘西莉[1,2]***

(1. 中国农业大学植物病理学系，北京 100193；2. 西北农林科技大学植物保护学院，旱区作物逆境生物学国家重点实验室，杨凌 712100)

**摘要**：植物病原卵菌大豆疫霉（*Phytophthora sojae*）侵染所引起的大豆疫病严重危害大豆生产，造成大量的经济损失。甘油酯类和甘油磷脂类脂质分子是生物体重要的组成部分，其不仅参与能量储存，还会参与细胞结构的构建和生物膜的调节。甘油-3-磷酸酰基转移酶（glycerol-3-phosphate acyltransferases，GPATs）催化甘油-3-磷酸与脂肪酰-辅酶A生成溶血磷脂酸（LPA），是细胞中大多数甘油酯类与甘油磷脂类合成的初始步骤以及限速步骤。本研究在大豆疫霉中鉴定到4个 *GPATs* 基因，分别命名为 *PsGPAT1*、*PsGPAT2*、*PsGPAT3* 和 *PsGPAT4*。通过生物信息学进行了相关分析，并采用 Tet-On/CRISPR-Cas9 系统分别对这4个基因进行了敲除或敲低，以探究其在大豆疫霉生长发育过程中的功能。

研究表明，*PsGPAT1*、*PsGPAT3* 在侵染阶段表达量无明显变化，*PsGPAT2* 在侵染前期表达量升高，*PsGPAT4* 在侵染各个阶段表达量均较高。敲除 *PsGPAT1* 可导致大豆疫霉菌丝生长速率显著下降。敲除 *PsGPAT2* 可导致大豆疫霉菌丝生长速率、孢子囊产量、游动孢子产量和致病力均显著下降。敲除 *PsGPAT3* 对大豆疫霉生长发育无显著影响。*PsGPAT4* 的敲除可导致大豆疫霉菌丝生长速率、卵孢子产量和致病力均显著下降。进一步研究发现，*PsGPAT1* 敲除转化子菌丝内的小型脂滴数量减少，*PsGPAT4* 敲除转化子菌丝内的大型脂滴数量减少，推测 *PsGPAT1/4* 对菌丝内脂滴形成具有重要作用。基于以上研究，表明 *PsGPATs* 在大豆疫霉的不同生长发育阶段发挥不同的功能，其中 *PsGPAT1* 和 *PsGPAT4* 的敲除会影响大豆疫霉菌丝中脂滴形成和菌丝生长等表型。以上研究，为进一步开展靶向脂类物质合成的新型杀菌剂创制提供了理论参考。

**关键词**：大豆疫霉；甘油-3-磷酸酰基转移酶；侵染阶段；脂滴

---

\* 基金项目：国家重点研发计划（2023YFD1700700）
\*\* 第一作者：钟林宇，博士研究生；E-mail: zhonglyo4@163.com
\*\*\* 通信作者：张博瑞，博士后，主要从事植物病原卵菌基因功能及杀菌剂作用机制研究；E-mail: 342567200@qq.com
刘西莉，教授，主要从事植物病原菌和杀菌剂互作的理论和技术研究；E-mail: seedling@cau.edu.cn

# 丙硫菌唑纳米种衣剂通过调控种子代谢和呼吸提升水稻恶苗病精准控制和秧苗成苗[*]

张奇珍[**]，石 鑫，刘鹏飞[***]

(中国农业大学植物病理学系，北京 100193)

**摘要**：水稻是我国重要的主粮作物，其苗期受到恶苗病等种传病害的影响，严重威胁其种苗健康和产量。水稻种子处理能够遏制种传和土传病害的传播。目前水稻种子处理以水乳剂浸种和悬浮剂包衣为主，剂型较单一。部分农药有效成分对寄藏于种子内部的病原菌抑制效果差，病原菌抗药性发生严重，此外高浓度药剂浸种处理常导致药害发生。本研究通过砂磨法制备了用于种子包衣的2%丙硫菌唑纳米悬浮剂（PROT NFS），平均粒径为172.56 nm。采用与PROT NFS 相同配方的自制2%丙硫菌唑悬浮剂（PROT FS）为对照药剂，其平均粒径为1.8 μm；以去离子水作为空白对照。使用以上制剂分别对水稻种子进行包衣发现，PROT NFS 包衣处理导致水稻根部和茎部的丙硫菌唑含量分别为 10.43 mg/kg 和 1.89 mg/kg（21 d），相比于 PROT FS 分别增加了 64.79% 和 137.65%。测定不同处理下水稻恶苗病的发生情况，结果表明 PROT NFS 对水稻恶苗病的防治效果相比于 PROT FS 显著提升，从 60.72%（PROT FS）提高至 85.71%（PROT NFS）。安全性试验表明，其对供试的3个品种的水稻种子发芽率和秧苗素质（株高、根长、干重和鲜重）与空白对照无显著性差异。Q2 种子活力测试的 ASTEC 值表明，PROT NFS 代谢时间（24.81 h）、相对发芽时间（65.41 h）、初始代谢速率（1.07%/h）和氧消耗速率（1.90%/h）与空白对照相比均无显著差异，对种子活力无负面影响。代谢组学分析表明，PROT NFS 处理通过正向调节与种子发芽和呼吸相关的代谢通路，减轻了 PROT NFS 对水稻幼苗的药害。此外，PROT NFS 对非靶标生物安全。因此，本研究通过丙硫菌唑纳米悬浮剂包衣保护了水稻幼苗的健康。

**关键词**：纳米悬浮种衣剂；水稻恶苗病；种子活力；代谢组学

---

[*] 基金项目：国家重点研发计划（2023YFD1700300）
[**] 第一作者：张奇珍，博士研究生；E-mail：18800178161@163.com
[***] 通信作者：刘鹏飞，教授，主要从事植物病害化学防治研究；E-mail：pengfeiliu@cau.edu.cn

# 大豆拟茎点茎枯病的病原菌鉴定及其对SDHI类药剂敏感性分化的机制探究

常郑洁[1]**，刘詹云[1]，钟孟宇[1]，黄中乔[1]，刘西莉[1,2]，张 灿[1]***

(1. 中国农业大学植物病理学系，北京 100193；2. 西北农林科技大学植物保护学院，旱区作物逆境生物学国家重点实验室，杨凌 712100)

**摘要**：Diaporthe 属真菌是重要的植物病原菌，可与其他病原菌复合侵染威胁大豆等多种作物的生产，造成严重的损失。然而，目前关于引起大豆拟茎点茎枯病的病原菌及其对杀菌剂的敏感性报道甚少。本研究于2021年和2022年从黑龙江省14个地区采集大豆病茎和组织中分离鉴定到了46株 D. longicolla 菌株。采用菌丝生长速率法分别测定了其对8种杀菌剂的敏感性，结果表明，咯菌腈、苯醚甲环唑、戊唑醇和嘧菌酯对 D. longicolla 均表现出良好的抑制作用，但两种琥珀酸脱氢酶抑制剂（SDHIs）氟唑菌酰羟胺和氟吡菌酰胺对其 $EC_{50}$ 值差异较大，分别为 5.47 μg/mL 和 100 μg/mL 以上。

进一步对SDHI类杀菌剂出现的这种敏感性分化现象进行了探究。分子动力学模拟显示，氟唑菌酰羟胺的均方根偏差（RMSD）更小，而氟吡菌酰胺与 Sdh 蛋白的结合自由能更高；对结合口袋的静电势和结构构象分析发现，氟唑菌酰羟胺与 SdhC 和 SdhD 会形成更多的疏水相互作用，且更靠近 SdhD 亚基，这种差异可能导致氟唑菌酰羟胺对 D. longicolla 具有更高的活性。综上，供试多种杀菌剂对 D. longicolla 具有良好的抑菌活性，在大豆拟茎点茎枯病的防控中具有较好的应用潜力；药剂与 Sdh 亚基结合亲和力的差异是导致 D. longicolla 对氟吡菌酰胺和氟唑菌酰羟胺出现敏感性分化的主要原因。上述研究结果为大豆拟茎点茎枯病的科学防治提供了重要参考。

**关键词**：大豆茎枯病；Diaporthe longicolla；杀菌剂敏感性；Sdh

---

\* 基金项目：国家重点研发计划"大豆重要病虫害演替规律与全程绿色防控技术体系集成示范"（2023YFD1401000）
\*\* 第一作者：常郑洁，硕士研究生；E-mail：scauczjczj@163.com
\*\*\* 通信作者：张灿，副教授，主要从事植物病原菌与杀菌剂互作研究；E-mail：czhang@cau.edu.cn

# 基因同核化对立枯丝核菌抗双苯菌胺的代谢调控

周荣佳**，梁正雅，邓婉珍，张俊婷，喻楚贤，刘鹏飞***

(中国农业大学植物保护学院，北京　100193)

**摘要**：立枯丝核菌（*Rhizoctonia solani*）可侵染水稻导致发生纹枯病，对水稻生产造成重大影响。化学杀菌剂被广泛应用于该病害的防治，引起了田间病原菌抗药性的产生。代谢抗性是植物病原真菌多药抗性产生的机制之一，且前期研究已发现 *R. solani* 的代谢相关基因过表达可导致其对双苯菌胺的抗性。此外，发现了大量高水平抗药突变体。基于此，本研究针对前期鉴定到的 *R. solani* 中的两个代谢相关基因（*RsCYP3A24*、*RsGSTF5*）进行了测序，以探究基因突变情况。并通过大肠杆菌异源表达和分子对接验证了基因突变对代谢抗性的影响。研究结果显示，*RsCYP3A24*、*RsGSTF5* 中分别存在 *vA* 和 *vB* 两种基因型。亲本菌株 X19 为含有 *RsCYP3A24vA/vB* 和 *RsGSTF5vA/vB* 两种基因型的异核体，而 13 株突变体中有 6 株发生了同核化，即仅含有 *RsCYP3A24vB* 和 *RsGSTF5vB*。通过大肠杆菌异源表达，成功获得了不同基因型的 4 种单转转化子和 4 种双转转化子。与空载相比，所有单转转化子对双苯菌胺的代谢能力均有所提升，而双转转化子的代谢能力则进一步优于单转转化子，两个基因对于双苯菌胺代谢具有协同增效性。其中，*vB/vB* 型转化子对双苯菌胺抗性最高。通过将对应基因的编码蛋白与双苯菌胺进行分子对接，发现 RsCYP3A24vB 与双苯菌胺的结合力相较于 RsCYP3A24vA 更强，可能具有更强的代谢能力。分析认为，在抗药性进化过程中，由对双苯菌胺敏感（代谢能力弱）的 *R. solani* 同核体（推测是 *vA/vA* 型）进化出代谢能力更强的异核突变体（*vA/vB* 型），并在药剂选择压下逐步向抗性水平更高、代谢能力更强的同核突变体（*vB/vB* 型）进化。该研究揭示出立枯丝核菌在杀菌剂驱动下通过代谢相关基因同核化发展出高水平抗性的机制，丰富了人们对解偶联剂抗性机制的认识，并为杀菌剂代谢抗性机制解析提供了参考。

**关键词**：立枯丝核菌；代谢抗性；同核体；异核突变体；抗性进化

---

\* 基金项目：国家重点研发计划"重要病虫害抗药性机制与治理技术研发"（2022YFD1400900）
\*\* 第一作者：周荣佳，博士研究生，从事病原菌对杀菌剂多药抗性机制领域研究；E-mail：j1824967583@163.com
\*\*\* 通信作者：刘鹏飞，教授，主要从事植物病害化学防治领域研究；E-mail：pengfeiliu@cau.edu.cn

# 水稻恶苗病菌对氰烯菌酯的抗性监测及抗性机制[*]

景俊璐[1,2**]，李芸[1]，杨思琦[1]，刘西莉[1,3***]，张灿[1***]

(1. 中国农业大学植物病理学系，北京 100193；2. 山东农业大学植物保护学院 271000；3. 西北农林科技大学植物保护学院，旱区作物逆境生物学国家重点实验室，杨凌 712100)

**摘要**：水稻恶苗病严重影响水稻的生长发育，发病时可减产 30%~50%，严重时可达 80% 以上，造成巨大的经济损失，严重影响水稻的产量和品质。目前，化学防治结合抗病品种选育已成为恶苗病防治的常规手段，其中，氰烯菌酯（phenamacril）在我国用于防治由藤仓镰孢（*Fusarium fujikuroi*）引起的水稻恶苗病已超过 10 年，其主要通过靶向病原菌的肌球蛋白 FfMyo5 来抑制病原菌的活性。但随着杀菌剂多年单一使用，氰烯菌酯对水稻恶苗病的田间防治效果逐年下降。相关报道显示，FfMyo5 蛋白上 S219P 点突变可导致病原菌对氰烯菌酯产生抗性，但是否还存在其他抗性相关位点还有待于进一步明确。因此，本研究针对我国水稻恶苗病菌对氰烯菌酯的抗性进行了系统监测并探究其抗性机制。

2019—2023 年，本研究在我国 6 个主要水稻产区收集水稻恶苗病病样，通过形态学和分子生物学方法对采集到的水稻恶苗病菌进行鉴定，共鉴定到 1 519 株藤仓镰孢，占所分离菌株的 95%，即藤仓镰孢仍然是田间引起水稻恶苗病的优势种群。测定了上述水稻恶苗病菌对氰烯菌酯的抗性水平，发现水稻恶苗病菌对氰烯菌酯的抗性频率为 54.56%，其中安徽（79.00%）和黑龙江（68.22%）的抗性频率最高。抗性机制研究结果表明，FfMyo5 蛋白上的 S219P 为主要突变位点，同时还鉴定到了一种新型 K218N 点突变可导致水稻恶苗病菌对氰烯菌酯的高水平抗性，并开发了用于快速检测 K218N 点突变的 AS-PCR 抗性检测方法。综上，我国水稻恶苗病菌田间菌株已对氰烯菌酯产生了较为普遍的抗性，生产中亟需开展抗药性治理，并适时再评价水稻恶苗病菌对氰烯菌酯的抗性发展情况，以期为水稻恶苗病的科学防治提供参考。

**关键词**：水稻恶苗病；氰烯菌酯；抗性检测

---

[*] 基金项目：国家重点研发计划"重要病虫害抗药性机制与治理技术研发"（2022YFD1400900）
[**] 第一作者：景俊璐，硕士研究生；E-mail：jingjunlu2001@163.com
[***] 通信作者：刘西莉，教授，主要从事植物病原菌与杀菌剂互作的理论和技术研究；E-mail：seedling@cau.edu.cn
张灿，副教授，主要从事植物病原菌与杀菌剂互作研究；E-mail：czhang@cau.edu.cn

# 大豆疫霉 PsSTT3A 蛋白 593 位 N-糖基化修饰的生物学功能研究*

马全贺[1]**，崔僮珊[1]**，张 凡[1]，陈姗姗[1]，张 灿[1]，周 鑫[1]，刘西莉[1,2]***

(1. 中国农业大学植物病理学系，北京 100193；2. 西北农林科技大学植物保护学院，旱区作物逆境生物学国家重点实验室，杨凌 712100)

**摘要**：大豆疫霉是十大植物病原卵菌之一，主要侵染大豆造成严重的经济损失。N-糖基化是真核生物中最普遍的糖基化修饰，其影响蛋白的折叠、稳定性、质量控制、分类和定位。寡糖基转移酶（oligosaccharyltransferase，OST）是 N-糖基化修饰过程中的重要复合酶，STT3 是 OST 复合物中的核心催化亚基。本研究前期在大豆疫霉基因组中鉴定到 2 个 STT3 基因的同源基因，分别命名为 PsSTT3A 和 PsSTT3B。通过 N-糖蛋白组学鉴定到 PsATT3A 存在 N-糖基化修饰位点，采用糖基化抑制剂衣霉素处理、N-糖基化位点突变、糖蛋白糖链酶切以及刀豆凝集素 Con A 富集糖肽的方法对 PsSTT3A 上的糖基化位点进行验证，发现 PsSTT3A 上有 7 个位点可以发生 N-糖基化修饰，因此分别对这 7 个糖基化位点进行了单点突变以探究其是否影响大豆疫霉的生物学表型。

研究结果表明，PsATT3A 的 N593 位点突变可导致大豆疫霉菌丝生长速率、致病力、PsSTT3A 蛋白稳定性均显著下降，并影响内质网稳态。当 PsSTT3A 的 N593 位突变后，激发子 PsSOJ2A 的 N-糖基化水平显著下降，说明 N593 位点对于 PsSTT3A 介导的 N-糖基化修饰具有非常重要的作用。进一步研究发现，当 PsSOJ2A 的 N182 位糖基化位点突变后，PsSOJ2A 的 N-糖基化水平明显下降且大豆疫霉致病力减弱。基于以上内容，本研究证实了 PsSTT3A 的 N593 位 N-糖基化修饰在维持蛋白质稳定性并保护 PsSTT3A 不被蛋白酶体降解方面发挥了非常关键作用，并参与介导了大豆疫霉的生长、发育和致病。PsSTT3A 的 N593 位 N-糖基化的缺失会破坏内质网稳态，并导致激发子蛋白 PsSOJ2A 的糖基化异常，进而影响大豆疫霉的致病力。以上研究，为进一步开展靶向 STT3A 的新型杀菌剂创制提供了指导。

**关键词**：大豆疫霉；N-糖基化；激发子；PsSTT3A；PsSOJ2A

---

\* 基金项目：国家重点研发计划（2022YFD1400900）
\*\* 第一作者：马全贺，博士研究生；E-mail：maqh191@163.com
   崔僮珊；E-mail：cuitongshan0619@163.com
\*\*\* 通信作者：刘西莉，教授，主要从事植物病原菌和杀菌剂互作的理论和技术研究；E-mail：seedling@cau.edu.cn

# 装载霜脲氰和水杨酸的纳米农药制备及其对黄瓜霜霉病的防治效果[*]

薛昭霖[1][**]，刘芳敏[1]，王斌[2]，石鑫[1]，刘鹏飞[1]，梁友[3]，刘西莉[1,4][***]

(1. 中国农业大学，北京 100193；2. 沈阳中化农药化工研发有限公司，沈阳 110021；3. 扬州大学水稻产业工程技术研究院，扬州 225009；4. 西北农林科技大学植物保护学院，旱区作物逆境生物学国家重点实验室，杨凌 712100)

**摘要**：植物病原卵菌古巴假霜霉（*Pseudoperonospora cubensis*）侵染导致的黄瓜霜霉病严重危害黄瓜的产量和品质。目前，化学防治是防控黄瓜霜霉病的主要方法。其中，氰基乙酰胺肟类杀菌剂霜脲氰（cymoxanil，CYM）对黄瓜霜霉病具有较好的防治效果，但其光稳定性较差，以期借助纳米材料改善其性能。水杨酸（salicylic acid，SA）因具有植物免疫诱抗的作用和易于偶联的结构特性，是理想的配体。目前，尚无同时装载霜脲氰和水杨酸的纳米农药用于防治植物病害。本研究制备了一种同时装载 CYM 和 SA 的介孔有机二氧化硅纳米农药（CYM@MON-SA），通过透射电镜、固态核磁、傅里叶红外光谱、热重分析等多种方法证实了该纳米农药的成功制备。高效液相色谱结果表明，CYM@MON-SA 中 SA 和 CYM 的装载率分别为 6.08% 和 12.27%。该纳米农药可响应谷胱甘肽和酰胺酶的双重刺激并释放 CYM 和 SA。CYM 装载到纳米载体后，其光稳定性显著提升，在离体紫外照射条件下半衰期延长了 3.22 倍。CYM@MON-SA 在黄瓜叶碟上对古巴假霜霉菌的抑制活性为 86.11%，在黄瓜植株上对霜霉病的防效为 86.22%，显著高于其他对照或药剂处理。通过荧光定量检测发现，该纳米农药处理后接种病原菌，黄瓜植株中抗病相关基因 *CsPR1*、*CsERF004*、*CsWRKY50* 和 *CsNPR1* 的表达量显著上调。此外，喷施叶片 14 d 内，CYM@MON-SA 对黄瓜植株的叶片颜色、株高、茎粗均没有显著影响，表现出良好的生物安全性。本研究的结果表明，CYM@MON-SA 在改善 CYM 光稳定性的同时，利用 SA 的免疫诱抗活性，协同提高了对黄瓜霜霉病的防治效果。本研究为杀菌剂和植物免疫激活剂协同防治植物病害提供了新角度和新方法，而该纳米农药在田间的实际防效及其对非靶标生物的安全性还有待进一步研究。

**关键词**：纳米农药；霜脲氰；水杨酸；黄瓜霜霉病

---

[*] 基金项目：国家重点研发计划（2023YFD1700300）；国家自然科学基金（32102293）；西北农林科技大学作物抗逆与高效生产国家重点实验室开放课题（SKLCSRHPKF08）
[**] 第一作者：薛昭霖，副教授，主要从事杀菌剂与病原菌互作研究；E-mail：xuezhaolin1215@163.com
[***] 通信作者：刘西莉，教授，主要从事植物病原菌与杀菌剂互作的理论和技术研究；E-mail：seedling@cau.edu.cn

# 新型化合物 WML-1 对胶孢炭疽菌和果生炭疽菌不同发育阶段的影响[*]

殷霜霜[1][**], 宋宇轩[1], 薛昭霖[1], 刘西莉[1,2][***]

(1. 中国农业大学, 北京 100193; 2. 西北农林科技大学植物保护学院, 旱区作物逆境生物学国家重点实验室, 杨凌 712100)

**摘要**: 胶孢炭疽菌复合种(Colletotrichum gloeosporioides complex)主要包括胶孢炭疽菌(C. gloeosporioides)、果生炭疽菌(C. fructicola)、隐秘炭疽菌(C. aenigma)和暹逻炭疽菌(C. siamense)等30个种以上, 能够复合侵染辣椒、草莓、芒果等约500种植物。其中, 胶孢炭疽菌和果生炭疽菌是引起我国辣椒炭疽病的优势种。辣椒炭疽病可造成我国辣椒年均减产30%~40%, 发生严重地区可减产80%。化学防治是田间防治辣椒炭疽病的主要手段, 但是目前使用的杀菌剂抗性发生和发展日益严重, 因此对新型杀菌剂的需求十分迫切。中国农业大学创制了新型化合物 WML-1, 前期研究表明其对多种植物病原真菌的菌丝生长具有良好的抑制作用。

本研究分别测定了新型化合物 WML-1 对 2 株胶孢炭疽菌和 2 株果生炭疽菌的菌丝生长、孢子萌发、芽管伸长等不同发育阶段的抑制作用。结果表明, WML-1 对胶孢炭疽菌和果生炭疽菌的菌丝生长、孢子萌发、芽管伸长等各个阶段均具有良好的抑菌活性, 其对胶孢炭疽菌的 $EC_{50}$ 值为 0.15~0.54 μg/mL, 对果生炭疽菌的 $EC_{50}$ 值为 0.06~0.58 μg/mL。其中, 该化合物对胶孢炭疽菌的菌丝生长阶段的 $EC_{50}$ 值为 0.26~0.36 μg/mL, 对孢子萌发阶段的 $EC_{50}$ 值为 0.06~0.17 μg/mL, 对芽管伸长阶段的 $EC_{50}$ 值为 0.12~0.58 μg/mL; 对果生炭疽菌的菌丝生长阶段的 $EC_{50}$ 值为 0.23~0.54 μg/mL, 对孢子萌发阶段的 $EC_{50}$ 值为 0.15~0.35 μg/mL, 对芽管伸长阶段的 $EC_{50}$ 值为 0.18~0.51 μg/mL。以上结果表明, WML-1 对胶孢炭疽菌和果生炭疽菌的不同发育阶段均具有优异的抑菌活性, 相关研究为 WML-1 的科学使用提供了理论依据。

**关键词**: 胶孢炭疽菌; 果生炭疽菌; WML-1; 抑菌活性

---

[*] 基金项目: 国家重点研发计划(2023YFD1700700)
[**] 第一作者: 殷霜霜, 硕士研究生; E-mail: ymyche@cau.edu.cn
[***] 通信作者: 刘西莉, 教授, 主要从事植物病原菌与杀菌剂互作的理论和技术研究; E-mail: seedling@cau.edu.cn

# 多聚ADP核糖聚合酶1（PsPARP1A）在大豆疫霉DNA损伤反应和侵染致病中的功能探究

张凡[1]**, 郑漾[1], 陈姗姗[1], 张灿[1], 刘西莉[1,2]***

(1. 中国农业大学植物病理学系，北京 100193；2. 西北农林科技大学植物保护学院，旱区作物逆境生物学国家重点实验室，杨凌 712100)

**摘要**：植物病原菌在田间侵染喷施过杀菌剂的寄主植物时会遇到复杂的微环境。寄主植物和各种呼吸抑制类杀菌剂可通过诱导过量活性氧（ROS）的释放并导致病原菌的DNA损伤来抑制病原菌的侵染，并直接或间接导致细胞死亡。然而，关于植物病原卵菌如何应对植物免疫反应和杀菌剂引发的ROS胁迫的相关机制并不完全清楚。ROS会导致DNA氧化损伤，例如修饰的核苷酸碱基或单链断裂，生物体在检测到DNA损伤后，多聚ADP核糖聚合酶1（PARP1）蛋白被激活并催化ADP-核糖基化修饰（PARylation）来招募下游DNA修复因子。然而，PARylation修饰及其调控因子在植物病原卵菌中的功能和具体调控机制尚未见报道。

本研究在大豆疫霉中鉴定到PARP1的两个同源蛋白PsPARP1A和PsPARP1B。通过CRISPR-Cas9介导的基因编辑技术，获得了*PsPARP1A*的纯合敲除转化子，但未能获得*PsPARP1B*的纯合敲除转化子。表型分析显示，PsPARP1A在大豆疫霉孢子发育和致病过程中发挥重要作用。进一步研究发现，*PsPARP1A*敲除突变体的致病力减弱与其对寄主防御反应产生ROS的耐受能力受损有关。PsPARP1A可介导ROS诱导的DNA损伤情况下的PARylation修饰，通过与双链断裂修复核酸酶PsMRE11互作，促进DNA损伤反应标志物γH2Ax积累，来应对和修复大豆疫霉侵染过程中寄主爆发的ROS胁迫对大豆疫霉造成的DNA损伤。但PsPARP1B在大豆疫霉生长发育和侵染致病中的作用还需要进一步探究。

**关键词**：大豆疫霉；ADP-核糖基化修饰；活性氧；DNA损伤反应

---

\* 基金项目：国家重点研究计划（2023YFD1700700）
\*\* 第一作者：张凡，博士研究生；E-mail：843360141@qq.com
\*\*\* 通信作者：刘西莉，教授，主要从事植物病原菌与杀菌剂互作的理论和技术研究；E-mail：seedling@cau.edu.cn

# 立枯丝核菌抗双苯菌胺的活性氧调控机制研究

张俊婷**，梁正雅，周荣佳，邓婉珍，喻楚贤，刘鹏飞***

（中国农业大学植物保护学院，北京 100193）

**摘要：** 由立枯丝核菌（*Rhizoctonia solani*）引起的水稻纹枯病是水稻三大病害之一，危害水稻的生产，造成了严重的经济损失。双苯菌胺是由沈阳化工研究院自主研发的抗菌化合物，因其独特的解偶联机制对水稻纹枯病具有良好的防治效果。在课题组前期研究中，通过双苯菌胺驯化获得了立枯丝核菌对双苯菌胺的抗药突变体。对抗药突变体生物学表型分析表明，与亲本菌株相比，双苯菌胺抗性菌株对外源 $H_2O_2$ 的敏感性显著降低，且外源 $H_2O_2$ 存在时，对双苯菌胺的敏感性降低。基于以上发现，本研究探究了 $H_2O_2$ 在立枯丝核菌对双苯菌胺抗性中的作用。

通过测定不同菌株的菌丝内活性氧（ROS）的含量，发现立枯丝核菌抗药突变体菌丝内 $H_2O_2$ 的含量显著高于亲本菌株。在外源添加双苯菌胺后，抗性突变体菌丝内 $H_2O_2$ 的含量显著增加，且增加倍数显著高于亲本菌株。通过 qPCR 测定表明，双苯菌胺处理后，与亲本菌株相比抗性菌株中 ROS 清除相关的基因下调表达。此外，进一步分析了外源 ROS 添加对抗性突变体转录水平的影响，结果表明在抗性突变体中，ROS 的添加可影响多个基因的表达。生信分析表明，这些基因编码的蛋白涉及多个信号通路，以及药物解毒和外排等过程。本研究表明双苯菌胺可导致菌丝内源 ROS 的积累，且 ROS 在立枯丝核菌对双苯菌胺的抗性中发挥重要作用，为深入探究 ROS 影响立枯丝核菌对双苯菌胺抗性的分子机制奠定了基础。

**关键词：** 立枯丝核菌；抗双苯菌胺；活性氧；调控机制

---

\* 基金项目：国家重点研发计划"重要病虫害抗药性机制与治理技术研发"（2022YFD1400900）
\** 第一作者：张俊婷，博士研究生；E-mail：b20223190973@cau.edu.cn
\*** 通信作者：刘鹏飞，教授，主要从事植物病害化学防治领域研究；E-mail：pengfeiliu@cau.edu.cn

# 靶向黄瓜 CsMLO8 的 dsRNA-碳量子点纳米复合物制备及其防效研究

张清华[1]**, 张秉印[1], 郑漾[1], 王治文[1], 刘西莉[1,2]***

(1. 中国农业大学植物病理学系，北京 100193；2. 西北农林科技大学旱区作物逆境生物学国家重点实验室，杨凌 712100)

**摘要**：黄瓜白粉病是由单丝壳白粉菌（*Sphaerotheca fuliginea*）和二孢白粉菌（*Erysiphe cichoracearum*）引起的一种世界性病害，具有流行性强、传播速度快、侵染循环频繁等特点，严重威胁黄瓜的安全生产。当前，化学防治仍是黄瓜白粉病的主要防控手段，但由于杀菌剂的长期、高频次使用，白粉病菌已对多种药剂产生抗性而使防治失效，因此，亟须开发绿色、高效的新型防控策略。喷施诱导基因沉默（spray-induced gene silencing, SIGS）是一种通过外源喷施 dsRNA 诱导 RNA 干扰以实现病害防治的新型技术，近年来在植物保护领域受到广泛关注。

*Mildew Resistance Locus O*（*MLO*）基因是一类与白粉病密切相关的感病基因，其中，当黄瓜受到白粉病菌侵染时 *CsMLO8* 基因会显著上调表达，而当其功能缺失时会导致植株对白粉病的抗性显著增强。因此，本研究选择该基因作为 SIGS 技术的靶标基因。同时，碳量子点（carbon quantum dots, CDs）作为纳米递送载体，具有提高 dsRNA 稳定性、增强 dsRNA 细胞内化效率的优势，有助于提高 SIGS 技术的防治效果。本研究构建了 4 个靶向黄瓜 *CsMLO8* 基因的 dsRNA 载体（dsMLO8A/B/C/D），其中 dsMLO8B 在温室条件下对白粉病的防效最佳。进一步将 dsMLO8B 与自主合成的 CDs 结合，制备成纳米复合物。防效试验结果表明，该纳米复合物将 dsMLO8B 对白粉病 52.7% 的防效提高至 70.0%，对靶基因 *CsMLO8* 的沉默效率由 18.3% 提升至 36.0%。本研究创新性地将植物内源感病基因用作 SIGS 技术的靶标，并结合功能化碳量子点纳米递送载体提高了 dsRNA 的沉默效率，为 SIGS 技术在黄瓜白粉病等植物病害防治中的应用拓展了思路。

**关键词**：黄瓜白粉病；SIGS 技术；*CsMLO8*；沉默效率

---

\* 基金项目：国家重点研发计划（2023YFD1700700）
\*\* 第一作者：张清华，硕士研究生；E-mail: 2523311544@qq.com
\*\*\* 通信作者：刘西莉，教授，主要从事植物病原菌与杀菌剂互作的理论和技术研究；E-mail: seedling@cau.edu.cn

# 黑龙江省新型大豆根腐病的病原鉴定及防治药剂筛选[*]

钟孟宇[1]**, 张思聪[1], 黄中乔[1], 张 灿[1], 刘西莉[1,2]***

(1. 中国农业大学植物病理学系,北京 100193; 2. 西北农林科技大学植物保护学院,旱区作物逆境生物学国家重点实验室,杨凌 712100)

**摘要**:大豆(*Glycine max*)是我国重要的粮油作物,其生产中根腐病的危害日益加重。近年来,黑龙江省部分大豆田块出现了一种新型根腐病,发病症状与传统的大豆根腐病显著不同,该病害发病后期植株地上部叶片表现出脉间褪绿和斑驳等症状。为鉴定引起该病害的病原菌种类并筛选有效的防治药剂,本研究于2024年在黑龙江省黑河市采集典型发病植株,结合形态学特征及多基因系统发育分析对分离菌株进行鉴定,并测定了其对杀菌剂的敏感性。

研究共分离获得59株疑似病原菌,主要为镰孢属(*Fusarium* spp.)真菌,其中茄腐镰孢(*F. solani*)分离频率为55.93%,尖孢镰孢(*F. oxysporum*)为15.25%。进一步随机选取了4株 *F. solani* 及2株 *F. oxysporum* 菌株开展致病力试验,发现其能够侵染大豆黄化苗下胚轴,进而通过盆栽接种试验发现,供试菌株土壤接种后均能够导致植株矮化、叶片黄化和根部腐烂等症状。进一步采用离体菌丝生长抑制法试验,发现6株代表性菌株对氟唑菌酰羟胺、咪鲜胺、种菌唑、戊唑醇、咯菌腈、氯氟醚菌唑、苯醚甲环唑、吡唑醚菌酯、三氟吡啶胺和氟啶胺均表现为敏感,但对氟吡菌酰胺和氰烯菌酯不敏感。本研究结果为该新型病害的科学监测及防治药剂的选用提供了理论依据和参考。

**关键词**:大豆根腐病;茄腐镰孢;尖孢镰孢;杀菌剂

---

[*] 基金项目:国家重点研发计划"大豆重要病虫害演替规律与全程绿色防控技术体系集成示范"(2023YFD1401000);全国农业技术推广服务中心项目"农作物病虫鼠害疫情监测与防治"(HT2024-0079-1)
[**] 第一作者:钟孟宇,硕士研究生;E-mail:s20243193499@cau.edu.cn
[***] 通信作者:刘西莉,教授,主要从事植物病原菌与杀菌剂互作的理论和技术研究;E-mail:seedling@cau.edu.cn

# 辣椒疫霉甾醇转运相关蛋白 PcSCP2 的生物学功能研究*

周鑫[1]**,薛昭霖[1],刘小飞[1,2],刘西莉[1,2]***

(1. 中国农业大学,北京 100193;2. 西北农林科技大学植物保护学院,
旱区作物逆境生物学国家重点实验室,杨凌 712100)

**摘要**:目前已知的卵菌超过 1 800 种,在世界范围内引起多种动植物病害。其中,植物病原卵菌数量庞大,对农业生产及自然生态系统构成严重的威胁。辣椒疫霉(*Phytophthora capsici*)属于寄主广泛的疫霉属植物病原卵菌,可侵染包括茄科、葫芦科等多种植物,导致根、茎及果实腐烂,给农业生产造成巨大损失。已有研究表明,辣椒疫霉自身没有甾醇合成能力,但外源甾醇可以促进其自身的生长发育。课题组前期研究发现,在辣椒疫霉基因组中能够检索到含有甾醇转运结构域的蛋白(Peroxisomal sterol carrier protein 2,SCP2),其在疫霉体内的生物学功能尚不明确。

本研究采用 CRISPR/Cas9 介导的原生质体转化方法,成功获得了辣椒疫霉 *PcSCP2* 基因纯合敲除突变体,并测定了 *PcSCP2* 基因敲除后对辣椒疫霉不同发育阶段和致病力的影响。结果显示,敲除突变体的菌丝生长速率和致病力均显著下降。进一步结合外源甾醇添加试验开展了 *PcSCP2* 对脂质的利用研究,发现与辣椒疫霉亲本菌株相比,*PcSCP2* 基因敲除突变体不能响应外源甾醇的刺激,在添加外源甾醇情况下突变体的菌丝生长速率和致病力均无法恢复。上述结果表明,辣椒疫霉虽为甾醇缺陷型生物,但其 *PcSCP2* 基因在疫霉菌响应和利用外源甾醇方面发挥着重要功能,而且外源甾醇的正常摄入对于辣椒疫霉的生长发育及致病性具有重要的作用。

**关键词**:辣椒疫霉;外源甾醇;PcSCP2;CRISPR/Cas9

---

\* 基金项目:国家自然科学基金(32302405)
\*\* 第一作者:周鑫,博士研究生;E-mail:798149562@qq.com
\*\*\* 通信作者:刘西莉,教授,主要从事植物病原菌与杀菌剂互作的理论和技术研究;E-mail:seedling@cau.edu.cn

# 田间桃褐腐病菌对异菌脲的抗性机制研究

龙倩[**],郭祎一,易苗苗,陈凤平[***]

(福建农林大学植物保护学院,福州 350002)

**摘要**:中国是桃子的原产地中心,也是全球最大的桃子生产国。桃褐腐病是使桃子产量下降的一大主要病害。*Monilinia fructicola* 是引起桃褐腐病的主要病原菌之一。目前化学防治仍是该病害管理的首要手段,然而杀菌剂的使用会导致病原菌抗药性的产生。本研究测定了87株桃褐腐病菌田间菌株对异菌脲的敏感性,经敏感性试验及离体果实接种试验,发现其中2株菌株具有抗药性,1株为抗性菌株MF30,1株为高抗菌株MF22。渗透压敏感性测定表明,2株抗性菌株表现出更高的渗透压敏感性。因此,对4个渗透压感应双组分组氨酸激酶基因(*MfOs-1*、*MfOs-2*、*MfOs-4*、*MfOs-5*)进行全长扩增,氨基酸序列比对显示 *MfOs-1* 基因中两处点突变与异菌脲抗性相关:高抗菌株MF22第307位丙氨酸被缬氨酸取代(A307V),抗性菌株MF30第462位甘氨酸被丝氨酸取代(G462S)。结构域预测分析进一步表明,两处点突变都位于90氨基酸重复基序,其中A307V突变位于第二个重复的HAMP结构域,而G462S突变位于第三个重复基序,但不在HAMP结构域中。适合度参数测定表明,抗性菌株存在适合度代价,表现为菌丝生长速率下降、产孢量减少以及对离体果实的致病病斑面积减小。与不同药剂的交互抗性分析表明,异菌脲与丙环唑、氟唑菌酰羟胺及甲基硫菌灵无交互抗药性,而与腐霉利和咯菌腈间存在交互抗药性。综上,本研究首次报道了中国桃褐腐病菌田间菌株对二甲酰亚胺类杀菌剂的抗性,研究结果将为有效控制桃褐腐病的扩散提供理论依据。

**关键词**:桃褐腐病;异菌脲;交互抗性分析

---

[*] 基金项目:国家自然科学基金(31972294);福建省自然科学基金(2021J01066)
[**] 第一作者:龙倩;E-mail:18523969067@163.com
[***] 通信作者:陈凤平;E-mail:chenfengping1207@126.com,chenfengping@fafu.edu.cn

# 《农药学学报》近两年发表的化学防治相关论文摘要

# 细菌 $m$-DAP/赖氨酸合成途径关键酶 DapE 生物学功能及其抑制剂研究进展

胡雪芳[1]**，杨长彬[1,3]**，林 淼[2]，方国康[2]，黄迎春[2]***

(1. 农业农村部规划设计研究院，农业农村部农产品产地初加工重点实验室，北京 100125；2. 北京联合大学生物化学工程学院，北京 100023；3. 厦门恩成制药有限公司，厦门 361100)

**摘要**：$dapE$ 编码的琥珀酰二氨基庚二酸脱琥珀酰基酶（$N$-succinyl-$L,L$-diaminopimelic acid desuccinylase，DapE）是一种具有金属依赖性的水解酶，是细菌内消旋二氨基庚二酸（$meso$-diaminopimelic，$m$-DAP）/赖氨酸合成途径中的关键酶，催化 $N$-琥珀酰-$L,L$-二氨基庚二酸水解形成 $L,L$-二氨基庚二酸和琥珀酸，对于细菌进一步合成肽聚糖和赖氨酸至关重要。敲除 $dapE$ 阻断赖氨酸合成途径可能阻止大多数细菌细胞壁/蛋白合成所需的 $m$-DAP/赖氨酸，影响细菌的正常生长和繁殖。由于哺乳动物没有赖氨酸合成途径，靶向 DapE 抑制剂可能对细菌具有选择性毒性，对人类及其他哺乳动物则影响甚微。本文对 DapE 在细菌 $m$-DAP/赖氨酸生物合成途径中的重要性、三维结构、活性位点、催化机理和靶向抑制剂研究进展进行了综述，以期为靶向 DapE 先导化合物的发现和防治植物细菌性病害农药活性分子设计提供参考。

**关键词**：琥珀酰二氨基庚二酸脱琥珀酰基酶（DapE）；细菌 $m$-DAP/赖氨酸合成途径；晶体结构；杀菌剂靶点；抑制剂

注：全文查阅及文献引用参见《农药学学报》2025, 27（3）：453-463 doi：10.16801/j.issn.1008-7303.2025.0041

URL：https://doi.org/10.16801/j.issn.1008-7303.2025.0041. http://www.nyxxb.cn/article/doi/10.16801/j.issn.1008-7303.2025.0041

---

\* 基金项目：农业农村部规划设计研究院自主研发项目（QD202415）；国家自然科学基金（32360498）
\*\* 第一作者：胡雪芳；E-mail：xuefang1022@126.com
  杨长彬；E-mail：changbin2188@163.com
\*\*\* 通信作者：黄迎春；E-mail：hych6662020@163.com

# 含1,2,4-三唑的N-苯基-乙酰胺类衍生物的合成及其杀菌活性*

赵 伟**，游 江**，查 润，赵昊男，赵 薇，徐志红***

（长江大学农学院，荆州 434025）

**摘要**：为发现具有更好杀菌活性的化合物，以醚为桥将取代N-苯基-乙酰胺与1-（2,4-二氟苯基）-2-（1H-1,2,4-三唑-1-基）-乙醇进行拼接，设计并合成了一系列含1,2,4-三唑的N-苯基-乙酰胺类衍生物（6a~6o），其结构均经核磁共振氢谱（$^1$H NMR）、碳谱（$^{13}$C NMR）和高分辨质谱（HRMS）确证。菌丝生长速率法室内杀菌活性测定结果显示，化合物6j对玉米小斑病菌（*Bipolaris maydis*）的$EC_{50}$值为0.15 mg/L，室内毒力与对照药剂烯唑醇相当（0.12 mg/L）。化合物6a对水稻纹枯病菌（*Rhizoctonia solani*）的$EC_{50}$值为6.96 mg/L，室内毒力低于对照药剂烯唑醇（1.88 mg/L）。但盆栽结果显示，在200 mg/L和100 mg/L下，化合物6a对水稻纹枯病的保护防效分别为76.65%和43.92%，高于对照药剂烯唑醇（68.03%和42.02%）；治疗防效分别为78.90%和45.05%，高于对照药剂烯唑醇（75.56%和42.34%）。本研究合成的目标化合物具有一定的杀菌活性，丰富了三唑类杀菌剂的结构类型。

**关键词**：1,2,4-三唑；酰胺；合成；生物活性；杀菌剂

注：全文查阅及文献引用参见《农药学学报》2025，27（3）：464-472 doi：10.16801/j.issn.1008-7303.2025.0032

URL：https://doi.org/10.16801/j.issn.1008-7303.2025.0032. http://www.nyxxb.cn/article/doi/10.16801/j.issn.1008-7303.2025.0032

---

* 基金项目：国家自然科学基金（31672069，32172400）
** 第一作者：赵伟；E-mail：ZWei219@163.com
   游江；E-mail：2367885614@qq.com
*** 通信作者：徐志红；E-mail：x_u_78@sina.com

# 安徽省小麦赤霉病菌对氟唑菌酰羟胺的抗性检测及抗性群体的生物学特性

杨家伟[1,2]**，刘楚楚[1,2]，陈 星[1,2]，孙 扬[1,2]，陈 雨[1,2]***

(1. 安徽农业大学植物保护学院，合肥 230036；
2. 作物有害生物综合治理安徽省重点实验室，合肥 230036)

**摘要**：为明确安徽省小麦赤霉病菌主要致病菌禾谷镰孢菌复合种（*Fusarium graminearum species complex*）对氟唑菌酰羟胺的抗性现状，以 5 μg/mL 的氟唑菌酰羟胺为抗性检测的区分剂量，对 2024 年采自安徽省 10 个地市的 6 900 株小麦赤霉病菌进行抗性检测，并检测抗性菌株的突变基因型和产毒化学型，比较抗、感菌株群体的生存适合度及其对其他常用杀菌剂（氟吡菌酰胺、多菌灵、戊唑醇和氰烯菌酯）的敏感性。结果表明：6 900 株小麦赤霉病菌中共检测出 30 株氟唑菌酰羟胺抗性菌株，总抗性频率为 0.43%，所有抗性菌株的琥珀酸脱氢酶 $C_1$ 亚基（$SdhC_1$）发生了 A83V 的氨基酸突变；田间抗性菌株的产毒化学型均为雪腐镰孢菌烯醇（NIV）型；田间敏感群体较田间抗性群体致病性强，但两者菌丝生长速率和产孢能力无显著差异；氟唑菌酰羟胺与同作用机制杀菌剂氟吡菌酰胺间存在交互抗性，与多菌灵、戊唑醇和氰烯菌酯等其他类型杀菌剂间均不存在交互抗性。研究表明，安徽省部分小麦产区已出现赤霉病菌对氟唑菌酰羟胺的抗性群体，预测长期单一使用氟唑菌酰羟胺防治小麦赤霉病具有较高的抗性风险。研究结果可为该药剂的抗性风险治理及在生产中的合理使用提供参考。

**关键词**：小麦赤霉病；氟唑菌酰羟胺；抗药性；产毒化学型；生物适合度；交互抗性

注：全文查阅及文献引用参见《农药学报》2025, 27 (3)：525-532 doi：10.16801/j.issn.1008-7303.2025.0027

URL：https://doi.org/10.16801/j.issn.1008-7303.2025.0027. http://www.nyxxb.cn/article/doi/10.16801/j.issn.1008-7303.2025.0027

---

\* 基金项目：国家重点研发计划（2022YFD1400100）；安徽省科技创新平台重大科技项目（202305a12020007）
\*\* 第一作者：杨家伟；E-mail：2428027045@qq.com
\*\*\* 通信作者：陈雨；E-mail：chenyu66891@sina.com

# 三种三唑类杀菌剂对莓茶叶斑病菌的活性及室内防效

凌 云[1]**, 周泽华[1], 刘尧杰[1], 覃华兰[2], 李春萍[2],
胡维军[2], 邓武成[2], 伍元军[3], 易图永[1]***

(1. 湖南农业大学植物保护学院/植物病虫害生物学与防控湖南重点实验室,长沙 410128；2. 湖南省张家界莓茶发展服务中心,张家界 427000；3. 慈利县岩泊渡镇农业综合服务中心,慈利 427207)

**摘要**：由甜樱间座壳菌（*Diaporthe eres*）引起的叶斑病是莓茶生产中的主要病害之一，严重降低了莓茶的品质和产量，但目前尚无相关药剂登记用于莓茶叶斑病的防治。本研究采用菌丝生长速率法，测定了苯醚甲环唑、戊唑醇及氟硅唑3种三唑类杀菌剂对莓茶叶斑病菌的生物活性，观察了3种药剂处理对菌丝生长、菌丝形态结构及细胞膜通透性的影响，并采用离体接种法测定了3种杀菌剂对莓茶叶斑病的室内防治效果。结果表明：苯醚甲环唑、戊唑醇及氟硅唑对莓茶叶斑病菌的抑制活性均较高，平均 $EC_{50}$ 值分别为（0.17 ± 0.04）mg/L、（0.37 ± 0.12）mg/L 和（0.14 ± 0.08）mg/L；3种杀菌剂均能导致莓茶叶斑病菌菌丝畸形，增大病原菌细胞膜的通透性，导致细胞内部电解质外渗，但对孢子萌发无明显影响；此外，3种三唑类杀菌剂在室内对莓茶叶斑病均具有优异的保护作用防效，在 0.50 mg/L 剂量下，苯醚甲环唑、戊唑醇及氟硅唑的防效分别为97.0%、88.0% 和91.7%。研究表明，3种三唑类杀菌剂对莓茶叶斑病菌均具有较高的生物活性，能够有效遏制菌丝生长及病菌侵染，结果可为莓茶叶斑病的科学防控提供参考。

**关键词**：甜樱间座壳菌；莓茶；叶斑病；苯醚甲环唑；戊唑醇；氟硅唑；生物活性；防治效果

注：全文查阅及文献引用参见《农药学学报》2025, 27 (3): 543-550 doi: 10.16801/j.issn.1008-7303.2025.0029

URL: https://doi.org/10.16801/j.issn.1008-7303.2025.0029. http://www.nyxxb.cn/article/doi/10.16801/j.issn.1008-7303.2025.0029

---

\* 基金项目：张家界莓茶病虫害种类鉴定及绿色防控技术攻关项目（XCZX-2023015）
\** 第一作者：凌云；E-mail：982996534@qq.com
\*** 通信作者：易图永；E-mail：yituyong@hunau.net

# N-苯基氨基嘧啶甲酸-氨基酸衍生物的合成、杀菌活性及韧皮部传导性

邓小倩[1][**]，田尧[1][**]，时锦超[1]，朱宝玉[1]，余林花[1][***]，朱祥[1,2]，李俊凯[1][***]

(1. 长江大学农学院，荆州 434023；
2. 贵州大学精细化工研究开发中心，贵阳 550025)

**摘要**：为寻找具有韧皮部传导性的新型杀菌剂，本文设计、合成了一系列 N-苯基氨基嘧啶甲酸-氨基酸衍生物，所有目标化合物的结构均通过核磁共振氢谱（$^1$H NMR）、碳谱（$^{13}$C NMR）及高分辨质谱（HRMS）进行表征，测定了所有目标化合物的离体杀菌活性和其在蓖麻幼苗韧皮部的传导性。杀菌活性测定结果表明：在 50 μg/mL 下，大部分目标化合物对番茄灰霉病菌（Bortrytis cinerea）、柑橘炭疽病菌（Colletotrichum gloeosporioides）、油菜菌核病菌（Sclerotinia sclerotiorum）、玉米小斑病菌（Bipolaris maydis）及烟草黑胫病菌（Phytophthora parasitica）均表现出一定的抑菌活性。化合物 6b（L）、6c（L）和 6d（L）对番茄灰霉病菌的抑制率均高于 60%，与商品药剂嘧霉胺（60.78%）相当。其中，化合物 6b（L）对番茄灰霉病菌的 $EC_{50}$ 值为 19.96 μg/mL，优于嘧霉胺（38.82 μg/mL）。此外，化合物 5a、6b（D）、5d（D）、5e（L）、5j（L）对油菜菌核病菌抑制率均在 80% 以上。韧皮部传导性试验结果表明：对嘧霉胺进行氨基酸化修饰能赋予目标化合物韧皮部传导性，其中 2-（N-苯基）氨基-6-甲基嘧啶-4-甲酸-D-丙氨酸表现出最好的韧皮部传导性，当孵育液中 2-（N-苯基）氨基-6-甲基嘧啶-4-甲酸-D-丙氨酸质量浓度为 50 μg/mL 时，2~4 h 蓖麻韧皮部渗出液中目标化合物检出质量浓度为 22.28 μg/mL。同时发现，N-苯基氨基嘧啶甲酸-L-氨基酸衍生物在蓖麻幼苗体内容易被水解，释放出前体 N-苯基氨基嘧啶甲酸，而 N-苯基氨基嘧啶甲酸-D-氨基酸衍生物不存在水解现象。本研究成功获得了兼具较好杀菌活性与韧皮部传导性的新型杀菌剂候选化合物，可为新型韧皮部传导性杀菌剂的开发提供依据。

**关键词**：嘧霉胺；氨基酸；合成；抑菌活性；韧皮部传导性

注：全文查阅及文献引用参见《农药学学报》2025，27（2）：294-302 doi：10.16801/j.issn.1008-7303.2024.0099

URL：https://doi.org/10.16801/j.issn.1008-7303.2024.0099. http://www.nyxxb.cn/article/doi/10.16801/j.issn.1008-7303.2024.0099

---

[*] 基金项目：国家自然科学基金（32302417）；教育部湿地生态与农业利用工程研究中心开放基金（KF202310）；湖北省自然科学基金（2023AFB287）；中国博士后科学基金（2022M710917）

[**] 第一作者：邓小倩；E-mail：dengxaioqian1999@163.com
田尧；E-mail：yaotien@163.com

[***] 通信作者：余林花；E-mail：linhuayu531@sina.com
李俊凯；E-mail：junkaili@sina.com

# 薄荷酮肟酯衍生物的合成及其抑菌活性[*]

孙甜甜[1**]，刘函如[1]，张欣茹[1]，王 勇[1,2]，马志卿[1,2]，陈光友[1,2]，张 璟[1,2***]，雷 鹏[1,2***]

(1. 西北农林科技大学植物保护学院，杨凌 712100；
2. 陕西省生物农药工程技术研究中心，杨凌 712100)

**摘要**：天然产物具有结构新颖、活性良好、绿色低毒等特点，天然产物的结构优化与修饰是发现新型绿色农药的有效方法。本研究以天然产物薄荷酮为先导化合物，设计并合成了 22 个新型薄荷酮肟酯衍生物，目标化合物结构经核磁共振氢谱 ($^1$H NMR)、碳谱 ($^{13}$C NMR) 及高分辨质谱 (HRMS) 确证。生物活性测定结果表明，目标化合物在 50 μg/mL 下对苹果树腐烂病菌 (*Valsa mali*)、番茄灰霉病菌 (*Botrytis cinerea*)、水稻纹枯病菌 (*Rhizoctonia solani*) 和西瓜枯萎病菌 (*Fusarium oxysporum*) 均表现出一定的抑制活性，构效关系分析表明 Z 构型化合物的抑菌活性优于 E 构型化合物，其中化合物 B-2、B-6、B-8 对苹果树腐烂病菌的抑制活性较好，$EC_{50}$ 值分别为 4.92 μg/mL、4.90 μg/mL 和 5.22 μg/mL，优于先导化合物薄荷酮和商品化杀菌剂肟菌酯 (8.16 μg/mL)。

**关键词**：薄荷酮；肟酯；抑菌活性；苹果树腐烂病菌

注：全文查阅及文献引用参见《农药学学报》2025，27 (2)：303-310 doi：10.16801/j.issn.1008-7303.2025.0001

URL：https://doi.org/10.16801/j.issn.1008-7303.2025.0001. http://www.nyxxb.cn/article/doi/10.16801/j.issn.1008-7303.2025.0001

---

[*] 基金项目：陕西省重点研发计划 (2023-YBNY-244)；青海省科技成果转化项目 (2024-NK-107)
[**] 第一作者：孙甜甜；E-mail：15829076258@nwafu.edu.cn
[***] 通信作者：张璟；E-mail：zhjing008@nwsuaf.edu.cn
雷鹏；E-mail：peng.lei@nwafu.edu.cn

# 手性琥珀酸脱氢酶抑制剂类杀菌剂的研究进展*

宋 瑞[1]**, 李素贞[1], 付继珍[1], 王富芸[1], 刘 瑾[2], 李 莉[1]***

(1. 山西农业大学植物保护学院，太原 030031；
2. 山西农业大学食品科学与工程学院，太原 030031)

**摘要**：琥珀酸脱氢酶抑制剂类（succinate dehydrogenase inhibitors，SDHIs）杀菌剂是第三大类杀菌剂，因其具有广谱杀菌特性广泛用于防治各类植物的真菌性病害。目前，市场化的 SDHIs 类杀菌剂中有 8 种具有手性特征，本文以其为研究对象，从分离分析方法、生物活性、环境行为、生态毒性四个方面对其对映体选择性进行阐述，以期为后续手性 SDHIs 类高效绿色单体开发应用提供理论基础，为其在农业生产过程中的安全合理使用提供科学指导。

**关键词**：琥珀酸脱氢酶抑制剂；对映体；选择性

注：全文查阅及文献引用参见《农药学学报》2025，27（1）：11-24 doi：10.16801/j.issn.1008-7303.2025.0005

URL：https://doi.org/10.16801/j.issn.1008-7303.2025.0005. http://www.nyxxb.cn/article/doi/10.16801/j.issn.1008-7303.2025.0005

---

* 基金项目：山西农业大学高层次人才科研专项（2022XG19）；山西省博士毕业生来晋工作科研项目（SXBYKY2022055）
** 第一作者：宋瑞；E-mail：18235456899@163.com
*** 通信作者：李莉；E-mail：sxaulili@sxau.edu.cn

# 藤仓镰孢菌对氰烯菌酯的抗性及其治理

董代幸[1,2]**，葛晨阳[1]，董怡[1]，毛程鑫[1]，张传清[1]***

(1. 浙江农林大学现代农学院，杭州 311300;
2. 浙江省杭州市富阳区农业技术推广中心，杭州 311400)

**摘要**：为明确浙江省水稻恶苗病致病菌藤仓镰孢菌对氰烯菌酯的抗性及其治理的替换药剂方案，于 2021—2022 年从浙江杭州和金华市共分离获得 196 株藤仓镰孢菌，分析了其对氰烯菌酯的抗性频率、抗性水平和抗性机制，进一步通过菌丝生长速率法、盆栽法及田间防效试验综合评估了氯氟醚菌唑用于治理藤仓镰孢菌氰烯菌酯抗性菌株的可行性。结果表明：2021 年，从杭州、金华两地分离的 86 株藤仓镰孢菌菌株中，有 10 株为氰烯菌酯抗性菌株，抗性频率为 11.63%；2022 年，从两地分离的 110 株菌株中，有 22 株为氰烯菌酯抗性菌株，抗性频率为 20.00%，与 2021 年比呈上升趋势。藤仓镰孢菌氰烯菌酯抗性菌株的抗性水平范围为 145.963~235.256，平均为 185.379，均为高水平抗性，抗性菌株的 $Myosin-5$ 基因均发生 K218T 点突变。氯氟醚菌唑对藤仓镰孢菌的 $EC_{50}$ 值在 0.108~0.342 μg/mL 之间，平均 $EC_{50}$ 值为 0.221 μg/mL，在氰烯菌酯抗性和敏感菌株的 $EC_{50}$ 值之间无显著差异。在盆栽试验中，10 μg/mL 氯氟醚菌唑能够显著抑制藤仓镰孢菌对氰烯菌酯敏感及抗性菌株导致的水稻幼苗徒长。在田间试验中，400 g/L 氯氟醚菌唑悬浮剂 5 000 倍液种子处理对水稻恶苗病也表现出优异的防效。本研究结果表明，氯氟醚菌唑可以作为氰烯菌酯的替换药剂有效防控水稻恶苗病，延缓藤仓镰孢菌对氰烯菌酯的抗性。

**关键词**：水稻恶苗病；藤仓镰孢菌；氰烯菌酯；氯氟醚菌唑；抗性治理

注：全文查阅及文献引用参见《农药学学报》2025，27（1）：153-159 doi：10.16801/j.issn.1008-7303.2024.0110

URL：https：//doi.org/10.16801/j.issn.1008-7303.2024.0110. http：//www.nyxxb.cn/article/doi/10.16801/j.issn.1008-7303.2024.0110

---

\* 基金项目：国家自然科学基金（32472596）
\*\* 第一作者：董代幸；E-mail：15167120905@163.com
\*\*\* 通信作者：张传清；E-mail：cqzhang9603@126.com

# 杭白菊叶枯病防治药剂的筛选及 Phoma bellidis 对吡唑醚菌酯的敏感性基线

张倩倩[1,2]**，张佳星[1]**，陈焘[2]，毛程鑫[1]，张传清[1]***

(1. 浙江农林大学现代农学院，杭州　311300；
2. 嘉兴市农业科学研究院桐乡农业科学研究所，嘉兴　311605)

**摘要**：叶枯病是浙江特色中草药杭白菊上危害最为严重的叶部病害之一。本研究采用菌丝生长速率法和孢子萌发法进行了杭白菊叶枯病防治药剂的初步筛选，评估了获得的吡唑醚菌酯等药剂对该病害的保护和治疗作用效果，并建立了杭白菊叶枯病菌 Phoma bellidis 群体（$n = 113$）对吡唑醚菌酯的敏感性基线。结果表明：供试9种杀菌剂中，咯菌腈、咪鲜胺和吡唑醚菌酯对 P. bellidis 菌丝生长抑制活性最好，$EC_{50}$ 值分别为 0.04 μg/mL、0.06 μg/mL 和 0.07 μg/mL；供试两种甲氧基丙烯酸酯（QoIs）类杀菌剂吡唑醚菌酯和嘧菌酯对 P. bellidis 分生孢子萌发的抑制活性较高，$EC_{50}$ 值分别为 0.18 μg/mL 和 2.21 μg/mL。吡唑醚菌酯、吡唑醚菌酯 + 苯醚甲环唑（体积比 1∶1）和吡唑醚菌酯 + 咯菌腈（体积比 1∶1）对杭白菊叶枯病表现出很好的保护作用，所有处理的治疗作用效果都显著低于保护作用。吡唑醚菌酯对 P. bellidis 群体（$n = 113$）菌丝生长的 $EC_{50}$ 值在 0.01～0.49 μg/mL 之间，平均 $EC_{50}$ 值为 (0.28 ± 0.11) μg/mL，敏感性频率分布符合正态分布，可以作为 P. bellidis 对吡唑醚菌酯的敏感性基线。本研究结果可为杭白菊叶枯病的防治、吡唑醚菌酯的科学合理应用及后续的抗药性监测与管理提供依据和指导。

**关键词**：杭白菊；Phoma bellidis；吡唑醚菌酯；生物活性；敏感性基线

注：全文查阅及文献引用参见《农药学学报》2025，27（1）：171-176 doi：10.16801/j.issn.1008-7303.2024.0111

URL：https：//doi.org/10.16801/j.issn.1008-7303.2024.0111. http：//www.nyxxb.cn/article/doi/10.16801/j.issn.1008-7303.2024.0111

---

\* 基金项目：浙江省"三农六方"科技协作计划（2021SNLF019）；浙江省粮油产业技术项目（浙农科发 [2023] 13 号）

\*\* 第一作者：张倩倩；E-mail：47275628@qq.com
　　　　　　张佳星；E-mail：275893077@qq.com

\*\*\* 通信作者：张传清；E-mail：cqzhang9603@126.com

# 肉桂醛肟酯衍生物的设计、合成及抑菌活性[*]

刘夷宁[1][**]，袁含笑[1]，胡钰歌[1]，林 涵[1]，李秀环[2][***]，雷 鹏[1,2,3][***]

(1. 西北农林科技大学植物保护学院，杨凌 712100；2. 作物抗逆与高效生产全国重点实验室，杨凌 712100；3. 陕西省生物农药工程技术研究中心，杨凌 712100)

**摘要**：天然产物肉桂醛具有良好的生物活性，为丰富其结构并发现高抑菌活性化合物，设计、合成了未见文献报道的肉桂醛肟酯衍生物27个，采用菌丝生长速率法测定了目标化合物对水稻纹枯病菌（*Rhizoctonia solani*）、番茄灰霉病菌（*Botrytis cinerea*）、小麦全蚀病菌（*Gaeumannomyces graminis*）的抑制活性。目标化合物在 50 μg/mL 下对供试病原菌均表现出一定的抑制活性，其中化合物 Ⅱ-18 和 Ⅱ-19 对水稻纹枯病菌的 $EC_{50}$ 值分别为 4.62 μg/mL 和 4.19 μg/mL，化合物 Ⅱ-18、Ⅱ-19 和 Ⅱ-22 对小麦全蚀病菌的 $EC_{50}$ 值分别为 3.49 μg/mL、3.28 μg/mL 和 6.75 μg/mL，均表现出比对照药剂对氯肉桂醛和肟菌酯更优或相似的抑菌活性。

**关键词**：肉桂醛；肟酯；杀菌活性；水稻纹枯病菌；小麦全蚀病菌

注：全文查阅及文献引用参见《农药学学报》2024，26（6）：1053-1060 doi：10.16801/j.issn.1008-7303.2024.0098

URL：https://doi.org/10.16801/j.issn.1008-7303.2024.0098. http://www.nyxxb.cn/article/doi/10.16801/j.issn.1008-7303.2024.0098

---

[*] 基金项目：陕西省重点研发计划（2023-YBNY-244）；大学生创新创业训练计划项目（20240026058）
[**] 第一作者：刘夷宁；E-mail：liuyining@nwafu.edu.cn
[***] 通信作者：李秀环；E-mail：lixiuhuan2021@nwafu.edu.cn
雷鹏；E-mail：peng.lei@nwafu.edu.cn

# 噁霉灵微球剂制备及对黄瓜猝倒病的防治效果[*]

高瑞[1,2**]，王磊[1,2**]，闫芃坤[1,2]，马英剑[1,2]，于萌[1,2]，潘寿贺[1,2]，
王寅敏[1,2]，赵锐[1,2]，郭鑫宇[1,2]，徐勇[1,2***]，吴学民[1,2***]

(1. 中国农业大学理学院应用化学系农药创新研究中心，北京 100193；
2. 中国农业大学林草有害生物药剂防治国家林业和草原局重点实验室，北京 100193)

**摘要**：为研制开发环保低毒、生物可降解、具有缓释功能的微球剂型，本研究以壳聚糖为载体材料、京尼平为交联剂，以水溶性杀菌剂噁霉灵（hymexazol）为模式药剂，采用反相乳液聚合法成功制备了京尼平交联壳聚糖微球，并通过包封和吸附两种方式实现了对噁霉灵的负载。通过载药量测试、释放试验以及土柱淋溶试验，明确了噁霉灵微球剂（MS）的最佳载药方式，通过离体杀菌试验和盆栽试验评估了噁霉灵微球剂的生物活性，同时测试了京尼平交联壳聚糖微球的细胞毒性以及噁霉灵微球剂对蚯蚓的急性毒性。结果表明：采用包封载药方式制备的噁霉灵微球剂粒径为 6.42 μm，载药量为 15.87%，12 h 累计释放率为 71.56%，缓释效果显著，并具有 pH 响应释放的特性。在相同有效成分含量下，噁霉灵微球剂对瓜果腐霉病菌的活性与传统噁霉灵水剂相当。土壤处理表明，噁霉灵微球剂在土壤中的持留性明显优于噁霉灵水剂，7 d 内流失量仅为 67.69%。相较于水剂，噁霉灵微球剂在更低浓度下对由瓜果腐霉病菌引起的黄瓜猝倒病防治效果更佳。此外，所制备的京尼平交联壳聚糖微球相较于传统交联剂制备的戊二醛交联壳聚糖微球表现出较低的细胞毒性，且以其为载体制备的噁霉灵微球剂对蚯蚓的急性毒性显著低于水剂。研究表明，所制备噁霉灵微球剂是一种环保、高效、低毒且具有缓释功能的土壤处理制剂，具有良好的开发应用前景。

**关键词**：壳聚糖；微球；京尼平；响应释放；噁霉灵；黄瓜猝倒病

注：全文查阅及文献引用参见《农药学学报》2024，26（6）：1080 – 1093 doi：10.16801/j.issn.1008-7303.2024.0093

URL：https://doi.org/10.16801/j.issn.1008-7303.2024.0093. http://www.nyxxb.cn/article/doi/10.16801/j.issn.1008-7303.2024.0093

---

[*] 基金项目：国家重点研发计划（2022YFD1700403）；国家林业和草原局应急揭榜挂帅项目（KJ2023110084）
[**] 第一作者：高瑞；E-mail：616915760@qq.com
　　　　　　　王磊；E-mail：3498457047@qq.com
[***] 通信作者：徐勇；E-mail：cauxy@cau.edu.cn
　　　　　　　吴学民；E-mail：wuxuemin@cau.edu.cn

# 烯丙唑菌胺对禾谷镰孢菌与假禾谷镰孢菌的抑制活性及其混配配方筛选[*]

崔光睿[1,2][**]，张 凯[1,2][**]，官泽为[1,2]，李嘉然[2]，刘 慧[1,2]，
温 讯[1,2]，蔡 萌[1,2][***]，杨光富[1,2][***]

(1. 华中师范大学绿色农药全国重点实验室，武汉 430000；
2. 华中师范大学化学学院，武汉 430000)

**摘要**：琥珀酸脱氢酶抑制剂（succinate dehydrogenase inhibitors，SDHIs）是农业生产上非常重要的一类广谱杀菌剂，但目前绝大多数 SDHIs 对小麦赤霉病和茎基腐病的防效差。烯丙唑菌胺（enpyracymid）是由华中师范大学和江苏中旗科技股份有限公司联合创制的新型 SDHIs 杀菌剂，具有杀菌活性高、杀菌谱广、环境生态风险低等特点。本文通过酶抑制动力学、分子模拟、菌丝生长和孢子萌发抑制以及田间药效试验等手段，对烯丙唑菌胺进行了系统研究，结果表明：烯丙唑菌胺为底物竞争性 SDHIs，对酵母琥珀酸脱氢酶（SDH）的抑制常数（$K_i$）为（14.86 ± 0.80）nmol/L；烯丙唑菌胺单剂对禾谷镰孢菌 *Fusarium graminearum* 和假禾谷镰孢菌 *F. pseudograminearum* 菌丝生长的 $EC_{50}$ 值分别为 0.014 μg/mL 和 0.064 μg/mL，与叶菌唑（0.011 μg/mL 和 0.026 μg/mL）相当，明显优于丙硫菌唑（1.795 μg/mL 和 0.203 μg/mL）；烯丙唑菌胺与叶菌唑混配对假禾谷镰孢菌的增效作用显著，共毒系数（CTC）为 212.26~757.14；烯丙唑菌胺与丙硫菌唑按照有效成分质量比 1∶5 混配，对禾谷镰孢菌和假禾谷镰孢菌的增效作用均最为明显，CTC 分别为 290.60 和 251.45；在有效成分 150 g/hm² 和 180 g/hm² 剂量下进行田间药效试验，烯丙唑菌胺对小麦赤霉病的平均防效分别为 85.79% 和 91.95%，与氟唑菌酰羟胺 150 g/hm² 剂量下的防效（86.73%）相当，显著优于丙硫菌唑 180 g/hm² 剂量下的防效（82.47%），且降低脱氧雪腐镰孢菌烯醇（DON）类真菌毒素的效果明显。本研究对烯丙唑菌胺的混配制剂研发和田间应用具有重要参考价值。

**关键词**：琥珀酸脱氢酶抑制剂；烯丙唑菌胺；赤霉病；茎基腐病；小麦；增效作用；杀菌剂

注：全文查阅及文献引用参见《农药学学报》2024，26（6）：1105 - 1116 doi：10.16801/j.issn.1008-7303.2024.0076

URL：https://doi.org/10.16801/j.issn.1008-7303.2024.0076. http://www.nyxxb.cn/article/doi/10.16801/j.issn.1008-7303.2024.0076

---

[*] 基金项目：国家重点研发计划（2022YFD1700300）；国家自然科学基金重点项目（21837001）；湖北省自然科学基金面上项目（2023AFB880）

[**] 第一作者：崔光睿；E-mail：cuiguangrui@mails.ccnu.edu.cn
    张凯；E-mail：zck10025@163.com

[***] 通信作者：蔡萌；E-mail：caimeng2016@ccnu.edu.cn
    杨光富；E-mail：gfyang@ccnu.edu.cn

# 乙磷铝在香榧体内的传导分布及对香榧根腐病防治效果*

初 楚[1]**，姜 壮[2]，张昌朋[3]，左璐莹[4]，毛赞来[1]，尹易平[1]，陈安良[1]***

(1. 浙江农林大学生物农药高效制备技术国家地方联合工程实验室，杭州 311300；2. 贵州省湄潭县林业局，遵义 564100；3. 浙江省农业科学院农产品质量安全与营养研究所，杭州 310021；4. 浙江省安吉县林业局，湖州 313300)

**摘要**：为明确乙磷铝在香榧体内传导分布及对香榧根腐病的田间防治效果，将 0.5% 乙磷铝水剂（SL）对 3 年生香榧注干施药 7 d、14 d 和 21 d 后，采用 HPLC-MS 测定了乙磷铝在香榧体内各部位的分布；并用 0.5% 乙磷铝 SL 对 13 年生香榧连续注干施药 3 年，每年 3 月中旬施药 1 次。第 3 年施药 90 d 和 180 d 后测定了乙磷铝在香榧体内各部位的残留，第 3 年施药 15 d、45 d 和 180 d 后检测香榧叶片光合作用的变化。结果显示：0.5% 乙磷铝 SL 注干施药 7 d 后，乙磷铝已传导至香榧的根、干、枝、叶等部位，枝干及根部乙磷铝含量分别为 0.51 mg/kg、0.15 mg/kg；施药 3 年对香榧根腐病的防治效果达 89.41%；乙磷铝注干施药，可以增加香榧叶片的光合色素和叶绿素含量，降低热耗散量和类胡萝卜素含量，增强叶片的光合作用，使叶片萌发正常、复壮复绿。综上，乙磷铝注干施药后，在香榧体内可双向传导，有效防治香榧根腐病。

**关键词**：香榧根腐病；注干施药；乙磷铝；传导分布；防治效果

注：全文查阅及文献引用参见《农药学学报》2024，26（6）：1135 - 1143 doi：10.16801/j.issn.1008-7303.2024.0104

URL：https://doi.org/10.16801/j.issn.1008-7303.2024.0104. http://www.nyxxb.cn/article/doi/10.16801/j.issn.1008-7303.2024.0104

---

\* 基金项目：浙江省重点研发项目（2019C02024）
\*\* 第一作者：初楚；E-mail：1524893422@qq.com
\*\*\* 通信作者：陈安良；E-mail：anlchen@126.com

# 河北省多主棒孢对 3 种常用杀菌剂的抗性及替代药剂对黄瓜棒孢叶斑病的防治效果[*]

朱广雪[1,**], 岳圆圆[1,**], 朱青艳[2], 温智浩[1], 孙炳学[1], 周荣佳[1], 谢学文[1], 柴阿丽[1], 李磊[1], 范腾飞[1], 李宝聚[1,***], 石延霞[1,***]

[1. 中国农业科学院蔬菜花卉研究所,蔬菜生物育种全国重点实验室,北京 100081;
2. 北京市通州区农业(种植)技术推广中心,北京 101100]

**摘要**:为明确河北省黄瓜主产区多主棒孢对 3 种常用杀菌剂(啶酰菌胺、肟菌酯和腐霉利)的抗性水平并筛选有效防治药剂,采用菌丝生长速率法检测了 2020—2021 年河北省唐山、邯郸地区多主棒孢对啶酰菌胺、肟菌酯和腐霉利的敏感性,利用 PCR 技术分析了 $CcSdh$ 及 $CcCytb$ 抗性突变基因型,采用盆栽试验评价了 10 种常用杀菌剂对该地区主流抗性突变体 SdhB-I280V&Cytb-G143A 的防治效果,并进行高效替代药剂交替使用的防效试验。结果表明:河北省唐山、邯郸黄瓜主产区的多主棒孢对啶酰菌胺、肟菌酯和腐霉利均产生了不同程度的抗性。其中,啶酰菌胺对 280 株多主棒孢的平均 $EC_{50}$ 值为 8.12 μg/mL,抗性频率为 27.43%;肟菌酯对 144 株多主棒孢的平均 $EC_{50}$ 值为 62.6 μg/mL,对 162 株多主棒孢(含 $EC_{50}$ 值大于 200 μg/mL 的 18 株菌)的抗性频率为 99.49%;腐霉利对 163 株多主棒孢的平均 $EC_{50}$ 值为 6.95 μg/mL,抗性频率为 52.76%。共检测出 11 种 CcSdh 抗性突变类型,突变频率达到 56.86%。其中 6 种为单突变,4 种为双突变,1 种为三突变。供试多主棒孢 CcCytb 仅携带 G143A 突变,发生频率为 100%。盆栽药效试验中,两种混配药剂 75%百菌清可湿性粉剂(WP)+ 50%腐霉利 WP 和 50%异菌脲 WP + 75%吡醚·丙森锌 WP 对黄瓜棒孢叶斑病的防效最高,分别为 71.52%和 70.52%;其次是复配药剂 75%吡醚·丙森锌 WP,防效为 57.90%;两种混配药剂 75%百菌清 WP + 50%腐霉利 WP 和 50%异菌脲 WP + 75%吡醚·丙森锌 WP 交替使用对黄瓜棒孢叶斑病的盆栽防效和田间防效分别为 71.53%和 94.64%。表明不同作用机制的杀菌剂混配并交替使用对黄瓜棒孢叶斑病的防治具有广阔应用前景。

**关键词**:多主棒孢;啶酰菌胺;肟菌酯;腐霉利;抗性;黄瓜棒孢叶斑病;替代药剂

注:全文查阅及文献引用参见《农药学报》2024, 26(6): 1144 - 1153 doi: 10.16801/j.issn.1008-7303.2024.0088

URL:https://doi.org/10.16801/j.issn.1008-7303.2024.0088. http://www.nyxxb.cn/article/doi/10.16801/j.issn.1008-7303.2024.0088

---

[*] 基金项目:北京设施蔬菜创新团队项目(BAIC01);国家重点研发计划(2022YFD1400900);中国农业科学院科技创新工程(CAAS-ASTIP-IVFCAAS)

[**] 第一作者:朱广雪;E-mail:zhuguangxuer@163.com
岳圆圆;E-mail:18810519038@163.com

[***] 通信作者:李宝聚;E-mail:libaojuivf@163.com
石延霞;E-mail:shiyanxia@caas.cn

# 含苯氧甲基、氯甲基的十元、十二元及十六元氮杂内酯化合物的合成及抑菌活性*

王思敏**，宁磊，张莉，董燕红***

（中国农业大学理学院应用化学系，北京 100193）

**摘要**：大环内酯类化合物已被广泛应用于药物中，为发现新型高活性抑菌化合物，以课题组之前研究的大环内酯化合物 WLD、D16-19 等为先导化合物，设计、合成一系列新型含苯氧甲基、氯甲基的十元、十二元及十六元氮杂内酯化合物 C 和 E，并进行离体抑真菌活性测定。结果表明：在 50 mg/L 质量浓度下，大部分化合物 C 和 E 对供试的 5 种病原真菌均有一定的抑菌活性，其中 C5 和 C6 对马铃薯早疫病菌 *Alternaria solani* 的抑制率分别为 88% 和 90%，化合物 C6 对小麦赤霉病菌 *Fusarium graminearum* 的抑制率为 94%。对比 C 和 E 对 5 种真菌的抑制率，加入氨基甲酸酯和脲结构片段对化合物活性没有明显提高；十六元氮杂内酯化合物 C5、C6 的抑菌活性高于十元和十二元氮杂内酯化合物 C1~C4，说明化合物的主体结构氮杂内酯环对化合物的活性影响较大。C5 对马铃薯早疫病菌的 $EC_{50}$ 值为 2.95 mg/L，与对照药剂吡唑醚菌酯活性相近，优于先导化合物 D16-19 对番茄早疫病菌 *A. solani* 的活性（$EC_{50}$ 值为 4.76 mg/L），表明在十六元氮杂内酯中加入苯氧甲基可提高化合物对早疫病菌的活性，C5 可作为新型抑菌活性先导化合物进一步研究。

**关键词**：苯氧甲基；氯甲基；氮杂内酯化合物；合成；抑菌活性

注：全文查阅及文献引用参见《农药学学报》2024, 26 (5)：870-882 doi：10.16801/j.issn.1008-7303.2024.0066

URL：https://doi.org/10.16801/j.issn.1008-7303.2024.0066. http://www.nyxxb.cn/article/doi/10.16801/j.issn.1008-7303.2024.0066

---

\* 基金项目：国家自然科学基金（31272075）
\*\* 第一作者：王思敏；E-mail：18811798381@163.com
\*\*\* 通信作者：董燕红；E-mail：dongyh@cau.edu.cn

# 抗病蛋白 CkPGIP1 关键氨基酸突变增强对大丽轮枝菌的抑制作用*

闫 鑫**，高琳颖，胡梦慧，邵苗苗，侯玉霞***

(中国农业大学理学院应用化学系，北京 100193)

**摘要**：牛心朴子草多聚半乳糖醛酸酶抑制蛋白（CkPGIP1）能有效抑制大丽轮枝菌多聚半乳糖醛酸酶（VdPG1）的活性，为了进一步提高 CkPGIP1 的抗病性，本研究从 CkPGIP1 定点突变入手，研究其突变增强对大丽轮枝菌的抑制作用。通过重叠延伸聚合酶链式反应（PCR）成功构建了 CkPGIP1 蛋白突变体 T152VCkPGIP1、D202SCkPGIP1 和 I250KCkPGIP1，构建原核表达载体对 CkPGIP1 及其突变体进行体外诱导表达和纯化，用 3,5-二硝基水杨酸（DNS）法和琼脂糖径向扩散法测定突变蛋白对大丽轮枝菌 VdPG1 的抑制作用。DNS 法测定结果表明：突变蛋白能有效抑制 VdPG1 活性，且呈剂量依赖性，其中，D202SCkPGIP1 对 VdPG1 的抑制效果显著，T152VCkPGIP1 抑制效果次之，I250KCkPGIP1 抑制作用不明显。琼脂糖径向扩散结果与 DNS 法的一致，其中经 D202SCkPGIP1 处理的 VdPG1 扩散直径缩小最多，表明其抑制活性最为显著。进一步研究发现，突变蛋白可以抑制大丽轮枝菌在棉花叶片上的扩展，进一步证实 CkPGIP1 关键氨基酸突变增强了对大丽轮枝菌的抑制作用。

**关键词**：牛心朴子草；大丽轮枝菌；多聚半乳糖醛酸酶抑制蛋白；多聚半乳糖醛酸酶；关键氨基酸突变

注：全文查阅及文献引用参见《农药学学报》2024，26（5）：922-931 doi：10.16801/j.issn.1008-7303.2024.0075

URL：https://doi.org/10.16801/j.issn.1008-7303.2024.0075. http://www.nyxxb.cn/article/doi/10.16801/j.issn.1008-7303.2024.0075

---

\* 基金项目：国家自然科学基金（32272631）
\*\* 第一作者：闫鑫；E-mail：yxin109@126.com
\*\*\* 通信作者：侯玉霞；E-mail：yuxiacau@163.com

# 灭菌唑及其复配剂对河南省禾谷镰孢菌的抑制活性及对小麦赤霉病的室内防效

殷铭灿[1,2]**，高续恒[1,2]，钱 乐[1,2]，姜 佳[1,2]，张承启[3]，刘圣明[1,2]***

(1. 河南科技大学园艺与植物保护学院植物保护系，洛阳 471023；
2. 河南省绿色植保工程技术研究中心，洛阳 471023；
3. 安徽农业大学植物保护学院，合肥 230036)

**摘要**：由禾谷镰孢菌（*Fusarium graminearum*）引起的赤霉病是小麦生产上的重要病害之一。为明确三唑类杀菌剂灭菌唑对禾谷镰孢菌的抑制活性，室内测定了禾谷镰孢菌不同发育阶段对灭菌唑的敏感性，发现其敏感性由低到高依次为：孢子萌发 < 芽管伸长 < 菌丝生长，$EC_{50}$ 值分别为 18.16 μg/mL、1.332 μg/mL 和 0.4613 μg/mL。采用菌丝生长速率法测定了从河南省9个地市采集分离的101株禾谷镰孢菌对灭菌唑的敏感性，结果显示：$EC_{50}$ 值范围在 0.0586~0.9183 μg/mL 之间，平均值为 (0.3866 ± 0.1969) μg/mL，且敏感性频率分布呈连续单峰曲线，该平均 $EC_{50}$ 值可作为河南省禾谷镰孢菌对灭菌唑的敏感性基线。灭菌唑分别与氟唑菌酰羟胺、多菌灵、咯菌腈、氰烯菌酯、咪鲜胺5种杀菌剂复配后，对禾谷镰孢菌的联合毒力测定结果表明：增效系数（SR）在 0.53~3.76 之间，不同组合、不同比例的复配剂均表现为相加或增效作用，其中咪鲜胺与灭菌唑按质量比 1:3 复配时，增效作用最明显（SR = 3.76）。室内离体防治效果测定显示，在有效成分 400 μg/mL 剂量下，咪鲜胺与灭菌唑质量比 1:3 复配剂的治疗作用防效最高，为 82.63%。研究结果有助于指导灭菌唑的科学合理使用，并为小麦赤霉病的综合防控提供理论依据和数据支持。

**关键词**：小麦赤霉病；禾谷镰孢菌；敏感性；灭菌唑；咪鲜胺；复配剂

注：全文查阅及文献引用参见《农药学学报》2024，26（5）：974-982 doi：10.16801/j.issn.1008-7303.2024.0092

URL：https://doi.org/10.16801/j.issn.1008-7303.2024.0092. http://www.nyxxb.cn/article/doi/10.16801/j.issn.1008-7303.2024.0092

---

\* 基金项目：国家重点研发计划（2022YFD1400100）；河南省科技研发计划联合基金（232301420122）；洛阳市公益性行业科研专项（2302032A）；河南省自然科学基金（222300420145）

\*\* 第一作者：殷铭灿，E-mail：yinmingcan1023@163.com

\*\*\* 通信作者：刘圣明，E-mail：liushengmingzb@163.com

# 氟啶胺对河南省小麦茎基腐病菌的抑制活性及田间防治效果[*]

罗诗瑶[**]，韩　易，郑　伟[***]，辛赫文，张继宇，张　珂，侯　颖，徐建强[***]

（河南科技大学园艺与植物保护学院，洛阳　471003）

**摘要**：为了明确假禾谷镰孢菌对吡啶胺类药剂氟啶胺的敏感性，采用菌丝生长速率法测定了氟啶胺对2022年4—5月从河南省各地市分离的86株假禾谷镰孢菌菌丝生长的毒力，建立了敏感性基线，并开展了氟啶胺对小麦茎基腐病的田间防治效果试验。结果表明：氟啶胺对假禾谷镰孢菌菌丝生长的最低抑制浓度（MIC）为20 μg/mL，对86个菌株菌丝生长的有效抑制中浓度（$EC_{50}$）为0.013~0.492 μg/mL，平均$EC_{50}$值为0.194 μg/mL；57株（占总数的66.3%）的敏感性呈近似正态分布，将其平均$EC_{50}$值（0.201±0.057）μg/mL作为假禾谷镰孢菌对氟啶胺的敏感性基线；同一地市内菌株间敏感性差异较大，$EC_{50}$最大值与最小值的比值在2.8~36.7，漯河差异最大，许昌差异最小；不同地市间菌株对氟啶胺的敏感性无显著性差异；河南省假禾谷镰孢菌对氟啶胺的敏感性差异与菌株的地理来源无明显关联性；菌株对氟啶胺的敏感性与其对多菌灵和戊唑醇的敏感性之间无明显相关性；采用500 g/L氟啶胺悬浮剂浸种，对小麦茎基腐病防治效果较好，伊川县、新安县两地在起身期的发病率分别降低了45.46%和56.88%，乳熟期的白穗率分别降低了8.73%和13.67%。表明500 g/L氟啶胺悬浮剂浸种对起身期小麦茎基腐病的防效较好，两地均达51%以上。本研究为氟啶胺对小麦茎基腐病的防治提供了参考。

**关键词**：小麦茎基腐病；假禾谷镰孢菌；氟啶胺；菌丝生长速率法；敏感性；防治效果

注：全文查阅及文献引用参见《农药学学报》2024，26（5）：1011-1018　doi：10.16801/j.issn.1008-7303.2024.0064

URL：https：//doi.org/10.16801/j.issn.1008-7303.2024.0064. http：//www.nyxxb.cn/article/doi/10.16801/j.issn.1008-7303.2024.0064

---

[*]　基金项目：河南省科技攻关项目（242102111113）
[**]　第一作者：罗诗瑶；E-mail：1792549218@qq.com
[***]　通信作者：郑　伟；E-mail：flax-0476@163.com
　　徐建强；E-mail：xujqhust@126.com

# 番茄斑萎病毒蛋白结构及其抑制剂作用机制研究进展

浦 贤**, 李向阳***

(绿色农药全国重点实验室，绿色农药与农业生物教育部重点实验室，
贵州大学精细化工研究开发中心，贵阳 550025)

**摘要**：番茄斑萎病毒（tomato spotted wilt virus, TSWV）基因组可编码 RdRp、NSm、NSs、Gc、Gn 和 N 等多种蛋白，目前，相关研究主要集中在植物（番茄和辣椒）对 TSWV 的抗病基因（*Sw-5b* 和 *Tsw*）所介导的抗性以及药剂对 TSWV N 蛋白的抑制作用。TSWV 蛋白具有作为药剂分子靶标的潜力，但关于 TSWV 蛋白与药剂的作用机制尚未见系统、全面的研究报道。本文从结构生物学的角度出发，详细介绍了目前已经被解析的 TSWV 病毒蛋白三维结构，并通过 AlphaFold2 模型预测了尚未被解析的 4 种 TSWV 蛋白结构；同时，综述了 TSWV 抗性基因和 TSWV 抑制剂在植物保护领域的研究应用进展。以宁南霉素、盐酸吗啉胍和利巴韦林等药剂为例，分析其可能作用于 TSWV 蛋白的分子机理，并预测了这些药剂与 TSWV 蛋白可能的作用位点，旨在为后续深入挖掘和探索新型抗 TSWV 药剂提供理论依据。

**关键词**：番茄斑萎病毒；蛋白结构；靶标；分子机制；作用位点

注：全文查阅及文献引用参见《农药学学报》2024，26（4）：625-636 doi：10.16801/j.issn.1008-7303.2024.0072

URL：https://doi.org/10.16801/j.issn.1008-7303.2024.0072. http://www.nyxxb.cn/article/doi/10.16801/j.issn.1008-7303.2024.0072

---

\* 基金项目：国家自然科学基金（32172461）；贵州省科技计划项目（黔科合成果〔2023〕一般 078）
\*\* 第一作者：浦贤；E-mail：18685872248@163.com
\*\*\* 通信作者：李向阳；E-mail：xyli1@gzu.edu.cn

# 植物病原真菌肌球蛋白及其抑制剂研究进展

邹靖培[1][**]，贾芳莹[1]，周明国[2]，张　峰[1][***]

(1. 南京农业大学植物保护学院，南京　210095；
2. 南京义诺特靶向农药研究院有限公司，南京　211800)

**摘要**：肌球蛋白是一类在真核生物中广泛存在的功能性蛋白，在生物体细胞内的各项生命活动过程中扮演着重要的角色。此外，来源于植物病原真菌的肌球蛋白对真菌的生长发育和致病性也有着重要影响。基于这些特性，越来越多研究者把目光投入到了以肌球蛋白为靶标的农药创制研究当中。基于植物病原真菌来源的肌球蛋白进行抑制剂设计，从而开发具有新型作用机制的杀菌剂，将是防控植物病害、保障粮食安全的重要手段。本文重点介绍了植物病原真菌来源肌球蛋白及其抑制剂的研究进展，主要综述了植物病原真菌肌球蛋白的结构特征和生化功能，以及近年来已报道的肌球蛋白抑制剂类杀菌剂，可为植物病原真菌肌球蛋白靶标导向先导化合物的发现和新农药活性分子的合理设计提供参考。

**关键词**：植物病原真菌；肌球蛋白；抑制剂；杀菌剂；氰烯菌酯；真核生物

　　注：全文查阅及文献引用参见《农药学学报》2024，26（4）：637-646 doi：10.16801/j.issn.1008-7303.2024.0077

　　URL：https://doi.org/10.16801/j.issn.1008-7303.2024.0077. http://www.nyxxb.cn/article/doi/10.16801/j.issn.1008-7303.2024.0077

---

[*] 基金项目：海南省重点研发计划（ZDYF2023XDNY034）；国家自然科学基金（31871996）
[**] 第一作者：邹靖培；E-mail：1515354695@qq.com
[***] 通信作者：张峰；E-mail：fengz@njau.edu.cn

# 甲基赤藓糖醇磷酸胞苷酰转移酶及其抑制剂研究进展[*]

王吉利[1][**]，陈 灿[1]，周雅情[1]，吴文海[1]，孙 勇[1]，王 星[2][***]，陈 杰[3][***]

(1. 汉江师范学院化学与环境工程学院，十堰 442000；2. 浙江农林大学化学与材料工程学院，杭州 311300；3. 浙江农林大学林业与生物技术学院，杭州 311300)

**摘要**：甲基赤藓糖醇磷酸（methylerythritol phosphate，MEP）途径是生产萜类化合物前体异戊二烯基二磷酸（isopentenyl diphosphate，IPP）和二甲基烯丙基二磷酸（dimethylallyl diphosphate，DMAPP）必要的生化途径之一，该途径广泛存在于植物、细菌及病原体体内，而哺乳动物中不存在。MEP 途径包含的 7 个关键酶都可以作为新型农药和医药的作用靶标。甲基赤藓糖醇磷酸胞苷酰转移酶（2-$C$-methyl-$D$-erythritol-4-phosphate cytidyltransferase，IspD）是 MEP 途径的第三个关键酶，它的活性位点亲脂性低，但拥有独特的变构位点，近年来引起研究人员的广泛关注。利用 IspD 小分子抑制剂来阻断 MEP 通路，从而间接地抑制萜类化合物的生成，可以造成病菌和植物的死亡，达到杀菌或除草目的。本文对 IspD 结构、催化机理、IspD 抑制剂及其作用机制等内容进行了综述，可为以 IspD 作为靶标的抑制剂的筛选以及新型农药和医药的开发提供指导。

**关键词**：甲基赤藓糖醇磷酸途径；甲基赤藓糖醇磷酸胞苷酰转移酶；变构位点；小分子抑制剂

注：全文查阅及文献引用参见《农药学学报》2024，26（4）：674-691 doi：10.16801/j.issn.1008-7303.2024.0071

URL：https://doi.org/10.16801/j.issn.1008-7303.2024.0071. http://www.nyxxb.cn/article/doi/10.16801/j.issn.1008-7303.2024.0071

---

[*] 基金项目：湖北省教育厅科学研究计划中青年人才（Q20223103）；湖北省自然科学基金（2022CFB854）；国家自然科学基金（32101228）

[**] 第一作者：王吉利；E-mail：wangjili@hjnu.edu.cn

[***] 通信作者：王星；E-mail：xingwangchem@zafu.edu.cn
  陈杰；E-mail：chenjie@zafu.edu.cn

# 1-[4-(叔丁基)苯基]-3-羟基-2-甲基吡啶-4(1$H$)-酮微乳剂的制备及其对小麦条锈病和水稻纹枯病的防治效果*

赵静杰[1]**,余海涛[2],张 勃[2],赵延存[3],尹丰满[1],张 羲[1],孙然锋[1]***

(1. 海南大学热带农林学院,热带农林生物灾害绿色防控教育部重点实验室,海口 570228; 2. 甘肃省农业科学院植物保护研究所,兰州 730070; 3. 江苏省农业科学院植物保护研究所,南京 210014)

**摘要**:本文以化合物 1-[4-(叔丁基)苯基]-3-羟基-2-甲基吡啶-4(1$H$)-酮(以下简称为 HAINU-19)为有效成分,制备微乳剂并测定其杀菌活性。通过对溶剂、助溶剂、乳化剂的筛选,确定 2.5% HAINU-19 微乳剂配方(质量分数)为:2.5% HAINU-19、15%乙醇、10%环己酮、20%乳化剂(宁乳 1601#:农乳 500#:AC-1810 = 3:3:1),蒸馏水补足 100%。各项指标均符合国家标准。盆栽药效试验结果表明,2.5% HAINU-19 微乳剂在稀释 1 000 倍、500 倍和 250 倍剂量下,对小麦条锈病的保护性防治效果均为 100%,治疗性防治效果分别为 76.67%、81.00% 和 82.33%。田间药效试验结果表明,2.5% HAINU-19 微乳剂对水稻纹枯病的防治效果 100 倍稀释液为 86.13%,200 倍稀释液为 71.24%。该研究可为杀菌化合物 HAINU-19 的开发应用提供试验依据和技术支持。

**关键词**:HAINU-19;微乳剂;配方筛选;小麦条锈病;水稻纹枯病;防治效果

注:全文查阅及文献引用参见《农药学学报》2024,26(4):735-743 doi:10.16801/j.issn.1008-7303.2024.0055

URL:https://doi.org/10.16801/j.issn.1008-7303.2024.0055. http://www.nyxxb.cn/article/doi/10.16801/j.issn.1008-7303.2024.0055

---

\* 基金项目:国家自然科学基金(22067004);海南省自然科学基金(321CXTD436)
\*\* 第一作者:赵静杰;E-mail:3293699053@qq.com
\*\*\* 通信作者:孙然锋;E-mail:srf18@hainanu.edu.cn

# 琥珀酸脱氢酶抑制剂类杀菌剂对禾谷丝核菌的抑制活性及结合模式

周温棋[**]，高绫恒，成泽珺[***]，郑伟，刘圣明，徐建强[***]

(河南科技大学园艺与植物保护学院植物保护系，洛阳 471023)

**摘要**：主要由禾谷丝核菌 Rhizoctonia cerealis 引起的小麦纹枯病是一种土传真菌病害，自20世纪90年代中期以来，黄淮麦区小麦纹枯病逐渐由次要病害上升为主要病害，对常见的杀菌剂类型已经出现了抗性菌株。新商品化的琥珀酸脱氢酶抑制剂类（SDHIs）杀菌剂对禾谷丝核菌的抑制活性尚未见报道。本研究选取3株禾谷丝核菌 ZMDBY-9、JZWZ-8 和 ZMDBY-6，采用菌丝生长速率法测定了10种SDHIs类杀菌剂萎锈灵、氟酰胺、噻呋酰胺、啶酰菌胺、吡唑萘菌胺、氟唑菌酰胺、苯并烯氟菌唑、氟吡菌酰胺、氟吡菌酰羟胺和联苯吡嗪菌胺对禾谷丝核菌的抑制活性；采用同源模建及分子对接，研究了RcSDH bcd 构成的蛋白模型与10种SDHIs类杀菌剂的结合模式，进一步分析了结合能与抑菌效果的关联性。菌丝生长速率法测定结果显示：苯并烯氟菌唑和氟唑菌酰胺对禾谷丝核菌的抑制活性较高，平均有效抑制中浓度（$EC_{50}$）值小于 0.1 mg/L；氟吡菌酰胺与氟唑菌酰羟胺的抑制活性较弱，平均 $EC_{50}$ 值大于 1 mg/L；其他6种杀菌剂的平均 $EC_{50}$ 值为 0.1~0.6 mg/L。分子对接结果显示：在10种SDHIs类杀菌剂中，含吡唑-4-酰胺结构的药剂对禾谷丝核菌的抑制活性最好，结合能更低。其中7种杀菌剂分子的抑制活性与结合能之间存在一定的关联性，表现为抑制活性强结合能往往较低。本文研究结果为SDHIs类杀菌剂在小麦纹枯病化学防治中的应用及基于琥珀酸脱氢酶的药剂设计提供了参考。

**关键词**：琥珀酸脱氢酶抑制剂类杀菌剂；禾谷丝核菌；抑菌活性；同源建模；分子对接；结合模式

注：全文查阅及文献引用参见《农药学学报》2024, 26 (4)：757-764 doi：10.16801/j.issn.1008-7303.2024.0062

URL：https://doi.org/10.16801/j.issn.1008-7303.2024.0062. http://www.nyxxb.cn/article/doi/10.16801/j.issn.1008-7303.2024.0062

---

[*] 基金项目：河南主要农作物重大生物灾害绿色防控及生物农药创制项目（221100110100）；河南省科技攻关项目（242102111113）
[**] 第一作者：周温棋；E-mail：2454167751@qq.com
[***] 通信作者：成泽珺；E-mail：chengzj@haust.edu.cn
  徐建强；E-mail：xujqhust@126.com

# 噻呋酰胺与吡唑醚菌酯复配对烟草靶斑病菌的抑制活性及对烟草靶斑病的室内防效

刘婕[1]**,周泽华[1],郭瑶[1],肖艳松[2],周向平[2],
滕凯[2],肖志鹏[2],刘天波[1,2]***,易图永[1]***

(1. 湖南农业大学植物保护学院,植物病虫害生物学与防控湖南重点实验室,长沙 410128;2. 中国烟草总公司湖南省公司,长沙 410004)

**摘要**:由立枯丝核菌 Rhizoctonia solani 引起的靶斑病是近年来烟草主要叶部病害之一,严重降低了烟叶的产量和品质。目前生产中登记用于防治烟草靶斑病的药剂仅有井冈霉素,且该药剂对病害的田间治疗效果较差。为筛选对烟草靶斑病具有优良防效的化学药剂,本研究采用菌丝生长速率法建立了立枯丝核菌对噻呋酰胺和吡唑醚菌酯的敏感性基线,发现两者对立枯丝核菌菌丝生长均有较强的抑制作用。通过联合毒力测定发现两者复配后均表现为相加或增效作用,其中,噻呋酰胺与吡唑醚菌酯按质量比 1∶1 复配,增效作用最明显,增效系数达 2.5 以上,可显著抑制病原菌菌核形成。采用喷雾接种法测定了该复配比作为保护剂和治疗剂使用时对烟草靶斑病的防效,发现其具有优异的室内防效。本研究结果表明,噻呋酰胺与吡唑醚菌酯按质量比 1∶1 复配在田间防治烟草靶斑病中具有较好的应用前景。

**关键词**:噻呋酰胺;吡唑醚菌酯;立枯丝核菌;烟草靶斑病;联合毒力;抑菌活性;防效

注:全文查阅及文献引用参见《农药学学报》2024,26(4):773-780 doi:10.16801/j.issn.1008-7303.2024.0057

URL:https://doi.org/10.16801/j.issn.1008-7303.2024.0057. http://www.nyxxb.cn/article/doi/10.16801/j.issn.1008-7303.2024.0057

---

* 基金项目:湖南省烟草公司项目"湖南烟草靶斑病成灾机制与绿色防控技术研究"(HN2021KJ01,2022-YC004)
** 第一作者:刘婕;E-mail:13618426557@stu.hunau.edu.cn
*** 通信作者:刘天波;E-mail:tianboliu@126.com
易图永;E-mail:yituyong@hunau.net

# 叶菌唑及其复配剂对河南省假禾谷镰孢菌的抑制活性及对小麦茎基腐病的室内防效

王鑫雨[1,2]**，高续恒[1,2]，钱 乐[1,2]，姜 佳[1,2]，刘圣明[1,2]***

(1. 河南科技大学园艺与植物保护学院植物保护系，洛阳 471023；
2. 河南省绿色植保工程技术研究中心，洛阳 471023)

**摘要**：主要由假禾谷镰孢菌 *Fusarium pseudograminearum* 引起的小麦茎基腐病是严重影响小麦产量的真菌病害。为明确叶菌唑对河南省小麦茎基腐病菌的抑制活性，测定了叶菌唑对从供试的 219 株菌株中随机选取的 3 株菌株（JY2208、HB2201 和 XC2116）不同发育阶段的毒力，以及叶菌唑分别与咪鲜胺、氰烯菌酯、氟啶胺和咯菌腈按质量比 5∶1、3∶1、1∶1、1∶3 和 1∶5 复配对菌株 JY2208 的联合毒力；采用胚芽鞘接种法测定了叶菌唑及其复配剂对小麦茎基腐病的室内防效。结果显示：叶菌唑对 3 株假禾谷镰孢菌 JY2208、HB2201 和 XC2116 菌株菌丝生长、分生孢子产生、孢子萌发及芽管伸长的 $EC_{50}$ 值分别为 $(0.0397 \pm 0.0035)$ μg/mL、$(0.9549 \pm 0.1152)$ μg/mL、$(0.6114 \pm 0.0393)$ μg/mL 及 $(0.0235 \pm 0.0015)$ μg/mL；叶菌唑对 219 株假禾谷镰孢菌菌丝生长的 $EC_{50}$ 值范围为 $0.0207 \sim 0.0839$ μg/mL，平均 $EC_{50}$ 值为 $(0.0406 \pm 0.0114)$ μg/mL，敏感性频率分布呈连续单峰曲线，可作为河南省假禾谷镰孢菌对叶菌唑的敏感性基线。叶菌唑与咪鲜胺、氰烯菌酯、氟啶胺以及咯菌腈复配的增效系数（SR）范围为 $0.51 \sim 2.32$，不同组合、不同配比的复配剂均表现为相加作用或增效作用，表明叶菌唑可以与咪鲜胺、氰烯菌酯、氟啶胺、咯菌腈复配使用。其中，当叶菌唑与氟啶胺按质量比 5∶1 复配时，增效作用最强，SR 为 2.32。8% 叶菌唑悬浮剂与 50% 氟啶胺悬浮剂按有效成分质量比 5∶1 复配，在 80 μg/mL 剂量下，对小麦茎基腐病的室内防治效果达 100%。该研究结果可为小麦茎基腐病的防控提供依据。

**关键词**：假禾谷镰孢菌；小麦茎基腐病；叶菌唑；复配剂；抑菌活性；防治效果

注：全文查阅及文献引用参见《农药学学报》2024，26 (4)：781-789 doi：10.16801/j.issn.1008-7303.2024.0050

URL：https://doi.org/10.16801/j.issn.1008-7303.2024.0050. http://www.nyxxb.cn/article/doi/10.16801/j.issn.1008-7303.2024.0050

---

\* 基金项目：河南省科技研发计划联合基金 (232301420122)；洛阳市公益性行业科研专项 (2302032A)；河南省自然科学基金 (222300420145)
\*\* 第一作者：王鑫雨；E-mail：13015583282@163.com
\*\*\* 通信作者：刘圣明；E-mail：liushengmingzb@163.com

# 四氟醚唑对烟草高氏白粉菌的抑制作用及对烟草白粉病的温室防效[*]

李天杰[1][**]，郑伟[1][***]，苗圃[2]，王惠[2]，汪孝国[2]，周俊学[2]，康业斌[1]，徐建强[1][***]

(1. 河南科技大学园艺与植物保护学院，洛阳 471000；
2. 河南省烟草公司洛阳市公司，洛阳 471000)

**摘要**：为评估四氟醚唑在烟草白粉病上的应用潜力，采用孢子萌发抑制法测定了四氟醚唑对烟草高氏白粉菌的室内毒力，并观察了其对烟草高氏白粉菌形态的影响；通过盆栽试验测定了四氟醚唑对烟草白粉病的温室防治效果。结果表明：四氟醚唑对3株烟草高氏白粉菌菌株分生孢子萌发有强烈的抑制作用，其 $EC_{50}$ 值分别为 0.342 2 μg/mL、0.356 1 μg/mL 和 0.410 5 μg/mL；对芽管伸长的抑制作用明显，其 $EC_{50}$ 值分别为 1.746 6 μg/mL、1.398 8 μg/mL 和 1.322 9 μg/mL。光学显微镜观察结果表明：四氟醚唑对烟草高氏白粉菌分生孢子无致畸作用，但能使其初生菌丝畸形。温室防效试验结果表明：4%四氟醚唑水乳剂在有效成分 1.61 g/L、3.22 g/L 和 5.36 g/L 剂量下，喷施处理烟苗 14 d 后，保护作用的防效在 76.62%~95.67% 之间，治疗作用的防效在 71.42%~90.91% 之间。

**关键词**：四氟醚唑；烟草高氏白粉菌；毒力测定；温室防效

注：全文查阅及文献引用参见《农药学学报》2024，26（4）：825-830 doi：10.16801/j.issn.1008-7303.2024.0063

URL：https://doi.org/10.16801/j.issn.1008-7303.2024.0063. http://www.nyxxb.cn/article/doi/10.16801/j.issn.1008-7303.2024.0063

---

[*] 基金项目：河南省烟草公司洛阳市公司科技项目（LYKJ202109）
[**] 第一作者：李天杰；E-mail：2226827694@qq.com
[***] 通信作者：郑伟；E-mail：flax-0476@163.com
徐建强；E-mail：xujqhust@126.com

# 功能化纳米农药载药系统研究进展*

刘慧慧[1]**, 申 越[1], 李兴业[1], 李柠君[1], 王心悦[1], 安长成[1], 吴青君[2], 王 琰[1]***

(1. 中国农业科学院农业环境与可持续发展研究所,北京 100081;
2. 中国农业科学院蔬菜花卉研究所,蔬菜生物育种全国重点实验室,北京 100081)

**摘要**:纳米材料因其粒径小、尺寸易调节、种类丰富以及良好的移动性等优势,作为有效载体,在农药载药系统及农业病虫害防治方面受到了广泛关注。纳米材料与技术在提升农药生物利用度、溶解性和缓控释特性等方面展现出巨大的潜力。本文总结了利用纳米材料与技术开发具有功能化纳米农药载药系统的研究进展,系统综述了精准释放农药活性成分的智能响应型农药控释制剂、叶面亲和型、土壤用药型及农药双载体系等不同功能化纳米农药载药系统,概述了其在农药减量增效和精准施用方面的作用效果,并对功能化纳米农药载药系统的应用场景与产业化潜力进行了展望。

**关键词**:纳米农药;纳米载药系统;控释,智能响应;双载体系

注:全文查阅及文献引用参见《农药学学报》2024, 26 (3): 415-426 doi: 10.16801/j.issn.1008-7303.2024.0029

URL: https://doi.org/10.16801/j.issn.1008-7303.2024.0029. http://www.nyxxb.cn/article/doi/10.16801/j.issn.1008-7303.2024.0029

---

* 基金项目:国家重点研发计划(2022YFD1401200)
** 第一作者:刘慧慧;E-mail: 82101222092@caas.cn
*** 通信作者:王琰;E-mail: wangyan03@caas.cn

# 桧木醇酯类衍生物的设计合成及抑菌活性

叶久辉**，桂 阔，殷 妮，刘 新，李 璇，雷 鹏，冯俊涛，马志卿，高艳清***
（西北农林科技大学植物保护学院，陕西省生物农药工程技术研究中心，杨凌 712100）

**摘要**：为了丰富天然单萜桧木醇的结构多样性、拓宽其活性范围，在前期研究的基础上，以桧木醇为先导化合物，设计并合成了 15 个新型桧木醇羧酸酯类化合物（3）以及 20 个桧木醇磺酸酯类化合物（异构体 5 和 6）。抑菌活性测定结果表明，大部分目标化合物在 50 μg/mL 下对苹果树腐烂病菌 Valsa mali、水稻纹枯病菌 Rhizoctonia solani、番茄灰霉病菌 Botrytis cinerea 及黄瓜炭疽病菌 Colletotrichum orbiculare 均表现出良好的抑菌活性，其中羧酸酯类衍生物 3a、3f、3g、3o 对水稻纹枯病菌的 $EC_{50}$ 值分别为 0.96 μg/mL、1.05 μg/mL、1.29 μg/mL 和 1.88 μg/mL，3a、3e、3j 对苹果树腐烂病菌的 $EC_{50}$ 值分别为 3.60 μg/mL、3.28 μg/mL 和 3.48 μg/mL，3d、3f、3g 对黄瓜炭疽病菌的 $EC_{50}$ 值分别为 0.77 μg/mL、0.51 μg/mL 和 0.67 μg/mL，均优于桧木醇。总体来说，羧酸酯类衍生物的抑菌活性明显优于磺酸酯类衍生物，但磺酸酯类衍生物酯基位置的异构体抑菌活性存在较大差异，构型为 1 时抑菌活性更好。

**关键词**：桧木醇；抑菌活性；苹果树腐烂病菌；水稻纹枯病菌；黄瓜炭疽病菌

注：全文查阅及文献引用参见《农药学学报》2024，26（3）：462-471 doi：10.16801/j.issn.1008-7303.2024.0039

URL：https://doi.org/10.16801/j.issn.1008-7303.2024.0039. http://www.nyxxb.cn/article/doi/10.16801/j.issn.1008-7303.2024.0039

---

\* 基金项目：国家重点研发计划（2023YFD1701200）；陕西省重点研发计划项目（2024NC-YBXM-255）；大学生创新创业训练计划项目（S202310712245）
\*\* 第一作者：叶久辉；E-mail：Jiuhuiye@nwsuaf.edu.cn
\*\*\* 通信作者：高艳清；E-mail：gaoyanqinggc@nwsuaf.edu.cn

# 大豆种子携带病原菌对8种杀菌剂的敏感性[*]

张灿[1][**], 刘詹云[1], 常郑洁[1], 徐辰僖[1], 王雪洋[1], 黄中乔[1], 刘西莉[1,2][***]

(1. 中国农业大学植物病理学系,北京 100193;
2. 西北农林科技大学植物病理学系,杨凌 712100)

**摘要**: 为筛选对大豆种子携带病原菌具有良好抑制效果的杀菌剂,采用菌丝生长速率法测定了从内蒙古大豆种子内部分离的4个属和种子表面分离的8个属的病原菌对不同作用机制杀菌剂的敏感性。结果表明,3种甾醇14α脱甲基酶抑制剂咪鲜胺、戊唑醇、氯氟醚菌唑对供试病原菌均有良好的抑制作用,其中氯氟醚菌唑抑菌效果最强,对所有供试病原菌的 $EC_{50}$ 值均小于 3.73 μg/mL。琥珀酸脱氢酶抑制剂氟吡菌酰胺对部分供试病原菌有较好的抑菌活性;线粒体呼吸链复合物Ⅲ抑制剂嘧菌酯对除链格孢属 *Alternaria*、*Boeremia* 属外的多数供试病原菌具有良好的抑菌活性,$EC_{50}$ 值为 0.01~5.53 μg/mL;解偶联抑制剂氟啶胺仅对种子内部分离的织球壳属 *Plectosphaella* 无抑菌活性,对于其他供试病原菌的 $EC_{50}$ 值均小于 3.39 μg/mL。多菌灵和咯菌腈对多数供试病原菌抑菌活性良好,但对于链格孢属和织球壳属病原菌无抑菌作用。综上,可推荐使用咪鲜胺、戊唑醇、氯氟醚菌唑等甾醇14α脱甲基酶抑制剂与其他药剂科学复配来进行种子处理以防治大豆种子携带病原菌引起的主要病害。

**关键词**: 大豆;种子带菌;化学防治;杀菌剂;敏感性;种传病害

注: 全文查阅及文献引用参见《农药学学报》2024, 26 (3): 526-532 doi: 10.16801/j.issn.1008-7303.2024.0021

URL: https://doi.org/10.16801/j.issn.1008-7303.2024.0021 http://www.nyxxb.cn/article/doi/10.16801/j.issn.1008-7303.2024.0021

---

[*] 基金项目: 国家重点研发计划 (2023YFD1401000)
[**] 第一作者: 张灿; E-mail: czhang@cau.edu.cn
[***] 通信作者: 刘西莉; E-mail: seedling@cau.edu.cn

# 己唑醇及其复配剂对河南省禾谷镰孢菌的抑制活性及对小麦赤霉病的室内防效*

李梦雨[1,2]**，高续恒[1,2]，钱乐[1,2]，姜佳[1,2]，刘圣明[1,2]***

(1. 河南科技大学园艺与植物保护学院，洛阳 471023；
2. 河南省绿色植保工程技术研究中心，洛阳 471023)

**摘要**：禾谷镰孢菌 *Fusarium graminearum* 是河南省小麦赤霉病的优势致病菌。为明确己唑醇对禾谷镰孢菌的抑制活性，测定了己唑醇对禾谷镰孢菌不同发育阶段的毒力，并采用菌丝生长速率法测定了己唑醇对采自河南省 6 个地区的 205 株禾谷镰孢菌的抑制活性，最后采用胚芽鞘接种法测定了己唑醇对小麦赤霉病的室内防效。结果表明：己唑醇对禾谷镰孢菌不同发育阶段的抑制活性存在较大差异，$EC_{50}$ 值（μg/mL）从大到小依次为孢子萌发（22.575 0）> 分生孢子产量（2.168 6）> 芽管伸长（0.892 2）> 菌丝生长（0.386 2）。己唑醇对 205 株禾谷镰孢菌的 $EC_{50}$ 值为 0.034 5~0.943 9 μg/mL，平均 $EC_{50}$ 值为（0.357 8 ± 0.192 8）μg/mL；敏感性频率分布均呈连续单峰曲线，表明田间不存在对己唑醇敏感性下降的抗性亚群体。己唑醇与多菌灵、咯菌腈、氰烯菌酯、咪鲜胺及氟唑菌酰羟胺复配，表现出不同程度的相加或增效作用，增效系数（SR）范围在 0.504 2~3.729 3 之间。其中，己唑醇与氟唑菌酰羟胺按质量比 1∶5 复配时，SR 最大，为 3.729 3，实际 $EC_{50}$ 值为 0.013 3 μg/mL。室内防效测定结果显示，复配剂的防治效果显著高于单一药剂多菌灵、己唑醇和氟唑菌酰羟胺。己唑醇与氟唑菌酰羟胺按质量比 1∶5 复配后在 9 μg/mL 下，对小麦胚芽鞘的防效为 93.93%。生产中可将己唑醇与氟唑菌酰羟胺或咯菌腈进行复配或轮换使用，以延缓田间抗药性的产生。该研究结果可为己唑醇的科学使用以及小麦赤霉病的综合防治提供理论依据与数据支持。

**关键词**：己唑醇；杀菌剂复配；禾谷镰孢菌；抑制活性；小麦赤霉病；防治效果

注：全文查阅及文献引用参见《农药学学报》2024，26（3）：540-548 doi：10.16801/j.issn.1008-7303.2024.0028

URL：https://doi.org/10.16801/j.issn.1008-7303.2024.0028. http://www.nyxxb.cn/article/doi/10.16801/j.issn.1008-7303.2024.0028

---

\* 基金项目：河南省科技研发计划联合基金（232301420122）；洛阳市公益性行业科研专项（2302032A）；河南省自然科学基金（222300420145）；河南省科技攻关项目（242102110157）

\*\* 第一作者：李梦雨；E-mail：18339245323@163.com

\*\*\* 通信作者：刘圣明；E-mail：liushengmingzb@163.com

# 中空介孔二氧化硅负载戊唑醇纳米缓释颗粒的制备及生物活性

桂阔**，周瑞，惠托平，刘夷宁，张欣茹，李文奎，雷鹏，高艳清***，马志卿

(西北农林科技大学植物保护学院，陕西省生物农药工程技术研究中心，杨凌 712100)

**摘要**：本研究以中空介孔纳米二氧化硅（hollow mesoporous nano silica，HMS）为载体负载戊唑醇（tebuconazole，Teb），制备了戊唑醇@中空介孔纳米二氧化硅（Teb@HMS）缓释颗粒。通过扫描电镜（SEM）、透射电镜（TEM）、傅里叶变换红外光谱仪（FTIR）、比表面积分析仪（BET）及热重分析仪（TGA）等仪器对其形貌、结构与性能进行了表征。通过高效液相色谱（HPLC）分析研究了戊唑醇在缓释颗粒中的释放行为。通过菌丝生长速率法、盆栽试验和田间防效试验测定了 Teb@HMS 缓释颗粒对立枯丝核菌的抑制活性及对水稻纹枯病的防治效果。通过水稻种子发芽试验和斑马鱼试验对 Teb@HMS 的安全性进行了评价。结果表明：所制备的纳米二氧化硅载药粒子呈规整的中空介孔结构，对戊唑醇的载药率为 52.02%，缓释时间长达 400 h；Teb@HMS 缓释颗粒降低了戊唑醇对非靶标生物水稻种子及斑马鱼的毒性，抑菌活性明显优于戊唑醇原药；盆栽和田间试验结果显示，施药后第 18 天 Teb@HMS 针对水稻纹枯病的保护作用防效分别达 61.79% 和 70.42%。该研究可为中空介孔纳米二氧化硅缓释颗粒在农药减量化和植物病害绿色可持续防控方面提供技术支撑和理论指导。

**关键词**：中空介孔纳米二氧化硅；戊唑醇；缓释颗粒；水稻纹枯病；立枯丝核菌；安全性评价；生物活性

注：全文查阅及文献引用参见《农药学学报》2024，26（3）：559-569 doi：10.16801/j.issn.1008-7303.2024.0036

URL：https://doi.org/10.16801/j.issn.1008-7303.2024.0036. http://www.nyxxb.cn/article/doi/10.16801/j.issn.1008-7303.2024.0036

---

* 基金项目：国家重点研发计划（2023YFD1701200）；陕西省重点研发计划项目（2024NC-YBXM-255）
** 第一作者：桂阔；E-mail：gk153@nwafu.edu.cn
*** 通信作者：高艳清；E-mail：gaoyanqinggc@nwafu.edu.cn

# 丁子香酚对人参黑斑病菌的抑制活性及其作用机制研究*

郭鸳怡**，马榕，李思奇，李自博，朴静子，周如军***

（沈阳农业大学植物保护学院，沈阳 110866）

**摘要**：黑斑病是人参上最重要的真菌病害之一，严重影响人参的产量与品质。本文采用菌丝生长速率法和孢子萌发法，研究了丁子香酚对人参黑斑病菌的抑制活性，并评价了对病菌相对电导率、丙二醛含量及抗氧化酶活性的影响。结果表明：丁子香酚对人参黑斑病菌的抑制作用显著，0.30 mg/mL 时，对菌丝生长和孢子萌发的抑制率分别高达 90.14% 和 94.40%；丁子香酚处理病原菌菌丝 12 h 后，其相对电导率和丙二醛（MDA）含量明显升高，分别为 66.18% 和 1.83 nmol/g；抗氧化酶过氧化物酶（POD）、过氧化氢酶（CAT）、超氧化物歧化酶（SOD）的活性峰值出现在 24 h，分别为 379.80 U/g、38.80 U/g 和 305.10 U/g。丁子香酚能够破坏细胞膜完整性、增强膜脂质过氧化反应、促使活性氧大量积累，从而诱导细胞死亡，以发挥抑菌功能。本研究可为丁子香酚在人参黑斑病绿色防控中的合理应用提供参考，同时为人参黑斑病防控增加了用药选择。

**关键词**：丁子香酚；人参黑斑病菌；抑菌活性；生理生化机理

注：全文查阅及文献引用参见《农药学学报》2024，26（3）：619-624 doi：10.16801/j.issn.1008-7303.2024.0026

URL：https://doi.org/10.16801/j.issn.1008-7303.2024.0026. http://www.nyxxb.cn/article/doi/10.16801/j.issn.1008-7303.2024.0026

---

\* 基金项目：中央本级重大增减支项目（2060302）；沈阳农业大学科技供给计划项目（SNKJGJ202201）

\*\* 第一作者：郭鸳怡；E-mail：m18381448012@163.com

\*\*\* 通信作者：周如军；E-mail：zhourujun@syau.edu.cn

# 对羟苯基丙酮酸双加氧酶的研究进展

林若煊[**]，邹用科[**]，柳国蓉[**]，董　进，于欣禾，林红艳[***]，杨光富

(华中师范大学绿色农药全国重点实验室，武汉　430079)

**摘要**：农药作用靶标或作用机制的创新是农药科学研究需要解决的关键科学问题之一。对羟苯基丙酮酸双加氧酶（4-hydroxyphenylpyruvate dioxygenase，HPPD）是生物体酪氨酸代谢途径中的关键酶，在不同的生物体内参与的代谢路径不同。前期的研究表明，HPPD 抑制剂在医药和除草方面发挥了较大的作用，而近期的研究发现其在抑菌和杀蚊等方面也表现出了潜在的应用价值。本文概述了 HPPD 在不同生物体中的生理功能，介绍了 HPPD 在人、植物、吸血节肢动物、真菌体内参与的代谢过程，总结了不同种属来源 HPPD 的三维结构，概述了 HPPD 作为靶标在医药以及农药（除草、杀虫、杀菌等）方面的研究现状并进行了展望。

**关键词**：对羟苯基丙酮酸双加氧酶（HPPD）；农药靶标；绿色农药；研究进展

注：全文查阅及文献引用参见《农药学学报》2024，26（2）：266-277 doi：10.16801/j.issn.1008-7303.2024.0030

URL：https：//doi.org/10.16801/j.issn.1008-7303.2024.0030. http：//www.nyxxb.cn/article/doi/10.16801/j.issn.1008-7303.2024.0030

---

\* 基金项目：国家自然科学基金（22377031）；武汉市知识创新专项（2022013301015174）；湖北省重点研发计划（022BBA001）

\*\* 第一作者：林若煊；E-mail：l1397246489@mails.ccnu.edu.cn

　　　　　邹用科；E-mail：yuanqiu@mails.ccnu.edu.cn

　　　　　柳国蓉；E-mail：sherlock@mails.ccnu.edu.cn

\*\*\* 通信作者：林红艳；E-mail：hylin@mail.ccnu.edu.cn

# 质膜 ATP 酶作为新型杀真菌剂靶标的发现与应用

武洛宇[1,2]*，侯毅平[1]，周明国[1]**

(1. 南京农业大学植物保护学院，南京 210095；
2. 河南科技学院资源与环境学院，新乡 453000)

**摘要**：质膜 $H^+$-三磷酸腺苷酶（plasma membrane $H^+$-ATPase，PMA），简称质膜 ATP 酶，属于质子泵家族蛋白，广泛存在于植物和真菌的质膜上；它们的主要作用是维持细胞营养摄取所需的跨膜电化学质子梯度和调控 pH 值。质膜 ATP 酶是真菌生命活动所必需的，该酶缺失后，突变体的生长出现明显缺陷甚至无法生长，这使其具有作为杀真菌剂靶标的潜力；另外，由于真菌和植物的质膜 ATP 酶同源性较低，故以质膜 ATP 酶为靶标开发的杀真菌剂具有生物安全性。最近明确的酿酒酵母（*Saccharomyces cerevisiae*）和粗糙脉孢霉（*Neurospora crassa*）质膜 ATP 酶的冷冻电镜结构揭示了其六聚体的状态，阐明了质膜 ATP 酶的作用机制，为基于结构的药物设计提供了理论基础。本文主要对真菌中质膜 ATP 酶的结构和功能进行系统阐述，并对质膜 ATP 酶作为新型杀真菌剂靶标的研究现状进行综述，旨在为新型杀真菌剂的发现和应用提供理论依据。

**关键词**：质膜 ATP 酶；杀菌剂靶标；抑制剂

注：全文查阅及文献引用参见《农药学学报》2024，26（2）：278-289 doi：10.16801/j.issn.1008-7303.2024.0027

URL：https://doi.org/10.16801/j.issn.1008-7303.2024.0027. http://www.nyxxb.cn/article/doi/10.16801/j.issn.1008-7303.2024.0027

---

* 第一作者：武洛宇；E-mail：15996230927@163.com
** 通信作者：周明国；E-mail：mgzhou@njau.edu.cn

# 漆酶：一种新型靶标在农业杀菌剂开发中的潜在应用[*]

路星星[1][**]，孙腾达[1]，徐欢[1]，杨新玲[1]，刘西莉[2]，张晓鸣[1][***]，凌云[1][***]

(1. 中国农业大学理学院应用化学系农药创新中心，北京 100193；
2. 中国农业大学植物保护学院，北京 100193)

**摘要**：目前杀菌剂分子设计多依赖于已知的靶标蛋白，但重复针对相同靶标使用杀菌剂，无疑会增大有害生物对药剂的交互抗性风险。因此，基于新的作用靶标开发新型作用机制的杀菌剂，可以有效解决病原菌对现有杀菌剂的抗性难题。漆酶是二羟基萘黑色素生物合成途径中的关键酶，目前许多研究表明其缺失可使真菌生长发育及致病侵染受到影响，可作为农用杀菌剂潜在靶标进行系统研究。本文介绍了漆酶的结构与功能，并着重介绍了近几年有漆酶抑制活性的化合物作为潜在杀菌剂的研究进展，可为更多新型漆酶抑制剂作为杀菌剂的研究提供指导。

**关键词**：漆酶；杀菌剂靶标；漆酶抑制剂；抑菌活性；氨基硫脲衍生物

注：全文查阅及文献引用参见《农药学学报》2024，26（2）：290-300 doi：10.16801/j.issn.1008-7303.2024.0020

URL：https://doi.org/10.16801/j.issn.1008-7303.2024.0020. http://www.nyxxb.cn/article/doi/10.16801/j.issn.1008-7303.2024.0020

---

[*] 基金项目：国家自然科学基金（22077137，21472236）
[**] 第一作者：路星星；E-mail：lxingxing@cau.edu.cn
[***] 通信作者：张晓鸣；E-mail：zhangxm@cau.edu.cn
凌云；E-mail：lyun@cau.edu.cn

# 引起山西省玉米纹枯病的主要丝核菌融合群对3种杀菌剂的敏感性*

史晓晶[1]**，梁志宏[2]，韩雨睿[1]，辛燕花[1]，郭春燕[1]

(1. 忻州师范学院生物系，忻州 034000；
2. 中国农业大学食品科学与营养工程学院，北京 100083)

**摘要**：为明确引起山西省玉米纹枯病的主要丝核菌融合群对氟酰胺、噻呋酰胺和戊菌隆3种杀菌剂的敏感性，采用菌丝生长速率法测定了氟酰胺、噻呋酰胺和戊菌隆对268株丝核菌菌丝生长的 $EC_{50}$ 值，建立敏感基线并分析了噻呋酰胺和其他杀菌剂对病菌活性的相关性。结果表明：立枯丝核菌 *Rizoctonia solani* 融合群 AG-5 和玉蜀黍丝核菌 *R. zeae* 融合群 WAG-Z 对噻呋酰胺最为敏感，对氟酰胺敏感性次之，对戊菌隆敏感性最差；立枯丝核菌融合亚群 AG-1-IA 则对戊菌隆最为敏感，对噻呋酰胺次之，对氟酰胺最差。通过箱形图分析剔除异常的 $EC_{50}$ 值后，融合群 AG-5 和 WAG-Z 对氟酰胺、噻呋酰胺和戊菌隆的敏感性频率均呈连续的单峰曲线分布，符合正态分布。因此，将 $EC_{50}$ 均值 0.165 μg/mL、0.048 μg/mL 和 2.500 μg/mL 分别作为融合群 AG-5 对氟酰胺、噻呋酰胺和戊菌隆的敏感基线；将 0.518 μg/mL、0.106 μg/mL 和 1.616 μg/mL 分别作为融合群 WAG-Z 对氟酰胺、噻呋酰胺和戊菌隆的敏感基线。噻呋酰胺与氟酰胺、戊菌隆、己唑醇或咯菌腈对融合群 AG-5 和 WAG-Z 的抑制活性不存在相关性。研究结果可为山西省玉米纹枯病杀菌剂施用策略的制定、病原菌抗性的监测及风险评估提供一定的参考依据。

**关键词**：玉米纹枯病；融合群；噻呋酰胺；氟酰胺；戊菌隆；敏感基线

注：全文查阅及文献引用参见《农药学学报》2024，26 (2)：348-356 doi：10.16801/j.issn.1008-7303.2024.0006

URL：https://doi.org/10.16801/j.issn.1008-7303.2024.0006. http://www.nyxxb.cn/article/doi/10.16801/j.issn.1008-7303.2024.0006

---

\* 基金项目：山西省基础研究计划（20210302124623，20210302124375）
\*\* 通信作者：史晓晶，E-mail：xzsysxj@sina.com

# 防治橡胶树褐根病 0.5% 戊唑醇膏剂的研制*

田方[1,2]**，梁晓宇[1,2]，李坤林[1,2]，周绍尧[1,2]，曹志奇[1,2]，
李增平[1,2]，王萌[1,2]***，张宇[1,2]***

(1. 海南大学三亚南繁研究院，三亚 572024；
2. 海南大学热带农林学院，儋州 571700)

**摘要**：由木层孔菌属有害层孔菌 *Phellinus noxius* Corner 引起的褐根病是我国橡胶树的主要根部病害之一。生产上常用挖隔离沟和灌根施药方式进行防治，但其耗费人力物力，防治成本高。为了寻求经济高效且环保的新技术，本研究通过对不同杀菌剂、填料、增稠剂、渗透剂和保湿剂进行筛选，制备了一种防治橡胶树褐根病的膏剂。随后，通过对外观、附着性、黏度、pH 值、稳定性、成膜性及固含量流失率等性能指标的综合评价，确定了膏剂的最佳配方为：0.5%（质量分数，余同）戊唑醇、20% 纳米硅藻土、2% 羧甲基纤维素钠、6% 乌迪尔树皮穿透剂、5% 凡士林、5% 棕榈油、5% 乙二醇，余量为水。制备的膏剂为乳白色黏稠状，呈弱碱性，附着性强，黏度高，冷热储合格，成膜薄且有韧性，膜的固含量流失率为 13.95%，耐雨水冲刷能力强。0.5% 戊唑醇膏剂经过橡胶植株茎基部施药，通过气相色谱-串联质谱（GC-MS/MS）结合 QuEChERs 法检测橡胶根中戊唑醇的含量。结果表明，施药后 24 h 即可在植株根部检测到戊唑醇，96 h 含量达到 5.49 mg/kg，说明戊唑醇能穿透茎部树皮向下传导至根部。综上所述，膏剂剂型的研制为橡胶树褐根病的化学防治提供了一种新途径。

**关键词**：橡胶树褐根病；戊唑醇；膏剂；配方筛选；根部检测

注：全文查阅及文献引用参见《农药学学报》2024，26（2）：357-367 doi：10.16801/j.issn.1008-7303.2024.0014

URL：https://doi.org/10.16801/j.issn.1008-7303.2024.0014. http://www.nyxxb.cn/article/doi/10.16801/j.issn.1008-7303.2024.0014

---

\* 基金项目：国家天然橡胶产业技术体系病害岗位专家经费（CARS-33-BC1）；热带作物病虫害防控项目（18230012）
\*\* 第一作者：田方；E-mail：tf95429@163.com
\*\*\* 通信作者：王萌；E-mail：1230012300wm@163.com
张宇；E-mail：yuzhang_rain@163.com

# 壳聚糖与脂肪酸甲酯磺酸钠自组装制备己唑醇纳米缓释颗粒*

杨李梅**，谢兰蝶，张梦东，文晓秋，张　敏，马　林***

(广西大学化学化工学院，南宁　530004)

**摘要**：纳米化农药是提高农药利用率和减少农药用量的重要途径，为开发简单高效的制备技术以推动纳米农药从实验室研究走向农田应用，利用阴离子表面活性剂脂肪酸甲酯磺酸钠（MES）与壳聚糖（CS）在温和的工艺条件下自组装获得稳定的纳米颗粒，并负载典型三唑类杀菌剂己唑醇（HAZ）制备了纳米悬浮液，研究纳米颗粒的结构对其载药性能和释放性能的影响。结果显示：MES/CS 纳米颗粒对 HAZ 具有良好的载药性能，其包封率随着 MES 用量的增加而增加。纳米包封显著延缓了 HAZ 的释放，增加 MES、CS 和交联剂多聚磷酸钠的用量可以获得更好的缓释效应。HAZ 从纳米颗粒中的释放具有明显的 pH 敏感性，酸性介质中 HAZ 的释放由于壳聚糖纳米壳层通透性的增加而加快。与 HAZ 原药和市售 HAZ 悬浮剂相比，纳米颗粒通过载体与真菌胞膜相互作用增强了 HAZ 的抗菌活性，其对立枯丝核菌的有效抑制中浓度 $EC_{50}$ 与 HAZ 原药和市售 HAZ 悬浮剂相比明显减小，表明 MES/CS 纳米颗粒是具有良好应用前景的纳米农药载药平台。

**关键词**：壳聚糖；纳米颗粒；农药缓控释；己唑醇；抗真菌活性

注：全文查阅及文献引用参见《农药学学报》2024，26（2）：368-379 doi：10.16801/j.issn.1008-7303.2024.0013

URL：https://doi.org/10.16801/j.issn.1008-7303.2024.0013. http://www.nyxxb.cn/article/doi/10.16801/j.issn.1008-7303.2024.0013

---

\* 基金项目：国家自然科学基金（22168005）
\*\* 第一作者：杨李梅；E-mail：1938001131@qq.com
\*\*\* 通信作者：马林；E-mail：malinzju@163.com

# 三维 Al-TCPP MOF 纳米片对 16 种三唑类杀菌剂的吸附去除研究[*]

葛梦圆[1,2**]，刘真真[2]，狄伟轩[1,2]，王 娇[2]，王新全[2]，丁 伟[1***]，齐沛沛[2***]

(1. 东北农业大学植物保护学院，哈尔滨 150030；
2. 浙江省农业科学院农产品质量安全与营养研究所，杭州 310021)

**摘要**：农业生产中大量使用的三唑类杀菌剂最终通过环境介质传递进入水体，给生态系统和人类健康造成威胁。因此，本研究以六水合氯化铝和四 (4-羧基苯基) 卟啉 [tetra (4-carboxyphenyl) porphyrin，TCPP] 为功能单体制备三维 Al-TCPP 金属有机框架 (metal organic framework，MOF) 纳米片，并以 Al-TCPP 纳米片为吸附剂，构建了水体中 16 种三唑类杀菌剂的高效吸附去除方法。探究了 Al-TCPP 纳米片用量、吸附时间和 pH 值等对其吸附三唑类杀菌剂吸附能力的影响，并获得最佳吸附去除条件；选取 3 种典型杀菌剂，研究了 Al-TCPP 纳米片对目标物的吸附动力学、吸附等温线和吸附热力学等吸附行为机制。结果表明：Al-TCPP 纳米片对三唑类杀菌剂的吸附过程符合准二级动力学模型，为单分子层化学吸附，且吸附过程是自发的放热反应，低温有利于该反应进行。采用本方法吸附不同环境水体中的三唑类杀菌剂，结果表明：Al-TCPP 纳米片对不同环境水体中的 16 种三唑类杀菌剂的去除率均达到 85% 以上。综上所述，Al-TCPP 纳米片对三唑类杀菌剂的吸附去除具有较好的实用性，可为环境水体中三唑类杀菌剂残留去除研究提供新的思路和方法。

**关键词**：Al-TCPP MOF 纳米片；三唑类杀菌剂；吸附去除；环境水体

注：全文查阅及文献引用参见《农药学学报》2024，26 (2)：380-389 doi：10.16801/j.issn.1008-7303.2024.0018

URL：https://doi.org/10.16801/j.issn.1008-7303.2024.0018. http://www.nyxxb.cn/article/doi/10.16801/j.issn.1008-7303.2024.0018

---

[*] 基金项目：浙江省领雁重点研发项目 (2023C02038)
[**] 第一作者：葛梦圆；E-mail: ge123456202103@163.com
[***] 通信作者：丁伟；E-mail: dingwei@neau.edu.cn
　　　齐沛沛；E-mail: qipeipei@zaas.ac.cn

# 作物根结线虫病化学防治研究进展*

刘 阳[1]**，李长洋[1]，姚志浩[1]，张 腾[1]，慕 卫[1,2]***，刘 峰[1]***

(1. 山东农业大学植物保护学院，泰安 271018；
2. 山东省农药环境毒理研究中心，泰安 271018)

**摘要**：根结线虫 *Meloidogyne* spp. 是严重威胁农业生产的重要病原生物，对世界上大多数作物都存在负面影响。在我国，随着保护地栽培模式的扩大及作物复种指数的不断提高，根结线虫病的发生日趋严重，而目前的管理措施尚不能完全控制根结线虫的危害。使用化学杀线虫剂仍然是目前防治根结线虫最常见的短期管理策略。本文总结了目前我国作物根结线虫病的发生现状，介绍了生产中防治该病害的主要化学药剂，分析了其化学防治存在的主要问题，并讨论了目前化学杀线虫剂及其应用技术的优化；展望了未来根结线虫化学防治的研究方向；提出根结线虫的化学防治应该与其他管理措施相结合，实现根结线虫高效、安全、可持续发展的综合治理。

**关键词**：根结线虫；化学防治；杀线虫剂；农药剂型；施药技术；研究进展

注：全文查阅及文献引用参见《农药学学报》2024，26（1）：8-22 doi：10.16801/j.issn.1008-7303.2024.0004

URL：https://doi.org/10.16801/j.issn.1008-7303.2024.0004. http://www.nyxxb.cn/article/doi/10.16801/j.issn.1008-7303.2024.0004

---

\* 基金项目：国家重点研发计划（2022YFD1700500）；泰山产业领军人才（tscx202211021）；山东省蔬菜产业技术体系（SDAIT-05）
\*\* 第一作者：刘阳；E-mail：yliu0501@163.com
\*\*\* 通信作者：慕卫；E-mail：mwei@sdau.edu.com
　　　　　刘峰；E-mail：fliu@sdau.edu.cn

# 三唑类杀菌剂的水环境毒理学研究进展

宋文阳*，竺浩杰，徐笑笑，刘 鹏，尹晓辉**，刘训悦**

(浙江农林大学现代农学院，杭州 311300)

**摘要**：三唑类杀菌剂因具有高效、广谱及持效期长的特点而被广泛应用于农作物病害防治。大量研究表明，随着三唑类杀菌剂的长期、广泛施用，大量未被有效利用的残留药剂进入土壤或滞留在植株上，最终通过雨水冲刷或地表径流进入水体，危害水生生物的安全。本文综述了三唑类杀菌剂在水环境中的残留现状，并从急性毒性、氧化应激毒性、发育毒性、遗传毒性、内分泌干扰效应、对机体代谢的影响及联合作用毒性等多个方面、多层次概述了该类杀菌剂暴露对鱼类、两栖类、溞类和藻类等水生生物的毒性效应研究进展，并展望了该类杀菌剂的未来研究重点和发展方向，旨在为三唑类杀菌剂的合理应用和有效管理提供参考，为减少三唑类杀菌剂对水生生态系统的影响提供理论依据。

**关键词**：农药残留；三唑类杀菌剂；水生生物；环境毒理

注：全文查阅及文献引用参见《农药学学报》2024，26（1）：23-35 doi：10.16801/j.issn.1008-7303.2024.0010

URL：https://doi.org/10.16801/j.issn.1008-7303.2024.0010 http://www.nyxxb.cn/article/doi/10.16801/j.issn.1008-7303.2024.0010

---

\* 第一作者：宋文阳；E-mail：15552514867@163.com
\*\* 通信作者：尹晓辉；E-mail：yinxiaohui1229@126.com
刘训悦；E-mail：20150008@zafu.edu.cn

# 新型酰基磺酰亚胺类化合物的合成及生物活性

李瑞丽[1]**，徐志红[1]，周　静[1]，杜晓英[1,2]***，朱　祥[1,2]***

(1. 长江大学农学院，荆州　434025；2. 长江大学农药研究所，荆州　434025)

**摘要**：以邻苯二甲酸酐、磺胺和氯甲酸丁酯为原料，通过活性亚结构拼接合成了一个系列20个新型酰基磺酰亚胺类衍生物 3a~3t，其结构均经过了 $^1$H NMR、$^{13}$C NMR 和高分辨质谱确证。分别采用菌丝生长速率法和茎叶喷雾法测定了目标化合物的抑菌活性和除草活性。抑菌活性测定结果显示：在 50 mg/L 下，大部分化合物对油菜菌核病菌、茶叶炭疽病菌、白及白绢病菌和辣椒疫霉具有较好的抑制作用；化合物 3f、3n 和 3q 对油菜菌核病菌的抑制率分别为 63.98%、79.56% 和 77.83%，优于对照药剂磺草灵（58.78%）；化合物 3q 对油菜菌核病菌、茶叶炭疽病菌的 $EC_{50}$ 值分别为 10.49 mg/L 和 21.57 mg/L，优于磺草灵。除草活性测定结果显示，在 150 mg/L 时，化合物 3a 对稗草的鲜重防效为 52.48%，低于磺草灵（71.68%）。本研究所合成的新型酰基磺酰亚胺类化合物具有较好的抑菌活性，可为新型酰基磺酰亚胺衍生物的抑菌活性研究提供参考。

**关键词**：酰基磺酰亚胺类化合物；氨基甲酸酯；抑菌活性；除草活性

注：全文查阅及文献引用参见《农药学学报》2024，26（1）：52-60 doi：10.16801/j.issn.1008-7303.2023.0094

URL：https://doi.org/10.16801/j.issn.1008-7303.2023.0094  http://www.nyxxb.cn/article/doi/10.16801/j.issn.1008-7303.2023.0094

---

\* 基金项目：中国博士后科学基金（2022M710917）；国家自然科学基金（32302417）；湖北省自然科学基金（2023AFB287）；湖北省教育厅基金（B2021051）

\*\* 第一作者：李瑞丽；E-mail：1502167436@qq.com

\*\*\* 通信作者：杜晓英；E-mail：cjdxdxy@163.com

朱祥；E-mail：cjdxnxyzx@sina.com

# 新型脱甲基酶抑制剂氯氟醚菌唑对水稻恶苗病致病菌藤仓镰孢菌的抑菌活性

陈星[1,2]**，杨家伟[1,2]**，KOKLANNOU Damalk Saint Claire Senakpon[1,2]，
孙扬[1,2]，陈雨[1,2]***

(1. 安徽农业大学植物保护学院，合肥 230036；
2. 作物有害生物综合治理安徽省重点实验室，合肥 230036)

**摘要**：水稻恶苗病是水稻生产中的重要种传真菌病害，其在我国的主要致病菌为藤仓镰孢菌 *Fusarium fujikuroi*。本研究采用菌丝生长速率法和孢子萌发法，测定了 102 株藤仓镰孢菌对新型脱甲基酶抑制剂氯氟醚菌唑的敏感性，明确了其敏感性分布，同时测定了氯氟醚菌唑对藤仓镰孢菌菌丝和孢子形态、细胞膜通透性、细胞壁和细胞膜完整性、麦角甾醇和毒素合成的影响。结果表明：氯氟醚菌唑对藤仓镰孢菌菌丝生长和孢子萌发的 $EC_{50}$ 值范围分别为 0.030 5 ~ 0.757 9 μg/mL 和 0.109 1 ~ 1.687 0 μg/mL，平均 $EC_{50}$ 值分别为 （0.246 9 ± 0.016 7）μg/mL 和 （0.639 7 ± 0.032 4）μg/mL。此外，用 $EC_{50}$ 浓度的氯氟醚菌唑处理，可使藤仓镰孢菌菌丝扭曲破裂、孢子皱缩扁平，可破坏菌丝细胞壁和细胞膜完整性，显著降低了麦角甾醇含量，影响毒素合成。研究结果证实了氯氟醚菌唑对藤仓镰孢菌的生物活性，可为水稻恶苗病的田间防治以及氯氟醚菌唑的科学合理使用提供依据。

**关键词**：脱甲基酶抑制剂；氯氟醚菌唑；水稻恶苗病；藤仓镰孢菌；抑菌活性

注：全文查阅及文献引用参见《农药学学报》2024，26（1）：69-76 doi：10.16801/j.issn.1008-7303.2024.0001

URL：https：//doi.org/10.16801/j.issn.1008-7303.2024.0001 http：//www.nyxxb.cn/article/doi/10.16801/j.issn.1008-7303.2024.0001

---

\* 基金项目：安徽省教育厅自然科学基金重点项目（2023AH040129，2022AH050877）；国家自然科学基金（32202342）

\*\* 第一作者：陈星；E-mail：chenxing2028@163.com
　　　　　杨家伟；E-mail：2428027045@qq.com

\*\*\* 通信作者：陈雨；E-mail：chenyu66891@sina.com

# 鳄梨蒂腐病毛色二孢属真菌对 6 种杀菌剂的敏感性*

徐璐茜[1,2]**，高银洁[2]，叶倩倩[2]，贺瑞[3]，王萌[1,2]，杨叶[1,2]***

(1. 海南大学南繁学院（三亚南繁研究院），三亚 572025；2. 海南大学热带农林学院，海口 570228；3. 海南大学生命健康学院，海口 570228)

**摘要**：由毛色二孢属（*Lasiodiplodia* spp.）真菌引起的蒂腐病是对采后鳄梨最具破坏性的病害。为明确鳄梨蒂腐病原群体对杀菌剂的敏感性及 6 种不同类型杀菌剂在鳄梨蒂腐病防治中的应用潜力，采用菌丝生长速率法测定了来自海南和云南省鳄梨种植区的 101 个蒂腐病菌菌株对 6 种内吸性杀菌剂的敏感性，以优势种 *L. pseudotheobromae* 建立该种群的敏感性基线。结果表明：多菌灵、甲基硫菌灵、咪鲜胺和苯醚甲环唑对蒂腐病菌菌丝生长均表现出强烈的抑制活性，其平均 $EC_{50}$ 值分别为（0.06 ± 0.04）μg/mL、（0.72 ± 0.49）μg/mL、（0.86 ± 0.98）μg/mL 和（1.25 ± 1.38）μg/mL。其中优势种 *L. pseudotheobromae* 对上述 4 种杀菌剂的敏感性均呈连续单峰曲线，符合正态分布，可将相应的平均 $EC_{50}$ 值作为鳄梨蒂腐病菌对上述 4 种杀菌剂的敏感性基线。分别有 4% 和 8% 的菌株其咪鲜胺和苯醚甲环唑的平均 $EC_{50}$ 值大于 5 μg/mL；91% 和 100% 的菌株对吡唑醚菌酯和嘧菌酯敏感性很低，平均 $EC_{50}$ 值分别高达（371.03 ± 353.38）μg/mL 和（622.86 ± 771.28）μg/mL，且为非正态分布。同时，针对上述可能已产生抗药性的菌株的靶标基因进行了测序和表达量分析，qRT-PCR 结果表明：供试菌株中咪鲜胺和苯醚甲环唑的靶标基因 *CYP51* 未发生任何点突变，但经药剂处理 12 h 后，抗性菌株 *CYP51* 基因表达量较敏感菌株显著上调，推测该基因的过表达与病原菌对咪鲜胺和苯醚甲环唑的抗药性形成有关；然而，抗性菌株吡唑醚菌酯和嘧菌酯的靶标基因 *Cyt b* 却既没有发生点突变也没有呈现过表达，因此其抗药性形成机制还有待进一步探究。研究表明，我国鳄梨蒂腐病菌对多菌灵和甲基硫菌灵非常敏感，2 种杀菌剂可考虑作为鳄梨蒂腐病防治的优先候选药剂，但该病原菌对另外 2 种供试杀菌剂的潜在抗性也不容忽视。

**关键词**：鳄梨蒂腐病；毛色二孢属；内吸性杀菌剂；敏感性；抗药性

注：全文查阅及文献引用参见《农药学学报》2024，26（1）：77-87 doi：10.16801/j.issn.1008-7303.2023.0107

URL：https://doi.org/10.16801/j.issn.1008-7303.2023.0107 http://www.nyxxb.cn/article/doi/10.16801/j.issn.1008-7303.2023.0107

---

\* 基金项目：海南省自然科学基金项目（321RC457）；国家自然科学基金（32160653）
\*\* 第一作者：徐璐茜；E-mail：473176676@qq.com
\*\*\* 通信作者：杨叶；E-mail：yyyzi@tom.com

# 核酸农药纳米递送系统研究进展

何承帅**，张　辉，吴顺凡，高云昊***，高聪芬***

(南京农业大学绿色农药创制与应用技术国家地方联合工程研究中心
植物保护学院，南京　210095)

**摘要**：随着现代社会的发展，人们对健康和环保的关注度逐渐提高，开发绿色环保的新型农药是未来农药领域发展的总体趋势。与传统化学农药相比，核酸农药具备靶向性强、环境兼容性好、开发简便等诸多优势，在有害生物可持续治理方面具有巨大的应用前景。然而，如何有效地将核酸农药效应分子（dsRNA/siRNA）递送至目标生物的组织或细胞中尚是核酸农药应用上极具挑战性的问题。近年来，多种类型的纳米材料在提高核酸农药递送效率方面表现出巨大的潜力。本文就核酸农药的应用方式与挑战、核酸农药的产业化进展、核酸农药纳米递送系统的研究进展及其安全风险进行了综述，并对核酸农药纳米递送系统的前景和挑战进行了展望。

**关键词**：核酸农药；dsRNA/siRNA；纳米材料；递送系统

注：全文查阅及文献引用参见《农药学学报》2023，25（6）：1179 - 1197 doi：10.16801/j.issn.1008-7303.2023.0083

URL：https://doi.org/10.16801/j.issn.1008-7303.2023.0083 http://www.nyxxb.cn/article/doi/10.16801/j.issn.1008-7303.2023.0083

---

\* 基金项目：国家重点研发计划"重要病虫害抗药性机制与治理技术研发"（2022YFD1400900）
\*\* 第一作者：何承帅；E-mail：hecs1996@163.com
\*\*\* 通信作者：高云昊；E-mail：gaoyunhao@njau.edu.cn
　　　　　　　高聪芬；E-mail：gaocongfen@njau.edu.cn

# 植物病原菌对解偶联剂的抗性机制研究进展[*]

程星凯[**]，张俊婷，刘鹏飞[***]，刘西莉

(中国农业大学植物保护学院，北京　100193)

**摘要**：以氟啶胺为代表的解偶联剂具有低毒、广谱和高效的特点，对病原真菌、卵菌和细菌均表现出良好的抑菌活性。然而随着杀菌剂频繁而大量的使用，有害生物发展出越来越严重的抗药性。开展病原菌对杀菌剂的抗性机制研究，能够有效预防或治理病原菌抗药性。病原菌对杀菌剂的抗性机制解析方法通常以杀菌剂的靶标蛋白为线索展开，但由于氟啶胺这类杀菌剂在病原菌体内可能不是通过与靶标蛋白结合而产生的抑菌作用，使得通过寻找抗性突变体中发生变化的氨基酸位点，进而进行抗性机制解析的方法难以奏效。本综述以氟啶胺和我国自主创制的杀菌剂双苯菌胺为研究对象，对其作用机制及病原菌对其抗性机制的研究进展进行归纳总结，旨在为这类杀菌剂的田间科学使用提供参考，同时可为病原菌多药抗性机制的解析提供借鉴，丰富杀菌剂抗性研究体系，并能够在实践中为病原菌的抗性治理提供依据。

**关键词**：病原菌；解偶联剂；抗性机制；代谢抗性；外排抗性；抗性治理

注：全文查阅及文献引用参见《农药学学报》2023，25（6）：1198-1205 doi：10.16801/j.issn.1008-7303.2023.0068

URL：https://doi.org/10.16801/j.issn.1008-7303.2023.0068　http://www.nyxxb.cn/article/doi/10.16801/j.issn.1008-7303.2023.0068

---

[*] 基金项目：国家重点研发计划（2022YFD1400900）

[**] 第一作者：程星凯；E-mail：xingkai210@126.com

[***] 通信作者：刘鹏飞；E-mail：pengfeiliu@cau.edu.cn

# α-羟基-γ-丁内酯类衍生物的设计、合成及抗植物病毒活性*

贺宏伟[1]**，徐 丹[1,2]，徐 功[1,2]***

(1. 植保资源与病虫害治理教育部重点实验室，西北农林科技大学植物保护学院，杨凌 712100；2. 陕西省天然产物化学生物学重点实验室，西北农林科技大学化学与药学院，杨凌 712100)

**摘要**：为寻找具有高活性抗病毒化合物，开发绿色抗植物病毒剂，设计合成了 21 个 α-羟基-γ-丁内酯类化合物，其结构经过核磁共振氢谱、碳谱以及高分辨质谱确认，并初步测定了它们对烟草花叶病毒（TMV）的钝化活性、保护活性和治疗活性。结果表明：该类化合物具有较好的抗 TMV 活性，其中化合物 8o 表现出显著的钝化活性，其 $EC_{50}$ 值为 226.2 μg/mL，优于对照药剂病毒唑（$EC_{50}$ 值为 308.4 μg/mL）。

**关键词**：天然产物；γ-丁内酯；合成；抗植物病毒活性；烟草花叶病毒

注：全文查阅及文献引用参见《农药学学报》2023，25（6）：1261 - 1269 doi：10.16801/j.issn.1008-7303.2023.0082

URL：https://doi.org/10.16801/j.issn.1008-7303.2023.0082 http://www.nyxxb.cn/article/doi/10.16801/j.issn.1008-7303.2023.0082

---

\* 基金项目：国家自然科学基金面上项目（22377099）；中央高校基本科研业务费专项资金项目（2452019189，2452018318）

\*\* 第一作者：贺宏伟，E-mail：hehongwei0520@163.com

\*\*\* 通信作者：徐功，E-mail：gongxu@nwafu.edu.cn

# 含 5,5-二甲基的丁烯内酯肟醚类化合物的合成及抑菌活性[*]

安鑫鲲[**],赵 斌,张 倩,张婷婷,崔国恩,马好运,王明安[***]

(中国农业大学应用化学系 农药创新研究中心,北京 100193)

**摘要**:为了发现更高杀抑菌活性的化合物并探讨其构效关系,以 5,5-二甲基丁烯内酯为导向结构,设计并合成了一系列未见文献报道的 5,5-二甲基丁烯内酯肟醚类化合物,其结构通过核磁共振氢谱($^1$H NMR)、碳谱($^{13}$C NMR)及高分辨质谱(HRMS)确证。离体抑菌活性测试结果表明,在 50 mg/L 质量浓度下,化合物 D13 对棉花立枯丝核菌的抑制率为 71.2%,D8 对油菜菌核病菌的抑制率为 69.0%,D11 和 D24 对番茄灰霉病菌的抑制率为 71.7%和 72.3%。对番茄灰霉病菌而言,含有 4-吡啶杂环的化合物 D5~D30 的抑制活性高于其他 4-取代苯环的化合物,说明吡啶环的存在可以提高该类化合物的抑菌活性,这对进一步发现高活性候选化合物具有指导意义。

**关键词**:多样性导向合成;5,5-二甲基丁烯内酯;肟醚;合成;抑菌活性

注:全文查阅及文献引用参见《农药学报》2023,25(6):1270-1278 doi: 10.16801/j.issn.1008-7303.2023.0075

URL:https://doi.org/10.16801/j.issn.1008-7303.2023.0075 http://www.nyxxb.cn/article/doi/10.16801/j.issn.1008-7303.2023.0075

---

[*] 基金项目:国家自然科学基金(21772229)
[**] 第一作者:安鑫鲲;E-mail:S20213101997@cau.edu.cn
[***] 通信作者:王明安;E-mail:wangma@cau.edu.cn

# 致病疫霉对烯酰吗啉和双炔酰菌胺的敏感性动态监测及马铃薯晚疫病田间防治药剂筛选

路粉[1]**，吴杰[1]**，赵建江[1]，毕秋艳[1]，李洋[2]，孟润杰[3]，韩秀英[1]，王文桥[1]***

(1. 河北省农林科学院 植物保护研究所，农业农村部华北北部作物有害生物综合治理重点实验室，河北省农业有害生物综合防治技术创新中心，河北省作物有害生物综合防治国际科技联合研究中心，保定 071000；2. 滨州职业学院，滨州 256603；3. 保定职业技术学院，保定 071051)

**摘要**：为明确马铃薯北方一季作区致病疫霉对烯酰吗啉和双炔酰菌胺的敏感性时空动态及常用药剂对马铃薯晚疫病的田间防效，采用菌丝生长速率法测定了 2011—2019 年采自河北、内蒙古和吉林 3 省（区）马铃薯主产区的 922 个致病疫霉菌株对烯酰吗啉和双炔酰菌胺的敏感性，采用茎叶喷雾法于 2018 年和 2019 年评估了烯酰吗啉和双炔酰菌胺等 7 种杀菌剂在推荐剂量下对马铃薯晚疫病的田间防效。结果表明：在时间上，不同年份采集的 922 株致病疫霉对烯酰吗啉的抗性频率和抗性指数分别为 25.71%~100% 和 0.31~0.50；890 株致病疫霉对双炔酰菌胺的抗性频率为 0%~1.43%，仅于 2013 年检测到抗性菌株，历年抗性指数均为 0.25。在地域上，3 省（区）致病疫霉菌株对烯酰吗啉的抗性频率和抗性指数分别为 57.19%~66.56% 和 0.39~0.42；对双炔酰菌胺的抗性频率为 0~0.36%，抗性指数均为 0.25。田间药效试验结果显示：50% 烯酰吗啉可湿性粉剂（有效成分，下同）300.0 g/hm$^2$ 对马铃薯晚疫病的防治效果 (83.3%~85.6%) 高于 23.4% 双炔酰菌胺悬浮剂 140.4 g/hm$^2$ 的防治效果 (76.9%~78.6%) 和 50% 氟醚菌酰胺水分散粒剂 75.0 g/hm$^2$ 的防治效果 (70.0%~71.4%)。20% 霜脲氰悬浮剂 162.0 g/hm$^2$、40% 氟醚菌酰胺·烯酰吗啉悬浮剂 240.0 g/hm$^2$、43% 霜脲氰·双炔酰菌胺水分散粒剂 290.3 g/hm$^2$ 和 687.5 g/L 氟吡菌胺·霜霉威盐酸盐悬浮剂 773.4 g/hm$^2$ 对马铃薯晚疫病的防治效果为 79.8%~86.9%。为此，推荐烯酰吗啉单剂或混剂及双炔酰菌胺混剂在河北、内蒙古和吉林 3 省（区）继续用于马铃薯晚疫病的防治，但是需密切监测致病疫霉对烯酰吗啉和双炔酰菌胺的敏感性变化并注意与不同作用机理的杀菌剂混用或者交替使用。

**关键词**：致病疫霉；马铃薯晚疫病；烯酰吗啉；双炔酰菌胺；敏感性动态；防治效果

注：全文查阅及文献引用参见《农药学学报》2023，25（6）：1279-1287 doi：10.16801/j.issn.1008-7303.2023.0089

URL：https://doi.org/10.16801/j.issn.1008-7303.2023.0089 http://www.nyxxb.cn/article/doi/10.16801/j.issn.1008-7303.2023.0089

---

\* 基金项目：河北省农林科学院科技创新专项（2022KJCXZX-ZBS-12）；河北省农林科学院科技创新人才队伍建设项目（C22R1001）；河北省重点研发计划项目（21326510D）

\*\* 第一作者：路粉；E-mail：lufen1206@126.com
吴杰；E-mail：wujiecarlos@163.com

\*\*\* 通信作者：王文桥；E-mail：wenqiaow@163.com

# 山核桃干腐病菌对甲基硫菌灵等 4 种杀菌剂的抗性

施心成**，李　涛，张传清***

（浙江农林大学现代农学院，杭州　311300）

**摘要**：甲基硫菌灵、戊唑醇、咪鲜胺和苯醚甲环唑 4 种杀菌剂用于防治山核桃干腐病多年，为明确山核桃干腐病菌 Botryosphaeria dothidea 对其抗性发展现状，指导山核桃干腐病防治的精准用药，采用区分剂量法测定了山核桃干腐病菌对甲基硫菌灵、戊唑醇、咪鲜胺和苯醚甲环唑的抗性频率以及部分菌株对上述药剂的敏感性（$EC_{50}$），评价了甲基硫菌灵抗性菌株和敏感菌株在菌丝生长速率、产分生孢子器数量和致病力等方面的差异，分析了抗性菌株对甲基硫菌灵的抗性分子机制。结果表明：山核桃干腐病菌对甲基硫菌灵已经表现出严重抗性，抗性频率达到 84.37%。随机选择 4 株敏感菌株的平均 $EC_{50}$ 值为 0.263 μg/mL，而 5 株抗性菌株的相对抗性水平在 49.9~84.8 之间。供试所有菌株对戊唑醇、咪鲜胺和苯醚甲环唑均表现敏感。戊唑醇、咪鲜胺和苯醚甲环唑对随机选取的 6 个菌株的平均 $EC_{50}$ 值分别为 0.148 μg/mL、0.023 μg/mL 和 0.091 μg/mL。在适合度方面，甲基硫菌灵敏感菌株的菌丝生长速率显著高于抗性菌株，产分生孢子器数量显著少于抗性菌株；在致病力方面，甲基硫菌灵敏感菌株与抗性菌株无显著差异。在甲基硫菌灵抗性菌株的 $β-tubulin$ 序列中，未发现与苯并咪唑类杀菌剂抗性有关的氨基酸突变。

**关键词**：山核桃干腐病菌；甲基硫菌灵；戊唑醇；咪鲜胺；苯醚甲环唑；抗性；适合度

　　注：全文查阅及文献引用参见《农药学学报》2023，25（6）：1288-12894  doi：10.16801/j.issn.1008-7303.2023.0101

　　URL：https://doi.org/10.16801/j.issn.1008-7303.2023.0101  http://www.nyxxb.cn/article/doi/10.16801/j.issn.1008-7303.2023.0101

---

\*　基金项目：浙江省重点研发项目（2020C02005）
\*\*　第一作者：施心成；E-mail：1744370094@qq.com
\*\*\*　通信作者：张传清；E-mail：cqzhang9603@126.com

# 木质素基苯醚甲环唑纳米颗粒构建及防控杨梅凋萎病研究

张启[2]**, 张家栋[1], 方云[1], 熊秋雨[1], 王嵘[2], 程敬丽[1], 孙鹏[3], 赵金浩[1]***

(1. 浙江大学农业农村部作物病虫分子生物学重点实验室,浙江省作物病虫生物学重点实验室,杭州 310058;2. 浙江省兰溪市经济特产技术推广中心,兰溪 321100;3. 浙江省农业科学院,杭州 310021)

**摘要**:杨梅凋萎病传染性强,发病快,给杨梅生产带来了巨大损失。木质素基材料因来源广泛、价格便宜、且活性官能团较多,已广泛应用于纳米药物递送领域。为寻求具有缓释功能的药剂,以便更好地防控杨梅凋萎病,以苯醚甲环唑(difenoconazole,简称 Di)为供试药剂,用苯甲酸酐对木质素磺酸钠(LS)进行疏水性改性后,负载 Di 制备了纳米颗粒 Di@BLS,通过核磁共振氢谱($^1$H NMR)、傅里叶红外光谱(FT-IR)、扫描电子显微镜(SEM)及动态光散射激光粒度仪(DLS)等对其结构进行了表征,通过 Turbiscan 稳定性分析仪(TSI)对样品稳定性进行了分析;采用 QuEChERs 方法提取叶片中的 Di,研究 Di@BLS 在杨梅中的吸收转运情况;最后对收集的杨梅病枝进行致病菌的分离鉴定,并分别采用菌丝生长速率法和盆栽试验法研究了 Di@BLS 对杨梅凋萎病菌的抑制效果。结果表明:在 BLS 载体浓度为 1%、料药比为 5:1、质量浓度为 0.2% 的 SDS 用量条件下制备的 Di@BLS 平均粒径为 135.2 nm,该配方在大量减少表面活性剂用量的同时,可以保持与苯醚甲环唑微乳剂(Di ME)相近的制剂稳定性;吸收转运和田间试验均证实 Di@BLS 能延缓 Di 的降解,比 Di ME 在杨梅体内持留时间更久;菌丝生长速率法测定结果显示,Di@BLS 对杨梅凋萎病菌可可毛色二孢菌 *Lasiodiplodia theobromae* 的 $EC_{50}$ 值为 0.643 μg/mL,与 Di ME 的接近;盆栽试验结果表明,在 200 μg/mL 质量浓度下,相比 Di ME,Di@BLS 可降低杨梅凋萎病发病率 2.3%。研究结果表明,所制备的纳米颗粒 Di@BLS 在杨梅体内具有较长的持效期和较好的抑菌效果,可为杨梅凋萎病的防控提供理论依据。

**关键词**:木质素磺酸钠;疏水性改性;苯醚甲环唑;纳米颗粒;杨梅凋萎病;防治效果

注:全文查阅及文献引用参见《农药学学报》2023,25(6):1312-1321 doi:10.16801/j.issn.1008-7303.2023.0092

URL:https://doi.org/10.16801/j.issn.1008-7303.2023.0092 http://www.nyxxb.cn/cn/article/doi/10.16801/j.issn.1008-7303.2023.0092

---

\* 基金项目:浙江省"三农九方"科技协作项目(2022SNJF031);浙江省公益技术应用研究-分析测试项目(LGC22C140001)

\*\* 第一作者:张启;E-mail:476815847@qq.com

\*\*\* 通信作者:赵金浩;E-mail:jinhaozhao@zju.edu.cn

# Anti-TMV Activity and Mode of Action of Perillaldehyde in Perilla Essential Oil*

LUO Wei[1,2**], JIANG Yue[1,2**], WANG Kaiyue[1,2**], LUO Jingyi[1,2], LIU Yingchen[1,2], ZHANG Yueyang[1,2], MA Zhiqing[1,2], YAN He[1,2***], WANG Kang[1,2***]

(1. *College of Plant Protection, Northwest A & F University, Yangling 712100, China*;
2. *Provincial Center for Bio-Pesticide Engineering, Yangling 712100, China*)

**Abstract**: Perilla essential oil (PEO) is reported as an aromatic yellowish oily substance with a volatile odor extracted from perilla leaves. It exhibits various biological activities except anti-tobacco mosaic virus (TMV) activity. In this study, we investigated the main components and anti-TMV activity of PEO, identified its primary active components, and examined its mode of action. The results indicated that PEO exhibited anti-TMV activity (65.58%) at 800 μg/mL, with perillaldehyde identified as the main active component. The protective, curative, and inactivation activities of perillaldehyde at 800 μg/mL were 80.41%, 73.42%, and 34.93%, respectively. These values were significantly higher than those of the control drug (commercial chitosan oligosaccharide) and the protective and curative activities were superior to those of ningnanmycin. The results of the mode of action showed that perillaldehyde induced a hypersensitive response (HR) in tobacco. Transmission electron microscope (TEM) observation revealed that perillaldehyde had no direct effect on TMV particles. The treatment of *Nicotiana glutinosa* with perillaldehyde at 800 μg/mL indicated that perillaldehyde had significant induction activity (58.46%). The expression of three pathogenesis-related tobacco genes (*PR* genes), including nonexpressor of pathogenesis-related genes 1 (*NPR*1), pathogenesis-related protein 1 gene (*PR*1), and pathogenesis-related protein 5 gene (*PR*5), were induced and upregulated by perillaldehyde treatment. Perillaldehyde also induced the overexpression of the phenylalanine ammonia-lyase gene (*PAL*), respiratory burst oxidase homolog B gene (*RBOHB*), and protochlorophyllide oxidoreductase gene 1 (*POR*1). Furthermore, perillaldehyde increased the salicylic acid (SA) and $H_2O_2$ contents in tobacco leaves, and enhanced the activities of four defense enzymes:

superoxide dismutase (SOD), catalase (CAT), peroxidase (POD), and phenylalanine ammonia-lyase (PAL). *N. glutinosa* was treated with perillaldehyde at 800 μg/mL for 24 h, and the results showed that the highest SA and $H_2O_2$ contents (1 032.08 pmol/L and 23.40 μmol/g

---

\* Funding: National Natural Science Foundation of China (No. 32072444); National Natural Science Foundation of China (No. 32060429); Key Project of Natural Science Foundation of Xinjiang Uygur Autonomous Region (No. 2022D01D44)
\*\* First authors: LUO Wei; E-mail: 2271152662@qq.com
  JIANG Yue; E-mail: 591180891@qq.com
  WANG Kaiyue; E-mail: 2577431989@qq.com
\*\*\* Corresponding authors: YAN He; E-mail: yanhe@nwsuaf.edu.cn
  WANG Kang; E-mail: kang_wang@nwafu.edu.cn

FW, respectively) were obtained in tobacco leaves. Defense enzyme activities also reached a maximum at 800 μg/mL, and the activities of CAT, PAL, POD, and SOD increased by 1.76, 1.95, 2.17, and 3.78 times, respectively, compared to the control. The results of the study showed that perillaldehyde may enhance resistance to pathogen infection by inducing systemic acquired resistance (SAR), which may contribute to the activation of SA signal transduction pathway. Therefore, perillaldehyde has the potential for application in agriculture as a novel antiviral agent and immune inducer.

**Key words**: perilla essential oil; perillaldehyde; tobacco mosaic virus (TMV); induced resistance; systemic acquired resistance (SAR); plant immunity

注：全文查阅及文献引用参见《农药学学报》2024, 26 (4): 744-756 doi: 10.16801/j.issn.1008-7303.2024.0044

URL: https://doi.org/10.16801/j.issn.1008-7303.2024.0044. http://www.nyxxb.cn/article/doi/10.16801/j.issn.1008-7303.2024.0044